水 损 失 控 制

（第二版）

（美）Julian Thornton　Reinhard Sturm　George Kunkel　著

黎爱华　涂修海　郭　涛　彭海峰　译

（上）

黄河水利出版社

·郑州·

Thornton, Julian
Water loss control/Julian Thornton, Reinhard Sturm, George Kunkel –2nd ed.
ISBN:978 – 0 – 07 –149918 – 7
Copyright © 2008, 2002 by McGraw-Hill Education

图书在版编目(CIP)数据

水损失控制:第 2 版/(美)桑顿(Thornton, J.),(美)斯图姆(Sturm,R.),(美)孔克尔(Kunkel, G.)著;黎爱华等译.—郑州:黄河水利出版社,2013.12
书名原文:Water loss control,second edition
ISBN 978 – 7 – 5509 – 0689 – 1

Ⅰ.①水… Ⅱ.①桑… ②斯… ③孔… ④黎… Ⅲ.①给水处理 –研究 Ⅳ.①TU991.2

中国版本图书馆 CIP 数据核字(2013)第 309450 号

出 版 社:黄河水利出版社
　　　地址:河南省郑州市顺河路黄委会综合楼 14 层　　　邮政编码:450003
发行单位:黄河水利出版社
　　　发行部电话:0371 – 66026940、66020550、66028024、66022620(传真)
　　　E-mail:hhslcbs@126.com
承印单位:河南省瑞光印务股份有限公司
开本:890 mm ×1 240 mm　1/32
印张:23.875
字数:690 千字　　　　　　　　　　印数:1—1 500
版次:2013 年 12 月第 1 版　　　　　印次:2013 年 12 月第 1 次印刷

定价(上、中、下):60.00 元

Library of Congress Cataloging-in-Publication Data

Thornton, Julian.
  Water loss control/Julian Thornton, Reinhard Sturm, George Kunkel—2nd ed.
      p.   cm.
  Includes bibliographical references and index.
  ISBN 978 – 0 – 07 – 149918 – 7 (alk. paper)
  1. Water leakage. 2. Water—Distribution—Management. 3. Loss control. I . Sturm, Reinhard. II . Kunkel, George III . Title.
  TD495. T46   2008
  628. 1′4—dc22   2008009857

Water Loss Control, Second Edition

作者简介

Julian Thornton 参与了大量的专业涉水活动,他专注于水损失管理的研究并且已经在全球很多国家和地区参加过实践,包括美国、加拿大、英国、非洲、中东和亚洲。在过去的 16 年里,他一直是美国供水工程协会(AWWA)水损失控制委员会的成员,目前是负责编写第三版美国供水工程协会 M36 出版物《水审核与损失控制计划》的附属委员会的主席。Thornton 先生也是国际水协会(IWA)水损失特别工作组的活跃成员;压力管理是一项水损失控制技术,Thornton 先生是国际公认的该领域的专家。

Reinhard Sturm 从他的职业生涯早期就开始专注于水损失管理,目前负责水系统优化有限公司(WSO)(一家水损失管理咨询公司)在美国西海岸的运营。他在全球很多地区工作过,包括亚洲、非洲、东欧和北美。Sturm 先生曾作为副首席研究员,参加了由美国供水工程协会研究基金会主持的"泄漏管理技术"研究项目。经过 3 年的努力,该项目被列为美国开展过的最大水损失研究项目之一,Sturm 先生负责评估现有泄漏管理技术及其向北美的可转移性。Sturm 先生是美国供水工程协会水损失控制委员会和国际水协会水损失特别工作组的活跃成员。他也作为顾问,服务于加利福尼亚州水资源保护委员会,参与委员会最佳管理实践 3(BMP3)"系统水审核与泄漏检测"的修订。

George Kunkel 是宾夕法尼亚州费城水务局的注册专业工程师。他一直积极参与在费城实施水损失控制措施,并促进整个北美公用事业中对改善用水效率的需求。Kunkel 先生是美国供水工程协会的活跃成员,曾担任水损失控制委员会主席、分配与水厂运营分部信托人。他参与了大量的水损失研究项目和调查,并在美国多个州举办了水损失控制方法研讨会。他是"美国供水工程协会自由水审核软件"的合著者及负责编写第三版美国供水工程协会 M36 出版物《水审核与损失控制计划》的附属委员会的技术编辑。

我愿将此书献给我的宝贝儿子(钓鱼伙伴),尼古拉斯,他在该手册第一版发行后没多久就进入我的生活——同时,也要记得我的女儿,维多利亚,从第一版发行至今,她已长成为一位美丽的少女。

——Julian Thornton

我愿将此书献给我深爱的妻子,阿玛贝尔,在该书漫长的编写过程中,她一直耐心地陪伴着我。你是最好的——LUNUWU(她会明白是什么意思)。

——Reinhard Sturm

这本书献给我美好的家庭:我的妻子伊丽莎白,女儿艾米丽和儿子乔治,他们耐心地倾听我的关于水战争的故事,并且忍受我花在与同事交流和单独囚禁写作上的大量时间。

——George Kunkel

《水损失控制(第二版)》
翻译委员会

译 序

　　水是生命之源,生产之要,生态之基,是人类生存生活不可或缺的资源。我国人多水少,水资源时空分布不均,与生产力布局不相匹配,水多、水少、水浑、水脏问题日益突出,水资源管理面临的深层次矛盾尚未得到根本解决。当前在全球气候变化加快和经济高速发展的双重因素作用下,我国水资源情势正在发生新的变化,成为我国经济社会可持续发展的制约因素。

　　我国水资源总量为 2.8 万亿 m^3,人均水量只有 2 100 m^3,只及世界人均水量的 1/4,排世界第 110 位,为 13 个主要贫水国之一。统计数据表明,目前全国近 2/3 的城市存在不同程度的缺水,其中 130 座城市严重缺水。面对水资源短缺的严峻形势,我国一些城市的供水损失率却居高不下。近年来,随着我国城市化进程的不断推进,城区地下供水管线扩容,以及城市自来水用户的递增,部分供水管网老化、超负荷运行问题突出,导致部分供水管网跑冒滴漏现象日益严重。此外,用水计量问题突出,这不仅导致水资源的浪费与损失,也给城市安全供水带来不利影响。

　　控制和减少供水系统水损失是保护、节约水资源的重要内容。随着城镇化进程的加快,供水安全的重要性将日益突出,降低水损失,提高供水效率和计量效率,将与保障供水水质一样,成为我国城镇供水保障工作的重要目标。

　　本书作者均为国际水行业公认的专家,长期从事水损失管理工作,对水损失控制与管理有丰富的实际经验。本书提供了美国、德国、英国等国众多控制水损失的经验与案例,使读者能对国际水行业中的水损失问题有全面的认识与了解。本书也是从事城市供水行业人员的实用指南,其中所附的大量文献,为从事水损失控制人员提供了有价值的工具和方法。

鉴于我国水资源面临的严峻形势,当前正在贯彻实施最严格的水资源管理制度,与此同时,我国也正在全面加快推进城镇化进程。相信本书的翻译出版将为我国的水务部门的运行管理工作提供直接指导,降低供水损失,提高我国城镇的供水效率,为全面节约、有效保护水资源,解决我国严峻的水资源问题提供有益的借鉴。此外,也将对提高我国水资源管理能力和水平,提高用水效率,以水资源的可持续利用支撑经济社会的可持续发展提供基础保障。

长江水利委员会水资源保护局前局长

2013 年 11 月

译者的话

《水损失控制(第二版)》(*Water Loss Control Second Edition*)一书由美国供水工程协会(AWWA)成员 Julian Thornton,Reinhard Sturm,以及 George Kunkel(专业工程师)撰写,由美国麦格劳－希尔(McGraw-Hill)公司于 2008 年出版发行。该书融合供水行业水损失控制的理念、技术和方法,以及许多国际资源的参考资料,是一本真正灵活和全面的水损失控制指南,适用于各种现场环境。该书正文共 22 章,另附有附录 A 案例研究(不同国家不同城市的案例)、附录 B 设备与技术、附录 C 水表容量优化的需求分析,以及术语列表和重要词语中英文对照表。

该书(中文版)的翻译和出版已经得到麦格劳－希尔公司及 Julian Thornton,Reinhard Sturm 和 George Kunkel 3 位作者的授权,并承诺免费提供样书、免费翻译。

为了使中国读者更容易读懂该书(中文版),在征得麦格劳－希尔公司同意的基础上,统稿和编辑过程中按照中国的出版标准和相应惯例,进行了如下改动:一是将原书(英文版,一册)分为上、中、下三册出版;二是将原书中的第一人称改为第三人称;三是英文版引用文在中文版书中的字号字体统一采用与正文相同字号的楷体;四是将各页正文下的注释文用与正文相同的字号字体排,并用圆括号括起,放在正文中有对应注释符号(＊,＋,￤,§)的字后接排;五是原书英文版图名不完全是图名,多为说明文,因此统稿人和编辑根据图下和图中文字,以及正文相关文字表述,有图名的将图名与说明文分开排,说明文增加圆括号放在图名下,没图名的则增加图名;六是对版面欠佳的表进行了版面优化;七是将原书"索引"改为"重要词语中英文对照表",删除原索引词语后标注的原书页码,仅对原索引词语进行翻译,并以中英文对照的形式编辑排版,以方便读者参阅。

译 者

2013 年 12 月

前　言

　　《水损失控制（第二版）》的编写本着与第一版相同的精神，即为水审计以及通过实践减少水务运行管理中的水损失和收入损失提供全面指导。作者的目标是利用 2002 年 7 月第一版发行之后出现的重要革新和技术的信息，对第一版进行更新。

　　气候问题、人口增长和退化的供水设施正在对全球水资源施加前所未有的压力。因此，政府、管理单位及水务机构正逐步意识到，在社区的服务不断扩张的同时，将准确评估和控制水损失作为保护水资源的一种方式是非常重要的。所以，提升对该问题的严重性以及北美和全球多数系统中目前实践的认识，仍是本书论述的一项十分重要的内容。本书涵盖了在纸面上和现场开展国际水协会（IWA）/美国供水工程协会（AWWA）标准化水审计所需要的工具。每个水务机构的特点和损失情况都具有唯一性，在从业者的工具箱中必须有各种有效的工具可用。本书为水务机构的管理者提供了宝贵的信息，指导他们如何选择正确的工具和方法来应对日常运行中碰到的水损失和收入损失问题。本书的重点在于促进使用有效的水损失控制方法和工具，使其成为控制水务机构中未加控制的损失的高成本效率手段。本书既适合作为无经验运营者的教学工具，也可作为具有一定经验运营者的参考手册。

　　针对供水行业的有益水损失的出版物很多，但本书融合了理念、技术、方法和来自许多国际资源的参考资料，使它成为一份真正灵活和全面的指南，可以用于各种现场环境中。

　　个体水务机构经验的案例研究是传达以下信息的重要途径——某一特定的方法或方式是可行的，并且已经在某个特定环境中成功运用过。对于一个水务机构管理者来说，参考一个成功的水损失控制计划的案例研究，是能够使他在合理提出新项目或改进建议时提升自身案例的有效方式。若能提供类似计划以某种高效和经济的方式被执行过的证明，该建议（提案）会更有效地获取支持。对第一版中的部分案例研究在第二版中进行了更新,作者强烈推荐有兴趣的读者随时查阅第一版中的案例。案例研究的内容见附件 A。

书中针对行业中普遍接受的设备、技术和软件类型,给出了大量的参考资料。本书的意图并非推销某一个特定的产品、咨询商、承包商或程序,而是提升对供水行业面临的水损失问题和解决这些问题的革新方法的认识。

Julian Thornton
Reinhard Sturm
George Kunkel

免责声明:

在尽所有的努力避免为任何特定的设备品牌或模型、咨询商、承包商、软件或程序代言的同时,对于由某一程序类型或替代服务供应商的疏漏造成的收入损失,作者和出版商不为任何遗漏或索赔承担责任或义务。

致　谢

合著者

感谢 David Pearson 和 Stuart Trow 准备第 9 章内容,该章对水损失控制的经济学问题进行了精彩的描述。

感谢提交的案例研究材料

感谢本书中描述的原始案例研究和论文的作者,他们的名字都在各自的章节中提到。

此外,感谢众多水务机构的专业人士允许将他们的数据在本书中公开(强烈建议读者查阅原始的案例研究,因为部分内容在编辑过程中有修改)。

特别要感谢美国供水工程协会(AWWA)批准复制许多他们的版权所有文章、手册摘录和案例研究(强烈建议读者查阅原始的美国供水工程协会出版物,因为部分内容在编辑过程中有修改)。

也特别感谢美国供水工程协会研究基金会(AWWARF)批准复制他们最近水损失研究出版物中的数据、表格和图表(强烈建议读者查阅原始的美国供水工程协会研究基金会报告,因为他们提供了一个更多水损失控制信息的极好来源)。

委员会

感谢美国供水工程协会水损失控制委员会的所有同事,以及国际水协会水损失特别工作组——他们当中的许多人为本书带来了创新技术的详细内容并且不知疲倦地承担他们的志愿者角色。他们的共同努力促成了方法标准化的极大进步,并促进了对更好地管理我们有限供水的需求的认识。

综　述

作者希望将更多的感谢给予他们的客户、同事和服务供应商伙伴,他们正在提高全球供水行业的效率。

目　录

第1章 引 言

1.1 背景

20世纪,世界人口大爆炸。2000年末,大约有60亿居民定居在这个星球上,而1974年的这个数字为40亿。出现这样的增长证明了人类独具的能力,为众生提供必要的清洁空气、水、食物和医疗保健。然而,在20世纪后半叶,人们同样意识到,全球的资源无法无限支持这样的增长速率。至少,不能以我们通常的方式。我们的资源是有限的。

> 2008年2月,世界人口总数估计为66亿。

可用的安全饮用水一直以来都是推动世界人口增长的重要影响因素,满足人类的饮用水需求和卫生需求。设计大型供水系统的水平,抽取或开采、处理并将重要的水源输送至社区末端,这可以算是历史上伟大的工程杰作之一。然而,严重的警告仍存在于这个成功故事中。许多发展中国家还没有向单个用户提供清洁饮用水,或提供连续供水的供水设施。在这些地方,现代供水系统的缺乏应归于同样错综复杂的社会、政治和经济环境,以及这些地区各方面的发展。当这些地区的人口正在努力获得基本公共服务系统水平时,技术先进的国家中的许多高度发达的供水系统却面临着威胁未来水资源长期可持续性的潜在问题——水损失。大部分供水系统或企业都已经成功实现了向众多人口输送高质量的水,但大多数系统在运行中都出现了明显的水损失。过去的几年,不断扩大的"新世界"里,看似无限的水源供给使得水损失在很大程度上被忽视。在水资源具有易获取性且成本相对低廉的特征下,水务机构往往忽略了水损失,或将其假定为一个供水系统运行过程

本章作者:Julian Thornton;Reinhard Sturm;George Kunkel。

中理所当然固有的现象。但随着人口增长的需求,人们意识到自然资源的有限性、管理费用增加、用户需求扩张,听凭忽视水损失越来越不现实了。

经周密评估,显示仪表错误、渗漏或数据处理都会带来水损失,实际上水损失多基于人为疏失和缺乏维护造成。Dickinson 认为,尽管水务机构没有合理对待水损失问题的原因很难概括,但常见原因有:承认系统渗漏在政治上不可行;伪造供水的账单记录;追求快速回报,对利用前期投资回收无收益水缺乏认识仍是重要的商业问题;对机构外任何进行系统检测人员固有的不信任。

编写本书的意图是说明供水者应减少水损失的原因,并识别如何利用当前的技术以经济合理的方式解决水损失问题。

所有的水务机构、工业及居民区末端用户,不管他们的系统规模多大,是何种性质的用途,都应实行水损失控制和水资源保护。世界范围内供水企业执行水损失管理的尝试水平差别很大。遗憾的是,在美国和世界许多地区,大多数水行业认为水损失是次要问题,因为政策制定者们还没有意识到水损失的真正经济影响和社会影响。在此情况下,水损失仍旧处于缺少良好的审计实践和无法主动减少渗漏的状态,而是等待下一个用户提出抱怨以敦促供水者被动地修复下一处渗漏。然而,在全球范围内,有少数国家已经建立了综合水效率目标,并且这样的国家正在增加。政府最高层已经开始强制执行水资源保护、流域保护、再利用和新的漏损管理准则,供水者的执行情况也被严密地监控,有时被管制。如果人类打算继续维持增长和维护环境,这种新型的水资源管理模式将势在必行。

1.2 本书的编写目的和结构

本书详细论述了评估水损失总量的方法、积极控制水损失的方法和技术,旨在为从业者提供开展主动管理水损失的所需的背景资料和理论。此外,本书也力图提升意识、培养积极的

本书提供了很多有用的案例研究,它们可用来论证在你的机构中执行更为激进的水损失管理计划的合理性。

态度、拉近作者和此领域专业人士之间的思想距离。书中除了有我们多年防止水损失和水低效率利用实践形成的想法和认识,还突出了最新的案例研究和特定行业文章,以充实业内已成功运用的理念和方法。

制定防止水损失和低效案例研究是一个极好的工具,能帮助运营者制定具有激进立场的总体规划。

事实上,有些人已经做过此类工作。在很多情况下,这一事实催生了一项新的工作,即向执行经理或董事会推销激进的项目和预算。本书通篇详细论述了水损失控制项目中应采取的各项步骤。各章之间相互独立,即使是不了解渐进的水损失控制方法而需要通读本书的运营者,也不需要按章节顺序阅读。全书重点放在渐进方法上,此法最早于20世纪90年代出现在英格兰和威尔士,后来在全世界广泛传播。本书也自始至终评价存在于北美和其他国家的更为"传统的"条件,在这些国家,水损失控制还未成为首要任务。这样做的目的是证明:即使是在最发达的国家也存在主动控制水损失的需要,并且目前存在可传递的技术来控制水损失。

书中包含的章节对读者起如下作用:

(1)理解发生在公共供水系统中的水损失的性质和范围。

(2)了解最新的分析方法和工具。

(3)评估使用基于实时损失分析的标准水审计和分量来评估任何系统的实时损失。

(4)遵循一个成功的水损失控制(优化)项目的全部步骤。

(5)实施现场干预来控制实际损失。

(6)现场干预来控制表观损失。

(7)需求控制。

(8)进行成本效益计算。

(9)识别何时及如何利用承包商或咨询顾问。

对于有意理解水损失本质并会采取必要行动减少水损失的水系统管理者,本书是一个实践工具。对于任何需要针对单个水系统实施必要响应项目的水系统运行者,书中的内容为其提供了详细的路线图。

参考文献

[1] Central Intelligence Agency. *The World Fact Book* [Online] . Available: *www. cia. gov/cia/ publications/factbook.* [Cited: March 10, 2007] .

[2] Dickinson, M. A. , " Redesigning Water Loss Standards in California Using the New IWA Methodology. " Proc. of the Leakage 2005 Conference, Halifax, Canada: World Bank Institute, 2005.

第 2 章　水损失控制:一个 21 世纪的话题

2.1　正在损失的水量

在全世界,水损失正发生在终端用户的管道和供水商的分配管道中。水损失是普遍的问题,且在发达国家和发展中国家都存在。

水损失的发生被定义为以下两种基本方式:

(1)在分配系统中通过漏水的管道、接头和配件流失的水,源于水库和贮水箱的损失,水库溢流,以及不合理地开启排水通道和系统放水装置。这些损失被归为真实损失。

(2)不是通过物理方式损失掉,但因与用户计量(在记录用户水表情况下)相关的误差、消费数据处理错误或任何方式的盗取、非法使用而使其未产生收益的水,称为表观损失。

根据标准的国际水协会(IWA)水平衡方法论[1],实际损失与表观损失之和加上免费供水量即被定义为无收益水(NRW)。

世界银行估计,全球无收益水量总计 128 380 亿 gal/a(486 亿 m^3/a)(见表 2.1),且仅发展中国家发生的实际损失总量足以供给约 2 亿人口使用。世界银行估算的全球每年无收益水量的货币价值相当于 146 亿美元[2]。世界银行在其报告中表明,高无收益水水平意味着运营不善的水务公司缺少向社区人口提供可靠服务的必要管理、自治、责任以及技术和管理技能。

> 你知道全球无收益水量接近 128 380 亿 gal 吗?

本章作者:Reinhard Sturm;Julian Thornton;George Kunkel。

表 2.1 世界银行估计的全球水损失量

	单位	实际损失	表观损失	无收益水
发达国家	亿 m³/a	98	24	122
欧亚大陆（CIS）	亿 m³/a	68	29	97
发展中国家	亿 m³/a	161	106	267
合计	亿 m³/a	327	159	486
发达国家	亿 gal/a	25 890	6 340	32 230
欧亚大陆（CIS）	亿 gal/a	17 960	7 660	25 620
发展中国家	亿 gal/a	42 530	28 000	70 530
合计	亿 gal/a	86 380	42 000	128 380

另一项由联合国环境规划署主持的研究估计，到 2025 年，将有 2/3 的世界人口受到中度到高度的用水压力。该研究预计，在美国，总可用水的取水比例将从 10% ~ 20%（截至 1995 年）上升到 20% ~ 40%[3]。这证明了全球及美国水资源的压力不断增长，迫切需

你知道在美国有很多地方遭受定期的供水短缺或出现长期供水亏空吗？令人吃惊的是，还没有联邦法规用于管理供水商可以损失的水量！

要采取主动水损失管理。

仅在美国，社区水系统总数就超过了 55 000 个，这些系统每天处理近 340 亿 gal（1.287 亿 m³）[4] 水。由于目前缺乏水损失评估标准和报告方法，很难量化美国水分配系统中的损失量。美国地质调查局估计，在每天处理的 340 亿 gal 水中，约有 60 亿 gal[5] 可能与"公共用水和损失"有关，损失量远大于多数公共用途的系统。报告数据中的误差或不一致也是造成总供水量和总消耗量不同的原因。美国的水损失量远远可以满足全美 10 个最大城市的供水需求。这项巨大的

仅在美国就有 55 000 个社区水系统，水损失量疑为 60 亿 gal/d（22 712 400 m³/d）左右！

在美国，水损失量满足 10 个最大城市的供水需求绰绰有余！

资源浪费应被视为这个拥有全球第三大人口总数国家重点关注的问题。

2.2　对水的需求和关于水资源的基本事实

人体质量的 50% ~ 65% 由水构成[6]，且人每天都需要补充水分；每个人每天建议摄入至少 8 杯水。人类可以在没有食物的情况下生存几周，但若没有水，3 ~ 4 d 就会死亡！人体最需要的是空气，排在第二位的就是水。与人体相似，许多我们吃的水果、蔬菜也大多由水分组成。很明显，水是极其重要的资源，即使在很多发达国家，人们理所当然地认为水是充裕且高品质的。可用的淡水对社会的蓬勃发展非常重要。

> 人体最需要空气，排在第二位的就是水。

水是坚不可摧的物质，构成了大约 80% 的地球表面。地球上的水体中，有 97% 是咸水，2% 是冰川冻水，只有 1% 是可通过传统处理方法后用于供给的饮用水。通过全球气候条件的自然规律和水文循环，这些可用水在时间和空间分布上存在极大差异。在任何时间点，世界上有些地区在遭受严重干旱，而另一些地区却在经历洪水。这一自然循环极少与人类用水的日常变化保持一致。地球上的水量是固定且有限的。我们的祖先在过去可能已经饮用了我们今天饮用水量几倍的水！自从有了时间记录，水循环实际上没有发生多大的变化。水循环的基本环节包括蒸发、成云、降水以及通过河流向海洋运输。在 100 年的时间里，一个水分子有 98 年在海洋里，20 个月呈冰结状态，约 2 周在河流、湖泊中，在大气中存在不到 1 周时间。人们干预水循环的后期阶段，并通过水管或配送系统、人体、污水系统引导循环进入输送环节，直至最终入海。

> 地球上只有 1% 的水是在经过传统处理方法后可用于供给的淡水——我们应该爱护它！

尽管水循环并未随着时间流逝改变，但用水处理和分配技术变化很大。在随着主要城市中心人口集中出现的情况下，通常伴随着工业、污染、服务需求的增长。受污染的水越多，处理起来就越昂贵。水源地距离人口聚集中心越远,水运输的成本就越高。假定全球人口继续膨胀和迁移,那么供水的成本将不可避免地持续增长。

近年来,更好地利用水资源的方法包括节约用水、水的回收利用、中水利用。咸水淡化,一种利用大量海水资源的方法,曾经是耗能高且费用昂贵的产业;然而,技术的提高减少了淡化成本和来自供应短缺及压力,人口的增长,导致全球海水淡化厂数量增长。目前,海水淡化仍是大部分沿海城市的一项选择,是一项成熟技术,可用于用户消费管理。人们意识到,节水不仅是早期的权宜之计,也是可持续社区的高效和有成本效益的生活方式。对回收、再利用或循环水用于非饮用用途的各种技术,在很多有远见的社区中都有应用的需要,因为这些方法可以满足对供水的多种需求。有些社区正在建设单独的、双重配送系统,将回收中水回用于诸如户外灌溉、消防等。所有这些创新方法表明,尽管资源是静态的且持续减少,人们还是在供给不断增长的人口的问题上做出了积极的思考。此外,这些改良的供求管理方法需要在基础设施、公众教育和立法方面进行大量的投入。经济地控制水损失也是有意义的方式,因为水损失量代表部分水,这部分水按现行标准经过处理并进入输送环节,只是没有到达用户使用阶段(实际损失)或没有使水务机构获得收入(表观损失)。

2.3　历史上水供给和水损失控制的里程碑

配水系统已应用数千年,古埃及、古希腊和古罗马获得、处理以及分配水的方式与我们今天所采用的方式类似。虽然技术已经发生变化,但基础仍保持相同:

(1)水源。

(2)主泵站。

(3)贮存。

(4)泵送或重力供给。

(5)传输系统。

(6)配送系统。

(7)用户引入连接管,有的带水表,有的不带。

即使是古人,也关注、控制他们的水损失。通过 260 mi(约 420 km)的管道、渠道网络,每天大约有 0.4 亿 gal 的水被供给古罗马。这些管线和渠道由砖石砌筑,水泥衬砌,一部分是铅管[7]。引入连接管一般为 20 mm 或 0.75 in,布置有简易旋塞阀,与我们今天使用的并无两样! 第一套系统安装于公元前 312 年。当时约有 250 座水库且系统通过重力运行。一名专员带领着由工程师、技师、工人、职员组成的团队管理这个系统。团队的首要工作之一便是定位和修复泄漏点。

古老的渡槽的耐久性有据可循。有一套系统安装于公元 98 年,截至目前,西班牙还有 117 个渡槽仍在使用。并非很多水系统,或任何形式的基础设施,可以以拥有这样的历史而自豪!

在发展中国家,配水系统管理技术革新的演化是随着社区水系统向标准化基础设施的转变进行的。重大进展包括以下方面:

(1)19 世纪:不可避免漏损公式(Kuichling)。

(2)19 世纪:皮托管区测定。

(3)19 世纪:简易木质测深杆。

(4)20 世纪:简易机械式检波器。

(5)20 世纪:第一批机械式记录仪投入使用。

(6)约 20 世纪 40 年代:第一批电子检波器和监听设备面世。

(7)约 20 世纪 70 年代:第一批计算机相关检漏仪开始启用。

(8)约 20 世纪 80 年代:第一批电池供电数据记录仪开始启用。

(9)约 2000 年:数字设备和 GIS 关联设备被用于漏损探测。

(10)2000 年:国际水协会发布了供水服务标准水审计和绩效指标的建议,包括不可避免年真实损失(UARL)和基础设施漏损指标(ILI)。

计量和损失控制的技术不断革新,最具成本效益的技术一般不是执行良好的水损失控制项目的制约因素。通常,创造高效供水系统的最大挑战是需要集合管理的和政治的意愿来开始启动水损失控制项目。

2.4　损失水的发生和影响

世界上每个水系统都有一定量的真实损失,从事漏损管理的实践者们都知道,真实损失无法彻底根除,且即使在新启用的配送网络中也有最低真实损失量。然而,众所周知且经证明的事实是,真实损失可被管理,使其处于经济限值之内。

遗憾的是,另一个不争的事实是,多年来,配水系统中呈现出"眼不见、心不烦"的现象;特别在水相对便宜且充足的地方更是如此。与水损失有关的问题数不胜数。高水损失间接地要求供水者开采、处理及输送多于他们的用户实际需求的水。水处理和输送所需的额外能量给能源生产能力增加了负担,而产生能源的过程往往又需要大量的水。渗漏、爆裂和漫溢常给供水者带来极大的破坏,并使其承担更大的责任。多数渗漏的水直接进入社区污水或雨水收集系统,并在当地的污水处理厂得到处理——两轮昂贵的处理没有带来任何有益用途!集水区承受了由于过度开采带来的不必要的负担。这样,高损失会限制一个地区的附加增长水平,因为其可用的源水受到限制。漏损的全面影响还有待评估,但渗漏的经济学意义——在后面的章节会讨论,表明它的影响是巨大的。

表观损失不带有真实损失所表现出的物理影响,它们对供水者和用户的财务影响反而更严重,并且扭曲了进行水资源规划所需的消费数据。表观损失代表没有得到付款而提供的服务。表观损失经济影响价值通常要高出真实损失许多,因为表观损失一般以向用户收费的零售价格为计价基础,而实际损失的基线成本一般为 1 个单位水的可变生产成本(电力、化工原料等)。对供水者而言,面向用户的单位零售成本可能会是水处理和输送生产成本的 10 ~ 40 倍。然而,对于受到干旱和供应短缺威胁或采用需求方节水或需要新水源的水务机构,通过零售价格计算真实损失是合理的,因为通过减少渗漏而节约的水意味着新的水源。这些"新发现"的水可以卖给新用户,或在干旱、缺水期间帮助避免需求限制。表观损失发生在水务机构的"收银机"上并且直接影响供水者的收入流。然而,世界上很多系统都存在松散式的会计和记账惯例,不考虑这些正在发生的水损失。有证据表明,降低水损失不仅可以改善供水运行,也可以带来收入的增加。因

> 世界上很多水系统不能为其损失水报账。想象一下,如果银行不能为我们的存款报账会怎样呢?

此,良好的水损失管理通常是可以为水务机构产生直接效益和快速回报的实践方式!

2.5 驱动水损失的审视和管理方式改变的力量

管理水损失到最优状态对公众、供水方以及环境都有很多益处。某些减少水损失最有益的理由在于其具有改善饮用水供给的主导力量,这些力量主要包括以下方面:

(1)改进公共卫生防护。

(2)减少水资源环境进而利于环境。

(3)通过增加供给的可靠性来提升对用户服务的水平。

(4)回收的损失往往可以作为新的水资源的最佳来源。

(5)提高供水方成本效率,更好地管理用户人群的水费。

(6)推迟水资源和供应计划的资本支出。

(7)改善水务公司在公众中的形象。

(8)由于采用最佳漏损管理实践,减少供水方的责任。

这些驱动力量背后的技术问题将在本书相关章节中详细论述。接下来两节提供了对部分普遍认识的驱动力量的理解,这些力量改变了审视、管理水损失的方式。

2.5.1 水损失及其对公共卫生的影响

世界上很多地区都存在缺水问题,且不能 24 h 连续供给处理好的水。世界银行报告显示:当前全世界有超过 10 亿人无法使

> 超过 10 亿人无法使用安全的饮用水,且每年有 300 万人死于可避免的与水相关的疾病!

用安全的饮用水,且每年有 300 万人死于可避免的与水相关的疾病[8]。这种情况往往被认为是在发展中国家才会出现的问题,在美国,过去 10 年间报告的水传播疾病爆发事件中有 24% 是由

> 仅在美国,有 24% 的水传播疾病爆发是由进入分配系统的污染物引起的。泄漏点是污染物的理想侵入部位。我们应该更关注与泄漏管理相关的公共卫生问题。

进入分配系统的污染物引起的,而非未经适当处理的水。快速增长的全球人口需要更多经过处理的饮用水。这些增加的人口中有很多聚集在已经经受水压力的城市中,或是在远离现成水源的新兴地区。

2.5.2　气候变化及其对供水的潜在影响

在过去的200年里,煤炭、石油之类的化石燃料的使用不断增加,致使温室气体排放急剧变化。与此同时,在全球很多地区,大规模的森林采伐也有相同的变化趋势。近年来,大量的科学证据表明,这些人类活动导致了大气成分的巨大变化,由此引发了全球变暖。很多主流科学家预测:21世纪全球变暖趋势将迅速加快。

在2005年,SCRIPPS(斯克里普斯)海洋学院主持了一项研究,成果发表在2005年11月17日的《自然》杂志上——全球变暖对世界范围内供水的影响。研究得出结论,全球变暖会减少世界许多地区的冰川及其覆盖量,从而导致缺水和其他将会影响数以百万计人口的问题。尤其是那些依赖冰雪的地区,其供水和水管理系统会遭受巨大的破坏。例如,据估计,由于积雪径流的减少,来自加利福尼亚州内华达山脉的重要水资源会在21世纪减少15%~30%。有些研究预测,更严重的问题会发生在那些依赖冰川水的地区,因为它们的融水不可替代。逐渐消失的冰川会对中国、印度以及亚洲其他国家的供水造成最大影响[9]。

这些气候变化的严酷现实与全球水损失的高水平发生相结合,清楚地表明供水者迫切需要降低水损失至最优状态,以满足未来可持续的需求。

2.6　全球范围内正在为减少水损失所做的事情

我们今天面临的挑战与古罗马的时代相同,我们有更先进的方法和技术来解决水损失问题。回顾历史,我们可以欣慰地微笑并认为我们现在已经好了很多,但事实上我们只是有较好的工具。如今,水系统运营者应具备的基础是开放的思想、对低效率的抵制以及改进的意愿。剩下的技能可以随着工作的进展获得。只有当运营者和他的机构愿意公开地接受他们发现的问题并想办法解决,水审计和水损失控制项目才会成功。因此,系统运营者理解水损失的范围和影响非常重要,水损失控制在整个体制中起到至关重要的作用。

由于 20 世纪后期全球供水商业模式发生了巨大变化,新生代的水务机构经理人进入了供水行业。这一代经理人努力提高机构的绩效,增加利润,但同时也有责任高效利用大自然最宝贵的资源之一——水!对这些新生代经理人的需求主要来自于众多利益相关群体的压力,他们不再容忍肆意、低效地利用天然水资源。这其中包括环境团体,他们成功地将基层意识提升到国家层面和国际层面环境法规。用户利益维护者现在仔细监视用户付出每单位费用带来的服务价值,期望企业能够以合理的成本提供优质的服务。竞争力也在增加,关注企业如何改善技术和业务效率。网络、传媒及其他交流论坛也促进了所有这些力量要求水损失不再被容忍或被忽视。

> 迫于来自各种利益相关群体的压力,水系统运营者要更高效地运行系统,减少损失及提高绩效。

一种新的水损失管理模式已经开发,它源于英国并迅速传播到许多国家。20 世纪 90 年代初,不列颠及威尔士水务公司发起了一项名为“国家渗漏倡议”的广泛研究尝试。这项研究的结果构成了一种进步的渗漏管理结构发展的基础,虽有一定争议,但这种管理模式被视为全球范围内的最佳实践。这种结构的关键在于基础应用工程措施,采取主动方式消除和预防渗漏,这种方式与世界上大多数水系统中存在的被动方式相左。在不到 10 年的时间,这种管理结构成功地消除了英格兰和威尔士 85% 的可恢复渗漏[10]。建立于英国的开发模式的主动性水损失管理被不断推进并应用到世界上很多地方,且已被证明是一项能够在全球各个国家之间易于转让的技术。如今,比以往任何时候更明显的是全球的供水者不仅仅有减少水损失和主动管理水损失的需求,而且也具备开展有效管理的方法和技术。

在英格兰和威尔士建立的成功架构在短时间内得到了应用,并受到了上述力量的推动。不列颠水务公司在 1989 年被私有化并沿流域边界重组。当时,他们也陷于沉重的监管架构;这种架构集中在效益和公司运行、成本对用户的影响。在这种架构下,水务公司将成本传递给用户的能力受到极大限制,只能通过提高费率或关税来保证业绩。因此,公司为追求提高效益、降低成本、增加利润而不断推进革新。环境意识和人口相对高密度也促使英国采取明智的用水方式。一个重要的催化剂是 20 世纪 90 年代中期袭击英国的严重干旱。这一事件引发了新的渗漏减少要求和目标的建立,能够通过水务公司执行,最终形成了指导性的"国家渗漏倡议"。尽管在减少渗漏方面取得了巨大的成绩,但英国的水行业仍继续研究水损失的各个方面问题以及节水、水的再利用和其他水效率实践。大部分政府项目、环境改善和用户方面的推动,适当的相对成熟系统不断改进,使各方面高度重视保护水资源。

不列颠水损失控制方法和技术给其他国家带来了极大的影响,这些方法已经在几十个国家得到应用。在南非、马来西亚、澳大利亚、新西兰、巴西以及加拿大,国家或地区政府在 20 世纪 90 年代正式通过了强调减少渗漏的计划方案。德国、日本的主要水损失控制项目得到了改进。过去几年,马来西亚、巴西采取了一系列针对减少渗漏的举措,这些举措持续了 10 年甚至 10 年以上,实施中的每个项目投资 10 亿美元以上,且这些项目的成功又会带来后续的新项目。这些项目包括审计、压力管理、改进渗漏监控、检测和修复以及扩充收入。

以往的实践表明,英国采用的渗漏管理方法和技术可以很容易地转化到全球系统。这些技术可以用在具有不同特征的水系统上,它的绩效指标允许对世界上不同的系统进行比较。英国技术的这一特点也许就是它如此引人注目并且能够在英国乃至全世界迅速传播的原因。最近完成的美国供水工程协会研究基金会(AWWARF)研究评估了国际(主要来自英国)应用渗漏管理技术向北美的可转移性。此项目开展的实地测试证明,这些技术可以转移到北美的一些地区,这些地区的供水者先前以分配系统的特征和需求不同(主要为消防用水和保险需要)为由拒绝接收转入的技术。

世界银行和它的能力发展机构——世界银行研究院认为:大量水损失带来的严重问题发起了一项活动,即推动国际水协会在减少无收益水中的最佳实践,以及通过向全世界发展中国家的水务机构提供培训课程和手册来开展水损失管理。

2.7 需要水损失控制和水损失控制项目

根据美国供水工程协会(AWWA)的估算,未来 20 年,大约需要 3 250 亿美元用于升级美国境内的水分配系统[11]。采用平均需求数字,损失水和收入的年值,以及由此得来的美国和全世界水损失控制市场

> 美国供水工程协会预计,未来 20 年,需要 3 250 亿美元用于美国境内的水系统升级。

的近似年值,就可以粗略估计出来。有趣的是,估计的水损失控制市场份额占上述美国供水工程协会数字的 29%(940 亿美元)。

测算过程如表 2.2 所示,且仅为估算值。然而,即使估算误差达到 50%,这一发现也意味着巨大的、实际上尚未触及且现实存在的水损失控制潜在市场,水系统运营者、咨询顾问、承包商、水管工及设施管理者都可以进入这类市场。

一个完整的水损失控制项目通常称为"水损失优化项目"。优化的基本含义是尽一切努力来改善水系统的技术和经济表现,不管是公共、私有或需求方系统。优化一般需要减少运营费用并增加收入流。图 2.1 是典型的优化图。从此案例可以看出,由于水损失项目是以绩效为基础的,所以项目初期的盈利水平较低。

水损失优化项目的执行有时基于绩效,这意味着水务机构与承包商或咨询顾问开始一种特殊的合伙协议。在一定的时间框架内,承包商或咨询顾问会得到从项目中重新得到的一部分资金。这是实施项目的一种很好的方式,特别是这样的水务企业,对损失控制没有足够的启动预算,但有现有营业预算,且营业预算中包含考虑提出系统运行固定成本。绩效方式允许机构按预算拨付他们的正常分配额度,但随着工作的继续,实际运行成本会降低且收入流会增加。在某个特定时间,承包商退出制约局面,年运行成本降低以增加收入实现盈利;或是额外的资金可以按需要被重新注入其他维护或培训。

表 2.2　水损失控制市场的测算近似值

美国市场潜力

美国人口（人）	250 000 000
平均消费（gal/a）	36 500
平均损失比重（%）	16
真实损失比重（%）	60
平均处理成本（$）	2.50
平均出售成本（$）	4.00
可恢复（%）	75
总损失（gal/a）	1 460 000 000 000
总真实损失（gal/a）	876 000 000 000
总表观损失（gal/a）	584 000 000 000
恢复产品价值（$）	2 190 000 000
恢复收益值（$）	2 336 000 000
可恢复（$）	1 642 500 000
可恢复（$）	1 752 000 000
每年的市场规模（$）	3 394 500 000

世界市场规模的简单计算

假定条件	
其他国家用水总量少但损失多	
美国的水比其他国家便宜	
美国人均水损失值（$）	13.58
世界人口（人）	6 000 000 000
每年的世界市场规模（$）	81 468 000 000

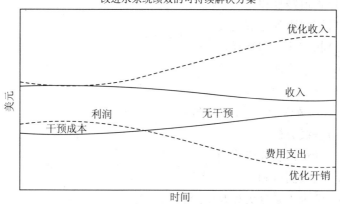

图 2.1　改进水系统绩效的可持续解决方案

2.7.1　水损失控制项目的一般结构

一般而言,水损失控制项目的实施包括以下 4 个阶段:

(1)阶段一,水审计、水损失的经济优化量评估、绩效指标。

(2)阶段二,为证明实地水审计分析最初建议的试点研究。

(3)阶段三,使用表观损失和真实损失减少方法进行全局干预。

(4)阶段四,损失控制机制的日常维护。

对于阶段一和阶段二,预算可能会受到相对限制,直到技术和方法识别出回报与机构对系统期望一致。

运营者必须学着主动并且识别实际的项目和预算来应对损失。他们必须学会识别高效、创造性的方法来达到损失的经济水平,而非仅仅针对损失控制应用最小预算,然后通过"铅笔"审计的方式解决剩下的问题,把大部分损失写为不可避免。随着能够计算特定系统技术不可避免年真实损失水平的方法的出现,将水损失量视为"不可避免"的传统经验法则观念已经改变。由于新技术的出现,这种损失水平比传统方式要小很多,使我们能够从经济上控制损失到更低水平。

水损失控制项目中的一些主要任务如下。

1.日常开支减少(真实损失)

(1)渗漏减少。

(2)水力控制(压力管理)。

(3)管道修复和更换。

(4)用户服务管道更换。

(5)状态评估和修复。

(6)能源管理。

(7)资源管理。

2.收入流增加任务(表观损失)

(1)基线分析。

(2)计量仪表人口管理。

(3)仪表测试和改变。

(4)仪表正确分级和改变。

(5)定期测试。

(6)自动计量系统(AMR)。

3.计费结构分析和改进

(1)不支付行为。

①关闭供给;

②降低供给到最低;

③法律行动;

④预支付方案;

⑤减少欺诈和非法或未注册连接;

⑥连续的实地巡查和测试。

(2)价格或税率管理。

(3)用户基础管理。

(4)模拟高效安装。

(5)模拟保证经济效率。

自动化通常是优化项目较为常见的组成部分。

水损失控制一般是高成本效益活动,因为如此多的水系统目

在大多数情况下,水损失管理是极其有成本效率的,其回报以天、周和月来计;不像其他项目,一般以年来计。

前正经受过多的水损失。今天先进的水管理者面对的最大挑战是改变将水视为无限和廉价的思维模式。当政策制定者和决策者认识到水的真正价值,实施干预技术就可以成为相对简单和可靠的事业。

参考文献

[1] International Water Association. *Performance Indicators for Water Supply Services.* Manual of Best Practice: London IWA, 2000.

[2] Kingdom, B. , R. Liemberger, and P. Marin. " The Challenge of Reducing Non-Revenue Water (NRW) in Developing Countries—How the Private Sector Can Help: A Look at Performance-Based Service Contracting. " Water Supply and Sanitation Sector Board Discussion Paper Series—Paper No. 8. Washington, DC. : The World Bank, 2006.

[3] United Nations Environment Program. Chapter Two: "The State of the Enviromnent-Regional synthesis—Freshwater. " Global Environment Outlook 2000. Available online: www. unep. org/geo2000/english/0046. htm. [Cited March 10, 2007.]

[4] American Water Works Association, Stats on Tap. Available online: www. awwa. org/Advocacy/pressroom/STATS. cfm. [Cited March 10, 2007.]

[5] U. S. Geological Survey, "Estimated Use of Water in the United States in 1995. " Circular 1200. USGS, 1998.

[6] MacQueen, I. A. G. (ed.). *The Family Health Medical Encyclopedia.* Book Club Associates/ William Collins Sons & Co. , 1978.

[7] Readers Digest. *How Was It Done? The Story of Human Ingenuity Through the Ages.* Readers Digest Publishers, 1998.

[8] World Bank Reports.

[9] SCRIPPS Institution Of Oceanography. Scripps-led Study Shows Climate Warming to Shrink Key Water Supplies around the World, Available online: http://scrippsnews. ucsd. edu/article_detail. cfm? article_num =703. [Cited March 13, 2007.]

[10] Lambert, A. O. International Water Data Comparisons, Ltd. Personal conversation, October 2000 reinterpretation of United Kingdom Office of Water Services (Ofwat) Reported Leakage Results.

[11] American Water Works Association. Stats on Tap, Available online: www. awwa. org/pressroom/statswp5. htm. revised. [Cited February 15, 2001.]

第 3 章　　了解水的损失类型

3.1　供水损失定义

了解水的损失类型并对在供水系统中发生的损失类型有一个一致而清晰的定义,是水损失管理问题的第一步[1]。

简单的讲,水供给问题和收益的损失在于:

(1)从技术上说,不是所有出厂的水都供给了用户。

(2)从财务上说,不是所有能到达最终用户的水都能准确计量并收到水费。

(3)从术语上说,对损失的标准化定义是对水损失进行定量和控制的必要条件。

国际水协会将所有的供水损失定义为两种主要类型:

(1)真实损失。是指供水系统中实际损失的水,包括水箱、接头和配件处的漏水;水箱和水池的渗漏,以及水箱的溢流。真实损失发生在终端用水点之前。

(2)表观损失。是来自于用户水表的不精确计量、用水和计费数据的处理错误、对不可测的用水假设用水量不准确,以及任何形式的非法用水(被盗或非法使用)。

这两个定义不仅存在明显有形和无形的区别,在大多数情况下,还存在显著的经济差异。真实损失一般都是渗漏水,通常都被计入水的可变生产成本中。发生在客户终端的表观损失以零售成本的形式附加给水务公司,常常比制水成本高得多。可变生产成本常常只包括短期成本。然而在很多情况下,真实损失估算中还应包括长期成本。成本中隐含的真实损失和表观损失要求在设计最合理且最划算的水损失控

本章作者:Reinhard Sturm ;Julian Thornton;George Kunkel。

制计划时,必须对这些损失进行仔细估算。

3.1.1 真实损失

一个供水系统中的真实损失水量是反映一个水务公司是否有效管理其资产(输水管网)和供给用户良好指标的产品指标。如果一个水务公司是节水的、给用户导向的和负责任的水资源管理者,那么当真实损失的水量显著大于经济合理水平时就需要采取行动。

真实损失由以下三部分组成(详见图3.1)[2]:

(1)明漏。通常流量较大,而且是显而易见的和破坏性的,由于会给用户造成麻烦(水压下降或停水),所以从其发生到用户或者水务人员报告给水务公司前的时间较短。

(2)暗漏。通常隐藏在地下且流量中等,从其发生到发觉必须要查找损失点的时间相当长,需要主动检测,通过技术定位。

(3)背景渗漏。一般集中在水管接头和连接处渗出或滴出。流量一般都非常小(1 gal/min 或 250 L/h),以致无法通过传统的声学检漏仪器检测出。减少背景渗漏的唯一办法就是压力管理或更换管网设备。

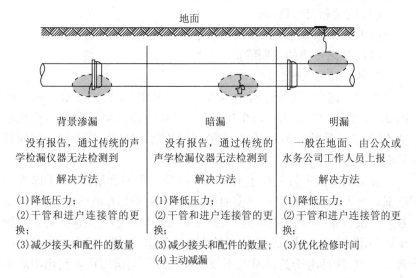

图 3.1 真实损失的内容和解决方法

1. 发生真实损失的原因

事实上,真实损失普遍存在于每一个供水管网,而且不可能被完全消除,甚至在新建的管网中也有部分管段存在一定量的真实损失(不可避免的真实损失)。但是,到底超过不可避免的最小真实损失量的多少取决于供水管网的一般特性以及水务公司所采取的水损失管理政策。

最常见的水损失原因如下:

(1)低劣的安装和制作工艺。

(2)劣质材料。

(3)安装之前材料处理不当。

(4)不正确的回填。

(5)压力瞬变。

(6)压力波动。

(7)过大压力。

(8)腐蚀。

(9)震动和交通负荷。

(10)环境条件,例如寒冷的天气。

(11)缺乏适当的定期维护。

2. 水渗漏发生的区段

大体上,渗漏能在管网的输水干管(见图 3.2),供水干管(见图 3.3)或进户连接管(见图 3.4)三个不同区段发生。根据发生区段的不同,损失特性也不同,例如流量、引起停水的趋势,以及漏出地面且被看见的可能性。

英国的水漏失管理在术词上将渗漏分为明漏和暗漏,或者爆管和暗漏。突发的管破裂是最典型的明漏例子,由于具有破坏性,所以经常被及时报告、响应和控制。然而,暗漏常常会以微小的流速从地下水管中渗漏出,时常未引起水务公司和公众的关注,但却在损失总水量中占较大比例,这是由于其长时间不被发现所致。美国以往未使用明漏和暗漏的术语,因此"渗漏"和"爆管"之间的区别相当主观,成为用词不一致的一个例子。美国一直都在努力推广使用这种术语。第三版的美

图 3.2　输水干管破裂情况

（资料来源：供水系统优化集团公司 Guido Wiesenreiter）

图 3.3　供水干管破裂情况

（资料来源：供水系统优化集团公司 Guido Wiesenreiter）

国供水工程协会 M36 手册《用水审计和损失控制计划》中就采用了这
种术语。

图 3.4　进户连接管破裂情况

（资料来源：供水系统优化集团公司 Guido Wiesenreiter）

一份最近出版的美国供水工程协会研究基金会关于干管破裂的预报、预防和控制的报告估算，美国水务公司每年发生 250 000 ~ 300 000 次的干管破裂，每年造成 30 亿美元的破坏经济损失和一些间接的影响。不知道到底有多少个小管道的损失和进户连接管的损失会发生，但是在典型的供水系统中，其每年的损失次数可能会超过干管损失次数的几倍，可能会达到每年 500 000 ~ 1 500 000 次。

美国大约有 880 000 mi 长的供水干管，大部分都是老旧的铸铁无衬里管道，需要维修、修复和更换。但是，良好的漏损控制方法可以减少渗漏、爆管的发生，以及减少由此导致的干管故障，从而延长现有供水设施的使用寿命。

> 美国大约有 880 000 mi 长的供水干管！

3. 引起最大真实损失的水损失

严重的干管破裂会使水很快喷出地表而且导致停水，所以人们常常误以为这就是造成水管大量漏水的主要原因。其实,即使是非常严重的爆管,所引起的大量漏水情况也只是持续很短的时间,因为水务公司会很快派人进行抢修。相反,若管道发生较小的暗漏,但水损失可能会持续数年后才会被发现、维修,由此所造成的水损失量是巨大的(见第 10 章)。在 20 世纪 90 年代对水损失研究成果中有一个重要发现,大量的水损失都发生在从干管分出的为单个或者多个用户住宅供水的进户连接管道。对于很多供水系统来说,这种

> 进户连接管渗漏往往引起最大的真实损失量。

小直径管道发生的渗漏是供水业务中最大的损失量,特别是进户管连接很多的供水系统。通常供水政策要求用户负责安装自己的进户连接管道并在必要的时候进行维修和更换。然而,许多用户并不明白自己有此责任,当被要求维修已发现的渗漏管道时,往往不能及时或有效地进行费用较高的维修。如此一来,即使是收到了报告,用户的进户连接管道内的漏水仍要持续相当长的时间,从而造成大量的水损失。20 世纪 90 年代中期,英国由于发生严重的旱灾,临时颁布了一些法规,规定一些水务公司必须维修发生渗漏的进户连接管道。结果发现,这一规定有效地减少了水损失,而且维修方法也很有效率,于是很快颁布了正式的国家法规,规定所有水务公司都必须负责维修进户连接管道的渗漏。还有两个方面值得注意:一是用户仍然拥有进户连接管道的所有权。二是由于过去积压下来的大量存在渗漏问题的进户连接管道得以维修,发生新渗漏的频率显著降低,因此水务公司的维修政策是可控且经济有效的。这个经验深刻地说明了一个原理,水损失主要取决于两个主要变量——流量和时间,二者在制定水损失管理策略时都必须考虑到。水务公司经常没能追踪到小流量的水损失,导致长期存在损失水量,并不断增加。

4.影响管道渗漏和破裂导致损失水量的其他因素

近年来,世界各地先进的水损失管理计划的另一个宗旨是科学的压力管理。在设计供水管网时,工程师们频繁地定义供水系统的压力水平,以便于能让管网的工作压力保持在一个最小压力之上。然而,本地准则要求的消防流量、扩网能力以及其他安全因素经常使管网供水

压力大于上述最小压力,却没有考虑过大的压力所带来的影响。20 世纪 90 年代末,管道压力和渗漏率的基本关系已建立,而且某些渗漏对管道压力的变化非常敏感。现在可能在规定一定的最小压力水平的同时,应规定最大压力水平,且压力不能超过这个区间(详见第 10 章)。

> 压力造成的影响往往比原先推测的要大得多。设计供水系统时必须同时考虑最大压力和最小压力的限制。

过大的压力不仅会引起相应类型的渗漏,还会影响干管爆管发生率,同时还会造成供水能耗不必要的增加。在先进的供水系统管理中,将水压力控制在合适的范围内,满足用户和水务公司的需要,又不会造成浪费或者对供水设备的损害。

在过去的 10 年里,关于渗漏的特性和影响已经做了大量的研究,并形成了高效的方法和技术,已成功地在全世界应用,用以减小、控制和管理真实水损失。准确估算供水系统的水损失量和充分利用这些可视为控制损失的最佳措施,应当成为所有水务公司首先要解决的问题。

3.1.2 表观损失

了解表观损失并不是由于渗漏造成的,这一点非常重要。表观损失水量不包括任何实际的漏水量,因为供水量已经到达了最终的用户那里。然而,到达用户的供水量计量不准确、未被正确记入计费系统或被非法使用会造成表观损失。表观损失是水务公司需要控制的一个非常重要的用水分量,因为直接影响到其供水给用户而形成的供水收益。

准确的客户计量可以提供有价值的信息以反映用水量变化趋势,而且这是评估损失控制及节水计划所需要的。这样能够通过将水量和价格相联系,提高水在用户心目中的价值。改进的计量、自动读表和数据记录等技术已被广泛应用,用户的用水信息已经成为一个重要资源,用以改善水务公司运行以及流域或地区水资源的管理。

在详细讨论这些损失之前,最好先回顾一下水务公司所使用的典型的计量结构和计费结构。随着现代室内供水管道的建设,用户的进户连接管道直接连接到本地的水管或者干管直接给用户家庭供水。典型的直接水压供水给居民住宅的情况见图 3.5。

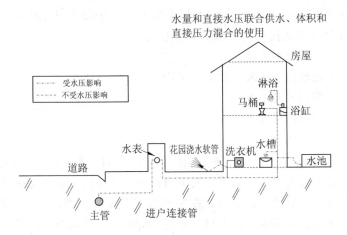

图 3.5　典型的直接水压供水给居民住宅的情况

很多水务公司选择将终端用户的水表并列家装，然后将日常水表的读数汇总起来以计算实际每单位用水量的费用。用户水表可以监测自家的用水情况，并选择一些限制措施以避免用水过多并识别浪费。显然，这样的做法似乎符合典型的自由贸易原则，付款建立在所提供的产品量和服务多少的基础上。然而，对于用户水表的使用和以用水量为基础的计费在美国或世界其他国家的供水行业远未普及。对有很大一部分使用公共供水的用户实际用水量未进行任何的计量，用水账单是按其所属用户类型的统一计费标准为基础来计算的。在美国，也许只有一半的用户有水表，有些地区对于用水计量的理念分歧严重。在英格兰和威尔士，以往只有工商研究机构（ICI）用户才有水表计量。环保人士和监管者都支持建立统一的住宅用户水表计量，这样随着新建建筑水表的安装和用户要求开始在住

美国供水指导机构美国供水工程协会推荐，水务公司对所有进入供水系统的水和从供水系统分配到客户的水都要装表计量。转售水务公司供水的用户，例如大型公寓综合体、批发商、代理商、协会或商店等，都应遵循鼓励对水的准确计量、用户保护以及财务公正等相关原则。

宅也安装了水表,情况正在发生缓慢的改变。2006 年末,英格兰和威尔士约 25% 的居民住宅楼都安装了水表。

1. 产生表观损失的原因

产生表观损失主要有以下 3 种途径:

(1)用户水表不准确。

(2)用水量核算的错误。

(3)非法用水。

与真实损失相比,由于表观损失会直接影响水务公司的现金收入,所以它对于公司的收益有更大的负面影响。表观损失应该总是以水的零售价进行估值的。关于表观损失的另一个重要方面是,对表观损失的低估导致了在用水审计中对真实损失的高估。这可能会误导损失控制计划过分地强调渗漏,从而忽视了潜力很大的通过减少表观损失挽回大量的应计收入。

2. 用户水表不准确的原因

水表的测量误差可能有如下几个方面:读表错误可能是各种机械或应用程序的原因所致。由于客户群之间的用水模式有很大不同,往往在一个水务公司可以发现大量不同口径和型号的水表。标准的容积式水表或速度式水表为住宅用户提供了准确的流量测量,而大型的工商研究机构用户可能会遇到白天流量和夜间流量的巨大差异,因此需要能在流量范围很大条件下进行准确测量的水表,即采用复合式水表。其他因素要求供水商能够提供准确的计量。关于造成水表流量测量不准确的主要原因如下:

(1)长时间的磨损。

(2)水质影响。

(3)化学物质结垢沉淀。

(4)光洁度差,做工差。

(5)极热或极冷的环境条件。

(6)不正确的安装。

(7)不正确的口径。

(8)所用水表型号错误。

（9）水表受到干扰。

（10）缺乏日常检测和维护。

（11）不正确的维修。

维护用户水表的推荐做法包括：监测记录的用水模式和定期轮流停止水表的使用，以进行测试、校准、维修或更换。有些地方没有水表或水表有缺陷或无法读表，许多供水系统都通过估算方法计量用户的用水。不管是临时的还是长期的估算，如果方法不合理或者没有适应不断变化的客户消费模式，就可能不准确，继而形成了另一种不准确的计量形式。

获得准确的用水量数据的下一个步骤是读表。读表误差本质上是测量误差。随着越来越多地使用自动仪表读取系统，读表误差的发生机会与传统的人工读表相比可能会减少。然而，所有寻求优化的供水系统至少应包括一个对读表业务准确度的简短的评估，用以将实际测量的用水量转入到信息处理（计费）系统。

3. 水量核算中误差发生的原因

用户账户处理中的误差有多方面原因，其中包括如下：

（1）计费调整时修改了用户用水量的数据。

（2）有些用水的用户被无意或有意地从计费记录中删除并不受监控。

（3）某些用户被定为不收费（免费或补贴）的状态，对其实际用水量不作记录。

（4）在数据分析和计费中发生的人为误差。

（5）在计费和水量核算中发生的政策漏洞。

（6）结构不合理的读表系统或计费系统。

（7）对用户账户状态中房地产所有权改变或其他变化未及时跟踪。

（8）在表观损失的评估、减少和预防中，对技术与管理的关系缺乏认识。

> 大部分在水量核算中出现的误差主要是由于在核算过程中缺乏结构和控制。

在美国,"水量核算"不像"财务"核算那样成熟,尚未形成惯例,大量的控制和责任未形成标准化流程。事实上,水量核算还没有统一的标准,可能导致许多供水系统低估了用户实际用水量,并且不能充分捕捉可能的计费。

4.非法用水

造成表观损失的第三个主要原因就是非法用水。虽然人类的本性会高度关注数量与成本的关系,但仍有少部分人试图非法获取服务而不付款,这也是人类的本性。在使用水表并且按照单位体积收取水费的供水系统中,可能更常见到的现象就是非法用水。在按统一费率收取水费而对实际用水量没有进行定期监控的供水系统中,用户可以通过大量取水来降低自己的有效单位用水成本。这些用户想通过避免被纳入计费流程而达到用水不付费的目的。

非法用水的手段很多。许多非法用水发生在已建的终端用户点。有些用户干扰水表或读表设备,以减小水表的读数。幸好许多自动读表系统具有干扰检测功能,有助于阻止这类非法活动。目前,已经知道一些不法大表用户打开未装表计量的旁路管道阀门,从而使给他们供水的线路绕过水表。某些用户或承包商可能有意或无意地在用户进户管道的水表上游连接分支管道,这样也可使其供水不通过水表。

美国东北部的城市供水系统中频繁遇到了用户恢复已停用的进户连接的情况。关闭并锁定用户进户管线上的截止阀,是美国各水务公司对欠费用户终止服务的常用手段。当欠费用户被水务公司停止供水,用户又擅自重新恢复

> 偷水的情况不仅仅是第三世界国家的问题,在美国也普遍发生。

自家供水服务时,就形成了非法恢复用水。这些情况表明,水务公司在终止对这些用户的供水后需要继续监控这些用户账户,防止其非法恢复用水。费城就实施了这样的监控,并在减少非法恢复用水方面取得了成功。自从1999年安装了自动读表系统后,将非法恢复率从占所有被终止供水账户的35%下降到20%以下。在其2007年会计年度,费城查出了2 984个非法恢复用水的用户账户,并通过鼓励欠费用户付费而收回了欠费341 000美元。通过自动读表系统,即使某一账户因

为欠费而被关闭,该系统还会继续读表并监控用水情况。与美国的经验相反,英格兰和威尔士规定水务公司在任何情况下都不允许终止对用户的供水。

当有人设法从供水系统中除用户进户连接管外的某个位置获得供水时,也会发生非法用水。在美国,消防栓为地面附属设施,因此在许多城市经常发生非法打开消防栓的情况。在一些地区,使用消防栓为街道清洁设备,为园林卡车和施工车辆充水非常随意,以致正直的企业也会感觉这些做法是可以接受的。在这些地方,水务公司面临对公众进行教育的挑战,要宣传水作为一种商品在商业社会中的价值。建立水房在现在的供水系统中非常普遍,这些供水系统希望允许,甚至推广在用户进户连接管之外的一种售水模式。有些供水系统允许通过申请许可证的方式合法使用消防栓供水。出于对保护交叉连接以及水管理的一些职责考虑,这样的做法不是大部分水务公司的首选。

所有的水务公司都应该注意到,其供水系统中在一定程度上都存在非法用水的可能性。正如商品零售店必须采取防盗措施一样,供水系统应该有适当的非法用水控制措施,并经常进行检查。

3.2 结论

本章对两种水损失进行了总体介绍,即真实损失和表观损失。在每个供水系统中都存在一定程度的真实损失和表观损失,这取决于水务公司的效率。水务公司需要对这两种水损失进行仔细地评估、监测和管理,从而使供水系统能够运行在最佳经济水平。第 16 ~ 19 章将对真实损失作进一步的详述,并且深入探讨了解决真实损失的可行干预措施。

第 11 ~ 15 章将对表观损失进行进一步的详述,并且深入探讨解决表观损失的可行干预手段。

参考文献

[1] International Water Association. *Performance Indicators for Water Supply Services.* Manual of Best Practice. London:IWA,2000.

[2] Tardelli, J. Chapter 10. In *Abastecimento de Agua*. São Paulo, Brazil. Tsutiya M Escola Politecnica, Universidade de São Paulo: 2005.

[3] Grigg, S. N. *Main Break Prediction, Prevention, and Control.* Denver, Colo. : AWWARF, AWWA, and IWA, 2005.

[4] American Water Works Association. *Water Audits and Leak Detection*, 3rd ed. Manual M36. Denver, colo: AWWA, in press.

[5] American Water Works Association. *Statements of Policy on Public Water Supply Matters*, Available online: http://www, awwa. org/about/oandc/officialdocs/AW-WASTAT, cfm. [Cited March 29, 2007.]

第 4 章　美国和其他国家的水损失管理
——控制水损失问题需要做什么？

4.1　简介

水损失是一个长期而且往往非常严重的全球性问题,其涵盖范围广,从有大规模供水设施的高度发达国家,到资源有限的发展中国家。气候变化、干旱以及缺水问题常常发生在人口快速增长的干旱或半干旱地区,对供水的影响日益增加,水已经为经济增长和环境可持续性发展的一个制约因素。对于这一严峻的现实,大多数国家却没有要求对供水和水损失进行可靠跟踪监测,这是不可想象的。经常听到水务公司经理为其不作为找理由:缺乏资源和负担许多其他更为优先的供水工作。一些水务公司因为害怕公众不满而低估其水损失,尤其是在水务公司正在要求用户节约用水或支付更高水费的情况下。在用水审计法规比较有限的地区,审计没有外部机构的审核,一些水务公司经理在纸上用"铅笔"歪曲其真实损失水量事实。然而,这些做法大多数只是一个地区或国家水损失控制议程缺乏的一种反映。

> 许多水务公司用"铅笔"进行水审计掩盖其真实水损失量的事实。这种做法反映了一个地区和国家没有考虑水损失控制问题,尤其是在这类水务公司正在要求其用户节约用水或正在计划开发新水源的情况下。

纵观世界,水的供需平衡处于危险境地。在许多发展中国家和一些发达国家,有些供水系统无法为用户提供每天 24 h 的连续供水,特别是在干旱时期。其他的供水系统都面临着看似有限的水资源在为迅

本章作者:Reinhard Sturm;Julian Thornton;George Kunkel。

速发展社区供水的问题。度假胜地的水务公司为大量的度假和旅游贸易服务,导致周末和假期高峰用水量比一般的高峰用水量多出几倍。这些供水系统通常要借贷大量资金,开发昂贵的新水源,但这些水源只在部分时间发挥作用,其他时间则基本处于未使用和低效运用的状态。对于处在这样状况下的供水系统,损失管理具有多种优势,例如可以找出目前损失的水量,以及通过处理表观损失而进一步收回所需收益等。一个成功的水损失控制计划可以推迟用于资本投资的贷款成本,延长现有水源的利用时间,提高用户满意度;并且通常可以加快投资回报。

有效控制水损失朝正确方向走的第一步是评估和确认问题,接着是投入资源和资金。本章介绍不同国家如何进行水损失管理,重点对美国、英格兰和威尔士,以及其他一些对水损失采取了进步立场的国家之间的供水体系进行了对比。该章内容主要侧重于这些国家的监管体系、标准以及水损失管理实践。

4.2　美国的水损失管理

美国是一个真正拥有得天独厚丰富自然资源的国家。水作为一种主要资源被不断开发,帮助美国发展到今天的繁荣富强。不幸的是,早期丰富的可用水资源虽然可能促进了供水管网设施建设,但也促成美国人养成了现在可以容忍大量水损失的心态。公众和许多供水专业人士普遍缺乏对这一事实的认识是一个大问题。

今天,美国饮用水行业在提供维持本国经济发展和人口增长所需供水方面,正面临着越来越严峻的挑战。美国一些发展最快的城市,例如菲尼克斯和拉斯维加斯,位于干旱和半干旱地区,水资源有限,需要在很遥远的地方开发水源,再通过输水进行供水。科罗拉多河是一个重要的供水生命线,但在流入加利福尼亚湾的河口处经常发生断流干枯,而其水域要为几个州供水,这几个州彼此之间经常就如何最好地管理河流同时达到他们供水目标而发生争执[1]。

近20年来所看到的用水限制,是由于在很多地区经常发生持续多年的干旱,而开发新的水源已变得不那么有吸引力了,这是由于对水质和环境保护的要求不断加强而增加了开发成本以及资金紧张。面对这些压力，在国家层面上减少水损失政策仍没有得到足够重视，尽管通过减少损失而节约的水资源意味着一种最便宜的新水源。

在美国，过去几十年中，"用水计量"一词一直被随意用来表示影响水务公司供水效率的各种活动。在美国历史上，用水计量工作(未计费的水的百分比)的存在形式更像艺术而不是科学，所用计量方法所产生的混乱，往往与解读损失条件中的解释一样多。从表象上看，这种混乱主要源于术语的不一致性、百分比度量法的不可靠性以及合理评估和比较损失性能程序的缺乏。从更广的层面上讲，是由于对美国水损失范围缺乏认识，用水计量方法过时，成为一个薄弱学科。对许多供水行业利益相关者来说，缺乏认识是一个严重问题，因为目前还没有使水务公司可靠地量化或控制其损失的全国性议程。

> 美国还没有全国统一的用于准确量化水损失的方法，但是，一些州和地方政府呈现出明显的变化迹象。

相反，在一些州节约用水领域已形成为一个结构合理的学科，在限制不必要用水方面取得了相当大的成功，尤其是在人口剧烈增长并且水资源有限而且价格昂贵的干旱地区。节约用水主要侧重于由最终用户提高用水效率和减少浪费以降低用水量，在推进国家层次的立法已取得认可，设置了家庭用水器具和其他用水设施。在美国环境保护署(USEPA)的支持下，全国节水联盟正在全国范围内启动大量成功的地区性节水工作。美国环境保护署最近也启动了自己的 WaterSense 节水产品认证计划，在售用水器具上均标有 WaterSense 标志，就像已实行多年的家电标志 EnergyStar 能源效率等级一样。不幸的是，水务公司由于渗漏和计量问题而造成的供水损失往往是最终用户所节省水量的许多倍，但他们对此却没有充分认识。

> 在美国，许多成功的节约用水工作为改进结构以促进水损失控制打好了基础，特别是因为水损失管理能够产生的节水往往是水损失修复可能产生节水量的许多倍。

4.2.1　文化态度

美国人是世界上最大的用水者。如图 4.1 所示[2]，美国是世界上人均用水量最高的国家，这一评估结论除饮用水供给外，还包括其他所有取水用途(以发电用水和灌溉用水为主)。这里想说明的是，图 4.1 所示的用水量还存在一定程度的误差。一般来说，许多国家都不存在比较精确的数据，所以像这类评估必须始终以非常通用的方式进行说明。然而，图 4.1 很好地反映了世界各洲所有用途的(农业用水、工业用水和生活用水)取水存在显著差异的基本情况。

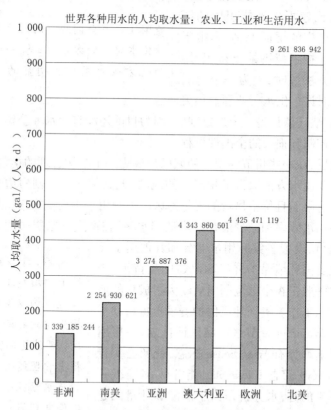

图 4.1　世界各洲水利用情况比较

(资料来源：参考文献[2])

"节约"有时被视为"所做的工作更少",这有时会有悖于美国人的思维方式,后者往往是面向建设、开发和开采资源。对于水务公司对水没有计量的问题,是因用水和供水双方的思维中都不存在水资源"有限"的意识造成的。与世界其他地方一样,在美国,水的价值往往从字面上和情感上被低估。由于社会或政治方面的原因,用水的成本往往被有意压低,各国用水成本比较详见图4.2。

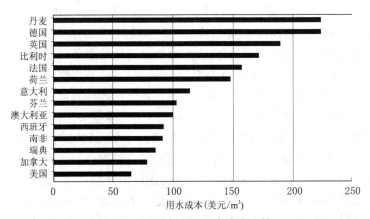

图 4.2　2006 年各国用水成本比较

(资料来源:英国咨询集团《国际用水调查与成本比较》,2006 年 7 月)

4.2.2　地理和人口

在人口增长最快的美国"阳光地带"的南部各州,水资源往往稀缺和昂贵。由于水在推动社会发展中起到了关键作用,这些区域很重视水资源的保护,供水管网设施普遍较新,水损失较少。但是,由于经常要从遥远的地方引水,因此需要进行复杂的规划和协商,以及建设大型能源密集型的供水设施(水库、管道和泵站),故水损失减少到最佳经济水平显得尤为重要。

与人口增长迅速的"阳光地带"相反,在人口增长已放缓的原工业城市,水资源比较充足且价格低廉。这些城市往往拥有丰富的水资源和过剩的供水能力,但用户群体的萎缩和供水设施的老化,致使其供水系统中的损失往往被忽视,即损失还在继续发展。

4.2.3　水务公司的组织和结构

在美国有 55 000 个水务公司,其中大多数位于乡村而且规模极小,而数量较少的大中型水务公司位于人口稠密的地区,为绝大多数用户供水。在美国,最大的 3 700 个水务公司为全国 80% 左右的人口供水。大多数水务公司由市政府所有和经营。在多个州,也有少数大型私营公司运营的供水系统。还有一些公司因原来是为农业灌溉区供水故将该供水区定为灌区。有几个大型供水批发商为小型水务公司大量供水。很多是由地方政府(市政府或市政当局)经营的水务公司,在组织和管理结构上彼此差别很大,许多大大小小的私营水务公司也是如此。供水系统的边界通常按行政区划划分,而不是自然(分水岭)边界。

在通常情况下,用水计量人员是供水系统的操作人员,水资源保护者是公共事务或政策方面的专家。由于对整个水损失问题缺乏全国性的意识和共识,历史上这两个"阵营"没有广泛的互动或将双方的工作整合到用水保护及效率这一使命下,好在这个情况已经开始改变,来自两个方面的利益相关者现在在一些重要倡议上开始互相配合。

在各种各样的条件下制定标准是复杂的,但仍能根据美国《安全饮用水法》(1974 年颁布,1996 年修订)实施复杂的水质授权一样,都是可以解决的。

4.2.4　环境视角

在过去的几十年里,美国的环保意识一直在稳步增长,现在已成为国家规划和发展决策中的一种平衡力量。美国环保局的成立就证实了环境因素是决策过程中必须考虑的。

过高的水损失间接导致了过大的供水设施规模、额外的能耗和不必要的水源地取水,所有这些因素可能对环境施加不必要的,有时甚至是破坏性的影响。

如果减少水损失可以实现,大量新的水源取水和扩网都是可以避免的,也就是说,减少损失所节约的水可能代表着尚未开发的水资源的最大组成之一,是美国节约能源的潜在措施。

4.2.5　水损失管理的现行监管结构

不论是在所有权方面还是组织监督方面,美国饮用水行业的体系都是高度分散的。各个州的监管体系各不相同，许多水务公司由两个或两个以上的监管机构主持，可能包括政府环保机构、公用事业委员会、河流流域管理委员会、水资源管理区，以及一个或多个联邦机构。其他重要的利益相关组织，例如县级保护区、规划委员会和流域协会等均可能参与到水资源管理讨论。

在 20 世纪后期，联邦政府的高度参与为清洁河流和饮用水而制定了大量水质法律法规。相反，联邦政府对输水和用水的审计要求，一直是结构简单和影响程度很小。

更换老化管网的需求和确定适当的筹资机制已经引起了相当的关注。然而，需求的范围往往是基于不包括减少损失的预测。如果将真实损失的减少和节水始终纳入这种需求分析之中，可能会得出一个更加合适的州供水设施建设需求的估计。

2001 年，美国供水工程协会实施了一项题为《州机构水损失管理调查报告》的全面调查，调查的主要内容是州和区域的损失标准、政策、实践。调查报告得出的结论是，虽然有一定数量的州和区域机构制定了水损失政策，但各机构之间在目标和标准上仍有很大差异。据调查，现有的饮用水供水效率监控结构实际上只是表面的、简单的（在大多数情况下只用"不收费水"百分比一个性能指标），几乎不包括验证水务公司性能的任何审计或执行机制。这项研究明确指出，在大多数情况下，州机构对达到既定目标的未给与奖励，对没有达标的也不采取行动。此研究的一个非常重要的成果是美国有必要对当前用于评价水损失的定义、措施和标准进行优化。本书根据有效和可靠的数据提出了建立一个统一的水量核算系统。

4.2.6　目前的水损失管理实践

成功的水损失管理的起点是通过国际水协会、美国供水工程协会规范用水审计，准确估算供水量和用水量。在美国，很多用水审计由水务公司按年度进行，但缺乏统一性。各水务公司使用的审计方法、性能指标、损失计算公式，以及审计的时间间隔等差异显著。大多数水务公司未用美国供水工程协会水损失控制委员会（WLCC）推荐的国际水协会用水审计方法。因此，由于评估方式的不统一，无法准确地比较各水务公司的水损失。过去用来描述水损失的指标(无收益水量百分比)是非常不可靠和不恰当的。该百分比过分受分母(系统供水总量)的影响,导致用户数量增长的水务公司的水损失被低估,而用户减少的水务公司的水损失被高估。此外,这个简单的百分比不能揭示具体的损失水量和成本,而这两个参数是分析中的最重要的参数。

以下的简化例子清楚地说明了这种百分比在用作损失管理性能指标时,是如何产生误导和不当的。案例中为一个标准的美国水务公司(无工商机构用户),居民用户有 20 000 个,日人均用水量 400 gal,用水总量 292 000 万 gal/a。假设该供水公用事业每年的实际水损失为 32 500 万 gal,系统总输入为 324 500 万 gal/a。该水务公司的损失百分比为 10%。如果该水务公司通过成功节水计划,将日人均用水量降到 200 gal,每年计量用水总量减少至 146 000 万 gal。在真实损失没有减少的情况下,整个系统输入量因此减少到 178 500 万 gal/a,这会导致损失百分比达到 18% 左右。这个简单的例子解释了为什么用系统供水总量百分比来表达水损失是一个糟糕的性能指标。

北美水务公司日人均用水量为 400 gal;

系统供水总量为 324 500 万 gal;

用水总量为 292 000 万 gal;

总损失水量为 32 500 万 gal;

总损失水量与系统供水总量的百分比 = 32 500/324 500 = 10%。

同一水务公司日人均用水量为 200 gal;

系统供水总量为 178 500 万 gal;

用水总量为 146 000 万 gal;

总损失水量为 32 500 万 gal;

总损失水量与系统供水总量的百分比 = 32 500/178 500 = 18%。

图 4.3 提供了另一个凸显百分比指标(本例为计量用水百分比)缺点的例子。尽管 12 年间无收益水趋势线显著降低,但这个百分比却变化不大。这是因为费城的用水量也一直在下降。

在美国,目前缺乏水损失的体系、法规和统一的评估方法,致使水损失管理仍是一个相当薄弱且被忽视的学科这一事实。美国供水工程

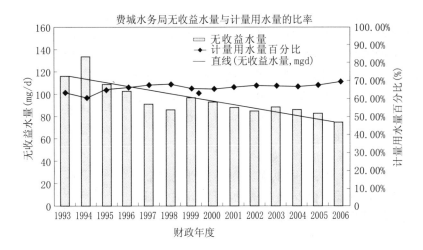

图4.3 无收益水量与计量用水量(资料来源:George Kunkel)

协会的《州机构损失管理调查报告》和美国供水工程协会研究基金会(AWWARF)的《损失管理技术报告》[4]都明确强调,大部分水务公司只采用被动的水损失管理,仅包括修复破损或爆裂的干管和因用户投诉或发展为地表可见的渗漏。

干管破损是最易识别的明漏,由于其破坏性,通常会被迅速报告、回应和控制。然而,暗漏通常不为水务公司和公众所关注,要发生很长一段时间才会被发现,其损失量占损失总量的绝大部分。虽然大多数美国水务公司都能对明漏进行及时抢修,但可能只有少数公司对暗漏进行定期探查或损失调查(通常时间间隔为1~5年)。许多供水系统未对暗漏进行探测调查,一般情况下,只有较大的水务公司会配备专门的"检漏"人员和先进的渗漏检测相关仪器或其他电子设备。较小的公司则通常依赖于检漏公司对难以发现的渗漏提供定位服务,以及对供水系统进行定期暗漏调查。

更复杂的损失管理技术,例如独立计量区(DMA)或调流控压,在美国只有少数水务公司使用。

4.2.7 美国的积极探索——法规、标准和实践

节水和节能对水务公司及政策制定者越来越重要,水务公司管理

者逐步意识到:无论从环境、政治还是经济方面看,改进用水计量和损失控制都十分重要。多方面因素又使得这一变化趋势得以加强,包括持续的干旱、美国西部各州不断增加的人口、昂贵的水资源以及美国环境保护署将来可能颁布的针对供水系统的法规等。

自从本书第一版于 2002 年问世,便采取了几项重要的积极举措,为美国成功实施水损失管理做好了准备。

> 过去 5 年在几部开创性的法规和出版物方面取得了重要的进展——引导美国进入主动和高效的水损失管理。

美国最重要的举措如下:

(1)2001 年,美国供水工程协会研究基金会研究咨询委员会 2811 号资助项目《评估水损失和制定损失减少策略》,帮助优化北美的水损失定义、措施和标准。这个重要项目的最终报告发布于 2007 年,现已成为北美水损失管理的参考标准。

(2)2003 年,美国供水工程协会水损失控制委员会在报告中建议,将国际水协会水量平衡和性能指标(包括供水设施损失指数)作为目前行业水损失评估的最佳方法[6]。

(3)2003 年,得克萨斯州议会通过了 3388 号法案,其中包含了对饮用水供水机构每 5 年提交一份用水审计报告的要求。得克萨斯州水资源发展委员会(TWDB)负责识别用于此类用水审计的方法并建立国际水协会开发的方法。得克萨斯州是美国第一个采用国际水协会用水审计最佳管理方法的州,表明了其对标准和清晰水损失评估的明确支持。

(4)从 2003 年起,几个其他水监管机构已经提出提高供水效率和长期可持续性。以下组织正在审查州法规、法令和水计划:①加利福尼亚城市节水委员会(CUWCC);②加利福尼亚州公用事业委员会(CPUC);③特拉华流域管理委员会(DRBC);④佐治亚州、新墨西哥州、华盛顿州、田纳西州、马里兰州和宾夕法尼亚州。

(5)2003 年,美国供水工程协会研究基金会研究咨询委员会和美国环境保护署资助的 2928 号项目——"漏损管理技术"旨在审查国际上所用的主动漏损管理技术,评估这些技术在北美的适用性,并就如何在北美成本计算中有效地实际应用这些技术提出了指导意见。一份涵盖这个重要研究项目全部方面的综合报告于 2007 年发布。

（6）美国供水工程协会水损失控制委员会正在重新编写美国供水工程协会 M36 供水实施手册《用水审计和检漏》[5]，对国际水协会的用水审计方法及表观损失和真实损失控制提出了指导意见。新编的美国供水工程协会 M36 手册定名为《用水审计和损失控制计划》，于 2009 年出版。

（7）2006 年初，美国供水工程协会水损失控制委员会开发了一套免费的、入门级的软件。该软件包含水量平衡和性能指标，以经美国供水工程协会审批的国际水协会标准用水审计方法和性能指标为基础。此软件可以从美国供水工程协会网站——WaterWiser 主页上下载。

美国在过去的 5 年中在水损失管理方面取得了明显的进步，与 20 世纪 80~90 年代发生在英国的初始转变类似。而英国目前已经在主动和高效水损失管理方面处于领先地位。

4.3　国际上的水损失管理

目前，正在实施的由政府、公共事业机构和国际资助机构资助的水漏失管理项目遍及世界各地。然而，只有少数国家已经成功建立了全国范围内的水漏失管理法规和操作规程。本节对世界上几个国家的有效水漏失管理结构进行了一般性概述，重点关注英格兰和威尔士。

4.3.1　英国的水损失管理

本节所谈及的英国主要是指英格兰和威尔士，因为它们是英国水损失管理法规结构最合理的两个地区。

英国的主动处理水损失系统与美国的现状之间形成了鲜明的对照。很多因素促成了英格兰于 20 世纪 90 年代建立了先进的用水和漏损管理结构。1989 年对少数大型水务公司进了重组、私有化以及监管，使供水营运模式发生了重大改变。由于收入增长潜力受到政府对水价的限制，许多水务公司都将减少漏失作为提高效率改善的措施之一，借此降低成本并提高收益。20 世纪 90 年代初，很多水务公司共同签署了"国家漏失控制倡议"，这是一项旨在寻找最佳损失减少方法的主要研究项目。发生在 20 世纪 90 年代中期的严重干旱，促使英国水务办公室（Ofwat）这一政府经济监管部门，推出了减少水损失的强制性目标；很多公司都能够快速执行从损失减少研究中得到的建议，因此已经实现了强制性目标。从 20 世纪 90 年代初开始，英国在控制水损失

方面付出了大量努力,将减少水损失作为水务
公司的一项主要工作任务。如今,英国的水务
公司对自己的各水损失分量及其最优经济损失
水平有了清晰的理解。这些水务公司在计算和
公布损失量数据方面采用了"透明"式的操作。
大多数公司都声称已经或即将达到自己的最优
经济损失水平。英格兰和威尔士的水漏失总量
从 1994～1995 年的 1 350 mgd(511 200 万 L/d)
降低到 2000～2001 年的 856 mgd(324 300 万

> 20 世纪 90 年代中期发生在英国的严重干旱推动了强制减少水损失——一项在美国很多受干旱影响地区可以实现的方案。

L/d),水漏失总量降低了 37%,即减少了 528 mgd(200 000 万 L/d),这
些水量足够供给超过 1 200 万以上的人口。

　　2001～2002 年出现的水漏失量增长(见图 4.4),是由泰晤士水务
公司水漏失量增加引起的,与英格兰和威尔士其他的水务公司总体下
降的趋势正好相反,该公司的水漏失量持续增加。2002～2003 年,塞
文纯水务公司的水漏失量也出现了增长。这两家公司受到水务办公室
的严格监控,确保其根据既定目标提高性能。除了泰晤士和塞文纯两
家公司,其他所有水务公司的水漏失量进一步持续下降。

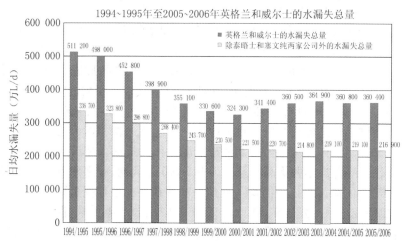

图 4.4　1994～1995 年至 2005～2006 年英格兰和威尔士的水漏失总量减少情况
(资料来源:英国水务办公室,由网上公开的年度漏失报告编制而成)

1. 漏失管理法规

1989 年,英格兰和威尔士供水行业私有化之后,10 个大型区域的供水及污水处理公司相继成立,连同 16 家法定供水公司,按照 1991 年《水法》为整个英格兰和威尔士供水。英国供水行业的主管机构主要包括水务办公室和环境署(EA)。水务办公室为经济主管机构,而环境署为环境主管机构。每家水务公司都要按水务办公室的要求提交一份年度报告,按照标准水量平衡标准(类似于国际水协会的标准水量平衡标准),详细说明供水管网的供水、用水和水损失分量。水量平衡结果必须通过来自独立计量区的数据作为最小小时流量分析进行交叉校验。独立计量区是为区分水损失事件和用户用水而建立的离散区域。

水务办公室利用这些报告的结果,评估每个水务公司的运营性能、性能目标,并在公司间相互比较。为了避免受到水务办公室的制裁,每个水务公司都必须达到水务办公室设定的强制性目标(以万 L/d 为单位)。

整体而言,在英格兰和威尔士,水损失的评估、报告和管理受到严格监管。与此配套的是评估和估算水损失的明确定义、测量及标准。两个主管机构密切监控所有水务公司的性能,根据为每个水务公司建立的最优经济损失水量规定其性能和效率目标。

2. 漏失管理方法

过去 20 年来漏失管理方法的发展促进了人们对以下 4 个基础漏失管理方法之间相互作用的深刻理解:

(1)供水设施管理。

(2)压力管理。

(3)主动漏失控制。

(4)修复的速度和质量。

对最优经济漏失水量的理解和准确评估是另一个重要进步,构成了一个水务公司水损失管理策略的组成部分。统一的水漏失管理策略和主管机构的监管,依赖于以统一的方式评估水损失以及制定在经济和环境层面上合理的水损失减少目标。英格兰和威尔士采用的水漏失管理方法非常成功,主要有以下措施支撑:

(1)改进业务重点。成立专门的部门和团队来管理和减少水损失至最优量。

（2）提高数据质量。意识到用水审计和目标建立所用的数据质量是一个成功水漏失管理策略的基础。

（3）定期计算水量平衡和性能指标。为了定义和优化干预目标及措施，需要定期进行标准水量平衡和性能指标计算。这些计算结果要通过独立计量区的最小小时流量分析进行验证。

（4）管网分区和独立计量区的建立。目前已认识到减少真实水损失最有效的方法之一就是缩短水漏失的发生时间。独立计量区和相关的最小小时流量测量可使水漏失管理者合理分配检漏资源，并将其投入到那些漏失水平必须进行干预损失量的区域。

（5）压力管理。众所周知，压力管理是最有效或高效的水漏失减少方法。一般有三点好处：减少背景漏失，以降低干管及进户连接管的爆管率和漏失流量。

（6）缩短修复漏失的响应时间。已意识到水漏失的发生时间长短是影响真实损失总量的主要因素；并采取措施确保平均修复时间大幅度减少。

（7）用户端漏失。在发现大部分水漏失量发生在进户连接管道用户端后，将这一漏失分量的有效管理工作纳入整体漏失减少策略之中。

（8）改进水漏失探测方式。漏失减少计划只有在有现场人员查找到漏失点才算是好的。为此，制订了综合培训计划，以提高水漏失探测人员的技能水平。

（9）资产管理。认识到了水漏失管理是资产管理不可缺少的一部分。供水设施更换是对某个资产最全面的改进，但此举也是这四项管理方法中最昂贵的。集中力量开发先进的资产管理技术，在战略基础上规划供水设施投资和更换。

这些水漏失管理方法详见第 10 ~ 14 章的深入讨论。

4.3.2　其他国家改进水漏失管理的实例

以下将对国际先进水损失管理活动进行简要描述，以反映世界上很多国家已日益认识到水损失的影响；以及这些国家为了促进水务公司高效运行所采取的措施。

1. 德国

德国的水市场存在很多中小型企业和市政公司。水务公司有不同的法定组织形式,最常见的包括市政府部门、市政公用事业机构、市政公司、合资公司、操作者模式与管理和服务合同[7]。目前,德国大约有5 260个供水企业。德国针对水损失管理有严格的准则和很高的性能指标。然而有趣的是,这些准则多是在供水的卫生、充足性、安全和环境等因素驱动下而制定的,不像英格兰和威尔士那样主要基于经济考虑。2003年,德国发布了水域国家准则《W392—供水管网检测和损失—活动、程序与评估》。要求供水商评估和分析供水系统状况,计算分析水的损失情况并采取有效的损失降低措施。

遵循W392规定,德国的水务公司寻求包括资产管理在内的综合维护策略。德国的供水管网维护包括供水系统及其组件的定期检查、预防和纠正性的维护以及修复改造。德国所采取的方法也很有前瞻性,即在规划和建设阶段就充分考虑以后的维护活动。在管网扩建期间建立独立计量区,并在输水干管线上安装总表以及时检漏,这都是整体方法的典型示例。德国的准则强调,对生产、分配及用户消费进行全面计量,以非常准确地平衡流量和监测真实损失水平。德国法规要求水务公司采用能对水量平衡每个分量准确定义的方法进行年度用水审计。并建议水量平衡标准与《国际水协会最佳方法手册》中的建议内容一致[8]。W392准则不鼓励采用输出/输入百分比作为真实损失指标,其中表述为:真实损失占系统供水总量的百分比不适合作为一种技术性能指标,因为其并未反映任何影响因子。若用这种百分比表达,供水总量较高的供水系统(例如城市供水系统)自然会得到(表面上)较低的损失水平而供水总量较低的供水系统(例如农村供水系统),从而会出现较高比例的真实损失。因此,采用这种百分比进行比较只能是对高供水总量的系统有利[4,9]。

2. 澳大利亚[10]

澳大利亚水行业由300多家水务公司组成。大多数供水机构及水务公司在澳大利亚是公有的,有很多为国家或地方政府所有。自2002年起,澳大利亚进入了持续多年的严重干旱期,此事件正在威胁农业产业的生存,并将水损失管理推向国家政治焦点。在过去的2~3年里,水损失管理活动在澳大利亚水行业的重要性显著提高,因为可持续的水损失管理已经成为澳大利亚社会广泛关注的问题。在国际水协会损失特别工作组副组长 Tim Waldron 引导下,水损失管理日益受到关注,他同时也是澳大利亚宽湾水务公司的首席执行官。

就世界范围而言,澳大利亚的水损失水平很低(供水设施损失指数为 1.0 ~ 1.7),这要归功于澳大利亚水行业较新的供水设施、对已知爆管的快速响应、资产选择和管理的高标准。

尽管水损失水平已经相对较低,但澳大利亚水行业近期在以下三个基本因素驱动下对损失管理给予了关注和投入:

(1) 在澳大利亚许多大城市和人口聚集区发生了严重的干旱和缺水。

(2) 政府的水损失管理法规。

(3) 政府增加了对水损失管理活动的资助。

澳大利亚水行业采用了国际水协会水损失特别工作组的方法,将其作为开展此项工作的组织概念。采用此框架已形成制度化,具体表现在:拥有主要的水行业成员组织,例如澳大利亚水务协会(WSAA);各水主管机构已经利用国际水协会提出的水量平衡和术语,并开发出了可用的软件工具和信息包,形成了事实上的澳大利亚标准。

监管改革由昆士兰州政府发起,要求州内所有供水方:

(1) 用国际水协会的方法制订供水系统损失管理计划(水损失按水的零售价格计价)。

(2) 采取成本有效的损失管理行动(例如主动损失控制、压力管理等)。成本有效的行动定义为任何可以在 4 年时间内获得回报的活动。

其他州政府和联邦政府的管理者正在审核此管理制度,它有望成为将来澳大利亚政府机构的监管行动模式。澳大利亚政府(联邦)通过澳大利亚供水基金,向许多重要的水损失管理试点项目提供了政府资助。新当选的联邦政府(2007 年 12 月)通过公布一揽子重要的水损失管理国家资助计划,将损失管理提升为竞选议题。这一国家政府资助通过很多州政府的支持得到了进一步强化,它们向水务局提供了大量资金支持,帮助其开展水损失管理活动(昆士兰州是一个重点旱灾区,所以其获得了整个项目经费 40% 的补助,来自州政府)。

由此,来自监管和资金方面的驱动,促使澳大利亚供水行业实施一些大型的水损失管理项目。最明显的是在昆士兰州东南部,水务公司正在一个供水系统实施分区计量和压力管理,涉及社区服务用户数量目前已超过 200 万个。尽管在实施这些项目之前的水损失水平较低，但还是通过这些项目节约了大量的水。

从 2003 年起，黄金海岸水务公司与宽湾水务公司共同实施了澳大利亚最大的水损失管理项目。此项目实现的节水情况如下：

（1）用水（系统供水总量）。

系统供水总量减少了 22.22%，从 7 375 070 万 L/a 降到 5 736 180 万 L/a。用水总量从 1 640 L/（进户连接点·d）降到 1 091 L/（进户连接点·d），减少了 549 L/（进户连接点·d）。

（2）真实损失。

现有供水系统损失的单位值从起初的 164 L/（进户连接点·d）降到 46 L/（进户连接点·d）（值得注意的是，由于有此表现，黄金海岸水务公司从技术上讲可以免去制订系统损失管理计划，因为若大型水服务供应商在其真实损失低于 60 L/（进户连接点·d）时便可享受法律免除）。

系统供水总量和计量售水量之间的差距从 913 470 万 L/a 减少到不足一半，即 363 770 万 L/a。现有系统损失量已经减少了 495 100 万 L/a 或 1 356 万 L/d。

这些骄人成绩的取得离不开如下措施：

（1）独立计量区的建立（50% 进户连接点）。
（2）水损失测试区的建立（14% 进户连接点）。
（3）适当区域的压力管理。
（4）水池维护和修复。
（5）干管更换。
（6）进户连接管和水表更换。
（7）资产状况评估和更换。
（8）缩短爆管响应时间。

广泛开展压力管理活动使压力管理区内的明漏显著减少。

4.4　需要有意义的法规

当考查各个国家在水损失管理方面取得的成功经验时，显而易见的是，取得水损失管理成功的都是那些具有结构合理和发展均衡的联邦或州水损失管理法规的国家。美国基本上没有这样的结构,然而,缺少统一、积极法规的不仅仅是美国,类似的对水损失问题缺乏认识的情况其他国家也有。

美国很多地区在过去的 20 年中经历了严重的干旱期。1987 ~ 1992 年在加利福尼亚州出现的严重干旱激发了严格的用户用水限制出台,但很少有人关注供水方需要准确量化和管理自己的水损失。

在美国,用户节水计划之所以得以建立并得到联邦、州层面的法规和激励机制的支持,主要是美国局部地区严重干旱激发的。然而,要是没有制定相关的地方、州或联邦法规,这些计划很多是不存在的。在美国,随着相关的新联邦法规的通过,全行业计量和水损失控制将会出现有意义的提高。美国水监管结构很分散,管理决策和结构异常复杂;而联邦和州监管机构应重点开始考虑形成基本监管结构,以此促使水务公司按照公认的最佳管理方法评估和管理自己系统的水损失。1996年修订的《安全饮用水法》就是联邦法规可用于美国饮用水行业的一个很好例子。这些法规促成了新的计划和结构,已经明显改善了全美的饮用水质量。同样,建立面向水计量和损失控制的监管结构在美国也是可能的;但对这些问题的认识还必须提高,而且必须唤起政治意愿。

如上所述,新千年伊始,美国水行业已经产生了许多积极的变化,有几个州和监管机构采用或促进标准化水损失管理。作者相信,美国从联邦层面要求实施有效损失管理只是时间问题,会给用户、水务公司和环境带来诸多可预见的好处。

4.5　总结

水损失实际上是一个全球问题,需要所有利益相关方的高度关注和重视:联邦、州和地方政府、水务公司、环保组织、用户。世界上最成功的水损失管理计划都存在于那些颁布了要求水务公司采用最佳管理法规的国家。人们已经认识到了水的损失及其造成的收入损失的起因和补救措施,革新的技术也使得水损失控制更有效且具有成本更低。许多州近些年已证实,水损失问题不易察觉,有必要将其放在美国政策和法规议程表的优先位置考虑。

表 4.1 对美国、英格兰和威尔士、德国的基本特征、水损失管理方法和监管结构进行了比较。

表 4.1　美国、英格兰和威尔士、德国的基本特征、水损失

管理方法和监管结构比较

指标	美国	英格兰和威尔士	德国
基本特征			
供水商数量(个)	59 000 个以上	23	5 000 个以上
供水商的法律组织形式	绝大多数公有	私有	绝大多数公有
人均用水量(gal/(人·d)) (L/(人·d))	100~200 (376~752)	38 (145)	34 (130)
服务密度(进户连接点/mi) (进户连接点/km)	70~100 (44~63)	40~150 (25~94)	40~150 (25~94)
压力(psi) 压力(mH₂O)	~71 (50)	~71 (50)	~43 (30)
计量居民用户比例(%)	95~100	5~60	95~100
爆管率(次/(1 000 mi·a)) (次/(1 000 km·a))	250 (156)	350 (219)	未收集相关信息
真实损失(gal/(进户连接点·d)) (L/(进户连接点·d))	75 (282)	30 (113)	19 (71)
水损失评估和水损失管理性能指标			
用水审计标准	美国供水工程协会M36手册和用户审计,国际水协会/美国供水工程协会推荐的审计较少用到	标准用水审计,可与国际水协会/美国供水工程协会推荐审计模式相似	标准水审计,按照国际水协会/美国供水工程协会推荐审计模式
审计的使用情况	总体上非常有限只被某些州要求使用	管理机构要求所有水务公司使用	要求所有水务公司使用
用水审计结果的影响	总体相当有限,各州有所不同	作为设定漏失管理和性能目标的基础	作为设定漏失管理和性能目标的基础
水漏失管理性能指标	系统输入量百分比最常使用,尽管被证实该指标不可靠	按照国际水协会推荐使用的体积和金融指标	使用的体积性能指标
水损失标准	范围、细节、和在强制标准的地方执行程度有限;各州、地区和地方层面法规差异很大	广泛且详细标准,中央政府监管机构统一推行	广泛且详细的标准——实施细节不详

续表 4.1

指标	美国	英格兰和威尔士	德国
水漏失管理方法			
独立计量区	一般未大范围应用	比较成熟且要求采用	比较成熟且要求采用
压力管理	标准压力管理普遍——高级压力管理很少采用	标准和高级压力管理均采用,是压力管理的标准组成部分	标准和高级压力管理均采用,是压力管理的标准组成部分
进户连接管修理	通常是用户的职责	对于第一次或后续的漏损,由公司支付或补贴	不详
减少对水漏失事件的响应时间	水务公司之间差异很大	漏损管理实践主要组成部分	水漏失管理实践主要组成部分
水漏失检测设备使用	只有少数水务公司拥有必要的有效检漏技术	所有水务公司都配备了必要的检漏技术,来达到设定性能目标	采用水漏失检测技术是达标的必要条件

资料来源:参考文献[4]。

参考文献

[1] Kunkel, G. "Developments in Water Loss Control Policy and Regulation in the U-
nited States." In *Proc. of the Leakage* 2005 *Conference*. Halifax, Canada: The
World Bank Institute, 2005.

[2] Pacific Institute. The World's Water 2006-2007. Available online: www. world-
water. org/index. html. [Cited January 10, 2008.]

[3] Beecher Policy Research, Inc. "Survey of State Agency Water Loss Reporting
Practices" *Final Report to the Technical and Educational Council of the American
Water Works Association* 2002.

[4] Farmer, V. P., R. Sturm, J. Thornton, R., et al. *Leakage Management Tech-
nologies.* Denver, Colo.: AwwaRF and AWWA, 2007.

[5] Farmer, V. P., J. Thornton, R. Liemberger, et al. *Evaluating Water Loss and*

Planning Loss Reduction Strategies. Denver, Colo. : AwwaRF and AWWA, 2007.

[6] Kunkel, G. "Applying Worldwide Best Management Practices in Water Loss Control, AWWA Water Loss Control" Committee Report. *Jour. AWWA.* vol. 95. 2003.

[7] BMU (Bundesministerium für Umwelt, Naturschutz und Reaktorsicherheit). *The German Water Sector Policies and Experiences.* Berlin, Germany: BMU, 2001.

[8] Alegre, H. , W. Hirner, J. M. Baptista, et al. *Performance Indicators for Water Supply Services—IWA Manual of Best Practice.* London: IWA Publishing, 2000.

[9] DVGW (Deutsche Vereinigung fuer das Gas-und Wasserfach). *W 392 A*: Rohrnetzinspektion und Wasserverluste—Massnahmen, Verfahren und Bewertung: 2003.

[10] Wiskar, D. The Information on Water Loss Control Policies in Australia. Provided by: General Manager—Business Services Wide Bay Water Corporation (personal communication).

第 5 章　水损失控制计划的
步骤和组成

5.1　简介

有许多因素都会影响水务公司管理水损失的能力,例如财务限制、供水设施条件、可用技能和技术、文化和政治条件等。然而,每个水务公司都应以改进现有操作方法,提高效率,为用户提供更好服务作为目标。水损失控制计划无疑是一个提高效率和提供服务的极好工具。为了实现水损失控制计划,首先要通过诊断方法了解和评估问题所在,然后设计实施行动或计划来解决这个问题。这一原则适用于世界上任何水务公司。

本章将就水损失控制计划各个步骤和组成提供一个概述。由于水损失控制计划的所有组成将在后续的章节中详细讨论,因此本章内容比较简短。本章将作为一个路线图,使读者了解一个水损失控制计划所涉及的一般概念和步骤。图5.1描述了一个水损失控制计划的路线图。

5.2　自上而下和自下而上的水损失评估——有多少水正在损失？在哪里损失？

水损失控制计划的最重要部分之一是评估和了解的水损失的分量。但是,同样重要的是,每个计算出的损失量的准确度取决于用于计算的数据的精度和质量。因此,数据验证在损失量评估中起着非常关键的作用。

本章作者:Reinhard Sturm;Julian Thornton;George Kunkel。

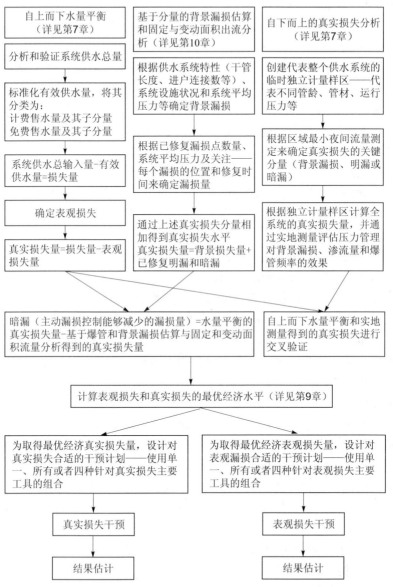

图 5.1　水损失控制计划的路线图

（资料来源：Reinhard Sturm）

5.2.1　自上而下的水平衡

　　评估计算实际损失量和表观损失量的第一步是根据国际水协会/美国供水工程协会推荐的标准进行自上而下的水量平衡分析(参见第7章如何进行用水审计的详细指导)。任何资源的良好管理都要求保持准确的交易记录并将所提供的商品交付给用户。水量平衡完全具有这种特性,跟踪和记录供水周期中的每一个水分量。水量平衡跟踪水从取水点或处理点通过供水系统到达用户用水点的整个过程的流量。水量平衡通常以工作表或电子表格的形式,详细说明了供水系统中不同的用水量和损失量。水量平衡本身是一个所有用水分量和损失量的标准化格式的摘要,供应到系统的每一个单元水都需要进行评估并分配到相应的用水分量。如果存在没有追踪到的水量,那肯定不能算作是最佳方法。

　　首次建立水量平衡时,真实损失和表观损失计算量的置信水平通常较低。造成这种现象的原因很多,但最为常见的是某些水量平衡分量没有计量或所用的数据未经验证。因此,有必要首先通过计量仪表的精度测试、改进记录保持和评估等手段验证所有输入水量平衡表中的水量,增加损失计算数字的置信度,若有必要,可安装新的系统输入和输出计量仪表。水务公司将发现用水审计过程是一种揭示手段,在其发生损失(真实损失和表观损失)的类型和水量方面,为审计者提供大量信息。

　　通过水量平衡计算的真实损失量包括已修复漏损点(通过主动或被动的水损失管理政策)的真实损失量、背景损失量和仍在发生的漏损点的真实损失量。有待水务公司进行检测和修复的漏损点的损失被称为暗漏。然而,仅仅通过建立水量平衡还无法估算暗漏量。国际水协会和美国供水工程协会水损失控制委员会推荐的最佳方法是,采用"自上而下"的水量平衡评估真实损失时还应辅以如下两种方法:

　　(1)真实损失的分量分析:这是一种根据漏损发生性质和持续时间模拟渗漏量的技术(详见第10章)。

　　(2)"自下而上"的真实损失分析:使用独立计量区和最小夜间流量(MNF)分析(详见第16章)。

5.2.2　真实损失的分量分析

如前所述,最佳方法是建立水量平衡时要平行进行真实损失分量分析,以评估暗漏并取得对当前损失修复政策效率的详细了解。

1994年,"爆管和背景损失估算"(BABE)概念发表,认为年真实损失量由许多漏损事件组成,其中单个损失量受流量和损失修复前持续发生时间的影响。基于分量的漏损分析将漏损分为以下三类:

(1)背景漏损(检测不到):流量小,连续渗漏。

(2)明漏:流量大,持续渗漏时间较短。

(3)暗漏:流量中等,持续时间取决于干预政策。

不建议单独使用分量分析方法推导年真实损失量,因为分析中所使用的很多数据存在较大的不确定性。然而,分量分析对自上而下的水量平衡是一个非常有用的补充,因为它提供了对供水设施的不同要素的真实损失量的估算。该数据非常有价值,因为它需要制定最合适的损失减少策略,也是正确确定经济漏损水平(ELL)所必需的。

如图5.1所示,水量平衡计算了审计年度真实损失总水量,但不能反映其中的哪一部分是由暗漏(通过水务公司现有损失管理政策不能捕获的损失)造成的。通过分量分析来评估真实损失,就可能确定执行现有损失管理政策可以捕获的真实损失量。因此,通过在自上而下水量平衡得到的真实损失量扣除分量分析得到的真实损失量,就可确定暗漏量。

暗漏量 = 自上而下真实损失量 − 组分分析真实损失量

然后将这一分析结果与分区计量中测得的真实损失量进行交叉验证(参见第5.2.3部分)。

真实损失的水量平衡和分量分析每年应至少进行一次,因为它们都是水损失控制计划的有机组成部分。许多水务公司每月都进行水量平衡估算,以密切关注自己的损失管理性能。

5.2.3　利用分区计量和最小夜间流量分析方法自下而上地分析真实损失

前面章节中阐述的两种真实损失评估方式可概括为桌面分析。然而,最小夜间流量(MNF)分析采用现场测试数据来量化供水管网的真实损失,其结果可以直接与自上而下的水量平衡方法得到的真实损失相比较。为了测量最小夜间流量,必须进行分区计量。独立计量区是供水管网中水力独立的部分,与管网其他部分隔离开来,通常是通过一个单一的计量管线供水,从而可以测量该区域的总入流量(见图5.2)。

分区计量示意图

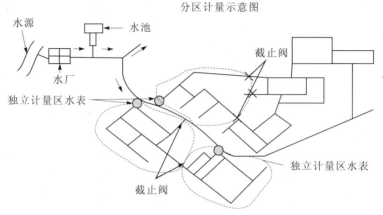

图5.2　建立独立计量区

(资料来源:国际水协会水损失工作组)

在城市条件下,最小夜间流量通常发生在凌晨2时和4时之间,就损失水平而言,这段时间里的数据是最有意义的。在此期间,合法用水量最少,因而损失在总流量中所占的百分比最大。最小夜间流量的损失分量估算值是通过减去研究区域内连接在供水干管上每个用户合法夜间用水评估量得到的。通常情况下,在欧洲和北美城市,约6%的人口在最小夜间流量时段活动,通常是使用厕所,用水量也几乎完全与冲厕有关,虽然年内某些时段也可能包括大量的灌溉。因此,最小夜间流量分析还需要利用先进技术来确定合法的夜间用水量。如果区域内重大或非正常的夜间用水(又称为异常夜间用水)是已知的,那么这还必须估计或测量,例如在最小夜间流量时段进行读表测试。

从最小夜间流量中减去夜晚用水估值和异常夜间用水量的结果被称为夜间净流量(NNF),主要包括供水管网中的真实损失量。

损失控制计划的这三个分量完成后,必须将水量转化为价值,以确定最优经济损失量。

5.3　确定的最优经济损失量

损失管理是一个经济问题。水务公司应着眼损失管理,以降低总运营成本。对于任何水损失减少策略来讲,水损失水平越低,减少损失的成本越高。因此,对于水务公司来讲,完全消除水损失是不经济的。最优经济损失量是一个经济平衡点,此时水损失(真实损失或表观损失)的价值,加上减少水损失的成本是最小的。最好的办法当然是判定最优经济平衡点,确认是否存在经济合理的减少真实损失和表观损失的空间。

用来确定长期最优经济损失量的模型,例如英格兰和威尔士使用的模型,是非常复杂而且需要大量人力和数据的。

然而,采用短期经济分析方法(主要是将损失量转化为价值,再将其与干预成本作比较)所需人力和数据要少得多,可为水务公司提供经济的损失基准数据,但计划需要确定其最优干预方案。每个供水系统的损失类型和程度互不相同,但都有自己成本不同的潜在解决方案。然而,在成本效益比确定之前,对这些潜在的解决方案必须在技术上加以鉴别和分级。除良好的回报或成本效益比外,在考虑干预时,当地条件和所用方法或解决方案的可持续性也十分重要。损失难以根除,会反复出现。损失控制也不是一次性活动,而是一个连续的,并根据问题的不断变化而调整的解决方案。

第 9 章对确定最优经济损失量进行了详细的讨论。

5.4　设计正确的干预计划

前面章节已经阐述了两种基本的水损失形式——真实损失和表观损失。针对这两种损失,需要设计正确的干预计划,而这项工作直接或间接地与确定损失的最优经济损失量相关联。

本节将简述可用于真实损失和表观损失的一般干预方法,这些方法构成了损失控制计划的设计基础。第 11~15 章和第 16~19 章将分别对表观损失和真实损失的所有可用干预方法进行深入讨论。

5.4.1　真实损失的干预方法

在给定条件下,决定干预方法是否恰当在很大程度上取决于影响具体供水系统真实损失的因子和干预方法的成本效益比。图5.3显示了针对真实损失的干预方法分解。4个箭头分别代表一种或一套针对真实损失的干预方法。根据当地情况,最终的真实损失干预计划可能包括一个干预方法或几个或全部干预方法的组合,这将有助于将真实损失降低到最优经济量。

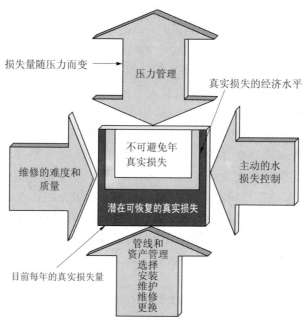

图5.3　真实损失主动管理计划的4个潜在干预工具

（资料来源:国际水协会水损失工作组和美国供水工程协会水损失控制委员会）

5.4.2　表观损失的干预方法

如同真实损失一样,对表观损失也有一组的干预方法,使其降低到最优经济量。图5.4显示了针对表观损失的干预方法的分解。4个箭头中分别代表针对表观损失的一个或一组干预方法。根据当地情况,最终的表观损失干预计划可能包括一个或几个或全部干预方法,这将有助于将表观损失降低到最优经济量。

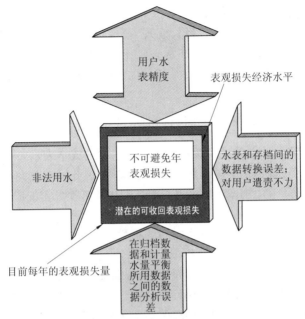

图 5.4　表观损失主动管理计划的 4 个潜在的干预工具

（资料来源：国际水协会水损失工作组和美国供水工程协会水损失控制委员会）

5.5　实施阶段

一旦正确的干预方法确定下来，就要进行实施了。实施既可在水务公司内部进行也可外包，取决于水务公司的资源和专业知识。在很多情况下，水务公司采用内部实施和外包相结合的方式进行。

5.6　评估结果

在损失控制计划结束时的评估阶段，必须对计划所取得的成果进行评估，主要是采用辅以分量分析的新的水量平衡，若有必要还将进行分区计量测定，并将所测结果与损失控制计划开始前的结果相比较。如果采取了独立计量区水平的干预计划，那么最好在干预完成后再次进行分区计量测定。

如果计划是跨年度的，最好每年至少进行一次测定，以查验损失减少工作的方向是否正确。

重要的是要注意：一旦目标实现，要继续进行损失控制工作，以使损失保持在最优经济量。这非常必要，因为如果不采取控制措施，损失量会随着时间而增长。当然，保持最优经济损失量所需的工作量会少于达到该量所需的工作量。

5.7 北美水损失控制计划的成本费用举例

用户节水计划的成本效益用单位节水量的成本表示。由于用户节水已在北美，特别是美国西部地区广泛应用，因此可获取大量用户节水的成本数据。在本书作者撰写的一篇论文中，对几个北美的损失控制计划的成本效益进行了评估，以比较这些计划与用户节水计划的成本效益。

该分析表明，不同水务公司间的损失控制计划的成本确实有所不同。一般是真实损失量越高，损失控制计划成本越低；真实损失量越小，减少损失所需付出的工作量越大，从而使计划的总成本随之增加。图 5.5 显示了几个水损失控制计划的成本比较。需要注意的是：所有这些计划都只减少了真实损失，而不对表观损失进行干预。所示费用包括损失控制计划的所有组成，从评估（用水审计）开始，涵盖了对真实损失干预的所有成本，例如损失的修复费用。

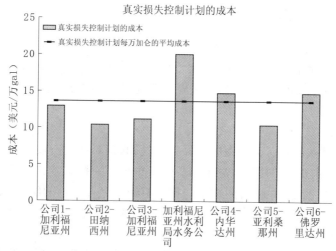

图 5.5　真实损失控制计划的成本比较（资料来源：参考文献[1]）

5.8 结论

读者现在应对损失控制计划所涉及的步骤有了一个总体了解。在此基础上,第11~15章对表观损失的所有可用干预方法进行了深入讨论,第16~19章则对真实损失的所有可用干预方法进行了深入讨论。

参考文献

[1] Sturm, R., and J. Thornton. "Water Loss Control in North America: More Cost Effective Than Customer Side Conservation—Why Wouldn't You Do It?!" In *Proc. of the Water Loss* 2007 Conference. Bucharest, Romania: The World Bank Institute, 2007.

第6章　源表精度的有效性

6.1　源表精度对水审计与水损失控制计划的重要性

国际水协会和美国供水工程协会采用的标准用水审计方法是,从水处理开始到供水用户末端,跟踪监测一直贯穿整个配水过程。在标准的国际水协会与美国供水工程协会的水平衡,以及在本评估中,供水量同样重要。这一水量是从源表(也称为产品或主表)出发,构成了配水系统的输入水量。将供水量与付费消费水量作全面比较,可以得出审计期间损失水量(无收益水量)。

> 水审计的有效性在很大程度上受供水量精度的影响,因为供水量是进入水审计的第一个主要数据。供水量值的任何误差会影响整个水审计的成果,并且会将其不确定性传递给表观损失和真实损失。

审计的有效性在很大程度上受到供水计量精度的影响,这是因为这一水量是进入审计的首批主要数据。这些数据如果有任何错误,会影响整个用水审计成果,并将其不确定性传递给表观损失和真实损失。因此,供水公司应采取措施确保供水量数据的准确性,这点至关重要。在管理机构对供水公司的有效运行和资源管理实施监督时,精确计量源水流量是关键。因此,供水公司的经营者和管理者应该对所有源水的精确计量放在突出位置。所有源水应安装水表,这些水表在技术上应该是最新的,精度高、可靠,维护良好,并且最

> 所有源水应安装水表,这些水表应该在技术上是最新的,精度高,可靠,维护良好,最好使用监控和数据采集系统或类似监测系统连续监测。

本章作者:George Kunkel;Julian Thornton;Reinhard Sturm。

好使用监控和数据采集(SCADA)系统或类似监测系统连续监测。

　　供水量值是由源水表日常计量的几个水量数据中最重要的数据。这是计算得到的合成数据,其组成部分有:未处理水和(或)已处理水的计量表,计量进入和流出水箱、流域和水库等的水表,以及计量水流经压力区或独立计量区的水表。要确保供水量值准确计量,必须满足如下 3 点要求:

　　(1)在供水设施的关键计量地点安装合适的水表,使水量能可靠计量。

　　(2)源表必须维护良好并进行校准,确保其计量数据的准确性。

　　(3)源表数据必须可靠,而且是经精确计量取得的,最好是连续和实时监测。记录的数据包括进入和流出压力区或独立计量区的水量,合理汇总和平衡储水设施,以取得每日进入配水系统水量的精确值。

　　在进行水审计时,审计人员应评估这些要求是否得到满足,对于不足之处应予以纠正。应该将安装、测试、校准、维修或替换源表视作整个审计工作的一部分。在关键地点缺少工作水表和(或)计量的数据存在严重误差时,这项工作尤其重要。

6.2　合理水平衡的关键源表设置地点

　　水审计最常做的工作是跟踪已处理的、流经零售配水系统的饮用水。也可以对输送未处理(原)水或处理水的批发输水系统,或者分离的压力区或零售配水系统内的独立计量区分别进行审计。表 6.1 列出了装有计量表的系统配置地点。在本书中,针对零售配水系统讨论水审计过程。下面列出的计量地点在典型的零售配水管网中是经常遇到的。图 6.1 所示为假定的县级供水公司零售配水系统的基本配置。从图中可以看出,源表应安装在处理后的饮用水离开水厂的节点,如图中所示地点(M_1)。在此节点,流出水的水质已从原水水质改善为可饮用水水质,并且已经加压以便在配水系统中输送。因此,此节点上水的货币值是最大的。在供水系统的所有水的流入节点(M_2)和流出节点(M_3)都应安装源表。最后,在水流入或流出水箱或水库,流经压力区和独立计量区之处都应安装水表计量水量。

表 6.1 饮用水供水系统典型水源水表安装位置

地点	作用
水源(原水)	计量从河流、湖泊、水井或其他原水水源抽取的水量
水处理厂或工程	水处理厂处理过程计量;计量位置可以是在流入点,或流出点,和(或)输水过程中的中间位置
配水系统输入量	配水系统流入点的供水量;计量点可以在水处理厂处、水处理池处,也可以在井口出水点处
配水系统压力区	以不同压力供水的配水系统的不同压力部分的区域计量,也包括主要配水设施如增压泵站、水箱和水池等处的计量
独立计量区	用于分析成百上千个分散区域日流量变化特性,并且根据最小小时流量推算损失
用户	用户端的用水计量表
批发量	流入点/流出点水表,计量批量购买或销售的水量
其他	消防、洒水车等用水,以及其他间歇性的用水

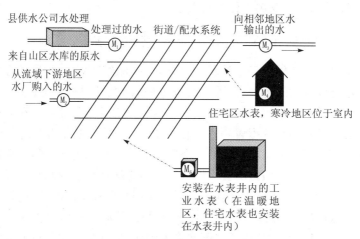

图 6.1 零售配水系统典型结构(资料来源:参考文献[1])

购入的水量或从相邻供水商引入的水量都应计入各组成部分的计量值,以获得总的供水量值。图 6.1 中的源表(M_2)计量县供水公司从相邻水厂购买的水量。水厂之间的连接处应安装水表计量。由于这些水表计量的数据是计算大水量的基础,应予以精心维护和监测。供水水厂以及购买水的配水系统都会非常尽力地精确计量这一批发水量,这是因为对每一个水厂而言,此点对大宗计费至关重要。

销售的水量和给配水系统以外相邻水厂输出的水量都应与购入水量一样细致监测和调整,这是因为同样存在收入问题。图 6.1 中的源表(M₃)计量销售水量和向县供水公司管网以外输出的水量。

水审计期间应对储水设施处的流量进行水平衡测算。如果源表位于水池或者水箱上游,在进行水审计时要计入其储水量。一般而言,流出储水设施的水会有后续水补充;随着"补充"水从水源流入储水设施,其计量值就是给配水系统的供水量。如果在水审计末期水池水量比在水审计初期水量多,那么超出的水量由源表计量,但不是供给用户的水量。这些储水设施中增加的水量应从供水计量中扣除。相反,如果储水设施水量减少,储存水的减少量应加到供水计量量中。表 6.2列出了县供水公司数据中储水量变化的数据处理情况。需要记住的是,储水设施中减少的水量要加到供水计量中;增加的水量要从供水计量中扣除。就本例而言,水池或水箱的净储水量为储水量的减少量,所以 83 万 gal 的调整量应加到供水量中。

表 6.2　县供水公司水池储量变化情况

水池	初始容积(gal)	末期容积(gal)	变化容积(gal)
Apple Hill	32 350	36 270	+ 3 920
Cedar Ridge	278 100	240 600	− 37 500
Monument Road	978 400	318 400	− 660 000
Davis	187 300	55 300	− 132 000
水池总水量变化			− 825 580
折合万加仑水量	以万 gal 计水量		− 83

表 6.3 列出了县供水公司供水量数据,水审计员应制作一系列表格为零售配水系统分析出合适的供水量。获取表 6.3 中列出数据的流

程说明如下。

表6.3　确定县供水公司供水量的水平衡计算

序号	组成部分	水量(万 gal)	
1	来自该公司水量(处理过的水)		348 076
2	调整量为源表误差	+ 13 689	
3	调整量为水池和水箱处理变化量(±)	+ 83	
4	其他调整量(指明)	0	
5	总调整量(= 2 项 + 3 项 + 4 项)	+ 13 772	
6	该公司水源水量(调整后) = 1 项 ± 5 项		361 848
7	购入水量(调整)		78 368
8	输入系统水量 = 该公司水量 + 购入水量		440 216
9	输出水量(调整)		0
10	供水量 = 输入系统水量 - 输出水量		440 216

下面举例计算县供水公司水量:

辨识给配水系统供水的水厂自有和管理的水源。这些水源可包括在水井、河流、小溪、湖泊、水库或邻近沟汉等水源附近处理原水。然而,多数水审计人员把工作放在饮用水的配水系统,以至于经常将"源"放在处理过的水进入配水系统的地方(这通常是水处理厂出水的地点)。从这样的水源流出的水应予以计量,还要对水表进行日常的校准和保养,以便精确计量从水源的取水量。计量数据应以日、周或月为单位记录,再汇总成每个水源的年供水量。水表信息可像表6.4那样整理。

在本例中,县供水公司从 3 个水源取水:一条水渠、一个井场和一个与邻近水厂的连接点(城市连锁水网)。表6.5 为 2006 年从这些水源取水的汇总数据,表明了在审计期如何整理和调整源表和流量数据。

表 6.4　县供水公司源水计量设施

特性	本厂水源		外购水
	水源 1 沟汉 41	水源 2 井场	水源 3 城市连锁水网
计量设施类型	文丘里管型	螺旋桨型	文丘里管型
编号 （可以是序列号）	0000278 – A	8759	OC – 16
观测频次	每日	每周	每日
计量类型	转盘	转盘	M 型
单位记录刻度	100 000 gal	gal	ft^3
乘子（如果有）	1.0	1.0	100.0
安装日期	1974 年	1990 年	1978 年
管径	24 in	10 in	11.5 in
测试频次	每年	每 2 年	每 4 个月
最近校准日期	2006 年 4 月 1 日	2006 年 8 月 21 日	2006 年 1 月 15 日

表列的数据是未经校正的水表记录。在本例中，假定来自水沟和井场的水为未处理水。为简单起见，假定表 6.5 中所列的从这两个水源的取水量与经处理后向供水系统的供水量相同。这种简化的假设常常与实际情况不符，这是因为有水厂基础设施渗漏，诸如滤池反冲洗、化学混合和冲洗之类的维护工作等工艺用水，在水处理过程中会有部分水损失。在取水水源计量是必需的，为跟踪水资源的使用情况，很多管理机构都要求这样做。但是，作者建议在水离开水处理厂的地点对处理过的水也进行计量，当水处理厂离水源很远时尤其要这样做。

表 6.5　县供水公司总供水量(未校正)　　　(单位:万 gal)

2006 年	水源 1 汉沟 41 供水量	水源 2 井场 供水量	本厂水源 小计 (未调整)	水源 3 城市连 锁管网 (购入水)	水源 1、水源 2 和水源 3 供水量 合计(未调整)
1 月	0	13 034	13 034	10 427	23 461
2 月	0	19 551	19 551	6 517	26 068
3 月	13 083	13 034	26 117	0	26 117
4 月	16 018	26 068	42 086	0	42 086
5 月	32 653	9 776	42 429	0	42 429
6 月	36 862	0	36 862	8 146	45 008
7 月	37 264	0	37 264	8 472	45 736
8 月	40 089	0	40 089	8 961	49 050
9 月	36 072	3 259	39 331	3 259	42 590
10 月	16 018	3 259	19 277	9 776	29 053
11 月	16 018	0	16 018	13 034	29 052
12 月	16 018	0	16 018	9 776	25 794
年总供水量	260 095	87 981	348 076	78 368	426 444
日均供水量(mgd)					11.68

　　一旦确定了每个水源的年取水量后,应对计量值进行审查并对计量数据中可能存在的已知系统误差或偶然误差进行校正。必须针对一些潜在因素对原始数据进行调整,包括以下方面:

　　(1)水表精度误差(见表 6.6)。

　　(2)水池和水箱水位变化(见表 6.2)。

　　(3)其他调整,比如水到达配水系统前的损失。如果源表安装在水处理厂进水端,在水处理过程中就会发生水损失(滤池反冲洗等)。表 6.5 所列的事例数据中不含这部分数据,所以表内第 4 行水量为 0。

表6.6 县供水公司本厂水源水量——源表误差调整

水源	年总量未校正的计量水量（UMV）* （万 gal）	水表精度（MA）（%）	水表误差计算 UMV = MA※ – UMV （万 gal）	水表误差（万 gal）	调整后的水表计量水量# （万 gal）
1 汉沟41	260 095	95	（260 095/0.95）– 260 095	+13 689	273 784
2 井场	87 981	100	（87 981/1.00）– 87 981	0	87 981
				+13 689	

注：* 数据取自表6.5。

※ 百分比,以十进制书写(95% = 0.95),取自日常水表测试。

水源1和水源2修正水量为273 784 + 87 981 = 361 765(万 gal);注意此数比

表6.5 中列出的这些水源的总供水原始数据大13 689万 gal。

表6.3 所列数据为水审计期经修正的水量值,总计44.021 6 亿 gal。这一数据计入了 3 个源表(2 个为该公司水源,1 个为外购水源)的年水量,对水源 1 的水表误差作了修正,对储水量也作了调整。这是一个简化了的例子,只含有几个水源。很多水厂从多个水源取水,在多个连接点购买或销售水,有很多的水箱和压力区。运行这种复杂构造的供水系统,细致确定关键的水源计量地点,安装和维护源表,建立合理的水量平衡台账或数据库,以获得精确的供水量,并且每年提供给水审计用,是水厂管理人员义不容辞的责任。

6.3 源表类型

源表的种类、尺寸和测流机制等有很多,比较常见的有压差表、文丘里表、达尔管表、孔板表、比例流量计、磁表、插入式水表、超声波水表、涡轮表、螺旋桨表、涡旋表。所有类型的水表在一定的应用环境下都有其优点和缺点,必须对每一个计量点进行单独的评估,以确定最适合的水表。重要的是,根据其规格确定的水表功能及其计量的数据要与整个水厂其他源表记录的数据相兼容。有关源表类型、功能和维护管理的详细指南可参见美国供水工程协会 M33 出版物《供水流量计》[2]。图 6.2～图 6.5 为费城主原水(未处理)供水管上更换的大型磁表照片。

图 6.2　新表安装前原水泵站源表更换情况,现有水表已拆除,拟安装新的直径为 48 in 的磁表(资料来源:费城水务局)

图 6.3　原水泵站源表更换(新的 48 in 直径磁表准备安装)

(资料来源:费城水务局)

图6.4　原水泵站源表更换情况(套圈钻成与直径为 48 in 磁表相接的实体套管管道,在这个套圈处装上插入式空速管杆,将用于水表校准测验)(资料来源:费城水务局)

图6.5　原水泵站源表更换情况(新的直径 48 in 磁表已就位,正在与原水输水管连接)(资料来源:费城水务局)

　　传统的源表为全管孔类型,或者水表占据了整个水表直径范围。其中一些水表,比如螺旋桨式水表,会引起流经水流的水头损失,因为部分水表设备位于管道水流内。全孔水表,尤其是大尺寸水表,价格昂贵,需要很大的空间。更换这样的水表时,需要关闭管线,排除管内的水体。不过,很多全孔水表类型和品牌具有有证可查的可靠性,经历几十年仍可精确计量。近年来,插入式计量设备已有相当大的发展。这些水表具有价格低,占据空间小,安装水表时不需要关闭管线,也不需要排除管道内的水体等优点。插入式水表可以安装在套圈里,在管道输水时也能安装。插入式电磁平均流量表是如今可以获得的可靠插入式水表类型之一。

　　现在在商业市场可以买到很多可靠类型和品牌的流量计。水厂在购买水表时有很多选择余地,关键是要选择那些在实际应用中最可靠的水表。

6.4　源表精度与测试程序

　　处理后的饮用水通常采用水表计量,但取自湖泊、水库和溪流等处的未处理源水可用其他设施计量,比如帕里斯霍尔水槽(Parshall Flumes)或者测流堰。必须找到计量设施的任何不合理的误差并予以修正,因为源表发生的任何误差会在审计全部过程中存在,不正确的供水数据对审计极为不利。

　　为了确认水表计量的精确性,要将水表测试结果与美国供水工程协会的标准和用户手册进行比较。如果水表计量不正确,并且误差超过此类水表的标准,就要维修并校准到标准值以内。对最近12个月没有进行测试的水表要进行测试。

　　如果源表不精确,就要在现场检查每一个水表。正常的磨损不是水表计量读数不精确的唯一原因。要检查确认所用的水表类型和大小符合使用要求并且安装正确。典型的源表类型及其应用可参见美国供水工程协会M33发布的指南。检查水表的大小是否在工厂推荐的范围内;确认水表安装后是水平的,大多数水表的设计并非针对倾斜或垂直向运行;检查水表,查看硬水水垢是否影响计量;还要检查确认选择记录器是否合适并且安装正确的。最后,确认记录器读数正确,或者水表的信号通过监控和数据采集系统传输无误。安排熟悉计量设备的工作人员校准设备并专门读取源表数据,或者安排第二个人与水表记录员一起读表,以确认取样读数。检查确认水表读数和记录正确,并使用正确的转换系数。

检查文丘里管水表的颈部或感应线路是否有堵塞物。测试主要设备时将其测试数据与空速杆或其他同系列的插入式水表计量值比较。测试带空速杆的水表可以发现水表安装后是否满足无扰流要求。水表主要设施应在不同流量范围测试。如果不检查水表计本身状况就对某一流量下的压力偏移进行调整,那么水表记录的流量仍然会产生误差。

测试水表有 4 种方法,以效果递减的次序列举如下:

(1)在合适的地方测试水表。为了测试水表,可能需要更换部分水管。采用插入式空速杆,可以提供能与水表记录值相比较的计量值。

(2)将水表读数与原表同系列的校准表读数比较(见第 12.5 节)。

(3)在规定的时间内记录某一流量水表读数。拆下水表并换上校准表。在相同时间内相同流量条件下记录校准表读数,并比较这两种读数。

(4)在水表测试设施上测试水表。这通常是不可行的,或者对大型水表而言不划算。

水表也可以采用便携式设备测试。水泵有效流量测试可用于校测水表;有时候供电公司可提供免费测试。有些水厂采用平均杆表(Averaging Rod Meter)或阿牛巴流量计(Anubar)测试水表,但测试结果偏差可能高达 10%。标准的单点空速杆的测试精度较高,一般误差在 ±2%。也可以请外部机构测试水表,咨询公司、水表制造厂以及专门的测试实验室都提供这种测试服务。

为了计算考虑了水表误差后的调整量(见表 6.6),用水表的计量精度除未校正计量水量(UMV)并减去计量误差 UMV,见下式:

$$计量误差 = \frac{未校正计量水量}{水表的精度} - 未校正计量水量$$

然后,计算调整计量量(AMV):

$$调整计量量 = 未校正计量量 \pm 计量误差$$

水表的检查清单列入表6.7。有些源表(直径8 in、10 in、12 in)列入同一大型用户表尺寸范围。因此,在此尺寸范围的源表运行也可参考第12章,进一步了解关于此类水表精确测试的信息。多年来,许多可靠的水表类型和品牌已有优异的表现,水厂应尽力维护作为源表使用的这类水表的功能和精度。

表6.7 源表计量精度测试工作检查清单

测试前的工作	
1	辨认和找到所有水表
2	参考所有收集到的有关这些水表的制造厂标准
3	根据制造厂标准确认水表安装情况
4	确定是否能进行现场测试
5	确定要进行的现场试验类型及其限制因素
6	规定测试水量与计量水量之间的允许误差范围
7	找到以前的测试或维修工作记录,并在测试计划中将这些信息考虑进去
8	确定一个能校准超出允许误差范围水表的当地供水商或承包者
9	对那些不能校准的水表,研究替换水表的制造厂或者供应商
10	对未替换水表编制真实的预算
11	确定替换工作时间
12	确定可量化跟踪的机制,清晰表明校准前的基准计量和测试后的校准计量
测试工作完成以后的处理	
1	对量程和零点,清楚地辨认和记录校准中的主要变化
2	确定对年水平衡的影响
3	将原始数据和调整数据存档以便以后参考
4	确定当地抽水限制因素以及这些因素如何受到新的因素影响
5	制定合理的测试周期,确保水表是经校准的并保持计量准确

6.5　对在关键计量地点没有安装水表的情况的处理方法

或许一个或多个水源未予计量,或者有水表没有日常的监测。这种情况可按下述程序处理。

没有安装源表的情况:采用便携式水表或估计其流量。便携式水表可以是插入式或捆绑式,并可安装在紧靠水处理厂出口或其他水源下游的输水管上。至少要连续计量24 h。如果采用便携式水表计量不可行,可供参考的另一种估计方法是采用处理水出水的抽水记录。如果已知水泵特性参数,用水泵年运行小时数乘以水泵平均流量,就可得出估算水量。如果水取自大水库,计算水库消落深度,并根据降雨和入库径流作出调整,就可估算取水量。这些方法只能得到近似的计量水量,只要可能,就应该对未处理的源水进行计量。

源表没有进行日常监测情况:检查水源建筑物和水表。记下现有计量设施类型(比如文丘里流量计、磁表、超声波表)。记下计量设备的基本信息:记录器类型、计量单位(以及转换系数,如果必要的话)、乘子、安装日期、水管或水渠的尺寸、测试频次和最后校准日期。如表6.4所示将这些信息整理成文件。

要争取收集到整个审计期内每个水源提供了多少水量的记录。大多数水表都有某些类型的记录器或汇总设备。记录器可能是圆圈刻度读数或直接读数。圆圈刻度读数有带标点的一系列小刻度,以十、百、千、万 ft^3 或 gal 为单位记录。直接读数记录器有一个观测长针和一个表示总数的直接读数表盘。现在有很多饮用水水厂将源表接入监控和数据采集系统,这样可将计量数据实时传送到中心计算机,在中心计算机上汇总流量数据并存档,方便查询。需重复的是,在任何源表校准或验证期间可采用便携式水表计量比较。

6.6　小结——源表精度

源表记录水源供给水厂的总供水量,水厂、进出水箱和其他贮水设施的主要处理水的输送水量之间的交换水量,以及流经压力区和独立计量区的流量。这些水表记录了供水量。

> 在开始开展水审计工作时,建议首先在现场确认源表的工作状况。

　　这些记录的水量是水审计的第一手资料。太大的源表误差和供水量误差会传递到水审计的其他环节,使水审计失效。因此,在这样基础上作出的水审计结果会毫无用处。在开始开展水审计工作时,建议首先在现场确认源表的工作状况。如果必须要安装或替换水表,这样做可能需要一些投入;但水审计的可信度和有效性(水厂的水账)极大地取决于有效的源表数据。

参考文献

[1] American Water Works Association. *Water Audits and Loss Control Programs.* Manual of Water Supply Practices M36 3d ed. Denver, Colo. : AWWA, 2008.

[2] American Water Works Association. *Flowmeters in Water Supply.* Manual of Water Supply Practices M33. AWWA, 2006.

第 7 章　　水损失审计评价

——采用标准的水审计和特性指标

7.1　简介

国际水协会/美国供水工程协会的标准水平衡为水厂提供了必要的成果,并使人们理解水损失的性质与范围。之后,水厂将可选择合适的工具应对真实损失和表观损失。

正如企业为其顾客说明债务与信用,以及银行说明现金流入和流出账目一样,水审计展现的是水量如何进入和流出配水系统及其用户的。审计在商贸领域里一样具有同样的必要性和不同的普遍性,但水审计在全世界大部分地区各个公共供水领域均大不相同。在没有认识到水的内在价值的地区,很少要求进行水审计并对水损失作出很好的评价。

> 编制可靠的水审计或者水平衡是公共供水企业管理水损失的首要步骤。

的评价。但是,随着水成为更有价值的商品,这种情况正在发生转变。第4章已阐述了一些国家的例子,在这些国家里,标准化和定期地编制水审计方案,为成功减少、管理水损失奠定了基础。

水审计和水平衡这两个术语常常交互使用。但在谈到水审计时,指的是与跟踪、评价和确认水流从取水点或处理厂至配水系统并进入用户的所有环节均具有有效性等有关的工作。水审计通常要编制账目表,详细记载社区供水系统存在的各种耗水及损失。水平衡是用标准的表格总结水审计的结果(见表7.1)。

整个20世纪90年代都在尽力开发合理和标准的水审计方法与水损失特性指标(PI)。促进这项工作的部分原因是要加强需水管理和

本章作者:Reinhard Sturm;George Kunkel;Julian Thornton。

表 7.1　国际水协会和美国供水工程协会的标准水平衡方法

（资料来源：参考文献[6]）

系统输入量（允许已知误差）	合法用水	合法售水量	计量售水量	有收益水量
			未计量售水量	
		合法免费供水量	计量免费供水量	无收益水量
			未计量免费供水量	
	水损失	表观损失水量	非法用水	
			用户计量不精确和数据处理错误	
		真实损失水量	输水和（或）配水主管道损失	
			水厂水池损失	
			用户连接点的损失	

在英格兰及威尔士合理用水，这是受到竞争、干旱引起缺水和其他因素而引发的。在 20 世纪 90 年代末期，国际水协会在评价供水运行方面做了大量工作，于 2000 年[1]出版了供水服务特性指标（国际水协会[2]于 2006 年又出版了该书的第二版）。而这一首创工作包含对供水运行所有方面的各种评价，在"水损失工作任务"中则专门设计了合理水审计形式和可以用于有效比较世界上任何地区供水系统水损失特性的特性指标。

国际水协会的"水损失工作任务"中提出的方法是目前水审计和特性评价"水实用"模式。这不只是因为其在整理结果方面适用于多国情况，主要的还是在于其提供了一个清晰的结构，满足了世界上大多数地区缺乏有关知识的需要。此外，这项工作成果采用了数十个国家的资料并进行了全面的检验，而且在其出版后，全球很多水厂已将其视作评价水损失的最好方法。包括南非、澳大利亚、德国、马耳他和新西兰在内的几个国家，他们已在其国家水损失管理法规中将国际水协会的最好的水审计与特性指标实用模型定为最好的模型。美国供水工程协会水损失控制委员会"委员会报告"已在美国供水工程协会杂志 2003 年 8 月期上发表，指出"全世界最好的管理实践在水损失控制中的应用"中将国际水协会的水审计方法和特性指标视为最好的实用方法。美国供水工程协会水损失控制委员会现在正在重新撰写美国供水工程协会 M36 手册《供水实践、水审计与漏失探测》,并已纳入目前水审计及水损失总体管理方面的最好实例。此外,世界银行(World Bank)、亚洲发展银行(Asian Development Bank) 和欧洲投资银行(European Investment Bank)也已将国际水协会的方法作为评价水损失和确定特性指标的最好方法。

本章讨论的水审计只涉及处理水的配水网,不包括原水输水系统或处理过程。原因是,在大多数系统中,配水系统发生水损失的量级很大,因此发生在原水输水系统或处理过程中的水损失可忽略不计。但是在需要时,可以分开做水平衡以评价发生在输水系统或处理过程中的水损失。

7.2　水损失管理的 Rosetta 石头

1799 年,拿破仑的士兵在尼罗河河口附近 Rosetta 处发现了一块古代雕刻的黑色玄武岩石块。在这块石头上刻有埃及 Ptolemy V. Epihanes 神父(公元前 205 年至公元前 181 年)的法令,用埃及象形文字、通俗文字和希腊文字书写,三种文字可同时翻译。考古学家首次根据 Rosetta 石头正确翻译象形文字。

这使得读者在北美地区做水损失账目方面比首次想象的做得要多。很明显,在北美洲,并没有一个标准的方法,或者说普遍被认可的定义或方法,用作年水审计中水平衡的各个组成部分。在水平衡计算中寻求确定所有进入配水系统水流的目的地,以评价发生在配水系统内的水损失。每个州、政府组织、专业机构、咨询公司承包商可以(通常必须)一起用喜好的任何方式来确定用什么方法并进行计算。这或许是很少州要求或需要水厂每年报告这样的数据。但水是一种重要的自然资源,越来越多的缺少自然资源管理问责制度的类似发达国家开始重视水的管理。

比如,在英格兰和威尔士,自 1992 年以来,私有化公司不得不以标准格式独立地开展年度水损失的审计计算,由其经济监管机构在全国发布。发布标准数据又出现了有关水损失的特性及经济量级方面的问题,继而(源于 1995～1996 年干旱和内在政治动力)又有损失限制值问题,是自愿限制,还是强制限制在某一指标。大约 5 年以后,英格兰和威尔士公共供水系统的水损失在整体上减少了 40%,即约 480 mgd。英国在现代水损失管理方面的专业技术现已得到国际认可。很难预料如果允许英格兰和威尔士水厂自主选择下面内容将会出现什么样的情况:

(1)进行年度水损失计算,或不做。

(2)应如何计算,用什么样的特性指标?

(3)计算结果予以公布,或者不公布。

2007 年完成的美国供水工程协会研究基金会项目"损失管理技术"的成果可说明北美水损失问题的程度。该报告的结论是,尽管在北美普遍进行水审计,但水损失的计算方法和表达方式,或时间间隔,是不一样的。多数水厂没有使用国际水协会的标准方法进行审计。现在使用的很多水审计方法在特性的记账和计量方面很不精确。在北美,由于水损失普遍采用系统输入水量的百分数表达,这样做允许分母(北美人均值高)降低水损失计算值,因而很难精确比较各水厂的水损失量。国际水协会、美国供水工程协会的标准水审计方法和特性指标就是北美水审计的"Rosetta 石头"。然而,正如第 4 章所述,在过去 5 年里,美国已有了非常重要的发展和令人鼓舞的进步,几个州机构和国家组织均采用国际水协会和美国供水工程协会的标准水审计方法并将其作为最好的方法推广。

7.3 国际水协会和美国供水工程协会的标准水审计与特性指标的效益

国际水协会和美国供水工程协会的方法可总结如下:

(1)根据国际水协会研究组对水损失和特性指标研究后得出的结论,国际水协会和美国供水工程协会的方法为这样的计算提供了国际上最好的实用方法学和术语。

(2)国际水协会和美国供水工程协会的方法质疑北美普遍存在的将不可避免的水损失和发现的损失与满溢水记为合法用水的一部分是

否合适。

（3）含有计算不可避免真实水损失的专门系统方法。

（4）国际水协会和美国供水工程协会的方法可处理北美最常用的特性指标——系统输入水量的百分比和主管道每英里损失量存在的不足。

（5）国际水协会和美国供水工程协会已不用"下落不明水量（UFW）"这个术语，这对无收益水量一项是有利的，因为国际上不承认下落不明水量这个定义，水审计中的所有环节都必须用国际水协会和美国供水工程协会的方法核算。

（6）国际水协会和美国供水工程协会的方法没有给模棱两可留下任何余地。每种类型的用水和损失在水平衡中都指定有合适的环节，这样可确保结果是有意义的和可比较的。

（7）国际水协会和美国供水工程协会的方法已经在很多国家成功应用，并应推广到全球范围内使用。

（8）对水审计结果和特性指标进行有意义的比较，与供水系统的位置、规模和运行特性无关。

7.4　国际水协会和美国供水工程协会推荐的标准水审计

从上至下的水审计基本包括以下两个步骤。

（1）通过计量或对组成部分的估算，量化所有用水项和水损失的组成部分。

（2）进行标准的水平衡计算。

本节阐述的是水审计推荐方法和水审计的每个组成部分。进行从上至下的水审计要求的工作量比较适度，主要取决于资料的详细程度和质量。从上至下审计也有助于辨认需要进一步核实的成分。

水平衡的组成部分如表 7.1 所示[6]，这些组成部分是可以计量和估算的，并可以采用各种技术方法计算。理想的是，水平衡中所有组成部分（不包括通过增加或减少其他组成部分来计算的成分）都是通过计量得到的。但在实际工作中，通常需要作一些估算，在首次做水平衡工作时尤其如此。一旦确定了需要进行估算的成分，最好的做法是对那些成分作出计量或者改进估算过程。水平衡组成部分的校正是重要的,并且是该水平衡工作的一部分。在评价个别的水平衡成分对计算的非收益用水量和真实损失量与表观损失量的整体精度影响时,最好进行敏感性分析,并采用95%可信限。

应该每年进行水平衡,在进行水平衡前确定审计周期(如财政年或年历年)和系统边界条件是很重要的。也要选择和标准化水平衡组成部分的单位,以便在水平衡的各组成部分中使用统一的单位。

水平衡的计算步骤如下:

(1)收集系统输入水量并修正已知的误差。

(2)收集有收益水量的组成部分,计算有收益水量,这个水量等于计费合法用水量。

(3)计算无收益水量(系统输入 - 有收益水量)。

(4)评价未计费合法用水量。

(5)计算合法用水量(计费合法用水量 + 未计费合法用水量)。

(6)计算水损失量(系统输入水量 - 合法用水量)。

(7)估计表观损失量,计算表观损失量。

(8)计算真实损失量(水损失量 - 表观损失量)。

下面几个小节根据美国供水工程协会研究基金会的报告"水损失评价与减少损失计划策略"[6]解释水审计的各个步骤。

7.4.1　确定系统输入量

系统输入水量定义:年输入供水系统的水量。如果整个系统都有计量,年系统输入水量的计算就是一个直观的工作。要收集定期计量记录并计算单个系统年输入水量。这一水量包括来自自有水源的水量,也包括购自批发供水商的水量。

每年应采用便携式测流设备,或者如果可能的话,通过水库消落试验进行水量比较,校准输入水表的计量精度。如果发现系统输入存在不准确性,就有必要进一步调查问题所在,如果必要的话,还要在考虑系统输入水量误差后,对计量水量进行调整。建议同时确认水表精度,在测试输入水表时,检查水表向监控和数据采集系统数据库发出的4 ~ 20 mA 原始信号的全部记录链。

如果有未计量的水源,就要用下述的某一个方法或多个方法结合估算年水量:

(1)用便携式测流设备临时计量流量。

(2)水库消落试验。

(3)分析水泵特性曲线、压力和平均抽水时间。

重要的是要认识到水平衡成果精度和可靠性与系统输入水量数据的精度直接相关。建议每年对系统输入水表计量精度至少测试一次,以便在必要时校准。

7.4.2　确定合法用水量

合法用水量定义:由注册用户、供水商和经授权的其他用水户记录的计量和(或)未计量的年用水量。

1. 计费计量用水量

年计费计量水量的计算与可能存在的计费和数据处理误差的探查以及在水审计后期为估算表观损失所需要的信息收集等密切相关。要从需要分析的水厂收费系统中抽出和核实不同用户类型(如家庭用水、商业用水或工业用水)。应特别注意用水大户。

一定要处理来自计费系统的年计费计量用水量信息,查清水表读数时差,以确保在水审计中使用的计费计量用水期与审计期一致。

2. 计费非计量用水量

从水厂计费系统可收集到计费非计量用水量。为分析估算精度,应区分出未计量家庭用水户并监测一段时间,监测时可在那些未计量的连接点装水表,或者在一些用户的小区内监测。后者的好处是那些用户不会觉察到受到监测,从而不会改变用水习惯。一种不好的情况是非家庭用户用水没有计量,这时就要进行详细的计量以检查计费用水数据的估算精度。

3. 未计费计量用水量

应类似于确定计费非计量用水量那样确定未计费计量用水量。

4. 未计费非计量用水量

应分清每种类型的未计费非计量用水量,并采用成分分析法,建立每个用水事件账目逐个估算其用水量,例如:

(1)街道清洁(污水沟冲洗)。需要评价的事项是,清洗街道的水车数目是多少? 清洗街道的水车装水量是多少? 每个月水车清洗街道多少次? 街道清洗和污水沟冲洗部门应能提供必要的数据。

(2)主干道清洗。每月多少次? 持续多长时间? 使用多少水? 调度与建设部门应能提供必要的数据。

(3)消防。一年发生多少次火情? 每次消防用水量多少? 是否有大火? 用水量是多少? 消防部门应能提供这些数据。

(4)消防演习。一年演习多少次? 平均演习时间是多长? 水量是多少? 消防部门应能提供这些数据。

7.4.3　水损失计算

水损失量定义:系统输入水量与合法用水量的差值,为表观损失量和真实损失量之和。

从系统输入水量中减去合法总用水量计算水损失量。在后续的水审计过程中,将水损失进一步分解为真实损失和表观损失。

7.4.4　表观损失评价

表观损失量定义:这一审计项目包括非法用水量、所有类型的用户计量误差和数据处理错误。

1.非法用水量

很难提出如何估算非法用水量的普遍适用指南。可能发生的情况会有很多种,调查了解当地情况对于估算这一水量是最重要的。非法用水包括以下情况:

(1)非法接入。

(2)不当使用消防龙头和消防系统,比如施工中非法使用消防用水。

(3)破坏或绕过计量水表。

(4)损坏水表读表器。

(5)打开通向外部配水系统的阀门(未知水输出)。

估算非法用水量一直是一项困难的工作,至少应采用透明、逐项计算的方式估算,以便后期能很容易地检查这项水量并在必要时修正。

2.用户计量不精确和数据处理错误

必须随机选取有代表性的水表进行测试,确定用户水表的误差程度,也就是少计量或多计量的水量(美国供水工程协会 M6 和 M22 提供了相关指南)。测试样表在组成上应能反映家用水表的各种品牌和使用年限。水表测试可以由水厂自己的测试队伍实施,也可以外包给专业单位实施。用水大户的水表通常在现场用测试设备测试。可根据进度测试结果,对不同用户组确定平均计量误差值(比如计量用水量的百分比)。

在将计量精度测试结果用于不同用户组的全部人口时,水厂为确定停止计量的水表考虑一个可操作的流程,在很短时间内确定完全停止计量的水表也是一个重要的问题。发现和替换停止计量水表的平均时间对水表计量系统的整体精度有很大的影响。

评价水表计量精度时要考虑的另外一些问题如下:

(1)相对于实际使用条件的水表容量。水表是否能正确计量最大流量?

(2)水表类型。相对于计量范围,水表的类型是否是最合适的?

(3)输水管线规模。输水管道大小相对于输水流量是否是合适的?

数据处理错误有时在表观损失估算值中占很大部分。很多计费系统并没有达到水厂的期望,但问题常常在很多年里未被发现。通过输出计费数据(至少 12 个月)并用标准数据库软件进行分析,就可以发现数据处理错误以及计费系统中可能存在的问题。可能碰到并需要检查的数据处理误差类型有如下几种:

(1)当除不准确读数外的其他任何原因调整计费时,改变用水水量值。

(2)不合理使用估算水量值。

(3)不合理确定估算水量值。

(4)账目不正确地标记为未激活。

(5)数据库中缺少账目。

(6)计量数量不精确。

必须量化发现的问题,并对这一项作出正确的年水量估算。

7.4.5 真实损失量计算

真实损失量定义:从水源至用户水表计量点输水沿线,在主干管线、水源水库和连接点等处,确定是以漏失、破裂及满溢等各种形式损失的水量。

从系统输入水量中(译者注)减去合法用水量和系统输入总水量的表观损失量可得到真实损失量。

7.4.6　无收益水量计算

无收益水量定义:系统输入水量与计费合法用水量之间的差值。

无收益水量是水厂进入未计费的配水系统的那部分水量。因此,水厂没有从中获得收益。无收益水量由未计费合法总用水量(计量和未计量)、表观损失量和真实损失量等组成。

国际水协会和美国供水工程协会水损失控制委员会建议,采用“自上而下”水平衡,评价真实损失,最好采用下述两个方法中的一种方法作补充分析:

(1)真实损失量组成分析,这一方法是根据损失性质与持续时间模拟损失水量(见第 10 章)。

(2)采用分区计量和最小夜间流量“自下而上”分析法分析真实损失量(见第 16 章)。

上述两种方法都细化了计算,并增加了真实损失量计算值的可信度,这些方法在本书中将分别阐述。

7.5　不可避免的年真实损失(UARL)量——不可避免的损失水量与发现的损失水量和溢流量

现在管理水损失的工作人员都知道,每个系统都会发生一定的真实损失,这是不可避免的。即使是新投入运行的配水管网也有真实损失量。

自 20 世纪起,北美已普遍以各种方式估算压力管道系统的不可避免损失量——认为小的损失是不可避免的,或是认为杜绝这些小的损失是不经济的。这种管理方式的原意是试图确定水损失管理的基本值或下限,损失量在这个限值以下时,就认为做进一步的控制工作是不经济的。北美以前使用的各种方法的简要介绍可参见参考文献[7]。在本章后面阐述的,根据国际水协会水损失工作小组建议的可审计项方程[8]对具体系统进行预测的内容,可看作是北美以往在预测不可避免水损失方面取得的进展。

由于以往北美所用的一些公式比较简单,或者说对一些老的水管(尤其是铸铁管)有较大的宽容度,已计算过的不可避免损失量常常得出加大的损失量,并作为不可控制的损失项勾销。实际上,现在可以从基础设施和压力管理方面来减少这一损失量。

发现加压水管损失水和水厂水池满溢损失的水也有类似情况。北美以外国家最普遍的情况是,在水平衡中计算年损失量,不扣除不可避免损失量,即发现的损失量和满溢量。这样一来,北美水损失与其他国家的水损失相比,通常更符合实际情况。

国际水协会和美国供水工程协会推荐了标准水审计计算方法和特性指标,允许计算不可避免水损失量、发现的水损失量和满溢量,但只是对水损失总量解释的一部分,在试图解释或调整总水量前,必须作出清晰的说明。国际水协会针对特定系统计算不可避免年真实损失量的计算方法在下节阐述。

国际水协会 AQUA 杂志 1999 年 12 月期[8]详细介绍了该协会的水损失量的计算方法,这可以看作是以前北美尝试考虑当地主要因素的一种自然进展。成分分析法基于破损频次、流量和持续时间,为基础设施维护良好的系统计算不可避免真实水损失量的各个部分的背景和破损估算概念[9];所有发现的损失和破损又快又好地维修,以及有效和主动地找到未报告的损失和破损并控制损失。

计算中采用的参数取自《北美水损失管理》并将单位转换为北美单位,这些参数列于表 7.2。表 7.3 将这些参数转换成了更便于计算的形式。

在表 7.3 列出的各项中,"不可避免年真实损失"值为预测大范围配水系统的不可避免年真实损失提供了合理和灵便的基础值。考虑主管线长度、配水管线数量、与确权线(控制点)相关的用户水表位置和平均运行压力(大多数系统的损失率与压力大致呈线性关系)后进行计算。表 7.3 的一个重要数据是,在第 2 列列出的不可避免背景(不可发现的、真实的)损失值。这些数据以国际上的资料为基础,这些资料是通过分析在取得所有可发现损失和破裂并维修后的夜间流量取得的。不可避免的真实损失量这一部分在以前的北美水审计工作中似乎没有要求必须量化，而这部分损失量至少占表 7.3 所列总损失量的 50%。在美国的小供水系统中，在大量的损失探测测试工作后，对背景

表 7.2　计算不可避免年真实损失使用的参数值

基础设施部位	背景 （不可发现的损失）	报告的破损	未报告的破损
主干管	8.5 gal/(mi·h)	3 天 50 gal/min 0.20 破损/(mi·a)	50 天 25 gal/min 0.01 破损/(mi·a)
供水管，主干管至控制点	0.33 gal/(管线·h)	8 天 7 gal/min 2.25/(1 000 管线·a)	100 天 7 gal/min 0.75/(1 000 管线·a)
地下水管，控制点到水表（平均长 50 ft）	0.13 gal/(管线·h)	9 天 7 gal/min 1.50/(1 000 管线·a)	101 天 7 gal/min 0.50/(100 管线·a)

注：gal 为美制加仑；所有流量的参考压力为 70 psi(磅/平方英寸)(资料来源：参考文献[7])。

表 7.3　不可避免年真实损失的组成部分

基础设施部位	背景损失	报告的破裂	未报告的破裂	不可避免年实际损失	单位
主干管	2.87	1.75	0.77	5.4	gal/(mi 主干管·d·psi)
供水管线，主干管至控制点	0.112	0.007	0.03	0.15	gal/(mi·d·psi)
控制点至用户水表间的地下水管	4.78	0.57	2.12	7.5	gal/(mi 地下水管·d·psi)

资料来源：参考文献[7]。

(不可发现的)损失水量的估算值与根据表 7.3 第 2 列作出的国际水协会的不可避免背景损失预测值进行了比较。初步比较结果是令人满意的,更多的比较工作正在进行中。

有很多方法可以表示不可避免年真实损失量的计算式。图 7.1 所示为不可避免年真实损失与供水管线密度关系图,水损失量单位是每英里主干管在 psi 压力下每天损失水的加仑数。不同供水管线密度的主干管每英里的不可避免损失变化很大,这说明了为什么不提倡用"每英里"来比较真实损失。但是,图 7.1 可用于任何系统的不可避免年真实损失量,如下例所示。

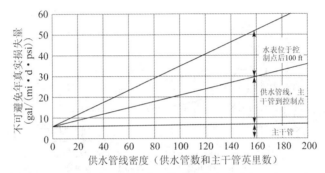

图 7.1　不可避免年真实损失与供水管连接密度关系(gal/(mi·d·psi))

(资料来源:参考文献[7])

【案例】　某供水系统有 60 000 个供水连接点,主干管(连接密度为每英里主干管连接 100 条支供水管线)长 600 mi,平均运行压力为 70 psi。用户水表距控制点的平均距离为:①100 ft;②20 ft,根据图 7.1 计算不可避免年真实损失量。

解:根据图 7.1,主干管每英里连接密度 100(X 轴)相对于不可避免的年真实损失量为:

(1)34 gal/(mi·d·psi)×70 psi×600 mi = 2 380 gal/(mi·d)×600 mi = 1.43 mgd(用户水表距控制点为 100 ft 时)。

(2)23 gal/(mi·d·psi)×70 psi×600 mi = 1 610 gal/(mi·d)×600 mi = 0.97 mgd(用户水表距控制点 20 ft 时)。

国际水协会针对特定系统的每英里主干管日均的不可避免年真实

损失量比较值,与取自北美供水系统的一般定额值 1 000 ~
3 000 gal/(mi·d)很相符。而且,国际水协会的预测方法还有一个很
大的优点,那就是在考虑连接密度、平均运行压力和用户水表地点(与
控制点有关)后,可以针对特定系统作出估算。在像北美这样区域气
候差异很大的地区,一些用户水表离控制点很近,而另一些安装在室
内,距控制点较远,上述因素中最后的一项因素尤其重要。

　　表7.3 所列的不可避免年真实损失量也可很容易地点绘成每供水
管线每天每 psi 压力的损失水量(加仑数)与供水管线密度的关系,详
见图 7.2。

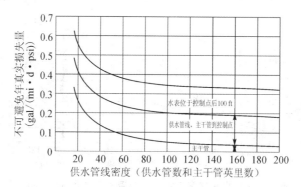

图 7.2　不可避免年真实损失与供水管连接密度关系
(gal/(**供水管线**·d·psi))(资料来源:参考文献[7])

　　在世界上运行良好的系统中,最大的年真实损失量发生在运行时
间长、供水连接点有中小规模的损失情况下,供水连接密度很小的情况
除外。这就是在连接密度超过每英里 32 个供水连接点时,为什么国际
水协会工作组建议采用"每供水连接点"而不是"每英里主干管"作为
真实损失基本特性指标的原因。根据前述计算例子,在有 60 000 个供
水连接点和 600 mi 主干管情况下,从图 7.2 可得出不可避免年真实损
失量如下:

　　(1)0.34 gal/(供水管线·d·psi)×70 psi×60 000 条(供水管
线)=23.8 gal/(供水管线·d)×60 000 条(供水管线)=1.43 mgd(用户
水表距控制点 100 ft 情况下)。

（2）0.23 gal/（供水管线·d·psi）×70 psi×60 000 条（供水管线）=16.1 gal/（供水管线·d）×60 000 条（供水管线）=0.97 mgd（用户水表距控制点 20 ft 情况下）。

图 7.2 中的曲线对大范围的供水连接密度而言是较平坦的。比如，在计算不可避免年真实损失量时，在用户水表距控制点 50 ft、供水连接密度为 80～200 时，根据图 7.2 作出可接受的年真实损失量简化估算值为 0.25 gal/（mi·d·psi）（变化范围在±10%）。

7.6　采用什么特性指标？用百分比有哪些缺点？

水厂的规模不同，具有不同的特点，比较水损失管理的特性时不能用每年损失水量。北美水厂过去用不同的特性指标比较水损失——系统输入水量或计量水量的百分数，而每英里主干管每天损失量这个指标似乎用得更加普遍。但这些指标是比较特性的可靠指标吗？

> 用百分比表达水损失对于比较损失管理特性来讲，不是最好的方法，因为需求低或用户端节水成功的供水系统是不能与需求大的系统以这样的方式比较的。应采用每个连接点每天的损失水量进行比较。

为什么有些国家用"每户每天"或"每供水连接点每天"或"系统（主干管 + 供水管线长）每公里每天"？国际水协会水损失工作组代表美国供水工程协会一直在考虑国际上最好的方法，他们得出的结论是，有比"系统输入水量百分比"和"每英里主干管"更可靠和更有意义的指标。

在强调正确选择计量单位时，看看历史上另一种做法是有帮助的。2 000 年前，即公元 1 世纪，那时的罗马水管理官员 Julius Frontinius Sextus 在他的职业生涯中，以其毕生精力试图在进入和流出水渠的城市供水量之间找到有意义的水平衡（最后失败了）。最终失败不是因为他自身缺乏聪明才智——他只是采用了错误的计量。那时采用的罗马法只是比较了水流过流面积；由于他没有考虑流速，其计算结果对于水管理是不可靠的。

　　因为北美国家人均用水量与其他大多数国家相比是非常高的,在其他国家也将水损失量表达为系统输入水量的百分比时,显得数字较低。在与人均用水量较低的国家作特性比较时,不能反映其真实特性。

　　在北美国家的水厂之间作比较时,供水量高的水厂与供水量低的水厂以这个指标比较也会出现同样问题。1996 年资料表明,加利福利亚州 51 个供水系统中,连接点的密度变化范围为 24 ~ 155 个/mi,平均为 75 个/mi。每个连接点计量的供水量变化范围为 136 ~ 2 200 gal/(供水连接点·d),平均值为 600 gal/(供水连接点·d)。假定每个水厂的真实损失为 60 gal/(供水连接点·d),对于一个供水连接点密度为 75 个/mi、供水压力为 70 psi 和用户水表与控制点距离为 50 ft 的供水系统来讲,这差不多是其不可避免年真实损失量 21 gal/(供水连接点·d)的 3 倍。表 7.4 和图 7.3 显示,加利福利亚州各供水系统,即使真实损失管理特性指标都同样为 60 gal/(供水连接点·d),随着人均用水量的不同,真实损失量百分比变化范围为 3% ~ 30% ,最低与最高之间相差 10 倍。

表 7.4　真实损失量百分比与供水量关系
(相应于真实损失量 60 gal/(供水连接点·d))

系统供水量 (gal/(供水管线·d))	真实损失量 (gal/(供水管线·d))	系统输入水量 (gal/(供水管线·d)	真实损失量占 系统输入水量(%)
150	60	210	28.6
300	60	360	16.7
600	60	660	9.1
1 200	60	1 260	4.8
1 800	60	1 860	3.2
2 400	60	2 460	2.4

　　按平均供水量 600 gal/(供水连接点·d),真实损失目标值小于等于 10% 似乎是合理的。但从上述数据可看出:

　　(1)对于每个供水连接点供水量低的水厂,这是一个相当不现实的目标值,因为其几乎等于不可避免年真实损失量。

　　(2)对于每供水连接点供水量高的水厂,这个目标值是不可避免年真实损失量的 11 倍。

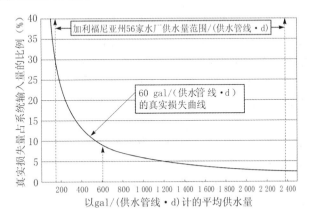

图 7.3　真实损失百分比与供水量的关系

(相应于真实损失量 60 gal/(供水连接点·d))

　　如果表 7.4 和图 7.3 本身不足以说明用百分比比较管理真实损失特性存在的问题,还有其他的一些严重不足可进一步说明:

　　(1)在水厂向系统外输出水量时,如果输出水量计入计算中,那么真实损失百分比就低,如果不计入,真实损失百分比就高。

　　(2)在采取减少人均用水量(pcc)的需水管理措施(用户端节水)时,用百分比指标表达水损失会使问题变得复杂,因此在此情况下水损失百分比会上升。这里没有在广泛意义上太在意输水管理,就是因为选择不合适的特性指标。

　　世界上(德国、英国、南非)的一些技术委员会已经认识到使用百分比存在自相矛盾的问题,但最有意义的或许是英格兰和威尔士经济管理机构(英国水务办公室)也认识到这一点,并于 1998 年停止公布以百分比表示的水损失统计数据。在水损失管理中习惯将百分比作为水损失管理技术特性指标的供水系统管理人员,应考虑自己是否也掉进了与 2 000 年前 Julius Fortinius Sextus 一样的陷阱——采用简单但不合理的方法得出不合理的结论。

7.7　国际水协会和美国供水工程协会推荐的无收益水和真实损失特性指标

1996～2000年,一些国际水协会工作小组在为不同供水对象确定最合理的特性指标方面进行了研究。下面的表7.5列出了国际水协会[1,2,8]推荐的无收益水和真实损失特性指标,已转换成北美单位。

这些特性指标已根据功能和级别进行了分类,定义如下:

(1)1级(基本)。第一层指标,表示供水效率和效益的总体管理概貌。

(2)2级(中等)。第二层指标,为需要进一步深入的使用者提供比1级指标更好的分析。

(3)3级(详细)。提供大量详细的专门指标,但还只是在顶层管理层面。

表 7.5　国际水协会推荐的无收益水和真实损失特性指标

功能	参考文献	级别	特性指标	评论
财务: 无收益水量	Fi36	1(基本)	无收益水量占系统输入水量比例(%)	可通过简单水平衡计算
财务: 无收益水金额	Fi37	3(详细)	无收益水价值占运行系统年费用比例(%)	允许无收益水量用不同的金额单位
无效使用水资源	WR1	1(基本)	真实损失占系统输入水量比例(%)	不适于评价配水系统管理效率
运行: 真实损失	Op24	1(基本)	当系统是有压时,gal/(供水管线·d)	最好的"传统"特性指标
运行: 真实损失	Op25	3(详细)	基础设施损失指标	现状真实损失与不可避免年真实损失的比例

表7.4中需要特别注意的几点:

(1)Fi36。无收益水百分比是基本财务指标。

（2）Fi37。详细财务指标。由 1996 年美国供水工程协会漏失探测与水问责委员会推荐项发展而来。

（3）WR1。以百分比表示的真实损失不适于评价配水系统控制真实损失的管理效率。

（4）Op24。对于供水管线密度大于 32 个/mi 的所有配水系统，gal/（供水管线·d）这个指标单位是真实损失传统指标中最可靠的。

（5）为改进 Op24，要考虑 3 个特定系统因素。供水连接点密度、用户水表与控制点距离、平均运行压力。

注：将 Op24 表示为"gal/（供水管线·d/psi）"时，可计入压力影响。

（6）Op25。基础设施水损失指标（ILI），是对系统在现状压力条件下，真实损失控制管理好坏的量化指标。

（7）基础设施水损失指标。是根据某一供水系统水平衡结果得出的现状年真实损失量（CARL）与不可避免年真实损失量（UARL）之间的无量纲比值：

$$ILI = CARL / UARL$$

（8）不可避免年真实损失量。采用国际水协会考虑了平均系统压力、主干管道长度、供水管线数量和用户水表至控制点距离的方法，根据本章前述方法计算。

基础设施水损失指标是相对较新且很有用的特性指标。这个指标是一个比值，没有单位，所以便于不同单位（公制单位、美国习惯单位）国家之间的情况比较

> 当每个系统将每个可能最好的特性比值与其实际运行情况进行比较时，基础设施水损失指标是展现水损失管理特性的好方式。

使用。或许从图 7.4 可更好地理解基础设施水漏失指标，图中示出了 4 个组成部分。

大方框代表现状年损失量，当基础设施不断老化时，年损失量总是呈增长趋势。但成功采取四项合理的损失管理综合措施后，这种损失增长是可减少的。

小方框表示不可避免年真实损失量——现有运行系统在技术上最容易达到。现状年真实损失（大方框）与不可避免年真实损失（小方

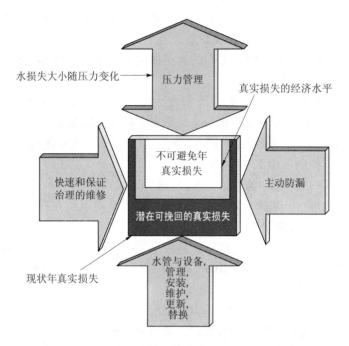

图 7.4　水漏失管理措施的 4 个组成部分

（资料来源：国际水协会水损失工作组和美国供水工程协会水损失控制委员会）

框）的比值是对三个基础设施功能管理——维修、管道材料管理和主动防漏做得怎么样的量化。在后续章节中还可以见到这一图形，这些章节将阐述一些与现场减少水损失有关的成熟技术。

基础设施水损失指标接近于 1.0 说明水厂采取了所有的成功漏失管理措施。但是，只有在水价很高、缺水，或者这两项都存在时，达到基础设施水损失指标接近 1.0 才是经济的。基础设施水损失指标的经济价值取决于特定系统的边际成本，大多数系统基础设施水损失指标一般在 1.5~2.5 的范围内。

7.8　采用95%可信限和方差进行水审计分析

目前有资质的水损失管理专业人员在水平衡的各个计算项中采用95%可信限核实不确定程度。

　　为理解95%可信限,首先要了解正态分布,这在统计分布课程中是重要课程。所有正态分布是轴对称的,有钟形单峰密度曲线。需要特别指出的是,在任何正态分布中,要确定2个量,出现密度最大值之处的平均值μ和标准差σ,这个值表示钟形曲线的扩展或范围。不同的μ值和σ值可得出不同的正态密度曲线,从而得出不同的正态分布。

　　实际上可以用一个方程确定正态密度曲线。对于x的任何值,密度高度可用下式计算:

$$\frac{1}{\sigma\sqrt{2\pi}}e^{-\frac{1}{2}(x-\mu/\sigma)}$$

　　尽管正态密度曲线很多,但都有一个重要的共同特性,就是服从如下经验规则:

　　(1)68%的观测值落在1个平均标准差范围内,即在$\mu-\sigma$和$\mu+\sigma$之间。

　　(2)95%的观测值落在2个平均标准差范围内,即在$\mu-2\sigma$和$\mu+2\sigma$之间。

　　(3)99.7%的观测值落在3个平均标准差范围内,即在$\mu-3\sigma$和$\mu+3\sigma$之间。

　　因此,如图7.5所示,对于正态分布,几乎所有的值都落在3个平均标准差范围内。

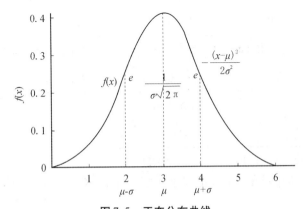

图7.5　正态分布曲线

(资料来源:供水服务单位(WSO))

采用95%可信区间可为水平衡各计算项确定一个下限和一个上限。区间估计或者下限与上限可说明,在用于水平衡各计算项的水量中有多少不确定性。区间越窄,使用的数值越精确。

95%可信限也可用于计算与水平衡各计算项有关的变差。变差是对于平均值的离散程度。变差大的计算项对与水平衡最终结果有关的95%可信限影响最大。水平衡的最终成果是真实损失量。此项将有95%的可信限,此可信限是根据与水平衡每个计算项相关的变差计算得到的累计值。根据正态分布的标准统计原则进行变差分析,并采用均方根(RMS)法计算所得数值的累计误差(见表7.6)。

表7.6 无收益水可信限计算

组成部分	年水量 (万 gal)	95%可信限 (%)	变差 ($gal^2 \times 10^{12}$)
$1^{\#}$水源	751 280	2.6	9 553.7
$2^{\#}$水源	1 051 984	2.6	18 732.1
$3^{\#}$水源	658 071	2.6	7 330.2
$4^{\#}$水源	441 161	2.6	3 294.3
$4^{\#}$水源	760	2.6	0
系统总输入水量(a)	2 903 256	1.3	38 910.3
计费计量合法用水量	2 477 864	1.1	20 237.7
计费未计量合法用水量	0	NA	NA
总计费合法用水量(b)	2 477 864	1.1	20 237.7
无收益水量[(a) - (b)]	425 392	11.2	59 148.0

注:该表由旧金山公用事业管理局(SEPUC)提供。

取95%可信限,计算相应于一定水平衡水量的变差的标准方法如下:

$$变差 = (万加仑水量 \times 95\%可信限/1.96)^2$$

相应于所计算的水平衡水量的总可信限与偏差值的累计误差有关。根据这些原则,与所计算的无收益水量有关的95%可信限计算如下:

$$非收益水95\%可信限 = 1.96 - \sqrt{(变差\ a + 变差\ b)/(年无收益水量)}$$

上述公式是根据偏差值求得累计误差计算总可信限的标准方法。表7.6列出了95%可信限的计算实例和与无收益水量95%可信限计算有关的变差计算实例。

因为真实损失的可信限是根据与水平衡每个计算项有关的变差计算的累计值,为了判断哪些计算项对计算与真实损失量有关的可信度影响最大(哪些计算项的变差最大),将95%可信限精确分配到水平衡所有计算项是很重要的。在取得这些信息后,最好采取行动(比如提高计量设施的计量精度,或者在没有水表的地方安装新的计量设施),通过改进变差最大的哪些计算项的可信度来改进与真实损失量有关可信度。

7.9　结论

国际水协会和美国供水工程协会的标准方法和水平衡法和采用95%可信限,以及不可避免年真实损失和推荐的特性指标(如基础设施水损失指标)等,为合理评价水损失量并为水损失管理作出有意义的比较提供了基础。

水审计的一些免费软件和商业软件以及有关的水平衡成果详见第10章。

参考文献

[1] Alegre, H., W. Hirner, J. Baptista, et al. "Performance Indicators for Water Supply Services." *Manuals of Best Practice*: IWA Publishing, 2000. ISBN 1 900222 272.

[2] Alegre H, JM. Baptista, E. Cabrera Jr, et al. "Performance Indicators for Water Supply Services," 2nd ed. *Manuals of Best Practice Series*. IWA Publishing, 2006. ISBN 1843390515.

[3] Kunkel, G. et al. "Applying Worldwide Best Management Practices in Water Loss Control." Water Loss Control Committee Report. *Journal AWWA*. 95 (8): 65, 2003.

[4] Office of Water Services. UK. "Leakage and the Efficient Use of Water." 1999-2000 Report. ISBN 1 874234 69 8.

[5] Fanner, V. P. , R. Sturm, J. Thornton, et al. *Leakage Management Technologies*. Denver, Colo. : AwwaRF and AWWA, 2007.

[6] Fanner, V. P. , J. Thornton, R. Liemberger, et al. *Evaluating Water Loss and Planning Loss Reduction Strategies*. Denver, Colo. : AwwaRF and AWWA, 2007.

[7] Lambert, A. , D. Huntington, and T. G. Brown. "Water Loss Management in North America: Just How Good Is It?" AWWA Distribution Systems Symposium, New Orleans, September 2000.

[8] Lambert, A. , T. G. Brown, M. Takizawa, et al. "A Review of Performance Indicators for Real Losses from Water Supply Systems." *AQUA*. Decemeber 1999.

[9] Lambert A. O. , S. Myers, and S. Trow. *Managing Water Leakage: Economic and Technical Issues*. Financial Times Energy Publications, 1998.

第 8 章　数据采集、格式化及管理

8.1　简介

为了开展水系统审计工作并严格查明大量水损失发生点及损失量,必须收集准确的、标准化的、组织良好的、负责任的数据。

在附录 A 中,讨论了利用手提式和永久性现场设备准确采集流量和压力数据的不同设备和方法。然而,一旦采集到这种数据,就要以一种有意义的方式严格组织整理和存储这些数据。这点很重要,以便能对随后将要做出的决策负责。

为了自上而下收集水平衡和验证数据,常常从客户信息系统中收集大量数据。通常至少收集 14 个月的数据。在大型水系统中,这相当于许多 GB 数据。操作人员要仔细考虑数据存储分析环境,这点很重要,以便使传输过程中不丢失数据。很多操作人员使用 Excel 工作表或者 Access 数据库等工业标准产品,然而,这些产品存在着规模限制,Excel(Pre 2007)仅能保持 58 000 行信息,而 Access 仅能存储 2 GB 数据。

在很多情况下,无法得到既好又准确的数据,操作人员将不得不决定是否使用不准确数据或者估算值。在很多情况下,做事总比停下来不做任何事要好。在这种情况下,大家应该确保注意到这些数据的不准确或者是估算

> 并非所有水系统拥有它们进行全面审计所需要的全部数据,然而,进行估算和审计总比完全不做要好。可给予估算值较低的置信度并给予测量值较高的置信度。

得出的,同时,操作人员要考虑到将来审计中如何对此进行改善以及本阶段应该如何使用这些数据作出评价。

本章作者:Julian Thornton; Reinhard Sturm;George Kunkel。

以下将讨论良好的数据管理技术。

8.2　数据收集工作表

在开始下载现场记录仪和记录器数据之前,首先要做的事情之一是决定将对哪些数据进行分析,并将给每个参数赋予相关计量单位和小数位数值的关键因子。比如说,在大多数审计中,将进行测量流量、测量压力、分析体积、测量水位以及计数时段等工作。

下面说明选定的一些单位。

8.2.1　流量单位

1. 公制单位

(1) m^3/s。

(2) m^3/h。

(3) L/h。

(4) ML/d。

2. 美制单位

(1) (美) gal/min。

(2) gal/min。

(3) (美) gal/h。

(4) gal/h。

(5) (美) $kgal/d$。

(6) $kgal/d$。

(7) (美) $Mgal/d(mgd)$。

(8) $Mgal/d(mgd)$。

(9) ft^3/s。

(10) ft^3/h。

(11) ft^3/d。

(12) $acre \cdot ft/d$。

8.2.2　压力单位

1. 公制单位

(1) 水头 m。

(2)巴(1 bar = 10^5 Pa)。

(3)k 帕(kPa)。

2.美制单位

(1)磅/英寸^2(psi)(1 lb = 0.453 6 kg)。

(2)水头 ft。

8.2.3　体积单位

1.公制单位

(1)m^3。

(2)L。

(3)ML。

2.美制单位

(1)gal。

(2)kgal。

(3)Mgal。

(4)ft^3。

(5)acre·ft。

8.2.4　水位单位

1.公制单位

(1)mm(毫米)。

(2)m(米)。

(3)mbar(毫巴)。

(4)bar(巴)。

2.美制单位

(1)in 水柱。

(2)ft 水柱。

8.2.5　时间单位

(1)ms(毫秒)(用于涌流分析和渗漏噪声相关)。

(2)s(秒)。

(3)min(分钟)。

(4)h(小时)。

(5)d(天)。

(6)月。

(7)a(年)。

因此,记录各种参数的方案有多种选择。使用对大家工作的国家和地区都有意义的参数和单位非常重要,而且单位易于转换也很重要。因此,比如说,不想将 m^3/s 流量与磅/英寸^2 压力混合使用。但可以将磅/英寸^2 压力与 gal/s 流量或者 m^3/h 流量与水头 m 压力混合使用。

8.2.6　流量平衡

在进行涉及动态流量而不只是体积的审计时,对输入流量进行平衡很重要。为此,通常选择同一个流量单位,如 m^3/s。

如果要设法确定渗漏,则必须确定 24 h 时段的关键点,该关键点通常是最小夜间流量。这个平衡只要简单加减各区域的流量(这些区域也许是

> 从上至下年度审计使用体积,而从下至上审计使用夜间流量。

计量区或者压力区),并将之与供水水表或生产计量流量进行比较,确保能得到要说明的上述系统内所有的入流和出流数据(注意储水点是否位于正在尝试平衡的地区之内,因为充水量的多少将使这个问题变得复杂)。

在系统完全不分区,而且将来也不打算分区时,流量平衡的关键点可能如下:

(1)生产流量计。

(2)输入流量计或整体供水流量计。

(3)储水点(水箱、水库、水塔)的出口。

(4)水泵或水井的出口。

这看起来像一个相对简单的程序,但会需要数小时仔细分析,特别是在大型系统中更是如此。

在开展这项工作之前,特别需要正确定义测量单位,否则一种工作单位与另一种工作单位之间的差别可能会在一个遗漏的入口或者出口搞混淆,从而增加不必要的工作量,反过来又产生不必要的费用。

8.2.7　压力平衡

在水系统中,当尝试确定损失量时,压力平衡同样重要,因为系统

压力在水损失中起着重要作用,特别是漏损。这将在后面章节讨论。

通常,当平衡压力时,可求出水力坡降线(HGL)。水力坡降为地下水位与该特定点的静态压力之和,同时水力坡降线是所选各点连线。

通常,在水损失控制情况下,我们需要知道:

(1)供水压力或出水口压力。

(2)区域平均压力。

(3)临界点压力。

(4)要求的最小工作压力。

(5)在间歇供水情况下,系统加压的小时数。

8.2.8　水位平衡

在储水量大的系统中,在水位平衡中包括不同的水箱或水库水位,这点也很重要,因为水量随时间变化会表现出巨大的流量,会因损失而误认为损失水量。

在储水量小的系统中,这就没有那么重要了,然而也不应忽视。多分析总比少分析好。

8.2.9　将数据编成通用格式

将数据编成通用格式尤其重要。不要将公制单位和美制单位混合使用,即使是使用一种单位或另一种单位,仍应该考虑现场使用的数据记录方法和报告所要求的单位。

> 不要将不兼容的单位混合使用。

例如,如果采用公制单位,当以 m/s 为单位测量速度和以 m^2 为单位测量管道有效面积时,采用 m^3/h 计算流量就要容易得多。结果将自然以 m 为单位,然后就是简单地决定时间单位。

例如,测量直径 400 mm(即 0.4 m)管道的水流速为 2 m/s。要计算面积,就要使用 $\pi \times r^2$ 公式,即 $3.142 \times 0.2 \ m \times 0.2 \ m$,得 0.125 68 m^2。流速为 2 m/s,因此用 0.125 68 m^2 乘以流速 2 m/s,得 0.251 36 m^3/s。现在,必须决定时间单位。通常,当现场采用 m^3、流量单位采用 m^3/s 时,1 min 为 60 s,1 h 为 60 min,当时间为 1 h 时,流量则等于 0.251 36 m^3/s 乘以 3 600 s/h,求得流量值为 904.896 m^3/h。因为1 m^3 等于 1 000 L,因此也可表述为 904 896 L/h。这个数很大,如果加到其

他大数目上容易导致错误。如果想以 L 为单位表示流量,常常可能使用 L/s 为单位。如果这是最终想要的单位,则可取上述的 0.251 36 m³/s 乘以 1 000 L,流量单位就从 m³/s 变成 L/s,无需再乘以任何其他数,因为原始时间单位以 s 为单位,流量即 251.36 L/s。如果要将流量单位 L/s 转换成 m³/h,以上述流量为例计算,251.36 L/s × 3 600(s/h)/1 000 (L/m³) = 904.896 m³/h,则换算系数为 3.6。即当将 L/s 转换成 m³/h 时,只需将以 L/s 为单位的原始数据乘以 3.6 即可得到以 m³/h 的流量值,反之亦然。

同样,当使用美制单位时,情形如下:

测得管道直径为 36 in(即 3 ft),流速为 2 ft/s。要计算面积,使用 π × r² 公式,即 3.142 × 1.5 ft × 1.5 ft,得 7.069 5 ft²。流速为 2 ft/s,因此有效面积乘以该流速,求得 14.139 ft³/s。现在,必须确定时间单位。通常,当现场采用 ft³ 时,则采用 ft³/h 作为流量单位。设定时间为 1 h,而 1 min 为 60 s,1 h 为 60 min,因此 14.139 ft³/s 乘以 3 600 s/h,得 50 900 ft³/h。由于 1 ft³ 等于 7.48 gal,因此流量也可表述为 380 734 gal/h。这个数很大,如果加到其他大数目上可能容易导致错误。如果想以 gal 为单位表示流量,极有可能使用 gal/min。如果这是最终想要的数量,就取上述的 380 734 gal/h 这个数,除以 60 min/h,另无需除以任何其他数,因为数量已以 gal 为单位,故流量即为 6 345 gal/min。

8.3　数据校准格式

通常,测试测量设备时,都有很小的误差。在现场测量之前,未必总有可能重新校准流量计,尽管能这么做最好。如果测流设备不能进行机械或电子重新校准,则仍可能使用这个数量;然而,这个数量必须使用电子表格进行理论校准。

电子表格将用在数据收集前由表计测试得出的校准曲线来构建,用括号表示流量误差。然后将数据输入到表格或电子表格中,并按照该流量范围的误差值自动转换。产生的数据比原始数据更接近真实值。显然,在有些情况下仍有误差,特别是在测量设备尤为敏感或不稳定的情况下。

与测流设备一样,压力和水位传感器也会有误差,这种误差在测试前已无法进行重新校准。可采取相同的步骤以确保压力和水位更接近真实值。

8.4　小结

综上所述,从项目一开始就对数量进行正确管理至关重要。可计量性一词现在在水行业使用越来越多。可计量性并不是意味

> 好的数据管理将能确保整个项目拥有可计量的基线值,从而判断其性能并划拨新的预算资金。

着保证所有数据都是精确的。重要的是,当对数据的精度有疑问时,估算或计算需留下审计痕迹,解释在估算或者计算时做了些什么。如果使用数据痕迹进行可计量的审计,今后就有可能对其精度进行改进以提高,直到最后所有数据首创者都有高级精度。

下列数据管理清单涵盖了良好的数据管理所必需的许多方面:

(1)数据应准确。

(2)数据应进行整理。

(3)数据应可计量。

(4)不良数据应清晰地标明。

(5)可进行估算但须清晰地标明为估算值。

(6)原始数据应同校准数据一并保存。

(7)应使用固定测量值。

(8)应使用固定单位。

(9)在审计单旁应有一栏相关情况说明,以便将来审计人员了解审计时所做的工作。

第9章　识别水损失的经济干预手段

9.1　简介

行业外的观察人士常常不接受水系统的损失。在很多国家,环境保护工作者和监管机构关注水损失,并认为可进一步减少水损失。然而,供水公司必须在其预算内运作,如果预算不足就必须再寻资金。控制渗漏成本很高,供水公司会寻求渗漏控制成本与效益之间的经济平衡。在很多领域中,这种成本效益平衡很常见,而且经济运行水平也是很多产业的老生常谈。经济渗漏水平概念已有数十年的历史,以前已做过许多尝试,以确定现实的定义和方法。以前的方法似乎混淆了所用各种渗漏管理方案的影响。最近15年,人们才对所有这些问题有了更好的理解。

9.2　定义

在经济理论上,经济水平可考虑两种。以制造业为例,增加劳动力能增加生产量。增加的成本来自劳动力成本、原材料成本以及生产成本——通常是指电力,这些是生产水平的函数。随着生产水平的增长,如增加班次,生产量就增加,直到工厂本身的生产容量成为制约因素。在某种情况下,扩大工厂规模也许更为经济。然而,在这种情况下就涉及基本建设投资,这就必须考虑基本建设投资的长期偿还率。这两种经济最佳水平(首先只是收入项目发生变化,然后看基本建设投资)分别为大家熟知的短期运作和长期运作经济水平。对此,官方经济学家给出的定义是:短期运作是指在一段时间内,至少一项输入量是固定

本章作者:David Pearson;Stuart Trow。

的,其他输入量可以改变;长期运作是指在一段时间内,所有输入量可以改变,还可引入新的输入量。

以制造业为例,劳动力、原材料和电力作为变量,可通过短期运作发生变化,而工厂规模则仅能通过长期运作改变。

目前,经济渗漏水平的想法基于任何旨在减少渗漏的活动,都是对遵循收益递减法则的理解;所用的资源越多,新产生的边际效益越少。这种理解需采用相似方式分析每项活动,将其边际成本与其他相关活动的边际成本以及该供水区水的边际成本进行比较,从而为这一新方法奠定了基础。

这种方法可应用于影响渗漏控制的4种主要措施中,即压力管理、主动渗漏控制(ALC)、维修质量和速度、基础设施改造等,常用图9.1进行说明。为了进一步与制造业所使用的实例进行比较,可考虑将主动渗漏控制和维修活动等因素作为收入项目,因此在短期经济

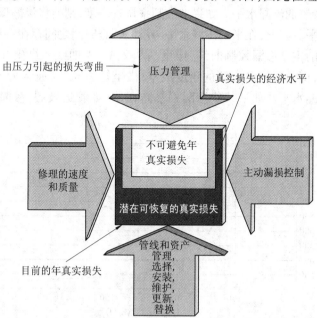

图 9.1　控制水损失的 4 种主要方法

(资料来源:国际水协会水损失工作组和美国供水工程协会水损失控制委员会)

渗漏水平评价中考虑；而压力管理和主管修复则需要投资决策，因此在长期经济渗漏水平评价中考虑。还有分区管理、用户读表政策、用户方维修政策、用户读表范围等其他活动也会对渗漏产生影响。

9.3　短期经济渗漏水平

9.3.1　主动渗漏控制

　　主动渗漏控制旨在通过与用户联系查明那些未暴露的或者未引起运营公司注意的渗漏，如供水不良、水损失等。这些渗漏通常称为报告的渗漏。主动渗漏控制需要渗漏检测组对一个地区进行搜索，一般采用测探或类似技术找出渗漏。如果该地区是分区的，这可能反映夜晚线路的增加、处理厂或水库或蓄水池输出水量的增加，或者仅为商定的时段内定期探测的结果。

　　这种主动渗漏控制活动将对未报告的渗漏进行定位，然后进行修复，维持较低渗漏水平。如果加大频率调查力度，则能将渗漏保持在更低的水平。因此，在平均渗漏水平与渗漏调查时间之间存在一种关系，即所谓的主动渗漏控制曲线，详见图9.2 A—A曲线。纵坐标通常表示成本，即渗漏检测资源的年度成本；横坐标为同期（通常为1年）的平均渗漏水平。如果某些渗漏不暴露在外（如管道破裂，渗漏流入下

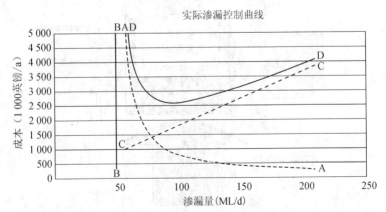

图9.2　主动渗漏控制成本曲线

（资料来源：David Pearson）

水道),将永远不会引起运营公司的注意,则会在系统内累积,该曲线将为横坐标的渐近线。该曲线也会成为平行于纵坐标直线的渐近线。如果渗漏控制活动动用了无限资源,则该图 B—B 直线,将相当于渗漏水平。该最小渗漏水平等于背景渗漏,即低于检测水平的渗漏,加上报告的渗漏、检测到维修时段内由于某种渗漏控制策略造成的未报告的渗漏,有时统称为策略性最小渗漏水平。

对于在这些渐近线之间的曲线形状,一直存在诸多争论。对最简单的定期探测模型,该曲线为双曲线。事实上,该曲线是由未报告渗漏的运行至检测到渗漏的时段内的渗漏定义。这将直接与在检测到渗漏之前渗漏的时间长度有关,因此也直接与干预的间隔时间有关。由于干预间隔时间与资源成负相关(当资源翻倍时,干预间隔将减半),因此渗漏与资源水平成反比,与主动渗漏控制成本成反比(即双曲线)。如果对该区域进行了分区,或者如果使用了比简单的常规探测更有效的其他形式的流量测量直接资源,则该曲线将比纯双曲线更加平缓。

如果将不同渗漏水平的水损失成本绘制在同一张图上,那就形成图 9.2 的 C—C 线。该成本只是生产约 1 个单位水所需的电力、化学品和可能的劳动力等成本。该线的斜率称为水的边际成本。如果生产水的边际成本为常数,C—C 线将为一直线,如果不是常数,则该线由多条直线段组成,通常斜率随渗漏增加而增加,因用水成本增加。

图 9.2 的 D—D 曲线为总运行成本,即渗漏控制成本加上水生产成本。可以看出,开始时,为了降低渗漏水平,所需渗漏检测的成本较高,造成曲线值较大。之后总成本有所降低,以后再次增加,因为水生产成本随着渗漏水平的增加而增加。总成本最小的那一点为短期经济渗漏水平。在这一点上,渗漏检测的边际成本将等于水的边际成本。该点还将界定渗漏检测所需资源的经济水平以及干预活动的经济周期。

可以看出,当从最后一次干预以来,累积的水损失值等于干预成本时,就会出现最小的总水损失成本和干预成本。很多人一直在用这个简单的关系式来开发计算系统经济干预周期的方法。

在定期探测情况下,即系统各部分采用相同频率检测时,经济干预周期的计算方法相当简单,已发展成能方便地应用于管网系统的方法。

当系统已分区时,存在系统各部分渗漏积累速率的信息,就能采取更为具体的方法。通过使用这种方法和最后一次干预以来的夜间线路信息,以累计实际渗漏量,当该值等同于本区的干预成本时,启动先行检测。这种方法的优点是能考虑到各区域特定的水成本(例如水的增压)以及区域特定的调查成本(例如城镇化或管材)。

曾尝试用另外一种方法来定义主动渗漏控制曲线本身。这可采用多种方式,归纳为经验方法或理论方法。

经验方法取决于通过分析主动渗漏控制实际运行结果,确立沿曲线的各点。当确定这些点时,就得出一条曲线。可假定给该曲线一个形状。这种方法的难点是,曲线上的当前位置代表某一恒定资源水平多年平均渗漏之间的一种平衡的静态情况。当检测资源变化时,要达到平衡稳定可能需要很多年。因此,要确定曲线上多个点的准确估算值将是一个长期的过程。

理论方法是用分量水损失模拟方法来定义主动渗漏控制曲线。但是,这将需要多项假设,例如突发流速,尽管能通过实际数据对此进行校准。折中方案是通过建立一个系统分量水损失模型来确立主动渗漏控制曲线,然后进行校准,使由分析实际运行成本得出的当前运行位置与曲线相吻合。随后,可通过对该曲线直接求导或采用数字方法,找出经济干预期。

9.3.2　背景渗漏与积压消除法

背景渗漏一般定义为低于检测水平(采用当前技术)的渗漏。可用多种方法评价背景渗漏水平。然而,背景渗漏水平是所用渗漏检测范围和方法的一个函数,本身有着与不同渗漏水平相关的运行成本。因此,可从中获得渗漏检测成本与背景渗漏水平之间的矩阵,根据这个矩阵可得出合适的经济检测方法以及相关背景渗漏水平。

背景渗漏水平与系统特征值有关,如压力、主管长度、连接点数等。

据此估算出标准压力下的单位背景损失。然后可联系到资产类型、材料、年龄、状态。通过这项工作,可提供一个地区预期可能出现的背景渗漏水平的估算值。将其与该地区获取的实际最小值进行比较,可以看到背景水平是否达到该最小值,或者该地区是否存在渗漏,且是否可能找出来。

经过多年后,系统中的这些渗漏逐渐积累,基本上隐藏在大家所接受的最小历史夜间流量中。这些渗漏可能位于水网中那些通常不进行渗漏检查的地段,如大型工业中心、那些被认为已废弃的主管、私有供水管、复杂的三岔管等。长期积累的渗漏量以及由此产生的相关修理费用可能很大,但属于一次性成本,而且可方便地评估成本效益。然而,或许需要采取其他措施,如降低压力(以后详述)以减小系统破裂的频率,使在当前预算内经过一段时间能减少这种积压。替代方案是,依当地会计规则,也可将此看作是一次性投资。

9.3.3　转移成本

一旦确定经济渗漏水平,公司就应该向经济渗漏水平转移。然而,由于渗漏水平可能低于当前水平,转移将涉及一次性成本。由于主动渗漏控制曲线上的各点都为静止状态,所以在任何时间,当渗漏水平较低时,渗漏会较少。因此,从一点到更低的点时,意味着在再次达到平衡状态前,会产生新的渗漏需要修补。一般来说,转移成本应该相当低,由于属于一次性投资,通过适当的折扣,可将其加入到经济漏损水平的计算中,以便获得略加修正的经济漏损水平。

9.3.4　渗漏修复活动

一种与主动渗漏控制相类似的方法可用于制订维修速度经济水平。非常短的维修时间能够实现,但需要成本支付维修队可能的周末及晚上加班。这也许经济,也许不经济。成本与维修时间之间的关系,如图9.3所示。渗漏水平将与平均维修时间相关,因此可产生一条与主动渗漏控制曲线相似的曲线。使用分量损失模型,可估算减少维修时间的效益。经济维修时间可用上述主动渗漏控制相同的方法确定,而额外产生的维修边际成本将等于水生产的边际成本。

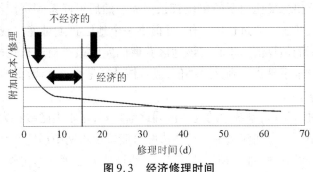

图9.3　经济修理时间

（资料来源：Stuart Trow）

9.4　长期经济渗漏水平

有些渗漏控制活动需要根据投资决策,因此回收期比短期的要长。这一般应用于压力管理和主管修复之类的方案。在这些情况下,如果在投资期内的节水成本可用于支付开展这些工作所需的成本,对压力管理或者主管修复进行投资以减少渗漏是经济的。一旦进行了投资,将产生新(较低)的经济渗漏水平,需要使用上述方法重新计算。

9.4.1　压力管理

降低压力将减少渗漏,这基于以下两点:

(1)背景流速和渗漏流速将降低,因为渗漏流速通过称为 *N*1 关系式的因子而直接与压力相关。

(2)破裂频率将降低,因为管网的压力降低,这就是所谓的 *N*2 关系式。

管网涌流可导致管网破裂和渗漏。有缺陷的运营商或客户设备或者抽水系统中缺少涌流抑制设备,故可发生这些涌流。在调查任何压力降低之前,应使用短期记录以调查系统是否出现涌流。

在降压情况下,投资成本将包括腔室一次性建设成本、购买与更换减压阀(PRV)的成本,以及维护成本。当区域运用压力管理时,平均压力会降低。将根据谁能最先产生最大效益的原则采用多种方案,因此,随着越来越多的方案得到采用,系统各个方案平均压力的边际效益将整体降低。区域夜间平均压力(AZNP)方案应用效益相关的典型曲线详见图9.4。由于渗漏与压力成正比,因此将有一个均衡点,使方案应用增加的成本等于水生产的边际成本。

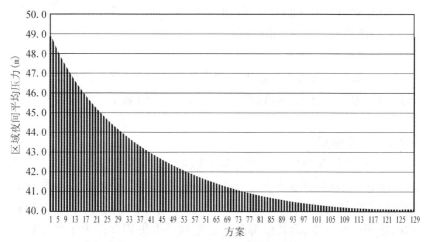

图9.4 按降低的区域夜间平均压力效益排列的压力管理方案

(资料来源:Dave Pearson——诺森伯兰郡水利)

计算该点的过程如下:

(1)采用水力学模型和(或)地区记录,估算安装压力管理阀和其他方案降低压力的潜力。

(2)估算建设成本,使用财务会计方法(通常与运营公司的财务部门协商),贴现成等值年度成本的成本,如贴现现金流(DCF)分析。

(3)阀门及其更换成本(销售商推荐值)采用同样方式贴现。

(4)估算减压阀年度维护成本(销售商推荐值)。

(5)使用水分量损失模型或类似方法估算减少的渗漏效益。

(6)从以下几个方面评估因降低破裂频率而降低的运行成本:①降低修理费用;②降低由报告渗漏产生的用户联系成本;③降低由报告渗漏产生的访问、检查成本;④降低由于未报告渗漏所产生的主动渗漏控制成本。

(7)按净成本除以渗漏节省成本,计算边际成本或效益。

运用成本或效益低于水成本的所有方案。这将建立压力降低的经济水平和相关渗漏水平。最近出版了介绍这种方法的一些实例的书籍。

同时有不太明显的效益,例如:

(1)降低水变色事件的风险。

(2)减少供水中断。

这些效益将改善服务水平并提高用户满意度,降低任何监管行动的风险。为了便于计算,根据这些不太明显的效益,评估名义货币价值。

9.4.2　管网修复

管网修复(包括主管和供水管)将减少管网中渗漏发生率。这将减少渗漏,并减少前述检查和主动渗漏控制的相关成本。一个典型的爆管频率曲线见图9.5。表明管网中存在爆管的频率分布。小部分管网的爆管频率较高,而其他部分爆管的频率要低得多。为了使渗漏的影响最大,应尽量查明那些破坏频率高的水管,并先行更换。更换较远管段的效益则较小。其次应用回报递减规律,当更换水管不经济时将到达一个点。在整个管网,存在着一条类似的供水管爆管分布曲线。

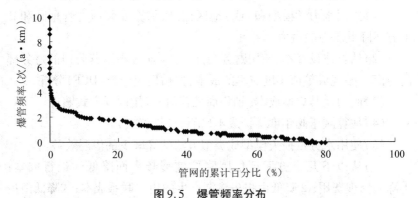

图9.5　爆管频率分布

(资料来源:Dave Pearson——Sofia(索非亚)水利)

人们认为还存在着一条背景渗漏分布曲线,这条曲线未必与爆管频率相同。爆管频率高的主管,背景渗漏水平较低,反之亦然。这是因为,背景渗漏主要受供水管节点渗漏的影响,而非主管本身。因此,修复管网的目标应分别针对爆管和背景渗漏。

为了找到经济适宜点,需要进行以下计算:

(1)为了降低爆管频率和背景渗漏,评估更换同一地区的一段或一组基本类似水管的效益。

(2)估算更换这些水管的成本。

(3)使用分量损失模型,估算渗漏减少量。

(4)评估检查、维修和主动渗漏控制节省的成本。

(5)当成本小于总节省成本除以渗漏节省成本之商时,评估边际成本及其效益。

应运用所有成本和效益低于水成本的方案。这将建立管网修复的经济水平和相关的渗漏水平。

9.4.3 分区

在世界某些地区,常将水网分区,夜晚检测各区的入流量和出流量。各区入流量数据可为定位较大的渗漏提供信息,因而改善渗漏检测效率。然而,采用分区需要在以下几个方面付出成本:

(1)建造水表室的一次性成本。

(2)水表及其更换和(或)修复的成本。

(3)数据记录设备的成本。

(4)数据检索的成本(人工或自动)。

在渗漏方面采用的分区效益是各区渗漏自然上升率的函数。并非所有区域渗漏上升率相同,因此将存在一条回报渐减曲线。影响成本的其他因素包括环境、管网的复杂程度、所建立的分区的程度。计算方法与上述压力管理和修复计算相类似。可计算出经济分区水平和分区最优规模的经济分界点。

9.4.4 组合行动

对于拟采取的各项行动,上述各种方法都要评估渗漏效益。单独考虑了各种情形,即评估压力管理和渗漏修复的经济水平。然而,实施一种方案将影响实施另一种方案的经济性,这意味着如果压力管理使平均压力降低,则修复效益会随之减少。实际上,运营公司希望制定一项策略,旨在使主动渗漏控制、渗漏修补、主管修复、供水管更换、分区以及压力管理等各项行动之间建立经济平衡。

解决这个问题的常用方法是,在各区域选择采用慢慢增加的活动,并计算成本和效益。将它们排序,实现最大效益方案。对于其他方案,由于方案变化且重新比较,将重新评估渗漏效益。然后选取下一方案,重新评估渗漏效益等。连续重复进行这个过程,直到任何行动的边际成本大于等于水的边际成本。这样就确定了经济渗漏水平和将要实施的方案清单和达到这个水平所需的相关费用。

按照"挤压方框"(如图9.1所示包含损失水平的方框)的过程,并根据最好值依次逐一实施精心编制的渗漏管理计划中的主要行动,将使其达到一个最经济点,即渗漏的边际成本将大于节水的边际成本。在这一点上,所有行动中进一步渗漏控制行动的边际成本将全部相同。

9.5　供水可靠性欠缺

9.5.1　供需平衡

上述计算确立了相对于水生产边际成本的经济渗漏水平,事实上,这可称为无约束经济渗漏水平。实际上,当与消费结合时,该经济渗漏水平可能不足以为运营商提供必要的供水可靠性。超过需求的水量常常称为裕度。有些国家为了确保供水安全以应对气候变化等因素,常有标准规定合适的裕度。在计算出无约束经济渗漏水平后,如果裕度不够,则运营公司需要决定是否继续进行渗漏控制更为经济,或者是否需要开发新的水资源,或者采取措施减小用户需求。

为了评价最小成本方案以满足供需平衡要求,应将上述渗漏控制活动的成本与任选的水资源开发边际成本比较。边际成本计算如下:

(1)评估一次性基建投资,用商定的贴现率贴现。

(2)一旦建成,评估资源的管理维护成本。

（3）评价方案的合理收益。

（4）估算水生产成本。

（5）评价边际成本，该成本即等于贴现成本加上维护成本除以收益，再加上生产成本之和。

（6）评价与资源开发有关的环境和社会成本，并加入到该方案的成本中。

采用先前描述的方法拟订的渗漏行动方案，如果其渗漏成本比边际成本低，将得到实施。新方案的边际成本比现有资源的生产成本高得多，因为它包括新设施的建设贴现成本，因此实施进一步的渗漏控制措施（可能包括更多压力控制、更高水平的主动渗漏控制、更多的修复和分区等）将较为经济。应实施多个方案，直至获得必要水平的裕度。该渗漏水平可称为约束性渗漏经济水平。在新的渗漏水平上，渗漏管理的边际成本可称为水的临界值。在渗漏区实施额外处理活动或需求管理或资源开发的边际成本，将大于等于该临界值。

9.5.2　外部驱动因素

在实践中，供需平衡各方面存在着很多外部影响，见图9.6。

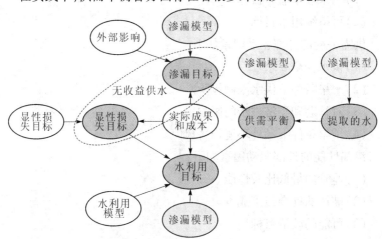

图9.6　供需驱动因素

（资料来源：Dave Pearson/Stuart Trow）

由图9.6可知,有必要调查表观损失管理策略以及真实损失管理策略。尽管表观损失管理策略本身并不减少水生产,但是通常会增加记录到的用水,使之更为透明。这反过来可使需求管理策略更具成本效益。精心制定的表观损失策略也将降低或查找并不存在的真实损失所浪费的支出。

然而,严格来说,正是供需平衡本身推动了这个最终解决方法。在这种情况下,需求为真实损失和消费之和。必须在水资源分区水平上进行评估,即在所有用户有着相同供水安全水平的情况下,考虑各种可能的内部因素和外部驱动因素。

对提取水的可能外部驱动因素如下:

(1)对于低流量的环境关注。

(2)取水对环境的伤害。

(3)环境驱动因素,如欧洲水框架指令、鸟类及栖息地指令等。

(4)水生产碳的足迹。

用水的外部驱动因素如下:

(1)用水效率监管目标。

(2)可持续用水目标。

供需平衡的外部驱动因素如下:

(1)供水安全要求。

(2)干旱条件下供水限制风险。

(3)对社会和经济进步的影响。

(4)干旱条件下额外环境伤害风险。

渗漏性能的外部驱动因素如下:

(1)监管的最低比较性能。

(2)破坏的社会经济成本。

(3)可能的政治目标。

(4)维修的碳足迹。

(5)检测活动的碳足迹。

使用标准优化方法可找到满足供需平衡的最低成本方法,例如遗传算法或无约束混合整数优化器,使用公式如下。

系统运行总成本最小化项目如下:

(1)维修。

(2)压力管理。

(3)先期渗漏检测。

(4)反冲渗漏检测。

(5)修复。

(6)水生产。

(7)需求管理方案。

(8)表观损失策略。

(9)资源开发。

(10)减轻取水。

要实现的最低目标如下:

(1)供水安全目标。

(2)渗漏目标。

(3)用水目标。

(4)表观损失目标。

(5)碳足迹目标。

(6)所有环境约束条件(低流量、栖息地等)。

9.6　历史和经验

9.6.1　英格兰和威尔士

英格兰和威尔士有一个完备的供水系统,99%以上家庭与公共供水管网相连。每天 24 小时不间断供水,仅有不到 0.02% 的家庭一年中供水压力低(通常取低于 15 m)。仅 34% 的家庭装有水表,余下家庭根据房子价值支付水费。然而,供水网年代不同,有些已超过 100年。运营公司很少(不到 25 个,覆盖 2 000 多万个家庭),在 1989 年进行了私有化,有健全的环境和经济管理制度。渗漏数据每年上报到管理部门,由独立评审机构审计。公司每隔 5 年拟订未来 20 年的业务计划,包括对其资产以及收支预测财务模型进行全面的工程评估。用此建立未来 5 年价格变动的界限。部分工程提交涉及经济渗漏水平评估以及是否受到裕度的限制。1995 ~ 1996 年,在经过严重干旱之后,渗漏水平降低到 1/3 以下,根据各公司对其经济渗漏水平的评估,管理部门每年制定渗漏目标。大多数供水公司按照或接近它们评估的经济渗漏水平运营。有几家公司按照裕度限制水平运营。

　　英国和威尔士的经济渗漏水平评估有很长历史。尽管有很多经济渗漏水平方面的资料,但是,有关这个题目的第一个全国性研究报告 1980 年才发布。这为经济渗漏水平评估设定了一种方法,并识别出在进行渗漏管理时的压力控制和分区效益。从而导致英格兰和威尔士的大多数公司均实行独立计量分区管理。1994 年报告的一项大型全国研究计划对 1980 年报告的研究结果进行了更新。该成果以及随后的几项报告使人们更好地了解了压力和渗漏与其他活动(建立模型预测运营机制变化对渗漏的影响)之间的关系。在英国和威尔士,监测程度很高,因此数据齐全,例如,各区都有 15 分钟流量和压力数据。现在大多数公司均有全面校准其管网中所有供水主管的水力学模型。经过 1995 ~ 1996 年的干旱后,多家公司根据本书概述的经济评价启动了重大渗漏管理计划。其中之一涉及 3 年内建设和实施的 2 000 多个压力管理方案,结果,供水超过 320 万户的公司将它们的夜间平均压力从 50 m 以上减少到 40 m 以下。所有公司实施的是免费或者高补贴的用户供水管维修或更换计划,以便加快对那些先前要求法定通知的渗漏进行维修。

9.6.2　国际经验

　　世界其他地方的情况与英格兰和威尔士有很大不同。供水常常仍然由地方市政府控制,各自覆盖较小的供水范围。大多数用户采用水表与供水管相连,但是,由于缺少资源,一般供水常常中断。很少采用独立计量分区管理,而且积极实施主动渗漏控制也有限。压力管理的好处没有得到广泛理解,而且一般基本没有对经济渗漏水平进行评估。可用的数据很少,通常几乎没有水力学模型。因此,在数据有限的情况下,需要劝告他们分阶段应用经济渗漏水平。

9.7 实际应用

在很多情况下,经济渗漏水平分析的应用表明,压力管理是至今最具成本效益的活动。其在降低爆管频率方面的效益是,降低压力方案的回报期常常大大少于12个月。事实上,最初的方案能对维修预算产生快速而直接的影响,以致能腾出足够的资金为下一步的压力管理方案提供经费,而且还将节省一些渗漏检测资源,以启动先期渗漏检测。如果这些资源能有效用于查明先前积压的渗漏,那么就将发现,在现有预算内能极大地减少渗漏。

确定压力管理方案的优先顺序如下:

(1)利用间隔时间非常短的数据记录,查明网络的任何涌流或压力不稳,并查明解决这些问题的方法。

(2)查明并在可能的情况下将固定转速泵转为可变转速泵。

(3)寻找可通过压力管理控制的高压(大于40 m)区域。

(4)寻找日流量和压力变幅大的区域,利用流量调节控压阀找出控制手段。

当压力管理的效益开始显现时,就能计算出定期探测的经济水平,并能实现合适的目标。如果该区域进行了独立计量分区管理,那么,在各分区就能实现经济渗漏检测。

在整个渗漏减少计划中,应利用国际水协会基础设施渗漏指数(ILI)方法评估网络性能,并应建立信息系统来收集地形、压力、爆管频率等方面数据,以便在减少渗漏过程中,更详细地分析经济渗漏水平。鉴于渗漏经济水平的初始值取决于默认值和假定值,可利用实施的特定行动获取实际数据完善计算。

这种方法可通过流程图(见图9.7)来说明。

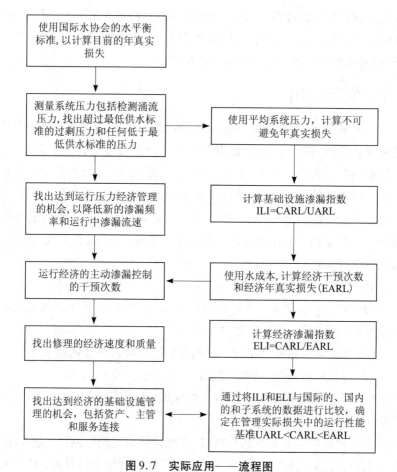

图 9.7　实际应用——流程图

（资料来源：Allan Lambert/Dave Pearson）

9.8　小结

对任一系统来说,经济渗漏水平由所包括(按优先次序)的一系列渗漏管理活动组合而获得。

(1)经过优化的总体压力管理对策,其中:①查明涌流,并采取措施,尽量减小不利影响;②实施项目,采取基本的简单减小多余压力的方法;③按成本或效益顺序进一步实施项目。

（2）对所有爆管采取的优化维修时间对策。

（3）了解、定位、维修未报告（隐藏）爆管的经济干预对策，包括：
①受渗漏管理基础设施（遥测与监控和数据采集系统、独立计量分区
管理、高级压力管理等）投资水平的影响；②受出口水平（在干预后留
下的背景和其他渗漏）的影响。

（4）主管和服务更新投资的经济水平，这需要考虑所有监管因素。
如果每项活动都得出合乎逻辑的成本和效益的结论，则水损失的经济
水平可定义为："供水区中实施每项水损失管理活动的边际成本可表
示为等于水的边际价值的对策，所导致的水损失经济水平。"

参考文献

[1] Wikipedia. Production theory basics. [Online]. Available: http://en. wikipe-
dia. org/ wiki/Production_theory_basics. [Cited: 10 April 2008]

[2] Parkin, M. *Economics*. 5th ed. Addison Wesley, 2005. ISBN 0201537621.

[3] Lambert, A., S. Myers, and S. Trow. *Managing Water Leakage: Economic and
Technical Issues*. Financial Times Energy, 1998. ISBN 1 84083 011 5.

[4] Lambert, A. and A. Lalonde. "Using Practical Predictions of Economic Interven-
tion Frequency to Calculate Short-Run Economic Leakage Level, with or without
Pressure Management." *IWA Leakage* 2005 *Conference*, Halifax, Canada: The
world Book, IWA, 2005.

[5] Rizzo, A. "Tactical planning for effective leakage control. Leakage Management."
A Practical Approach Conference: IWA, Lemesos, Cyprus: IWA, 2002.

[6] Dellow, D. and S. Trow. "Implementing a New Operational ELL Model." *Water
U. K. 8th Annual Leakage Conference*. WaterUK, Oct 2007.

[7] Department for Environment, Food, and Rural affairs, Environment Agency, and
Office of Water Services. Future Approaches to Leakage Target Setting for Water
Companies in England. Ofwat, 2003. http://www, ofwat. gov, uk/aptrix/ofwat/
publish. nsf/Content/tripartitestudycontents

[8] Lambert, A. and J. Morrison. "Recent Developments in Application of Bursts and
Background Estimates' Concepts of Leakage Management." *Journal of Chartered
Institute of Water and Environmental Management*. 10 April 1996:100-104.

[9] Water Research Centre. *Managing Leakage*. WRC, 1994. ISBN 1 898920 0 87.

[10] Lambert A. , T. G. Brown, M. Takizawa, et al. "A Review of Performance Indicators for Real Losses from Water Supply Systems. " AQUA. 48(6), 1999:ISSN 0003-7214.

[11] Lambert, A. and J. Thornton. "Progress in Practical Prediction of Pressure: Leakage, Pressure: Burst Frequency and Pressure: Consumption Relationships. " *IWA Leakage* 2005 *Conference.* Halifax, Canada: The World Bank, IWA, 2005.

[12] Pearson, D. , M. Fantozzi, D. Soares, et al. "Searching for N2: How Does Pressure Reduction Reduce Burst Frequency?" *IWA Leakage* 2005 *Conference:IWA.* Halifax, Canada: The World Bank, 2005.

[13] Fantozzi, M. and A. Lambert. "Including the Effects of Pressure Management in Calculations of Short-Run Economic Leakage Levels. " *IWA Water Loss* 2007. Conference, Bucharest, Romania: Romanian Water Association, IWA, Oct 2007. ISBN 978-973-7681-24-98.

[14] Lasdon. *Optimisation Theory for Large Systems.* London:Macmillan 1970, 2002 (reprinted). ISBN 0486419991

[15] UKWater Industry Research and EA "A Practical Method for Converting Uncertainty into Headroom. " *Report* 98/*WR*/13/1:UKWIR, 1998.

[16] Office of Water Services. "Providing Best Practice Guidance on the inclusion of Externalities in the ELL Calculation. " *Main Report:* Ofwat, Nov 2007.

[17] Office of Water Services. "Water efficiency targets. " *RD* 15/07: Ofwat, Aug 2007. Available on: http://www. ofwat. gov. uk/aptrix/ofwat/publish. nsf/Content/rd1507

[18] Department for Communities and Local Government. Code for Sustainable Homes: DCLG, February 2008 http://www. communities. gov. uk/documents/planningand building/pdf/codesustainhomesstandard.

[19] Office of Water Services. "Levels of service for the water industry in England and Wales 2006-07. ": Ofwat, 2007. http://www. ofwat. gov. uk/aptrix/ofwat/publish. nsf / Content / levelsofservice_0607.

[20] Office of Water Services. "Security of Supply for the water industry in England and Wales 2006-07. ": Ofwat, 2007. http://www. ofwat. gov. uk/aptrix/ofwat/publish. nsf/ Content / SecuritySupply_06-07.

[21] National Water Council "Leakage Control Policy and Practice. " *NWC Standing Technical Report* 26: NWC,1980, 1985 (reprinted).

第 10 章　　水损失模拟

10.1　简介

采用损失水数值的数学表达或模型可大致求出一个水务公司发生的各种损失水量。根据所模拟的表观损失或真实损失的类型和性质不同,模型可以是一个简单的电子表格形式,估算由某类损失造成的失水量,也可以是一组复杂的计算值,依赖大量的数据输入计算出可靠的水损失量。模型是帮助操作人员编制用水审计和水损失管理规划的一个极好工具,应审慎使用。模型既不是魔法,也不能给大家后视力或用作可预测未来的水晶球;模型的好坏要看其所使用的概念、输入的数据及其使用者所具备的技

> 好的数据输入意味着好的数据输出!

能和经验,因而模型使用培训是十分必要的。因此应谨慎,确保采集的现场数据和使用的系数及变量都按所要求的精度尽可能地表达真实条件。若没有可靠的数据,可使用估算数据,然而,模型应标记说明以反映各分量的估算精度并计算最终的加权潜在误差。很多行业标准水损失控制模型现在加入了 95% 的置

> 用 95% 的置信度是为了给各输入分量置信度赋值并计算最终结果中的总置信度。

信度,用于数据输入的各个分量并计算数据输出的分量。有关 95%置信度的使用详见第 7 章。本章介绍几种基本的供水管网损失模型实例。

30 多年来,模拟供水管网中的水流和各用水分量一直都是供水管

本章作者:Julian Thornton;Reinhard Sturm;George Kunkel。

网水力学分析模拟(水力模型)的一个组成部分。但是,在这些模型中,一般将无收益水简单地处理为一种固定剩余。相应地,自20世纪90年代早期以来,水损失模拟中形成了一系列单独的为无收益水分量概念:

(1)表观损失(用户水表不准确,计费系统中系统数据处理误差,以及非法用水)。

(2)真实损失(渗漏和溢流水)。

(3)压力和渗漏、压力和用水,以及压力和爆管(频率关系)。

水损失模型的可靠性和有效性使其成为损失管理者的一个标准工具。

要强调的是,水损失管理模型并非是与水力模型相同的工具。很多水务公司职员、顾问和承包商都使用或者见识过水力模型,这种模型采用数学方法计算供水管网中水的流量和水压值,受特定输入和用水模式的影响。水力模型是一个超强的供水管网系统分析工具,可使操作人员模拟供水系统内的不同运行情形。然而,大多数水力模型中模拟水损失管理所使用的概念常常过于简化,以至于所估算的当前渗漏名义上整体分布于模型节点;并假定为一不随时间变化的固定值而且压力不变。这样简化的假设在模拟供水管网系统中的流量和压力时可能有效,但对于对设法量化关键水损失分量的模型来说则无效。

水损失模拟方法的讨论内容包括以下几个方面:

(1)自上而下的用水审计表格模型。

(2)表观(非物理)损失分量分析。

(3)真实(物理)损失分量分析,例如爆管和背景渗漏估算(BABE)模型:①模拟压力和损失率关系以及压力和用水量关系并进行预测的固定和变动面积流量(FAVAD)概念;②预测主管及进户水管的爆管频率随运行压力降低而降低的压力和爆管频率分析概念;③应用分量分析和预测的固定和变动面积流量概念进行离散区或计量分区夜间流量分析;④用水量分析模型;⑤短期经济水漏失水平。

10.2　自上而下的水审计表格模型

本书推荐使用的用水审计方法由国际水协会和美国供水工程协会共同研发并于 2000 年公开发表。利用国际水协会和美国供水工程协会标准化方法编制用水审计报告,水务公司审计人员了解了自己供水系统水损失的性质和范围,并通过验证过程使水务公司能计算年损失水量的数学置信度。良好的资源管理要求供应商有准确的交易记录并将商品交付给用户。用水审计就是要有这个明确的目标,跟踪和说明交货周期中水的各分量情况。用水审计通常跟踪和验证从取水点或水处理厂经过供水管网直至用户第一用水点的水量。用水审计一般采用工作表或电子表格的形式,详细列明供水系统中水的使用和损失情况。水量平衡本身就是对用水量和损失各分量以标准化格式进行汇总摘要。供给系统的每一单位水都需要进行评估并分配到某一恰当的用水分量。一旦系统有效供水量和系统损失水量(表观损失和真实损失)都进行了分配,那么这些分量的费用影响就能计算出来。然后,水务公司就能选择合适的工具来干预真实损失和表观损失。本书第 11 ~ 19 章将作进一步讨论。

有几种有效的自上而下的用水审计电子表格模型可免费下载。2006 年,美国供水工程协会水损失控制委员会推出了一款免费用水审计软件,可从美国供水工程协会官方网站(www. awwa. org)上下载。

> 这是一个很容易自动执行用水审计的电子表格模型,但是操作人员必须充分理解该模型的概念。这种非常有用而且用户界面友好的电子表格都可以从包括美国供水工程协会、世界银行以及各种咨询公司免费获得,见参考文献。

这种自上而下模型的使用说明随软件一起提供。然而,对于使用相同方法进行详细的、自下而上用水审计使用说明则由美国供水工程协会 M36 出版物《用水审计和损失控制计划》第三版提供。该出版物也是由美国供水工程协会水损失控制委员会编辑。表 10.1

给出了使用美国供水工程协会免费软件的一个例子,显示了美国费城水务局(PWD)在其会计年度截止到 2006 年 6 月 30 日所进行的自上而下用水审计输入和输出情况。

美国供水工程协会的免费用水审计软件是一个极好的工具。通过这个工具,水务公司能以自上而下的方式启动审计程序。然而,随着水务公司一直使用更为详细、自下而上的用水审计,在纳入 95% 置信度(见第 7 章)方面更有优势。表 10.2 阐述了利用世行免费用水审计软件编制的水量平衡实例,显示了生成的水量平衡各关键分量带置信度的统计值。

还有多种其他软件包提供另外一些特征,包括变量分析(Aqua Solve, LEAKS/PIFaastCalcs 等)。Aqua Solve 软件包如图 10.3 和图 10.4 所示。表 10.3 显示了旧金山公共事业委员会(SFPUC)的水量平衡情况,表 10.4 显示了如何使用变量分析来识别对损失各分量聚合不确定性影响最大的分量。

通过对影响最大的水量平衡输入分量进行排序,审计人员可很快识别出哪些分量应进行现场验证。很显然,现场验证是确认模型输出结果是否真实反映现场条件的最佳手段。然而,进行现场量测需要时间和资源(人员、设备),所以常希望能限定现场验证的范围,以便将活动控制在合理的用水审计预算范围内。通过这种方式,关键变量都在现场进行了验证,审计人员按照清单顺序进行,直至达到所希望的累计置信度。本阶段需要注意的是,操作人员应力求对损失各关键分量的量值范围进行模拟。损失量并非绝对量值。

编制这种标准的从上至下水量平衡的详细程序可在美国供水工程协会 M36 出版物《用水审计和损失控制计划》第三版上查到。

表 10.1　美国费城水务局的水审计实例

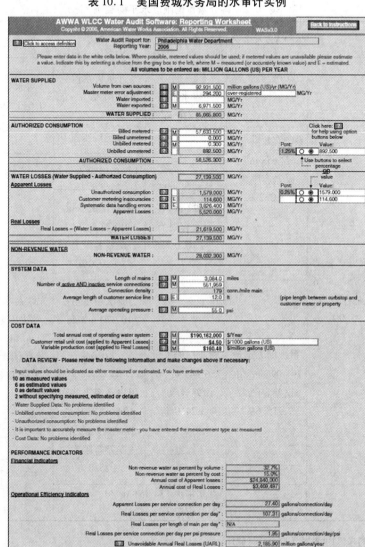

注: 1. 采用美国供水工程协会水损失控制委员会水审计软件制作的报告工作表。

　　　2. 资料来源:美国供水工程协会水损失控制委员会。

表 10.2　各分量置信限度水平衡实例

XYZ 水务公司 2006 会计年度水量平衡表

系统供水总量 2 465 753 m³/d, 误差容限为 ±5.0%	系统有效供水量 1 674 658 m³/d, 误差容限为 ±0.2%	售水量 1 643 836 m³/d	计量售水量 1 643 836 m³/d	售水量 1 643 836 m³/d
			未计量售水量 0	
		免费供水量 30 822 m³/d, 误差容限为 ±10.0%	计量免费供水量 0	无收益水量 821 918 m³/d, 误差容限为 ±15.0%
			未计量供水量 30 822 m³/d, 误差容限为 ±10.0%	
	系统损失水量 791 096 m³/d, 误差容限为 ±15.6%	商业损失水量 256 945 m³/d, 误差容限为 ±24.0%	非法用水量 10 370 m³/d, 误差容限为 ±0.0%	
			用户水表误差和数据处理误差 246 575 m³/d, 误差容限为 ±25.0%	
		真实损失 534 151 m³/d 误差容限为 ±25.8%		

主页

资料来源:世界银行 Easy Calc 软件。

表10.3　水量平衡

用水审计结果			
系统供水总量 2 903 300 万 gal (100%)	系统有效供水量 2 599 000 万 gal (90%)	售水量 2 477 900 万 gal (85%)	外卖水量 0(0%)	售水量 2 477 900 万 gal (85%)
			计量售水量 2 477 900 万 gal (85%)	
			未计量售水量 0(0%)	
		免费供水量 121 100 万 gal (4%)	计量免费供水量 114 800 万 gal (4%)	无收入水 425 400 万 gal (15%)
			未计量免费供水量 6 300 万 gal (0%)	
	系统损失水量 304 300 万 gal (10%)	表观损失水量 16 300 万 gal (1%)	非法用水量 0(0%)	
			因用户水表误差漏计水量 16 300 万 gal (1%)	
		真实损失水量 288 000 万 gal (10%)		

资料来源:美国旧金山公用事业委员会用水审计 04/05。

表10.4　方差分析

项目	年度水量值 (万 gal)	95% 置信度 (%)	方差
无收益水	425 392	11.2	59 148
损失水	304 260	15.7	59 148
表观损失水	16 225	0.7	0
真实损失水	287 965	16.6	59 148.3

续表 10.4

编号 A - Z	用水审计分量	项目	年度水量 （万 gal）	95%置 信限（%）	方差	排序 A - Z
2	系统供水总量	圣安德列亚斯 2 号县界水表	1 051 984	2.6	37 542	1
1	系统供水总量	水晶泉 2 号县界水表	996 575	2.0	19 147	2
3	系统供水总量	莫塞德湖泵站至 Sunse	751 280	2.6	14 691	3
31	计量售水量	市府支付的多户用水（CPRM）	658 070	2.6	10 341	4
5	系统供水总量	莫塞德湖泵站至 Sutro	713 427	2.0	6 602	5
27	计量售水量	市府支付的商业用水（CPCM）	661 135.7	2.0	5 300	6
32	计量售水量	市府支付的单户用水（CPRS）	441 161	2.6	4 551	7
30	计量售水量	市府支付的市政用水（CPMU）	47 204	2.0	23	8
29	计量售水量	市府支付的工业用水（CPIN）	9 482	2.0	0.94	9
51	水表误差	3" 无保证书	216	50.0	0.30	10
46	水表误差	5/8" 无保证书	932	0.7	0	14
26	计量售水量	市府支付 C&B（CPBC）	2 679	2.0	0.07	11
28	计量售水量	市府支付码头和船舶（CPDS）	1 928	2.0	0.04	12
50	水表误差	2" 无保证书	278	0.2	0	15
49	水表误差	3/2" 无保证书	29	0.1	0	18
6	系统供水总量	莫塞德湖泵站至湖	760	2.6	0.02	13
47	水表误差	3/4" 无保证书	17	0.9	0	17
48	水表误差	1" 无保证书	73	0.4	0	16
52	水表误差	4" 无保证书	1	0	0	19

资料来源:美国旧金山公用事业委员会用水审计 04/05。

10.3　表观损失分量的分析及模拟

表观损失分量的模拟有多种形式,已经开展了很多年。表观损失模拟的一个例子是尝试将用户水表未登记而漏报的水量进行量化。然而近年来,表观损失的分量模拟分析采用了类似于真实损失模拟的方法,将表观损失的分量视为不可避免年损失量的倍数。

从表 10.5 可见表观损失分量分析模型的首次尝试。

表 10.5　表观损失分量实例分析

表观损失分量				
供水系统	XYZ		日期	2012-09-07
主管长度	5 555	km	接口服务	800 000
用水分量				水量单位:m^3
系统供水量	系统供水总量			444 555.00
	计量售水量	小表		144 555.00
		大表		138 768.00
本年表观损失量	非法用水量		1.00%	4 445.55
	漏报水表	小表	12%	19 848.41
		大表	5%	7 303.58
		—	—	
		—	—	
		—	—	
	本年表观损失总量			31 597.54

续表 10.5

性能指标	L/(接口服务数·d)			108.21
不可避免年表观损失	非法用水量		0.25%	1 111.39
	漏报水表	小表	2.0%	2 970.51
		大表	2.0%	2 832.00
		—	—	—
		—	—	—
		—	—	—
	不可避免年表观损失总量			6 913.90
性能指标	L/(接口服务数·d)			23.68
	表观损失指数			4.57

资料来源:桑顿国际有限责任公司(Thornton International Ltd.)。

　　国际水协会水损失特别工作组表观损失小组目前正在开发一个不可避免年表观损失量(UAAL)计算表格,计算一个水务公司在实施了所有合理和有效表观损失控制活动之后仍然可能会遭受的最小表观损失量。像供水设施渗漏指数,通过真实损失量与不可避免年真实损失量的比值,以评估真实损失(见第 7 章)一样,表观损失指数(ALI)为用水审计中表观损失量与不可避免年表观损失量的比值。

　　然而,工作组没有采用一种可靠的不可避免年表观损失量方法,而是提出了临时建议,假定计量售水量的5%作为表观损失量的参考值。作者认为,这对于发达国家的水务公司来说也许有点高,因为其一般都有良好的用户水表管理,而且建筑物没有屋顶水箱,这样通过水表的漏报水流量非常少,详见第12.4节。这些水务公司一般也有合理的政策和保护措施,防止非法用水过高。因此,对于发达国家5%的假设可能较高,但对于发展中国家来说则较为合理。

　　水损失控制特别工作组积极开展工作,制定了一整套表观损失性能指标,而且随着国际水协会小组研究工作的进展,将会有更多的信息。

用户水表被称为水务公司的"收银机",负责确保公司各种不同类型用户之间水量和收入的公平分配。因此,定期对水表精度进行评估并通过修理和更换,使用户水表总体维持一个整体较高精度水平是至关重要的。准确的售水量数据对于水力模型、节水计划评估、水资源开发基础设施规模等工程功能来说也很有必要。读者也可参阅第16章,该章详细介绍了水表性能以及水表精度测试程序等。

有必要对整个用户水表总体的平均加权精度进行模拟,并将其纳入用水审计。利用水量平衡计算扣除损失水总量中的表观损失量,以获得一个年真实损失量从上至下的近似值。

在用水审计中尝试量化因用户水表精度失准造成的表观损失量,并认识到导致用户水表总体不准确的如下三个主要原因非常重要:

(1)水表由于磨损造成的内在(机械)精度的最终降低。

(2)水表或者读表装置会全部失灵或"停止"。

(3)水表的口径和型号可能不合适,难以准确地记录供给某一给定用户的全部水流量。

有必要按以上三种原因对水务公司的水表管理工作进行分解或分离,以便适当地构建一个典型的,由于用户水表不准以及各分解水量相关原因造成的年表观损失量图。这样,就可进行规划以经济的方式补救导致水表不准的特定原因。

10.3.1　机械磨损造成的精度降低

制作精良的水表会由于以下原因发生可察觉的机械精度降低:

(1)侵蚀性水质。

(2)高流速。

(3)化学或残余累积。

(4)水挟带的悬移沙等磨蚀性物质。

(5)在供水系统停运后流经水表的空气。

由于流过水表的累计水量随着水表使用年数的增加而增加,因而机械故障增多。第16章详细说明了用户水表使用寿命精度评价,并提出了控制表观损失的子分量产生的水损失的措施。

10.3.2 停走的水表或空置房屋产生的零用水量账单

水表或者读表装置会因各种原因发生故障,无法记录。然而,没有记录显示的水表也可能反映房屋内某一用户没有用水,例如空置房屋的情况。大量用户水表发生机械故障,无法记录一个收费周期到另一收费周期的流量情况,说明了有大量的表观损失及收益流失的情况。

许多水务公司若遇到周期性由于水表读取产生的用水量较低或为零情况,就会使用一个估算的用水量。若零读数仅仅只是周期性的,这种做法会比较有效。然而,当连续多个月采用估算值时,所估算的用水量就可能偏离实际。如果某一给定账户在整个审计年度的所有用水量数值都是基于估算值得出的,那么这个用水审计账户的用水量就可能有严重的误差。水务公司应定期对账单数据进行审查,并对零用水量账单的出现进行评估,特别是那些连续数月都为零记录的账单。对于水务公司来说,值得派专人亲自对用户账户的代表性样本水表现场进行检查,确定连续出现零记录的原因。该检查结果可用来模拟整个系统中零用水量总体表观损失的出现情况。

通过采取以上分析,就有可能对由于水表零记录造成的用户水表损失的最好情形和最坏情形进行模拟。最好情形反映了整个水表总体(不包括零记录水表)的整体精度,这种情形只有在理想情况下才会发生,即水务公司对有零记录的账户作出快速反应,在水表或读表装置发生问题后能及时处理解决。最坏的情形反映了用户水表的总体精度(包括零记录水表的最大可能范围),反映出水务公司的政策疏忽了零用水记录,使其在整个审计年度内不断增加。计算最好情形和最坏情形的表观损失水量,然后就能计算出用于水量平衡的平均水表精度,代表着整个抽样水表总体的平均固有精度,包括对长期零记录账户进行修正的平均反应时间。

为了使这种分析准确,有必要获取大量足够的来自零记录账户现场检查的试验数据样本,以便正确地反映整个用户账户总体的情况。

10.3.3 不合适的水表口径或型号

当流量极高或极低(相对于水表的设计流量范围)时,已知有很多品牌的水表就变得明显不准。如果主要是某一指定用途的水表的口径或型号造成了这些极端水流量范围的发生,那么水表就不能记录很大部分的用户水流量。第 12.4 节详细介绍了水表口径大小产生的影响以及为确保对因为表口径或型号不当导致的损失最小化所采用的最佳做法。由于北美国家水务公司普遍采用直接压力给水系统,需要对用户水表的口径和型号进行选择以记录各种流量的水流。任何未记录的计量售水量在用水审计中都被视为是表观损失水量,因为所损失的水已到达用户,但一部分售水量没有被记录到或者未能收费。为了对这种损失水量进行分析,开发了多种软件模型。

类似模型技术可应用于数据传输误差、用户计费系统中的系统数据处理误差及非法用水等产生的表观损失水分量。这些分量的详细电子表格模型并没有模拟用户水表精度失准的模型那样常见。因此,要由用水审计人员负责评价水务公司运行中发生的损失并尝试对损失水量的范围进行模拟。

10.4　利用爆管和背景估算概念模拟真实损失水量

20 世纪 90 年代早期,在英国国家损失控制倡议期间,阿兰·兰伯特(Allan Lambert)开发了一种系统模拟真实损失量(渗漏和溢流)的方法。

在认识到年真实损失量是由多个渗漏事件造成的,而且各自又受到水流流速和持续时间的影响以后,兰伯特认为,渗漏事件可分为如下三种:

(1)背景(检测不到的)渗漏。流量小,连续流淌。

(2)明漏。流量大,持续时间相对较短。

(3)暗漏。流量中等,持续时间取决于干预政策措施。

对于供水系统的各独立部分——主管、配水池、进户连接(主管—停止旋塞)、进户连接(停止旋塞—水表)来说,年损失水量各构成分量值可用表 10.6 中给定标准压力条件下的参数进行计算。然后,不同压力下运行的效果可通过应用固定和变动面积流量相应于真实损失量各分量的原理,采用合适的 $N1$ 值进行模拟。本章第 10.6.3 部分对固定和变动面积流量进行了详细说明。

表 10.6　计算年真实损失分量要求的参数

供水设施组成	背景(检测不到的)渗漏	明漏	暗漏
主管	长度 压力 最小损失率/km*	数量/a 压力 平均流量 平均持续时间	数量/a 压力 平均流量 平均持续时间
储水池	结构渗漏	明溢 流量,持续时间	暗溢 流量,持续时间
进户连接 (主管—街边)	数量 压力 最小损失率/进户接头数*	数量/a 压力 平均流量 平均持续时间	数量/a 压力 平均流量 平均持续时间
进户连接(街边之后)	长度 压力 最小损失率/km*	数量/a 压力 平均流量 平均持续时间	数量/a 压力 平均流量 平均持续时间

注:＊表示一定标准压力。

资料来源:《水损失控制手册》第一版。

爆管及背景渗漏估算值年分量分析模型首次进行了校准并在 1993 年利用英国数据成功进行了测试。很快扩展到运用经济分析评估主动损失控制干预的经济频率,而且此后在很多国家得到了应用。

爆管及背景渗漏模型可看成是一个统计模型,因为该模型并不追求识别每一渗漏事件和计算年损失水量;而是将类似事件集合在一起,进行简化计算。事件越多,计算结果值的精度越高,因此爆管及背景渗漏模型在大型系统上更为可靠。爆管及背景渗漏模型在计算不可避免的年真实损失量时进户接头数应超过 3 000 个的系统(根据详细的敏感度分析,对该值 2005 年的 5 000 个进行了下调)。

爆管及背景渗漏以及固定和变动面积流量概念强有力的组合意味

着,在 20 世纪 90 年代晚期开发了多种简单的电子表格模型可用来合理和系统地模拟解决供水各系统的诸多损失管理问题。图 10.1 显示了已成功得以模拟的各种问题。

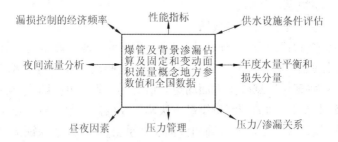

采用爆管及背景渗漏估算以及固定和变动面积流量概念解决问题

图 10.1　用爆管及背景渗漏概念成功模拟解决各种问题

(资料来源:《水损失控制手册》第一版)

爆管及背景渗漏模拟或分量分析还可适用于区或带层面将夜间流量分解为主要用水量和真实损失分量。

10.5　使用爆管及背景渗漏模拟概念对各项活动设定优先次序

不推荐独立开展分量分析来求解年真实损失量,因为很可能在分析所用许多数据中大部分都存在显著的不确定性。然而,分量分析或爆管及背景渗漏模型是从上至下水量平衡的一个非常有用的补充,因为它提供了供水设施不同要素的真实损失量估算值。这些数据价值很大,因为这是制定最合适损失削减战略所需要的,而且对于确定第 9 章详细探讨的经济渗漏水平至关重要。

目前市场上这些模型(以及很多自制模型)有多个商业版本,大多数非常容易使用,而且非常灵活。如果使用商业模型,操作人员必须首先充分了解自己希望做什么,保证商业模型很好地符合当地实际情况。如果以电子表格形式制作模型,至关重要的一点是,操作人员必须充分了解自己所用的概念及其局限。要获得可靠的结果,必须对模型使用者进行适当的培训。

为了对一个损失情况作出评估,大多数分量统计分析模型都需要以下资料:

(1)供水设施及系统数据。

(2)系数及默认值。

10.5.1 供水设施及系统数据

在大多数情况下,年分量分析模型所需要的现场数据为审计期间的分类损失信息,需补充流量和压力数据,这些数据也可用于区域分量分析。有关现场数据收集方面的更多信息详见附录 B。爆管及背景渗漏以及固定和变动面积流量模型方法确保仅仅需要收集有限数量的特定数据,显然收集尽可能准确的数据非常重要,这样才能保证损失估算值尽可能地接近实际情况。

爆管及背景渗漏以及固定和变动面积流量模型所需供水设施及系统方面的典型数据如下:

(1)主管的长度、材料和直径。

(2)储水池/储水箱的容量。

(3)进户连接点的数量。

(4)相对于停止旋塞的用户水表位置。

(5)家庭数量、人口及用水量。

(6)非家庭数量和用水量。

(7)区域平均压力(夜间及 24 h 的平均值)。

(8)各类渗漏和爆管的数量或频率。

(9)各类渗漏和爆管的平均持续时间(取决于水务公司的渗漏检测和维修政策)。

尽管表面看起来这些数据大多数似乎随时可以得到,但很多水务公司却没有获得较好的压力数据。

由于压力对渗漏流量产生显著影响并随后又影响到年真实损失量,因此有必要对系统整体平均压力进行准确评价。

区域平均压力(AZP)为一个供水区内平均渗漏将经历的平均压力的一个替代值。区域平均压力可用来确定区域内某一给定类型渗漏的平均流量,因而成为真实损失评价中的一个关键参数。不幸的是,一些渗漏实际工作者和研究人员试图在不进行区域平均压力测量或评估的情况下诠释渗漏数据,而是用进口压力或临界点压力取而代之。这样,模型结果就或多或少地产生不可靠了。

区域平均压力计算及其测量点的识别方式有多种。在有网络分析模型的情况下,该计算可基于节点数据进行,采用进户连接数进行加权。如果消防栓压力有记录,也可通过所记录消防栓压力的平均值来估算平均压力。另外一种方法是在等高线带范围内分配进户连接(或房屋或消防栓)的数量或主管长度,并选定各类型供水设施加权平均地面高程。

一旦计算出加权平均地面高程或加权平均压力,在进行现场测试时,区域中心承受这一压力的消防栓可选定为该区平均压力测量点。如果用水需求季节性变化很大,造成压力的季节性变化,就有必要考虑年平均压力的季节性变化。

10.5.2　系数及默认值

大多数统计模型都会使用通过各种现场测试而产生的系数和默认值。然而重要的是,操作人员了解这些系数和默认值的性质,以及这些系数和默认值如何以及为什么用于计算,以便对其进行必要的改变以适应当地条件。

常用的系数和默认值可包括如下几点:

(1)标准压力下(通常为 70 psi 或压力水头 50 m)各类型损失和爆管的典型流量。

(2)如果条件较好,主管的典型背景渗漏(标准压力下 mi/h,这可在所有可定位的渗漏都得到修复的地区测得,见第 10.6 节(供水设施条件系数(ICF)计算)。

(3)如果条件较好进户连接的典型背景渗漏(标准压力时也可用如上方法测得,见第 10.6 节供水设施条件系数计算)。

(4)每天 03:00~04:00(或其他相关最小夜间流量期间)使用厕所的典型人数。

(5)马桶典型冲水量(厕所使用是居民个人最大用水量之一,也是除正在进行灌溉地区外最常见的夜间用水)。

（6）典型的马桶渗漏量。

（7）不同类型渗漏和管材的固定和变动面积流量 $N1$ 值。

（8）依赖及不依赖压力用水的固定和变动面积流量 $N3$ 值。

（9）估算背景渗漏量及将其分为明漏水量和暗漏水量的供水设施条件系数值。

以下是一个应用系数和默认值时需要引起注意的例子：

夜间流量分析模型用来估算一个区域出现的损失量。这个区域包括住宅而没有商业或工业(供水设施和系统数据)。

该模型中的一个关键因素是确定估算的合法夜间用水量，并将其从夜间流量中扣除。为此，模型根据预先编程的系数和默认值作几项假设。在本例中，模型建于英国，应用于美国。

模型假设一个住宅区夜间用水大部分是冲厕。本例中，厕所冲水量 1.5 gal/次（默认值)。然而，本模型应用的区域，未对厕所进行改进，其冲水量实际为 4 gal/次（缺省值)。

因此，模型需要本区的人口数量，将本值乘以估算的夜间活跃人数。例如，在清晨 03：00 ~ 04：00 的分析窗口中为 6%（系数)。

如果本区人口为 6 000 人（供水设施和系统数据)，那么模型将假设该时段某个时间的活跃人数为总人口的 6%，也就是说有 360 人次冲厕。

然后模型根据默认值确定冲水量并将其乘以活跃人数（冲厕次数)。本例中，这就是清晨 03：00 ~ 04：00 为 360 人次 × 1.5 gal/人次 = 540 gal，即每小时用水 540 gal 或每分钟用水 9 gal。

然而，使用正确的冲水量进行更接近实际的估算，360 人次 × 4 gal/人次 = 1 440 gal，也就是说清晨 03：00 ~ 04：00 用水为 1 440 gal，即每小时用水量达 1 440 gal 或每分钟用水 24 gal。

如果测得的夜间流量为 50 gal/min（现场数据)，那么模型将减去估算的合法用水量，将剩下的定为渗漏量。如果系数和默认值应用了不正确数值（如上所述)，模型将确定实例区的渗漏量为 41 gal/min，而实际上渗漏量仅为 26 gal/min。

那么就要考虑厕所渗漏限额问题了，有多大比例家庭的厕所渗漏，典型的渗漏流量多大。在北美和其他很多国家,厕所渗漏是夜间用水的主要部分。

10.6　背景损失模拟

> 如果你正在使用其他地区或国家的模型,要确保其中所用的概念和系数适用于你的供水系统。

背景损失为单一事件(小渗漏,接缝渗漏等),其流量太小无法通过眼睛检查或传统的声波检漏技术检测出来。它们将一直流下去,直到碰巧被检测到或者慢慢加剧到能被检测到的程度。背景渗漏水平随着供水管网使用年数的增长呈增加趋势,而且系统运行压力越高,渗漏水平越高。管材的类型和接缝技术也是背景损失水平高低的因素之一。当模拟真实损失时需要将背景损失与其他分量区分开来,这点很重要,因为减少背景损失所用工具有限。在维护较好的供水系统中,控制和降低压力是减少背景损失的一个有效方案。大多数情况下,相对于更换供水设施来说,它也是成本较低的一个方案,然而前者却常常是一项较好的长期投资。

表 10.7 为 70 psi 或水头 50 m 标准压力下不可避免的背景损失流量(UBL);相对于供水设施条件系数的不可避免背景损失。

表 10.7　不可避免的背景损失率

供水设施构成	ICF = 1.0 时的背景渗漏	单位
主管	2.87	每 psi 压力下每英里主管每天损失加仑数
进户连接—主管至停止旋塞	0.11	每 psi 压力下每个进户连接每天损失加仑数
进户连接—停止旋塞至水表	4.78	每 psi 压力下每英里进户连接每天损失加仑数

资料来源:《水损失控制手册》第一版。

背景损失模拟中另外一个常见的错误是假定不可避免背景损失随

压力呈线性变化;之所以出现这种错误假设是因为标准压力下数据呈现的方式,见 Lambert 等 1999 年 12 月《供水系统中真实损失性能指标一览》原文中提供的表格。事实上,基于各种来源的可用可靠数据做出的标准模拟假设是不可避免背景损失在压力达到 1.5 幂(FAVAD $N1$ = 1.5)时随其变化。

　　一旦表 10.7 中不可避免背景损失值采用 FAVAD $N1$ = 1.5 进行修订,就必须乘以供水设施条件系数。供水设施条件系数对于大多数水务公司来说是一个未知数,而且没有进行测试,因此估算供水设施条件系数非常困难。估算供水设施条件系数所进行的现场试验只能在临时或者永久建筑物中用来测量最小夜间流量和压力的小区域展开。

　　现有估算供水设施条件系数的方法有以下几种:

　　(1)基于全系统的供水设施损失指数的供水设施条件系数。供水设施损失指数是有关自上至下水量平衡计算得出的性能指标。它是一种无量纲指标,表述不可避免年真实损失量与水量平衡计算得出的当前年度真实损失量之比。可先从整个系统的供水设施损失指数快速估算供水设施条件系数。可假定全系统供水设施条件系数有着与供水设施损失指数近似的值。

　　(2)基于初始敏感度分析的供水设施条件系数:进行敏感度分析,取供水设施条件系数的两个极端概率的平均值。在真实损失量由不可避免背景损失量和可恢复损失量组成的地方,供水设施条件系数最小值为1。当所有损失是由于背景损失造成(明漏和暗漏两部分水量之比为1时除外)时,出现最大供水设施条件系数值。例如,如果供水设施条件系数最大值为6,其他两个分量为1,而供水设施条件系数最小值为1,其他分量较高,那么供水设施条件系数的平均值就是3.5,可对渗漏的其他分量及潜在解决方案进行初始估算。但建议进行现场测试,以对这个简单的估算过程进行验证。

　　(3)基于 $N1$ 分步试验的供水设施条件系数。如果供水系统主要是一个刚性或者金属管网系统,那么 $N1$ 分步试验就是估算各计算分区中供水设施条件系数值的一个有价值的工具。根据一个有代表性样本的 $N1$ 分步试验结果,可计算出全系统的供水设施条件系数值。如果供水系统并非主要是刚性或金属系统,$N1$ 分步检验的原理及其计算结果则完全不适用,会造成对背景渗漏分量被过高估计,因为爆管本身会有不同渗漏路径。

(4)可检测的渗漏全部修复情况下的供水设施条件系数。一旦独立计量分区设施安装好,即便是临时性安装,且所有可恢复性渗漏得到确认并修复好,这样就能测得剩余的背景渗漏水平。在理想状况下,夜间用水者暂时停止用水,这样测量的流量毫无疑问能代表背景渗漏。如果这样不可能实现,那么就有必要用类似于前例所述的程序形成夜间用水情况(包括厕所渗漏),并将其从实测夜间流量中扣除。然而,此结果的可信度不如第一方案好。有代表性的独立计量分区得出的结果可用来估算全系统供水设施条件系数值。

10.6.1　明漏流量和暗漏流量计算

在收集了主管及进户连接(以及系统其他分量,如阀门和消火栓,如果需要的话)一年的明漏次数数据后,就必须建立流量和持续时间资料。如果水务公司尚未调查出渗漏平均流量且没有获得详细的数据,表 10.8 所列数据的渗漏点就可作为起始点使用。

表 10.8　报告和未报告渗漏流量实例

(单位:gal/(h · psi))

位置	明漏流量	暗漏流量
主管	44	22
进户连接	6	6

爆管和渗漏持续时间可分为 3 个时期:

(1)关注期。从渗漏最初发生(无论是明漏还是暗漏),水务公司最初意识到渗漏存在,但可能还不知道其确切位置的这段时间。对于明漏,这个过程通常很短,而对于暗漏,要采取积极渗漏控制政策干预措施。

(2)定位期。对于明漏来说,这是水务公司调查渗漏或爆管报告到准确确定其位置以便进行有效修复所花费的时间。而对于暗漏来说,定位期为零,因为渗漏或爆管是在渗漏检测调查过程中检测到的,因此意识到渗漏的产生和位置的确定同时发生。

(3)修复期。这是确定渗漏位置后进行修复或者停水所需的时间。

每次爆管和渗漏的总失水量通过这 3 个时期的总时间以及当前系统压力下的渗漏流量来确定,见第 17 章图表。

水量平衡可计算出审计年度的真实损失总量,但却不提供这些真实损失中哪些是背景损失、明漏和暗漏的有关信息。

通过基于各分量分析来评估真实损失水量,有可能对因各分量造成的真实损失量进行模拟,识别减少损失量的合适工具手段。

为了对真实损失量的各分量更深入的分析,还需要分析在基线不可避免的真实损失频率下的爆管频率对不同系统分量的影响,结合实测供水设施条件系数值,可帮助确定更长期的供水设施更换需求。

10.6.2　改变系统压力影响分析——固定和变动面积流量及爆管频率因子(BFF)概念

可通过压力管理来减缓供水管网压力过高带来的不利影响。之后在第 12 章中,将介绍作为控制渗漏量、减少渗漏频率和浪费性用水的一种手段——压力管理,这也是节水战略的一部分。

10.6.3　利用固定和变动面积流量模拟改变系统压力对渗漏流量及水量的影响

1. 爆管流量减小预测

理论水力学[3]告诉我们,在静态水头 h 通过面积为 A_f 固定孔口的完全紊流 Q_f 的方程式遵循平方根原理,所以 Q_f 与孔口面积 A_f 和真实水流出口速度 V_f(随静态压力 h 的平方根和流量系数 C_d 而变化)成正比:

$$Q_f = C_d A_f \sqrt{2gh} \tag{10.1}$$

然而,如果孔口面积和(或)流量系数 C_d 也随压力变化,则通过孔口的流量将比"平方根"关系预测对压力更为敏感。所以,式(10.1)可表述为

$$Q_f = K_f p^x \tag{10.2}$$

式中:x 为渗漏幂指数;p 为静态压力;k_f 为渗漏系数。

由于没有一个关于幂指数的国际惯例,国际水协会水损失控制特别工作组用字母数字字符 $N1$ 作为式(10.2)中的幂指数,从而获得下列表达式:

$$Q_f \cong P^{N1} \qquad\qquad (10.3)$$

$$\frac{Q_{f_1}}{Q_{f_0}} = \left(\frac{P_1}{P_0}\right)^{N1} \qquad\qquad (10.4)$$

式中:Q_{f_1} 为压力变化后的渗漏流量;Q_{f_0} 为压力变化前的渗漏流量;P_1 为变化后的压力;P_0 为变化前的压力。

渗漏流量 L 和压力 P 之间的这个通式(式(10.4))自 1981 年以来就在日本得到应用,采用了 1.15 的加权平均幂指数[4]。从 1979 年起在英国使用了一个不同的关系式(渗漏指标曲线),但梅[6]在 1994 年提出的"固定和变动面积"概念,即为现在所熟知的固定和变动面积流量(式(10.3)和式(10.4)),被英国和国际水协会水损失压力管理小组[5]推荐为最优方法。

2. 现场测量 $N1$

通过在夜间对这个最小用水量期间分步降低进口压力的方式在供水管网区可测试出幂指数 $N1$ 值。通过从入流量中扣减一定的夜间用水量所得出的渗漏流量(L_0,L_1 和 L_2),可以与区域平均压力下测得的压力(P_0,P_1,P_2)进行比较,得出幂指数 $N1$ 值的估值。经过对不同国家供水管网区超过 150 次的现场测试分析(见表 10.9),确认了幂指数 $N1$ 值一般在 0.5~1.5,但偶尔会达到 2.5 或更多。到目前为止,北美所进行的测试生成的 $N1$ 值在 0.5~1.5 范围内的次数有限。

在系统内所有能检测到的损失修复完成或者系统停止运行后进行的背景渗漏测试中,通常产生较高的 $N1$ 值,接近 1.5。

表 10.9 清楚地显示,相对传统的渗漏幂指数 $N1$ 值(0.5),供水管网系统中的渗漏流量在通常情况下对压力更为敏感。1994 年,梅[6]用固定和变动面积流量概念提出了对这种明显的悖论的物理解释。梅考虑了如果有些类型渗漏路径的面积随压力变化,同时速度随压力平

方根变化将会发生的情况。这意味着对于压力来说,不同类型的渗漏有着不同的幂指数关系:流量 = 流速 × 面积,例如:

(1)固定面积渗漏(例如厚壁刚性管的孔口)的幂指数将为 0.5。

(2)变动面积渗漏(例如裂缝,其长度随压力变化)的幂指数将为 1.5。

(3)变动面积渗漏(例如裂缝,其长度和宽度都随压力变化)的幂指数将为 2.5。

表 10.9　渗漏幂指数 $N1$ 值范围

国家	受测区数(个)	渗漏幂指数 $N1$ 值范围	$N1$ 平均值
英国(20 世纪)	17	0.70 ~ 1.68	1.13
日本(1979 年)	20	0.63 ~ 2.12	1.15
巴西(1998 年)	13	0.52 ~ 2.79	1.15
英国(2003 年)	75	0.36 ~ 2.95	1.01
塞浦路斯(2005 年)	15	0.64 ~ 2.83	1.47
巴西(2006 年)	17	0.73 ~ 2.42	1.40
合计	157	0.36 ~ 2.95	1.14

资料来源:参考文献[2]。

在进行可靠的幂指数 $N1$ 测试之前,所有渗漏已修复了的区域有一个有趣的发现:剩余的背景渗漏(不可检测的小渗漏)幂指数 N_1 值一致地显示接近 1.5。

3. 现实中幂指数 $N1$ 有多大意义?

通过式(10.4),考虑如果控制过高压力而将平均压力降低 20%($P_1/P_0 = 0.8$),供水管网区现存渗漏的流量会如何变化。

(1)如果 $N1 = 0.5$,则 $L_1/L_0 = (0.8)^{0.5} = 0.89$,或渗漏流量降低 11%。

(2)如果 $N1 = 1.0$,则 $L_1/L_0 = (0.8)^{1.0} = 0.80$,或渗漏流量降低 20%。

(3)如果 $N1 = 1.5$,则 $L_1/L_0 = (0.8)^{1.5} = 0.72$,或渗漏流量降低 28%。

(4)如果 $N1 = 2.0$,则 $L_1/L_0 = (0.8)^{2.0} = 0.64$,或渗漏流量降低 36%。

(5)如果 $N1 = 2.5$,则 $L_1/L_0 = (0.8)^{2.5} = 0.58$,或渗漏流量降低 42%。

4. 压力耗水幂指数 N3

由于压力变化，用水流量或水量产生变化，N3 被用作这种变化的一个幂指数。在大多数情况下，直接压力用水分量用水变化将对应于传统平方根关系式 N3 = 0.5，体积用水分量将对应于 N3 = 0（不变量）。如果体积用水分量和直接压力用水分量均匀分布，那么 N3 的初始估算值为 0.25。在这种情况下，渗漏减少的影响将大部分比用水量减少的影响要大。在有些情况下，实际上希望减少用水量，例如节水项目。

10.6.4　爆管频率因子[7]模拟

最近，国际水协会水损失控制特别工作组压力管理小组提出了需要更好地了解供水系统最大压力对爆管的影响。表 10.10 对桑顿（Thornton）和兰伯特（Lambert）在国际水协会[8]中报告的 10 国 112 个供水系统的扩充数据集进行了汇总。请注意到如下几点：

（1）"之前"压力（水表）范围为 23 ~ 199，中值为 57，平均值为 71。

（2）压力降低百分比为 10% ~ 75%，中值为 33%，平均值为 37%。

（3）爆管降低百分比为 23% ~ 94%，中值为 50%，平均值为 53%。

（4）数据显示主管和进户连接管的爆管减少百分比之间无显著差异。

表 10.10　压力管理对新爆管频率的影响（10 国 112 个系统数据）

国家	水务公司或供水系统	受研究压力控制区数量（个）	评估的初始最大压力（m）	最大压力降低平均百分比（%）	新增爆管减少百分比（%）	主管（M）或进户连接（S）
澳大利亚	布里斯班	1	100	35	28	M,S
	黄金海岸	10	60 ~ 90	50	60	M
					70	S
	亚拉河谷	4	100	30	28	M
巴哈马	新普罗维登斯	7	39	34	40	M,S
波斯尼亚	格拉查尼察	3	50	20	59	M
					72	S

续表 10.10

国家	水务公司或供水系统	受研究压力控制区数量（个）	评估的初始最大压力（m）	最大压力降低平均百分比（%）	新增爆管减少百分比（%）	主管(M)或进户连接(S)
巴西	Caesb 水务公司	2	70	33	58	M
					24	S
	圣保罗水务公司 ROP	1	40	30	38	M
	圣保罗水务公司 MO	1	58	65	80	M
					29	S
	圣保罗水务公司 MS	1	23	30	64	M
					64	S
	坎皮纳斯市水务公司	1	50	70	50	M
					50	S
	Sanepar 公司	7	45	30	30	M
					70	S
加拿大	哈利法克斯市	1	56	18	23	M
					23	S
哥伦比亚	亚美尼亚市	25	100	33	50	M
					50	S
	帕尔米拉市	5	80	75	94	M,S
	波哥大市	2	55	30	31	S
塞浦路斯	利马索尔市	7	52.5	32	45	M
					40	S
英国	布里斯托水务公司	21	62	39	25	M
					45	S
	联合公用事业公司	10	47.6	32	72	M
					75	S
意大利	都灵	1	69	10	45	M,S
	Umbra	1	130	39	71	M,S
美国	美国水务公司	1	199	36	50	M
供水系统总数		112				
	最大值		199	75	94	全部数据
	最小值		23	10	23	全部数据
	中值		57	33.0	50.0	全部数据
	平均值		71	38.0	52.5	M 和 S 一起
	平均值			36.5	48.8	仅仅主管
	平均值			37.1	49.5	仅仅进户连接

资料来源:参考文献[7]。

　　表 10.10 的数据还在图 10.2 中显现了以主管和进户连接共同的压力降低百分比对新爆管频率减少百分比关系曲线的形式。

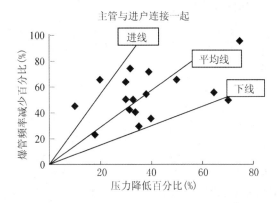

图 10.2　压力降低百分比与新发生爆管频率减少百分比的关系

　　可能给出普遍保守预测的一种简单解读是假设新爆管减少百分比(%) = 爆管频率因子 × 最大压力降低百分比,可根据图 10.2 中的数据进行校核。

　　从图 10.2 中得到,主管和进户连接共同的爆管频率因子为 52.5%/38% = 1.4,因此图 10.2 中数据描绘的 1.4 斜度线为平均预测值线。

　　上线,爆管频率因子值 2.8(平均值的两倍),包含全部数据,只有两个新爆管频率减少较大的数据点在外。

　　下线,爆管频率因子值 0.7(平均值的一半),包含新爆管频率减少较少的所有数据点。

　　应用这个简化预测方法时,重要的是要确保在爆管频率因子和最大压力降低百分比都很大情况下,预测不会使爆管频率减少到不可避免真实损失公式中所用数值以下。

10.6.5　最新概念方法

　　以下一系列图示描述了国际水协会水损失控制特别工作组压力管理小组目前在尝试更现实地理解压力与爆管频率关系时使用的最新概念方法。

　　在图 10.3 中,X 轴代表系统压力,Y 轴代表故障率。当新建一供水系统时,主管和进户连接通常设计为能承受远大于自流供水系统的日和季运行压力范围的最大压力。系统运行安全系数很高而且故障率很低。即便系统中有如图10.4所示的瞬变压力,其最大压力也不会超过发生故障率增加情况的压力。

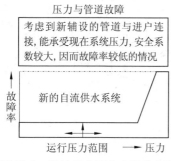

图 10.3　设计最大压力内新的自流
供水系统运行良好
（资料来源:参考文献[6]）

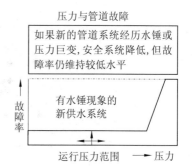

图 10.4　有水锤现象的新系统也在
最大设计压力范围内运行良好
（资料来源:参考文献[6]）

随着时间推移,老化(包括锈蚀)产生的不利因素逐渐降低水管发生故障的压力,见图10.5。这样,根据交通负荷、地表移动、低温等本地因素(各国情况不同,各系统情况也不相同),在某个时间点,水管最大运行压力将与这些不利因素相互影响,使爆管频率开始增加。预计在存在瞬间压力或有抽水的供水系统将早于自流供水系统发生的这种结果。

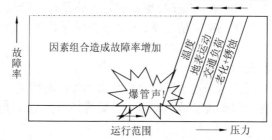

图 10.5　各种不利因素结合(包括水锤)导致故障率增加

（资料来源:参考文献[6]）

　　如果供水系统由于改变了水头损失条件而容易受水锤或者较大压力变化的影响,且有着相对较高的爆管频率,那么预料可能引入水锤控制或流量或远程节点调压来显示新爆管频率的一种快速显著降低。系统中的平均压力或许保持不变,但是水锤和压力剧变的减少意味着最大压力不会同样程度地与不利要素相互产生影响,见图 10.6。

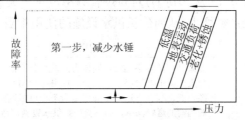

图 10.6　水锤和压力剧变的减少使安全系数增大（限制了与不利要素的相互影响）（资料来源:参考文献[6]）

　　如果系统在临界点存在超压,超过对用户的最低服务标准,则通过安装压力控制装置手段(减压阀、供水区再分区等)进行永久性减压将使系统的运行压力范围远离各种不利因素的结合导致故障频率增加的压力点,见图 10.7。

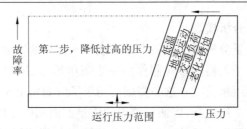

图 10.7　供水系统的平均压力的降低使安全系数增大（原因是压力减小限制了与不利要素的相互影响）（资料来源:参考文献[6]）

　　压力剧变的减少和区域压力可能的降低将会提高该区域的安全系数。对于实施压力管理后为何有些供水系统新爆管频率降低的百分比大,而有些系统的新爆管频率却不怎么降低,可用这一概念提出一种假设。

　　如果爆管频率在压力管理实施前较高(见图 10.8 中的③),即使压力降低百分比较小也能使爆管频率百分比大大减少(到②)。

　　如果爆管频率在压力管理实施前较低(见图 10.8 中的②),则改变压力降低百分比(从②到①)对新爆管频率没有多大影响,但可使供水系统的安全系数增大,从而延长供水设施的使用年限。

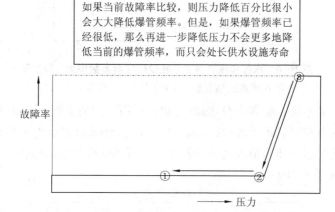

图 10.8　受初始爆管频率的影响爆管频率百分比降低

(资料来源:参考文献[6])

10.6.6　用水分析模型

　　用水各分量分析是任何一个减漏或节水计划的重要组成部分。以下模型是以电子表格的形式制作的一个简单模型,用以预测雇员较多企业的卫生间用水情况。这类模型可用于了解厕所节水改造的潜在效益或者预测卫生用水量,以便从测得的流量剖面图中得出。

　　表 10.11 显示的是某一虚拟企业的输入数据,采用了各种不同建筑物内男人、女人用水量及用水频率估算值。

表 10.11　输入数据（采用用水量估算值）

各建筑物分布总人口（人）		冲厕所的男人（人）	2	便池冲洗	2	关键值				人均用水量
		冲厕所的女人（人）	4	便池容积	1	蓝色用户输入				
		冲洗量	3.5			红色计算值				
		洗手量	1			黑色描述				

建筑物 1	414	无冲洗	冲洗水量	每人用水量	无冲洗	每人用水量	每人用水量	无洗手	洗手水量	每人用水量	
男人	207	2	3.5	7	2	1	2	4	1	4	13
女人	207	4	3.5	14			0	4	1	4	18
50/50											
建筑物 2	65										
男人	36	2	3.5	7	2	1	2	4	1	4	13
女人	29	4	3.5	14			0	4	1	4	18
55/45											
建筑物 3	40										
男人	20	2	3.5	7	2	1	2	4	1	4	13
女人	20	4	3.5	14			0	4	1	4	18
50/50											
建筑物 4	200										
男人	120	2	3.5	7	2	1	2	4	1	4	13
女人	80	4	3.5	14			0	4	1	4	18
60/40											
建筑物 5	270										
男人	162	2	3.5	7	2	1	2	4	1	4	13
女人	108	4	3.5	14			0	4	1	4	18
60/40											
建筑物 6	33										
男人	20	2	3.5	7	2	1	2	4	1	4	13
女人	13	4	3.5	14			0	4	1	4	18
60/40											

资料来源：《水损失控制手册》第一版。

图 10.9 显示了模拟产生的每班卫生用水估计值。

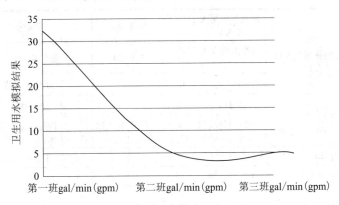

图 10.9　模拟产生的每班卫生用水估计值

（资料来源：《水损失控制手册》第一版）

表 10.12 显示改变每次冲水量反映采用较低冲水量厕所的输入数据。在本例中，冲水量从 3.5 gal/min 减少到 1.6 gal/min（在美国供水工程协会终端用户调查和英国渗漏控制丛书中可以找到最佳基本用水信息）。

表 10.12　改变冲水量所反映的节水情况

各建筑物分布总人口（人）		冲厕所的男人（人）	2	便池冲洗	2	关键值		人均用水量
		冲厕所的女人（人）	4	便池容积	1	蓝色用户输入		
		冲洗量	1.6			红色计算值		
		洗手量	1			黑色描述		
建筑物 1	414	无冲洗	冲洗水量	每人用水量	无冲洗	每人用水量	每人用水量	无洗手	洗手水量	每人用水量
男人	207	2	1.6	3.2	2	1	2	4	1	4	9.2
女人	207	4	1.6	6.4			0	4	1	4	10.4
50/50											

续表 10.12

各建筑物分布总人口（人）		冲厕所的男人（人）	2	便池冲洗	2	关键值				人均用水量
		冲厕所的女人（人）	4	便池容积	1	蓝色用户输入				
		冲洗量	1.6			红色计算值				
		洗手量	1			黑色描述				
建筑物 2	65									
男人	36	2	1.6	3.2	2	1	2	4	1	4	9.2
女人	29	4	1.6	6.4			0	4	1	4	10.4
55/45										
建筑物 3	40									
男人	20	2	1.6	3.2	2	1	2	4	1	4	9.2
女人	20	4	1.6	6.4			0	4	1	4	10.4
50/50										
建筑物 4	200									
男人	120	2	1.6	3.2	2	1	2	4	1	4	9.2
女人	80	4	1.6	6.4			0	4	1	4	10.4
60/40										
建筑物 5	270									
男人	162	2	1.6	3.2	2	1	2	4	1	4	9.2
女人	108	4	1.6	6.4			0	4	1	4	18
60/40										
建筑物 6	33									
男人	20	2	1.6	3.2	2	1	2	4	1	4	13
女人	13	4	1.6	6.4			0	4	1	4	18
60/40										

资料来源:《水损失控制手册》第一版。

图10.10显示了模拟产生的每班用水减少量。

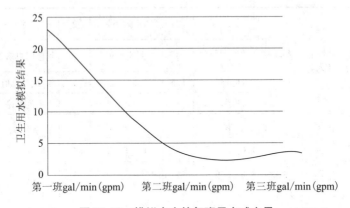

图10.10　模拟产生的每班用水减少量

（资料来源:《水损失控制手册》第一版）

10.7　总结

本章介绍了各种模型及理论,涵盖了组成水损失控制计划的各项不同任务:

> 进行模拟时,重要的是负责任的态度。在模型目标和输出结果的同时始终要清晰地注明所有的假定和估算值。

(1)从上至下的用水审计。

(2)表观损失分量分析。

(3)水表精度。

(4)水表口径尺寸。

(5)真实损失分量分析。

(6)压力管理固定和变动面积流量及爆管频率因子。

(7)用水量分析。

在所有情况下,最重要的要素是所使用数据的有效性和模型操作知识。操作人员有必要了解模型及所用数据的局限性并了解这些对最终决策(干预、预算拨款和团队资源)的影响。

如果在模拟过程中无法得到好数据,那么可使用估算值,并在输入分量和输出结果计算时使用95%的置信度。然而,重要的是要小心地注解估算值,以便其他人能正确地解读模型结果。

参考文献

[1] Lambert, A. O. , S. Myers, and S. Trow. *Managing Water leakage—economic and technical issues.* : *Financial Times Energy.* 1998. ISBN 1 94083 011 5

[2] Lambert, A. , T. G. Brown, M. Takizawa, et al. A review of performance indicators for real losses from water supply systems. Aqua. 48(6), December 1999.

[3] Thornton, J. , Garzon, E, and Lambert, A. "Pressure-Leakage Relationships in Urban Water Distribution Systems." *International Conference on Water Loss Management.* Skopje, Macedonia: ADKOM USAID GTZ, September, 2006

[4] Hiki, S. Relationship between Leakage and Pressure. *Journal of Japan Water Works Association,* 51(5):50-54, 1981.

[5] Thornton, J. *Managing Leakage by Managing Pressure.* IWA Publishing Water 21 ISSN 1561 9508, October, 2003.

[6] May, J. "Leakage, Pressure and Control." *BICS International Conference on Leakage Control Investigation in Underground:* Assets London, 1994.

[7] Thornton, J. , and Lambert, A. *Pressure Management Extends Infrastructure Life and Reduces Unnecessary Energy Costs.* Bucharest, Romania: IWA Water Loss, 2007.

[8] Thornton, J. , and Lambert, A. "Managing Pressures to Reduce New Breaks." *IWA Publishing Water 21 Magazine.* ISSN 1561-9508, December 2006.

第 11 章　表观损失控制
——找回流失的收入和提高用水数据的完整性

11.1　简介

提供饮用水的水务公司有两种截然不同的损失形式:真实损失和表观损失。真实损失是输水系统中的有形损失,大多数为渗漏,但也有储水箱溢流。表观损失为无形损失,是已成功地将水输送给了用户,但由于各种原因而未准确地量测或记录到,从而造成用户用水量存在一定误差。当这种误差在大量的用户账户系统出现时,就会使用水总量严重失真,致使水务公司很多应收的收入流失。

本章解释了表观损失的产生原因,描述了这种损失对用水数据的完整性所产生的显著影响以及找回计量供水系统流失收入的潜在可能性。第 12~15 章解释了表观损失的主要类别,以及将这些损失控制到经济水平的措施。

表观损失定义为无形损失,因为并没有水从供水设施中实际流失。然而,水务公司的核算和信息处理实务中的低效率可能会对其产生明显影响。其原因有水表的故障、尺寸不当或者读表不准、计费系统中用水量数据上存在腐败,以及从供水管网中非法用水等。表观损失主要由如下三部分组成:

(1)用户水表不准。

(2)系统的数据处理误差,特别是用户计费系统。

(3)非法用水。

有些表观损失很容易查明,有些则较为复杂,要进行一些初步假设计算出其大概值。最后,通过自下而上的工作(现场调查)对详细的分

本章作者:George Kunkel;Julian Thornton;Reinhard Sturm。

量进行验证,制定水损失控制战略。

11.2　表观损失是如何发生的

　　表观损失是由水务公司在跟踪用水量时进行量测、记录、存档和核算等操作的低效造成的。而这种低效源于不准确或者口径过大的用户水表,糟糕的读表、计费和核算方法,软弱的政策或者无效的管理等。非法用水也会造成表观损失,这是由于个别用户或者其他人篡改自己的水表或者读表设备,或以其他方式恶意获取用水而没有适当付费所造成的。无论何种表观损失,水务公司管理人员和操作人员都有责任对水表计量和计费操作的不一致进行实事求是的评价,然后制定内部政策和程序,从经济上使这种不一致最小化。同时,与用户、水务公司高管、民选官员、融资机构,以及媒体就表观损失问题及其控制的必要性等进行明确的沟通,这也很重要。

　　表观损失发生的具体方式很多且不尽相同,特别是非法用水,经常发生变化。非法用水者这样做有各种不同原因。有些人坚信水应该是免费的,自己有权获得水而无须付费。还有些人觉得他们没有钱来支付供水服务费用。然而更为常见的非法用水是用户恶意取用水,常常想方设法"钻制度的空子"。

　　因此,水务公司在管理自己的产品(水)时必须保持警觉,通过有效的水表管理与合理计费、用水审计、收费和强制政策,实现预期收入水平并维持对其供水准确的量测。

　　关于收水费的说明。水务公司财务经理知道,并非所有用户都能按规定或者按时支付其水费单。收取率是一项财务业绩指标,反映用户支付水费单的比率。已收取付款以水务公司供水服务每月已开账单金额的百分比来衡量。通常按 30 d、60 d、90 d 对收取率进行跟踪来反映整个用户总体支付记录的代表性状况。收取率是一种极其重要的衡量方法,代表水务公司获取收入的速度。本书详细讨论了用水审计方法中未包含的水费收取,因为收取率是根据计量售水量来衡量付费情况的,不管是否所有供水都流过了用户水表,或者是否得到了准确量测。用水审计方法以用户水表作为其终端边界,水表产生的用水数据作为用户账单的依据。本书为水务公司最大限度地提高其用水计费效率提供了指导,同时收费的重点在于支付效率,超出了本书的范围。读者应该查阅水费和财务方面的出版物,获得关于跟踪自己的收取率和使其最大化的政策方面的指导。

11.3　用户水表不准

在饮用水供水系统中,用户水表的量测不准确可能是表观损失的一个主要来源。虽然大多数北美提供饮用水的水务公司采用水表计量其用户用水量,也有许多水务公司没有这样做。例如在加拿大,到1999年仅仅56%的用户住宅装有水表,其他很多用户则未装水表,普遍采用固定费率支付水费[1]。在未安装水表计量的水务公司,水表精度无法作为表观损失的评价依据;尽管这些水务公司理应采用其他方法来量化用户的用水量并将之从合法用水和损失分量中剥离开来。

图11.1给出了美国供水工程协会关于水表计量和责任政策声明。本书支持美国供水工程协会对供水管网以及全体用户消费的水采用水表计量的建议,因此所进行的讨论都是涉及那些已为所有用户安装水表的水务公司。那些没有为用户装表计量的水务公司可通过抽取有代表性用户账户,对其进行装表计量和数据记录,以及用统计方法评估其结果,推断出用户的一般用水趋势,从而获得用户的大概用水量。

用户水表为长期规划提供有价值的用水量发展趋势信息以及评估损失控制和节水计划所需的数据。同时,通过将水价与水量相联系,水表计量提高了水在用户心目中的价值。具有强大计量能力的自动读表系统和数据记录技术现已得到广泛应用,用户的用水信息已成为更好地管理水务公司运行及各流域或地区水资源的一个关键要素。

对用户水表进行全面讨论不在本书范围内。美国供水工程协会在多个手册中都有很好的指南,涵盖了良好水表管理的各个方面。M6手册《水表——选择、安装、测试和管理》,提供了用户水表管理基础方面的综合信息[2]。M22手册《供水管线及水表口径选择》,提供了对水表精度十分重要的用户用水需求表和口径选择标准方面的指导[3]。

美国供水工程协会建议，每个水务公司都要对进入其供水系统内供水工程的所有水以及从其供水系统分配到用户供水点的所有水用水表进行计量。美国供水工程协会同时还建议水务公司进行定期用水审计以保证其供水责任。转售水务公司供水的用户（例如公寓综合体、批发商、代理商、协会或者工商企业）应以准确计量、保护用户以及财务公平等原则为指导进行自来水销售。

用水表计量和用水审计是一个管理供水系统运作的有效手段，也为供水系统绩效研究、设施规划、节水措施评估提供了基础数据。用水审计对水表计量和读表系统的有效性以及计费、核算和损失控制计划进行了评价。所有供水服务的水表计量用水量为公平地对用户进行评估提供了依据，并鼓励水的有效使用。

一项有效的水表计量计划取决于对水表进行定期性能测试、维修和维护。准确的计量和用水审计保证根据供水服务的水平和对可用水资源的合理使用能公平收回收入。

图 11.1 政策声明——水表计量和责任

（资料来源：美国供水工程协会）

数据处理要注意如下：水表精度仅仅是获得用户用水数据的第一步。即使水表能够提供准确的计量，后续步骤（包括水表读数（人工读表或自动读表）、数据传输到计量系统和归档工作）也都必须准确地处理，否则，使用了发生丢失的用户账户的数据时，用户实际用水量将会失真。在很多水务公司，准确的水表数据被错误地转置、不恰当地调整或错误归档的情况并不少见。如果数据路径任何一部分缺乏完整性，很容易将表观损失量误读为水表误差，如果以此错误假设为基础作出的损失控制决策（例如更换大量准确的水表），可能会造成巨大的浪费。

11.4 数据传输和系统数据处理错误

用户水表只是一个较为复杂轨迹的开始，最终将产生大量的用户用水数据。由于大多数水务公司都管理着成千上万用户的数据，系统数据处理误差很容易被庞大的批量数据所掩盖。图 11.2 给出了数据从水表读表到历史档案过程中的几个典型步骤。

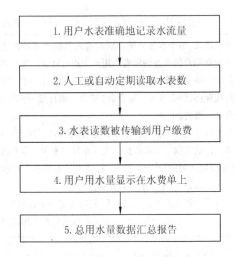

图 11.2　计量用水数据的档案线路

(资料来源:参考文献[6])

在其中任何一步中,误差都可能会被引入到最终作为用户用水量的输出数据中。用户用水数据的完整性可能受到损害的几种方式如下:

(1)数据传输误差:①人工读取数据误差;②数据自动读取设备故障。

(2)数据分析误差:①使用了不合适的估算水量替代水表读数;②通过篡改实际计量用水数据调整用户水费单;③用户账户管理不善,导致账户未激活、丢失或错误移动。

(3)政策和程序缺陷:①尽管有通用用户水表计量政策,但是仍有些用户故意未予计量或未读取,而且这种情况对于由地方政府经营的水务公司供水的市属建筑物来说很普遍;②有些规定允许用户账户进入"不开账单"状态,这是一种潜在的漏洞,常常为骗子所利用或者由于管理不善而未受监控;③有些调整政策没有考虑保留用户实际用水量;④官僚们规定或执行不力导致审批、计量或收费工作延误;⑤水务公司内部组织的分歧或紧张状态阻碍了对损失控制的重要性或"总体情况"的认识。

以上所列清单仅仅只是提供饮用水的水务公司会遇到的一部分数

据处理问题,但并非是全部,因为几乎每个公司都能识别出各自所特有的表观损失情况。任何过分修改用户实际用水量的都可视为是一种表观损失。国际水协会水损失控制特别工作组在 Alegre 等[4] 的初步工作报告中没有具体把数据处理误差确定为表观损失的一个来源。然而,国际水协会和美国供水工程协会随后发表的文章中明确定义了这个类别的损失。美国供水工程协会水损失控制委员会也认为这种篡改的数据是一种表观损失[5]。

11.5　非法用水

几乎所有提供饮用水的水务公司都会发生非法用水问题,通常是用户或其他人从供水系统中获取水而不付费的故意行为。一个供水系统非法用水的性质和范围取决于社区的经济健康和水务公司的政策和执行重点。

非法用水有多种方式,包括干扰用户水表或水表读取设备、非法打开消防栓、非法接水及其他方式。确立一个良好的责任追究及损失控制计划的关键特征(用水审计为首要特征)必然会发现非法用水。

用水审计应对水务公司内部发生的非法用水分量进行量化。对于第一次用水审计,或者非法用水并不太多时,审计人员应在用水审计中以"供水量"数值的 0.25% 作为默认值,这是世界各国用水审计中代表这类损失分量的百分比。有着良好用水审计制度的水务公司或者非法用水很多的水务公司,应该具体明确非法用水的范围和性质,以及那些造成取水不付费的政策或者程序漏洞。窃取水务公司水的是那些付不起水费或不愿支付水费的个人用户所为。所有水务公司供水系统都容易受非法用水的影响,而且其中有些供水系统所受影响是巨大的。

任何社区都可能有一部分经济困难的用户,因此水务公司应该在给这部分用户提供供水服务与对那些有支付能力却选择不付费的用户加强执法行动之间设法找到平衡点。因此,对水务公司的政策进行认真评估非常必要,这样能使公司合理运作,制止非法用水。

11.6　表观损失的影响

表观损失少计了用户用水量，对水资源管理产生了以下两大主要影响：

（1）表观损失导致在对用户用水量定量方面产生一定程度的误差，从而影响了确定所需取水量计算供水设施合适能力和评估节水与损失控制措施等决策过程。

（2）表观损失造成水务公司对一部分用户用水少计费，因而这部分潜在收入也无法收回。

这两种影响都是显著的。如果一个水务公司的表观损失水平很高，那么其所记录的用户用水量就可能有很大的误差。例如某水务公司1年所记录的用户用水量为36.5亿 gal（1 000万 gal/d）。如果常规用水审计发现其表观损失达到100万 gal（为用水量的10%），那么这一审计年度的用户实际用水量则为40.15亿 gal，比记录的用水量增加了3.65亿 gal。这一损失水量造成了用户真实用水量的失真，在本例中就漏报了3.65亿 gal。对于依赖于准确用户数据的活动来说，这么大的误差就是一种伤害。这些活动包括对节水计划是否成功的评价、使用用水量数据对水力模型中的用水量进行赋值，以及区域水资源规划所需的社区饮用水需求评估等。因此，表观损失代表着广泛渗漏水资源管理方面分析和决策过程中的误差度。美国供水行业高度分散，在任一给定地区都存在着很多大小不一的水务公司，那么表观损失产生的误差可能是这些公司各自误差的总和。如果没有对地区区域内的水务公司存在的表观损失进行合理的评估，就难以对全地区用户的真实需求进行估计。

从财务的角度看，表观损失会对水务公司的盈亏产生巨大影响。表观损失使水务公司的收入减少，占到公司全年对个人用户提供供水和污水处理服务计费的5%以上。很多水务公司都面临着各方面财务压力的日益增加，立足于从潜在的表观损失中回收收入而获取利益。由于表观损失是通过用户供水点错误记录的水量计算的，所以这部分水就要按零售成本估价并向用户收取。水费常常也包括根据用水量计算的污水处理费。表观损失的成本影响通常高于真实损失成本,而真实损失成本通常按处理和输送水的变动生产成本来估价。当水资源受到极大限制时,根据通过减少真实损失而节省的水都可销售给用户这一理论,真实损失也可按零售水价来估价。由于零售水价通常包括固定成本和管理费用、供水设施改善和债务偿还,所以这个成本常常大大高于水务公司处理和输送水所发生的的变动生产成本。因此,表观损失能对水务公司的收入流产生重大财务影响。

表观损失也会造成社区不公平支付问题。当实际输送水量被低算时就会发生表观损失。这样就有一部分用户获得了折扣或者免费的供水服务,这意味着实际上是其他用户为这些少付费或者没有支付水费的用户提供了补贴。当水务公司面临提高水费压力时,这种情况就很麻烦,就会让那些正常支付水费的用户为整个用水社区承担更大的财政负担。通过识别少付费或者未付费用户,让他们主动支付水费,可以减少表观损失和收回流失的收入,从而降低提高水费的频率或者延缓提高水费的需求。

表观损失问题的解决能直接改善水务公司的财务状况,而且许多表观损失可通过相对较低的费用收回损失。对尽早成功和收回投资的损失控制计划,这一点很重要。以这种方式尽早收回的资金又可用于进一步开展长期损失控制活动。

总之,通过识别表观损失,水务公司管理人员能对用户实际用水需求进行更为真实的量化。控制表观损失能为水务公司找回很多流失的收入。因此,开展表观损失评估,关系到对各种责任的量化和损失控制计划。

11.7　表观损失控制的经济手段

图 11.3 显示了一种概念性水损失控制方法,在本例中用于表观损失[6]。中间的方框代表三级表观损失,定义如下:

(1)外部方框代表一个水务公司可通过用水审计程序量化的当前表观损失水量。

(2)中间方框代表各公司的表观损失目标水平。从概念上讲,这

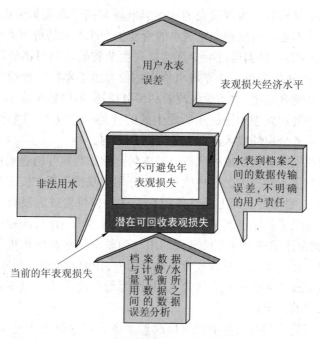

图 11.3　4 种表观损失支柱控制方法

是表观损失的经济水平(ELAL),或者说在这种水平上,表观损失控制
费用等于解决表观损失问题所收回的损失。

　　(3)内框为不可避免年表观损失。这是表观损失的一个概念水
平,表示如果所有可能表观损失控制措施都能得以发挥作用所能实现
的最低水平。不像不可避免年真实损失那样有计算公式可用,目前尚无现
成公式或参考值可供不可避免年表观损失使用。国际水协会水损失控制
特别工作组目前还在继续开发可供不可避免年表观损失所用的计算公式。

　　(4)四个箭头分别代表针对表观损失四大主要原因的方法。这些
箭头表明,当目标行动对表观损失某些分量产生控制作用时,就能减少
年表观损失总量(外框)。双向箭头结构反映出,缺少对这些分量的控
制导致表观损失总量增加。

　　各方面的损失控制工作几乎都是努力递减收益,因为许多损失无
法完全消除。当损失活动非常猖獗时,通常在损失控制计划的早期阶

段能相对较大减少,这是容易实现的目标。然而,要进一步减少损失则需要更多费用和更大的努力,才能挽回不断减少的收益。图 11.4[7] 为用户水表更换费用曲线实例,分别标有换表频率(年)点和流过水表的平均累计用水量(万 gal)点。从图中可以看出,高频率更换水表可减少水表误差而导致的表观损失。然而,高频率更换水表也意味着较高的更换费用。因此,何时才是水表最佳更换时间?

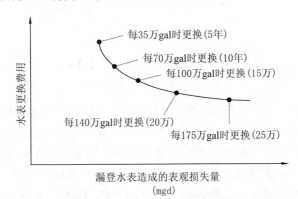

图 11.4　水表更换计划成本曲线

(资料来源:参考文献[7])

当设定一个表观损失减少目标时,存在着一个盈亏平衡点,在这个平衡点之外进行表观损失控制,成本会比可能的回收收益高。这种情况下,进一步开展表观损失控制从经济上讲并不值得。这就是要追求的表观损失的经济水平,或者说是表观损失控制最佳目标。图 11.5 用曲线显示了用户水表误差时的表观损失经济水平。从图中可见,水表更换成本曲线与成本回收线相配比,反映出表观损失回收产生的节余情况。通过增加两个值绘出第三条曲线,这样得出了年表观损失总量曲线。如图 11.5 所示[7],由于水表误差产生的表观损失的经济水平可通过该曲线最低点处的损失水平而找到。通过从表观损失减少成本曲线回读来确定表观损失的经济水平点处的表观损失减少的最佳水平。对于因用户水表误差造成的表观损失来说,水表最佳更换频率可通过在水表更换成本曲线上选取与总成本曲线最低对应点来确定。

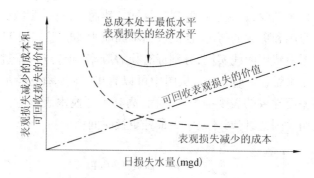

图 11.5　表观损失减少方案的经济平衡

（资料来源：参考文献[7]）

　　要绘制一条特定曲线,经济分析应从确定最主要的表观损失源的损失量及成本价值开始。对于表观损失的各个分量,有必要分析存在的问题并确定这些误差出现的原因,然后才可能考虑减少这些损失的各种手段。可能的解决方案可能很多,从改善用水审计、编制识别这些误差的报告或者开展培训等费用较低的工作,到全面更换所有的用户水表或建立新的用户计费系统等费用很高的工作。解决因水表读取误差造成的表观损失的方法,包括加强读表员培训、改进水表读表的审计和改善手持读表设备的软件,到实施一个完整的自动读表系统,作为一项长期解决处理损失问题的方法。各方案的成本要与表观损失减少所获得的预期回收的收入进行比较,并按照成本效益比进行排序。只有那些有着足够吸引力的成本效益比或投资回收期的方案才应纳入表观损失控制计划中。很显然,表观损失各分量的各种解决方案成本曲线,大小和形状会有很大不同,水务公司之间也不一样。而且,像自动读表系统这样的综合性解决方案能提供除表观损失控制外的很多附加效益。在下一步研究开展之前,由各水务公司自己决定对自认为显著的表观损失分量拟定出本公司特定的合适成本和成本曲线。

　　上述方法说明了当前表观损失目标设定现状中存在的两个局限:一是在应用成本曲线方法时,必须生成大量数据,这可能是一件复杂耗时的事情。二是必须为被认为显著的每个表观损失分量(及次分量)

分别拟定成本曲线,例如用户水表误差、篡改水表读数、非法使用消防栓等。但是,目前尚无针对某一水务公司的单一综合表观损失经济水平。将会有各表观损失控制方案的表观损失经济水平,而水务公司的综合表观损失经济水平将是所选不同表观损失分量控制方案之和。因此,当前严谨地拟定表观损失经济水平的方法是一项艰巨任务,特别是在没有大量数据的情况下无法进行。同时,国际水协会水损失控制特别工作组正在开展工作,拟开发一个更简单、更直接获取表观损失经济水平的方法。

很显然,目前确定总表观损失经济水平的方法要消耗大量资源和时间。在开发更为简单的计算表观损失经济水平方法的同时,水务公司仍可对其表观损失进行粗略分析,识别表观损失减少的大致水平。如果水务公司现在才开始对其供水进行审计,那么很有可能存在着较大的表观损失(和真实损失),所以从成本的角度来看,有效地挽回这两类损失在经济上将是合算的。为了取代复杂的表观损失分析,特提出以下建议作为水务公司进行表观损失控制的标准出发点:

(1)用户水表读取和计费程序流程图——了解这个过程并识别会造成表观损失的任何失误或漏洞,是所有表观损失分量管理的基础。此外,这项工作大部分可在桌面进行,需要的资源和费用有限,可识别一些通过改变政策、程序或计算机编程等手段以较低的费用快速修正损失分量。流程图的绘制详情见第 14 章。

(2)除非用户水表安装时间不久,且有完整的档案记录,否则就每年都要对用户水表取样进行水表精度测试。这样每年可测试 50 个水表,其中 25 个随机选取,25 个为累计用水量记录高的水表。测试数据将初步反映出目前水表总体的精度状态,而年度趋势将最终揭示出由于流过水表的累计水量使水表明显失准的位点。

上述第一步在工作量和经费方面讲是可管控的,可提供良好的数据并能挽回损失,增加收益,使表观损失控制工作有成效地开展起来。用水审计开展了几年后,就能额外得到自下而上的现场调查数据,可对现有表观损失进行更为可靠的评估。

　　图 11.6 识别了在初步完成自上而下的用水审计后制定和实施表观损失战略所要采取的一系列步骤。这些步骤从自下而上的用水审计活动开始,应按顺序进行以保证干预措施经济合理且规划良好。自下而上的表观损失控制活动包括计量、核算和计费等功能的详细调查。对计费系统过程绘制流程图是一项重要的自下而上的活动,在第 14 章被描述为第一步骤的推荐行动。水表精度测试也归入自下而上活动栏下。这些活动还包括现场调查用户的房屋建筑,以检查可能篡改水表、非法接水或其他形式的非法用水。还可开展许多其他类似活动以追查表观损失。任何探究疑似表观损失特定条件的活动都可视为自下而上的活动。自下而上的活动需要开展比自上而下的活动更多的工作,但可具体识别单个损失,使干预行动从战略上针对已知的损失并能为用水审计生成更可靠的数据。

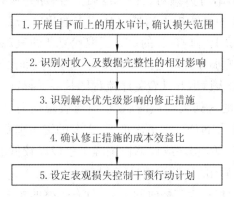

图 11.6　建立表观损失控制战略

（资料来源:参考文献[6]）

11.8　制订表观损失控制的收入保护计划

　　对于水务公司管理人员来说,表观损失最大的影响是收入流失。收入保护计划这一说法被用于识别通过表观损失控制,以保护水务公司收入基数所采用的集体行动。如前所述,水务公司存在着很多表观损失分量和次分量。因此,收入保护计划必须针对水务公司的具体需求制订。图 11.7[6] 显示的是假想的县水务公司的收入保护计划案例。制订收入保护计划应考虑表观损失的各主要分量:用户水表误差、数据传输误差、系统数据处理误差和非法用水等。应对用水审计的数据进行评估以评估各分量对水务公司的相关影响。在图 11.7 的案例中,县水务公司估计其供水系统中非法用水很少,因此在其最初的收入保护计划中没有包含这一分量。

　　如图 11.7 所示,县水务公司由于表观损失失去的收入中,影响成本达 838 360 美元,为年度总运行成本 9 600 000 美元的 8.7%。根据以上建议,县水务公司经理决定发起一项收入保护计划,对用户水费过程进行分析并开展年度用户水表精度测试。

收入保护计划案例	
公司名称:县水务公司	日期:2007-10-07
1　收入保护计划方法	
在完成第一个年度的用水审计后,县水务公司经理决定创建一个持续的收入保护计划,识别最重要的表观损失分量的产生原因,开展一些工作着手将这些损失减少到经济水平。在对初步成果进行评估后,再对其他较小的表观损失进行评价以便减少这些损失	
县水务公司用水审计将表观损失量划分如下:	
住宅水表漏登　　　　　　　　　　　　　　13 433 万 gal@556 395 美元 工业/商业/农业水表漏登　　　　　　　　2 997 万 gal@108 701 美元 系统数据传输误差　　　　　　　　　　　1 257 万 gal@49 589 美元 系统数据分析误差　　　　　　　　　　　872 万 gal@34 400 美元 数据政策/程序影响　　　　　　　　　　1 163 万 gal@45 880 美元 非法用水(默认值为供水量的 0.25%)　　1 100 万 gal@43 395 美元 　　　　表观损失总量　　　　　　　20 822 万 gal@858 360 美元 (用户零售综合成本 39.45 美元/万 gal;供水系统总运行成本 960 万美元)	

图 11.7　收入保护计划案例

(资料来源:参考文献[6])

从上面可以看出,用户水表误差对成本的影响为 556 395 + 108 701 = 665 096(美元),占供水系统总运行成本的 6.9%(665 096 美元/9 600 000 美元)。系统数据处理误差的 3 个子分量总的成本影响为 129 869 美元或供水系统总运行成本的 1.3%。在县水务公司供水系统中,非法用水被认为非常少,所以采用供水量的 0.25% 作为默认值进行估算。从用水审计结果来看,收入保护计划应将重点首先放在用户水表误差上,第二重点放在系统数据处理误差上。在遵循推荐的处理表观损失第一步时,县水务公司经理计划制定用户计费系统工作流程图,确保用户用水数据的完整性并识别系统数据处理误差

2　用户计费过程分析

2.1　经理决定指派一位县水务公司业余计费分析员工作两个月,与一位计费系统顾问一道分析用户水表读取和计费过程。根据分析结果,对那些被认为很容易修正的表观损失实施修正。这些修正被认为只是相对较小的程序或编程变化,一个例子是一个编程错误不经意地遗漏了一个交付使用两年的住宅小区(50 户家庭)没有进行读表和计费。这项工作的成本基本上就是开展工作的人力投入

2.2　人员成本,包括县水务公司人员工资和福利

	公司人员数量	1	人成本: 33.5 美元/h, 268 美元/d
顾问人数	1	人成本: 75 美元/h, 600 美元/d
合计		108.5 美元/h, 868 美元/d

2.3　工作时间

每项任务天数	流程图/分析	修正	个总天数(d)	项目总成本(美元)
公司人员	14	4	18	4 824
顾问	25	7	32	19 200
合计	39	11	50	24 024

3　用户水表精度测试

3.1　县水务公司用水审计估计在审计年度用户水表误差导致的漏登用水量价值为 665 096 美元,代表着县水务公司潜在收入回收的大部分。在用水审计过程中,县水务公司对用户水表进行了抽样测试(50 个为随机抽取的住宅水表和 5 个为随机抽取的(工商农)大表)。由这次水表测试结果推知整个水表用户,得出由于水表误差造成的表观损失总量估算值。鉴于本次测试值,县水务公司

续图 11.7

经理决定继续每年开展这种测试,继续测量水表精度,同时观察由于累计用水量增加造成的水表精度长期退化率。县水务公司没有自己的水表测试设备,因此采用合同承包方式。计量督察员和一名县水务公司工作人员参与测试,包括识别测试水表、轮换用户水表和开展行政管理与分析工作

3.2 人员及测试成本,包括县水务公司人员工资和福利

　　县水务公司人员数　　　2 人
　　督察员　　成本: 35 美元/h, 280 美元/d, 3 d, 840 美元
　　服务工人　成本: 27.5 美元/h, 220 美元/d, 15 d, 3 300 美元
　　　　　　　　　　县水务公司人员成本: 4 140 美元

3.3 水表测试计划成本估算—年测试水表数:55
　　水表测试成本(小表,美元): 35 × 50 = 1 750 美元
　　水表测试成本(大表,美元): 250 × 5 = 1 250 美元
　　　　　　　　水表测试服务成本: 3 000 美元

3.4 年度水表测试计划总成本: 7 140 美元

4 收入保护计划小结

4.1 初期收入保护计划两分量总成本
　　用户计费程序分析:　　24 024 美元
　　年度水表测试计划:　　7 140 美元
　　收入保护计划年总成本: 31 164 美元

4.2 收入回收经济水平

　　在新的收入保护计划的第一年里,县水务公司预计支出 31 164 美元启动计划。为了收回计划成本,县水务公司需要收回相同数量的收入。通过采用用户用水零售价 39.45 美元/万 gal,可确定相应用水量如下:

　　　　保本回收水量 = 31 164 美元/(39.45 美元/万 gal) = 790 万 gal

　　如果县水务公司的初期收入保护工作仅仅回收 790 万 gal 用水,那么收入保护计划就自行支付了第一年运行成本。这个水平只是用水审计中所量化的年 20 822 万 gal 表观损失量的3.8%。既然表观损失以用户零售价估价,回收这些损失水量就非常经济有效。县水务公司有很大潜力,超出了第一年就收回当年实行收入保护计划的成本。如果达到或者超出这个收入回收水平,县水务公司就可以创建一个非常经济有效的表观损失控制和收入增加计划

续图 11.7

计费过程分析(绘制流程图 11.7)设想时间为 2 个月的项目,项目经费为 24 024 美元,编制包括分析本身及能立即纳入本过程的低成本表观损失修正。县水务公司在编制其初期用水审计过程中开展了用户水表抽样精度测试,并决定继续开展每年的抽样测试以跟踪用户水表总体精度和监测时间造成的精度退化。这项工作预期成本为 7 140 美元,测试 50 个住宅水表和 5 个大表。两个分量收入保护计划的第一年总成本估计为 24 024 + 7 140 = 31 164(美元)。通过采用用户用水综合零售价 39.45 美元/万 gal,县水务公司仅需要在计划实施第一年收回 790 万 gal 表观损失量的成本就能达到收支平衡。这只是用水审计中所量化的表观损失总量 20 822 万 gal 的 3.8%。如果每个住宅用户每月用水 800 ft^3/月[3](71 808 gal/a),那么相对于从 110 个遗失账户恢复计费就能回收 790 万 gal 水量收入这个盈亏平衡点。这还不到用户计费系统中账户水量总数(1 219 600 万 gal)的 1%。显然,以用户零售价估算回收损失水的价值可以带来快速的高投资回报。

在收入保护计划的初期阶段,只需要较低成本改进编程和程序,就会回收大量表观损失量。然而,随着计划的推进,水务公司最终将考虑范围更大、成本更高的改进措施以控制表观损失。这方面的工作包括大规模水表更换、安装自动读表系统或者实施新的电脑计费系统。如此,长期性的改进应仔细考虑其经济性,但是对于一个成熟的计划,将会有充足的数据作为合理决策的依据。

11.9　总结

表观损失扭曲了用户用水计量,导致水务公司的收入流失。控制表观损失会非常经济有效,因为初期的修正只需较少的工作,而且可能产生较高的回报。在损失控制计划早期阶段将目标锁定在表观损失上通常较为有利,能快速回收成本,为进一步开展损失减少活动,特别是真实损失的减少提供资金。几乎任何损失控制的努力,都是一种收益递减的努力,但是许多水务公司很可能存在着大量的表观损失,对这些损失量可进行经济有效的修正,以增加公司的收益流,进一步推进损失控制计划。

参考文献

［1］Environment Canada. "Metering. ," The Management of Water. ［Online］. A-vailable：www. ec. gc. ca ∕ water ∕ en ∕ manage ∕ effic ∕ e_meter, htm.

［2］American Water Works Association. "Water Meters—Selection, Installation, Testing, and Maintenance. " *Manual of Water Supply Practices M*6：AWWA, 1999. ISBN 0-58321-017-2

［3］American Water Works Association. "Sizing Water Service Lines and Meters. " *Manual of Water Supply Practices M*22. *Denver, Colo.* ：AWWA, 2004. ISBN 1-58321-279-5

［4］Alegre, H. , W. Hirner, J. Baptista, et al. "Performance Indicators for Water Supply Services. " *Manual of Best Practice Series*：London：IWA Publishing, 2000. ISBN 1 900222 272

［5］Kunkel, G. , J. Thornton, D. Kirkland, et al. , "Water Loss Control Committee Report：Applying Worldwide Best Management Practices in Water Loss Control. " *Journal AWWA*, 2003. 95(8)：65.

［6］American Water Works Association. "Manual of Water Supply Practices M36. " *Water Audits and Loss Control Programs*, 3rd ed. , Denver, Colo. ：AWWA 2008.

［7］Fanneb V. P. , Thornton, J. , Liemberger, R. , et al. , *Evaluating Water Loss and Planning Loss Reduction Strategies*. Denver, Colo. ：AwwaRF and AWWA, 2007.

水 损 失 控 制

（第二版）

（美）Julian Thornton　Reinhard Sturm　George Kunkel　著

刘　辉　董泽清　赵　勇　刘吉春　译

（中）

黄 河 水 利 出 版 社

·郑州·

Thornton, Julian
Water loss control/Julian Thornton, Reinhard Sturm, George Kunkel –2nd ed.
ISBN:978 – 0 – 07 – 149918 – 7
Copyright © 2008, 2002 by McGraw-Hill Education

图书在版编目(CIP)数据

水损失控制:第 2 版/(美)桑顿(Thornton, J.),(美)斯图姆(Sturm, R.),(美)孔克尔(Kunkel, G.)著;黎爱华等译.—郑州:黄河水利出版社,2013.12
书名原文:Water loss control,second edition
ISBN 978 – 7 – 5509 – 0689 – 1

Ⅰ.①水… Ⅱ.①桑… ②斯… ③孔… ④黎… Ⅲ.①给水处理 –研究 Ⅳ.①TU991.2

中国版本图书馆 CIP 数据核字(2013)第 309450 号

出 版 社:黄河水利出版社
　　　　地址:河南省郑州市顺河路黄委会综合楼 14 层　　邮政编码:450003
发行单位:黄河水利出版社
　　　　发行部电话:0371 – 66026940、66020550、66028024、66022620(传真)
　　　　E-mail:hhslcbs@ 126. com
承印单位:河南省瑞光印务股份有限公司
开本:890 mm × 1 240 mm　1/32
印张:23.875
字数:690 千字　　　　　　　　　　印数:1—1 500
版次:2013 年 12 月第 1 版　　　　印次:2013 年 12 月第 1 次印刷

定价(上、中、下):60.00 元

目　录

第 12 章　表观损失控制

——用户水表误差

12.1　用户水表功能及精度

　　水表计量生产流量和用户用水量是世界很多水务公司的标准做法。即便是像英国这样水表计量并不普遍的国家,也在强烈推动水表计量标准化。由于数据记录、通信和存档技术的改进,水表计量数据的作用也在增加。在用户水表连续记录水量的同时,水表读数习惯地定期收集以确定 30 d 或 90 d 时间周期内用水量以便于收取水费。现在,许多系统正在采用快速发展技术更为频繁地收集用户水表计量数据,或者通过数据记录系统或固定的网络水表自动读表系统连续采集数据。在固定的网络水表自动读取系统中,可每几分钟记录一次用户用水量,这让水务公司获得一天中用水变化的详细情况。这种粒状数据可用来表示用水房屋中的损失,以便拟定用水情况图,帮助水力模拟校准及为其他多种运行需要服务。鉴于用户水表计量数据的这些用途,加上其基本的生成精准水账单的需要,维持水表用户群高功能和信息高精度是关键。

　　管理一个数目较大的用户水表需要了解水表和水表读表设备以及收费政策和用户关系。有关确定用户水表大小及其安装的政策和程序也在供水效率方面发挥着作用,因此应对此进行审查,确保不会因为政策缺陷导致不慎安装了不合适的水表。不管怎么说,准确的用户用水计量效益将连续不断地演变发展,因为用水数据被确认为评价节水计划、损失控制和经济有效性的关键。

本章作者:George Kunkel;Julian Thornton; Reinhard Sturm。

在饮用水领域,有许多精度很高的品牌水表。水表的安装和维护、保养应作为水公司当前运作的一部分,因此应列有预算对用户水表进行定期测试和轮换。实施一项对用户水表进行常规群组测试的计划是使水表保持当前状态的一种高效而且经济的方式,且为开发长期合理的水表更换计划提供基本数据。

12.2　用户水表统计及用水记录

在水表管理上实施最佳管理实践的水务公司通常对其供水系统中用户水表统计及各种型号水表的精度有着全面的了解。然而,很多水务公司并不掌握其整体用户水表的现状。一位新任水务公司管理人员接收 15 年、20 年或 25 年前安装、没有经历过测试、轮换或正确配置的水表是很正常的事情。水表的规模、类型、品牌和性能等资料不全,在这种情况下,重要的第一步是要汇编现有用户账户和水表数据,建立水表基本统计及精度资料库。

水表统计:如果对用户水表特征值没有很好了解,审计人员可使用采购和安装记录、收费记录、用户申诉历史、水表精度测试结果等进行研究,汇编出用水水表规模、类型、品牌、年限、累计用水量等方面信息。此外,可制订新程序,要求用户服务和(或)水表服务工作人员在开展工作时从用户那里收集具体的水表和账户信息,这些信息可输入到数据档案系统中。表 12.1 展示了虚拟的县水务公司用户水表统计。可采用本表类似的方式生成用户水表特征报告。

表 12.1　虚拟的县水务公司用户水表统计及水表计量用水量
(2006 年 1 月 1 日至 12 月 31 日)

水表大小 (in)	水表数目 (个)	占总水表 比例(%)	类型 (数目)	制造商 (数目)	平均年限 (a)	用水计量 比例(%)
5/8	11 480	94.1	容积式 (11 480)	Badger(11 480)	13	71.2
3/4	10	0.08	容积式(10)	Rockwell(10)	26	0.1
1	338	4.4	容积式 (338)	Badger(250) Neptune(88)	18 11	2.8

续表 12.1

水表大小 （in）	水表数目 （个）	占总水表 比例（%）	类型 （数目）	制造商 （数目）	平均年限 （a）	用水计量 比例（%）
3/2	124	1.0	容积式 （124）	Badger（18） Neptune（106）	18 9	2.8
2	216	1.8	容积式 （216）	Rockwell（54） Badger（146） Neptune（16）	28 22 20	11.7
3	15	0.12	透平式（15）	Sensus（15）	15	6.6
4	7	0.05	容积式（2） 透平式（5）	Sparling（2） Sensus（5）	26 15	2.2
6	6	0.05	透平式（2） 复合式（2） 螺旋桨式（2）	Sensus（2） Sparling（2） Hersey（2）	15 29 40	2.6
合计	12 196	100.00				100.00

资料来源：参考文献[1]。

　　由于水表技术总在不断改进，各种新种类和新型号水表频繁进入水市场。许多水务公司采用竞争招标方式采购水表，经过一段时间，在其系统中逐渐安装了各种品牌和型号的水表，特别是大型用户的水表。审计人员要具备合理的感知，了解水表统计情况以便拟定良好的水表测试、尺寸大小确定和轮换战略。

　　除了表 12.1 所示水表统计资料，对用户用水情况进行总结也是跟踪了解水表趋势和关注出现任何异常情况的一个非常有用的管理工具。表 12.2 对县水务公司 2006 年用户用水情况进行了总结，记录了各类用户总用水量并以月分类方式表示出来。水务公司管理人员使用表 12.2 这样的表格对用水形式进行监测很重要。对用水数据要按月和按年进行仔细跟踪，当情况变得明显起来时检测任何数据异常情况。可以构建类似表 12.2 的表格，显示不同规模水表的每月用水总量及分项情况。

表 12.2 县水务公司供水水表计量用水情况（按用户种类）

（单位：×10⁶ gal）

（2006年）月份	居民用水	工业用水	商业用水	农业用水	所有水表总用水量
1	146.6	35.8	8.1	0	190.5
2	162.9	35.8	8.1	0	206.8
3	162.9	35.8	8.1	0	206.8
4	179.2	39.1	8.1	24.4	250.8
5	211.8	42.4	8.1	57.0	319.3
6	228.1	48.9	8.1	74.9	360.0
7	260.3	48.9	8.1	57.0	374.3
8	266.5	48.9	8.1	74.9	398.4
9	228.1	45.6	8.1	65.2	347.0
10	162.9	35.8	8.1	0	206.8
11	162.9	35.8	8.1	0	206.8
12	146.6	35.8	8.1	0	190.5
年总量	2 318.8	488.6	97.2	353.4	3 258.0
日平均	6.35	1.34	0.27	0.97	8.93

12.3 用户水表流量测量能力

一般来说，水表精度受两个主要因素影响：水表流量感应机制的物理性能和符合用户用水的合适水表规模。

水公司为各种用户提供服务，从住宅服务（美国典型的是 5/8 in 水表）到大型工业场点（达到 12 in）。在这个范围内有很多精确可靠的水表种类来测量水流，每一种都有着性能上明显不同的特征或优势。容积式水表，如图 12.1 所示，是小型住宅用户最常用的类型。复合式、透平式或螺旋桨式水表用来为大于 1 in 大型商业或工业连接点服务。

透平式水表设计用来准确地记录中高流量稳定流量。复合式水表有两个记录器,记录高低交替流量(见图 12.2)。消防连接应采用合适的、没有流量限制的消防水表单独计量。

图 12.1　住宅用户水表位移计

(资料来源:Neptune 科技集团公司)

图 12.2　用于计量在高低流量间变化的水表用水量可双重

记录的复合式水表(资料来源:Neptune 科技集团公司)

　　消防用水表有旁通线路(见图12.3)。单流束水表技术总体在发展,这是最近的一种创新例子。市场上的大多数水表都有着较好精度,适用于各种需要。然而,无论什么型号或品牌的水表都会由于各种原因造成准确度损失。造成水表精度损失的常见原因如下:

图12.3　带旁通管道的消防服务水表

(资料来源:Neptune 科技集团公司)

　　(1)安装不正确,特别是垂直或倾斜安装的水表。

　　(2)由于攻击性水质造成剥落物集结或沉淀。

　　(3)水中碎渣。

　　(4)管道/水表中形成气泡。

　　(5)经过水表的水流过高或过低。

　　(6)制造缺陷。

　　(7)极端环境:高温或低温,湿度、振动等。

　　(8)恶意破坏或毁坏。

　　正确安装合适水表并通过测试和轮换对之进行维护确保用户水表高精度。

　　即便是在最好的条件下,水表也会因为长期记录水流而磨损,最终达到一个门限值,超过这个门限值水表就会大大损失精度。一些类型的水表会比其他类型的水表退化更快。因此,必须根据水表结构情况对水表进行测试、维修,或用新水表或刷新过的水表进行更换(水表轮换)。

　　历史上,美国供水工程协会指南建议对水表按设定时间表根据水表尺寸进行轮换,5/8 in 小表每 20 年轮换一次,最大的水表每 4 年进行一次轮换。这一方式从大量使用水表轮换人员、相应预算、规划等方面讲有其长处。然而,水表经历不同的用水形式,经过 20 年服务期后,有些会大大丧失精度,而有些则能提供更长的可靠服务期。按固定时间周期对用户水表进行轮换会有很大的经济缺陷,特别是大型水表,因为这类水表非常昂贵而且比小表轮换更费事。

目前水表轮换战略思考基于经过水表的累积水量,而不是固定的时间间隔。一个水表计量到的累计流量是水表长期保持准确的一个最重要因素。基于累计测量流量的水表轮换类似于汽车维护,在汽车维护时,3 000 mi 时油和过滤的更换不是基于设定时间,而仅仅当汽车里程表达到 3 000 mi 读数时才进行。这种方式会更为高效,因为使用率很高的水表要保证其精度必须进行及时轮换,而使用率不高的水表轮换过早就是一种资源浪费。基于累计用水量的水表轮换决定应同时考虑工作人员的工作时间实际情况。因为让工作人员在同一时间在某一给定地区对多个水表进行轮换,或许更为有利,即便是有些水表尚未达到累计用水量目标。小表轮换时间表也许得到了累计用水量目标和地理上接近两方面最好的指示,而大表轮换或许围绕累计用水量目标和各水表特征及用水情况进行较好的规划。

> 基于累计测量流量的水表轮换类似于汽车维护,在汽车维护时,3 000 mi 时油和过滤的更换不是基于设定时间,而仅仅当汽车里程表达到 3 000 mi 读数时才进行。

戴维斯对服务亚利桑那州南部城市图森西北部社区的一个小型供水服务单位(市家庭用水改善区)供水情况进行了评估。其方法包括对随机选取的、用水累计量大的住宅水表进行测试,绘制了各高、中、低流量的用水累计量对应的水表精度曲线,确定了数据的最佳线性拟合并绘制了加权水表精度与累计用水量关系曲线。同时还绘制了每年因水表误差造成的计算损失收入与累计用水量关系曲线,并使用经济分析确定水表更换最佳累计用水量。就本区而言,最佳累计用水量确定为各住宅水表 142 万 gal。在进行评估之前,本区正在更换用户水表,

采用的是频率相对较高的每 10 年周期。本区很多用户水表还没有达
到 10 年内累计用水量 142 万 gal，因此本区能够实施一项大大改善用
户水表管理成本有效性的水表轮换战略。

12.4 用户水表大小的确定

必须根据用户实际用水形式正确确定水表规模，以便精确地记录
各种用水的流量。历史上，水务公司根据水表预想会遇到的峰值流量
确定用户供水连接点和水表的规模。由于峰值流量仅仅在罕见情况下
出现，大多数时间，以这种方式确定规模的水表记录的流量处于其设计
范围的低端。多类水表在流量范围低端的精度较低，完全没有记录到
极低流量。当前明智的做法是重点确定水表规模以便精确捕获最常遇
到的流量范围，而不是极少出现的高峰流量。很多水务公司通过纠正
过大用户水表挽回了大量水和大笔收入。例如，1990 ~ 1992 年，波士
顿水和污水委员会的下调水表规模计划挽回了每天超过 10 万 ft^3 的表
观损失水，这转化成数百万美元的额外收入。

数据记录技术和固定式自动读表网络技术（将在第 13 章讨论）为
获得详细的多天、多周或多月时间内用户在多分钟或多小时增量用水
情况提供了手段。通过使用这些详细数据，可确定用户水表规模以匹
配用户各种用水情况。使用这种针对特定用户的方法能促进更高水表
精度，特别是大型水务公司其用户种类变化大的情况。如美国供水工
程协会 M22 出版物《确定水服务线路和水表规模》中所述，确定水表规
模所需精确数据记录取决于数据的分辨率。数据分辨率是记录的每次
脉冲水流量和数据存储间隔的函数。两者都应尽可能地小，以便记录
实际流量，与仅仅收集平均流量形成对照，而平均流量无法准确地反映
用水情况。图 12.4 和图 12.5 给出了从数据记录得出的用户用水情况。

如果大型水表已服务多年，当前用户流量无法与水表安装后就出现
的水需求变化相匹配。一些大而旧的水表可能记录不到低流量，数据记
录或许证明需要缩小现存水表的规模直至合适大小。在人口和经济不
断变化的地区，用户用水形式会发生很大变化，这会影响水表的精度。
例如，一个 6 in 透平式水表在使用稳定水量的小工厂时能可靠地计量用

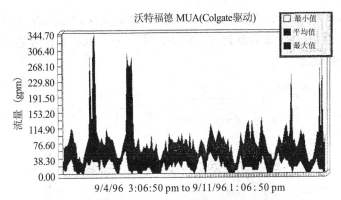

图 12.4　用户用水水表数据记录生成的用水情况图,显示

最小/平均/最大流量(资料来源:F. S. Brainard & Co.)

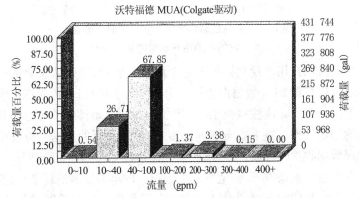

图 12.5　用户水表用水数据记录生成的用水情况图,显示

最小/平均/最大流量(资料来源:F. S. Brainard & Co.)

水量,但是当从厂房转换成耗水量较低的办公楼时,其计量精度就会差很多。办公楼用水量情况将可能导致更换较小型水表(可能小几个级)以确保能精确地计量各用水量区间的用水情况。为了确定水表大小是否适合于现有用户,需要通过数据记录或者固定式自动读表网获得一个有代表性的大型水表账户来了解水消耗情况。数据记录设备附着在用户水表上,记录单个水表的脉冲,从而生成出显示短时间间隔的水消耗变化的详细水消耗情况。水表在其低流量范围发生的水消耗量始终如一时表明现存水表过大,降低其大小尺寸有利于更精确地记录总流量。

如图 12.6 所示,水表误差在极低流量是快速增加。在极高流量时,水表由于过大而表现较差。图中阴影部分表示在选择合适水表时应避免的流量。

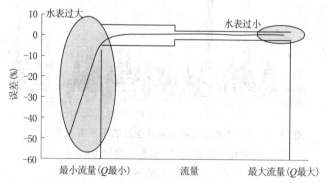

图 12.6　采用图解法表示出在一个较大流量
范围下收集到的用户水表的测试数据

当获得用户用水量数据拟定一个用水轮廓时,要确认重要的一点是不能仅仅根据 24 h 数据做决策。用户的用水量每日、每周或每季都会有很大的差别。应注意找出季节性用水信息,而且要了解每一具体情况的用水类型。应采集至少连续多日,最好一周的数据。应安排单独的周数据收集时段以便获得高、中、低需求季节的水消耗数据。

在温暖气候条件下,住宅常常引起很大的季节性水消耗增长,反映出炎热天气和住宅景观的灌溉需求。在工业化国家温暖气候条件下,住宅用水的 50% 以上发生在室外灌溉用水,这种情况很常见。然而,较高的室外灌溉需求一年中仅会出现 4~6 个月。用水量方面类似的摇摆也会发生在度假区的物业,这些物业在淡季无人居住,而在旺季则大量使用。在收集用水量数据时需要小心,以便获得用水量情况反映用户住宅产生的需求变化。很多社区在一年的温暖和炎热月份用水量要明显高出很多。增长的这部分用水量大部分用于室外灌溉,但是在这段时间也会出现额外的洗澡用水。高峰期用水形式对潜在的水表规模决策会产生很大影响。当研究休闲度假区的用水情况时,明显比较注意季节情况。当考虑大型公寓楼冬夏季用水轮廓时,入住率会发生

10%～100%的变化。同时,用水量也将发生剧烈变化,然而大多数用水将发生在高峰时段,因为人们为下一天做准备。

　　大型水表(1 in 及更大尺寸)通常安装在多单元住宅楼以及商业、工业或农业环境。不同类型建筑物用水和(或)其中一些建筑物进行的生产过程的用水需求情况差异很大。通常情况下,变化最大的情况发生在商业或工业建筑物中工作日用水和周末用水之间,周末用水量最小,因为在周末这些建筑物关门歇业。季节性用水变化取决于生产或业务进程的类型。有些生产过程会使一天中用水量不变,并持续维持这种状态。而其他过程会成批次地大量用水,高用水

> 在确定用户水表规模时应仔细核查用户住宅用水的季节变化。

量与低用水量交替发生。有些工厂在夜间和周末关门歇业或者在假期关闭几周。水务公司管理者应在使用用户用水情况确定分析哪些用水时段之前应问询特别设备的用水形式。

　　同时还必须考虑水表规模定位的经济性。北美大多数水务公司的水费或水价结构包括几个部分收费。水费通常根据用水量收取,根据用户类别和用水量多少有所不同;通常增加分段收费、降低分段收费或其他收费结构。单独的污水处理费,或者甚至暴雨处理费,会包含在收费中,因为水公司提供了这些额外服务。大多数水务公司还对固定的服务收费进行评估,以涵盖水表计量、记账及其他管理功能方面的行政支出。很多水务公司根据用户水表规模确定服务收费,随着水表规模的增大收费急剧增长。在从精度较差的较大型水表减小到精度较高的小型水表时,水务公司能够更可靠地捕获所用水量并增加由用水收费带来的收入。然而,在降低水表规模时,水务公司会由于服务收费较小而造成一定收入损失。因此,对于水务公司来说,收入的静变化值取决于改善水表精度带来的回收收入,被降低服务收费的损失所抵消。因此,应对考虑降低水表规模的每个用户账户精细仔细审查以确定对公司的确切经济影响。大辛辛那提水厂报告了大型水表结构化降格工作的成功,但提到了在给一些大型水表降格,预计由于大大降低服务收费

产生的收入净损失时的窘境。

当显现出降低服务收费使水表降格决定造成水务公司经济损失时,对此决定应敏感处理。保持一个过大水表用户账单意味着所记录的流量比实际数目少,且表观损失没有降低。同时,很明显用户支付着比应支付更高的服务费用,因为采用较小的水表能更准确地记录消耗量。特意以这种方式避免水表降格的水务公司,一旦这些信息到达用户,就在冒用户不满意的风险。如果很多用户感觉到他们被水务公司多收钱,会产生公共关系抵抗,造成媒体的负面关注,如果这种行动违反了任何规定,或将遭致罚款。如果水务公司管理人员对水表精度和表观损失值保持全面了解,则他或她就能容忍对一些大型水表进行不经济的降格以便公平对待其用户并力求通过改进水表规模定位从而对减少表观损失进行优化。正确给水表规模定位的倡议通常针对用户水消费模式由于建筑物占有率变化而发生变化环境条件下,或者最终安装的水表选型不对或规模大小不合适这样的环境条件下的大型水表。然而,精确、可靠的小型水表也引起低流量限制,在这种情况下,一部分流量没有被记录下来。没有哪种水表100%准确。而大多数水表仅仅在极低流量时存在限制,这些未记录流量会发生在水公司的成百上千的用户水表上,因此未测到的水量累计起来会很大。北美通常出现的情况是厕所渗漏产生的可检测限制之下(BDL)的流量。厕所舌阀的细微渗漏使得水连续不断地滴淌到厕所排出而浪费掉。这些水流是如此细微,以致很多可靠品牌的水表也无法记录,这种情况很普遍。类似低流量情况在欧洲一些社区也有文字记载,在这些社区,常见有着屋顶小水箱的各单个建筑物。屋顶水箱中的球阀缓慢关闭产生流量,该流量小于用水水表启动流量。一种应对低流量限制计量的装置已经制造出来,就是不可测流量检流器(UFR),它将流经水表的水流流态变成水表能量测的批量处理方式。这样,只有足以使水表记录到的水流量才流经水表。水表技术、数据记录、自动读表以及诸如不可测流量检流器之类的设备的创新,继续为水公司提供了精度不断改进的用水量量测手段。然而,对用户水表的总体精度和可靠性精细评估并追求必要时进行改进是水公司管理者义不容辞的责任。

12.5　开发用水水表精度测试程序

为了评价用户水表精度并维持一个较好的实际精度水平,很多水务公司通过运行其水表测试设施和设备,对轮休水表进行精度测试。这些设备设施的运行能很容易地对目标水表群进行测试。那些没有自己测试设施的水务公司可将测试外包给专业公司。

用户用水水表的总误差包括所有规格水表(包括住宅、工业、商业以及其他用途水表)的误差。一般来说,对小型水表(5/8 in 和 3/4 in,这种水表普遍用于住宅)以及所有其他水表(大型,包括工业、商业、农业以及其他用途水表)均可进行误差评估。水表测试既能为水审计提供系统因用户水表误差造成的全系统表观损失信息这种一般性目的,也可确定各单个水表的精度,从而能在需要时对水表进行改进。

美国供水工程协会的水表指导手册对水表精度测试提出了极好的用法说明。这包括美国供水工程协会 M22 出版物和 M6 出版物《水表——选型、安装、测试和维护》,后者提供了用户水表管理基础方面相关综合信息。总体来说,精度测试应在低、中、高流量状态下进行。对于小型住宅水表,可抽样测试水表群。(根据水表尺寸)随机抽取的数十到数百个水表样本可选取来进行测试。还应单独抽取累计用水量高的水表进行测试。后一种测试的结果有助于拟定基于水表累计用水量水平(水表精度开始降低)的长期水表更换战略。

由于每个饮用水供水公司有着成千上万用户水表,因此每年对每个水表进行检查和测试不现实。作为替代,水务公司管理人可确定不同尺寸和类型水表检查和测试的取样数量。这样取样测试的结果会对整个水表用户群的状态给出了一个合理的说明。

(1)住宅(小型)水表测试:很多水公司都开展水表测试和轮换计划。特别是对于小型水表来说,更换水表比修复水表更为经济有效。为了确定所安装用户水表的精度,可进行随机或者特定测试,以监测水表的磨损情况。应对新采购的住宅水表进行有代表性取样并进行测试来确认新交付水表的可接受性。这种测试的所有数据代表着一个较好的推演用户水表群存在的总体误差程度的信息源。通过这种方式,系统内的表观损失水平可进行量化,用于水审计。测试住宅水平随机样品,50～100个就够了,但是,最佳测试数据取决于用户水表群的规模尺寸、测试结果所要求的置信度,以及实际观测结果的差异等。住宅水表可在测试台上进行测试或者送往工厂或者测试服务承包商测试。表12.3～表12.5给出了使用小型水表精度测试数据计算确定县水务公司水审计中小型水表误差产生的表观损失渗漏水平的一个实例(美国供水工程协会2008)[1]。表12.3给出了小型水表流量加权因子。加权因子反映配置最为恰当水表分别在低、中、高流量范围内发现水流的时间与中流量范围内最经常存在的水流的常见百分比。本例中,50个随机选择的住宅水表进行了低、中、高流量条件测试,测试结果见表12.4。以精度百分比显示的这些结果,被用来计算平均流量时水表的总误差。表12.5展示如何使用现有水表测试数据计算住宅水表总误差。表12.5底部为CWC住宅水表误差值,2006年为13 433万gal。

表12.3　水流流量加权因子与5/8 in和3/4 in水表水量百分比相关

时间百分比(%)	流量范围(gpm)	平均值(gpm)	流量百分比(%)
15	低:0.50～1.0	0.75	2.0
70	中:1～10	5.00	63.8
15	高:10～15	12.50	34.2

注:流量百分比指的是某特定流量下所消耗水比例,与所有流量下总消耗水量比较。本例中,在低流量范围内仅为总水消耗量的2.0%。

用户可自行计算自己的流量百分比数据,而不采用本表显示的流量百分比数据。使用特殊双水表组合和记录仪表,可确定水表的实际流量。

表12.4　县水务公司50个随机取样水表的平均测试数据

测试流量(gpm)	平均登记值(%)
低流量(0.25)	88.8
中流量(2.0)	95.0
高流量(15.0)	94.0

表 12.5　住宅水表误差计算

流量比例 V^1（%）	总销售量^2（Vt）（$\times 10^6$ gal）	不同流量（Vf）（$\%V \times Vt$）（$\times 10^6$ gal）	水表登记值（R）^{3}比例(%)	水表误差（ME）$ME = Vf/(0.01R) - Vf$（$\times 10^6$ gal）	水表误差（$\times 10^6$ gal）
2.0	2 318.8	46.38	88.8	46.38/0.888 − 46.38	5.85
63.8	2 318.8	1 479.39	95.0	1 479.39/0.95 − 1 479.39	77.86
34.2	2 318.8	793.03	94.0	793.03/0.94 − 793.03	50.62
住宅水表总误差					134.33

注:1 代表表 12.3;2 代表表 12.2;3 代表表 12.4。

资料来源:参考文献[1]。

（2）工业/商业（大型）水表测试:大型工业、商业和农业水表记载着绝大部分的用水量,其账户产生的收入份额比住宅水表要大得多。对于很多水务公司来说,超过 50% 的收入来自不超过 20% 的大型水表用户账户。因此,对这些账户进行系统检查确保能准确地计量和计费至关重要。大型水表在安装前应对选型和尺寸进行检查。此外,大型水表在使用前应测试其精度,因为并非所有新表都有足够的精度。在美国,尺寸为 1 in 或更大的水表通常被认为是大型水表,尽管水务公司对水表具体尺寸的转换有很大不同。

所有水务公司,无论其用户账户多少,都应尽量检查、测试和确认对最大用户水表中一小部分的尺寸是否合适。这些水表为水务公司的最大账单提供依据,必须尽力保持这些数据的精确。每年对最大的 10 个用户进行检查和测试有助于确保用户账单最佳。较为理想的是,大型水表用户群应每年取有代表性的一部分进行测试,包括 1 in、1.5 in 和 2 in 水表,这些有时候容易被水务公司忽视的中等水表。

表 12.6 ~ 表 12.8 说明了利用水表测试数据计算大型水表总误差。表 12.6 中的平均记载数据被用来计算大型水表的误差值。实际测试结果如图 12.7 所示,表 12.8 显示了县水务公司产生的大型水表误差为 2 997 万 gal。这个大型水表测试的结果可用来估算经过使用合适的成本因子改进大型水表功能后取得的收入量。

表 12.6 县水务公司大型水表水量百分比

流量	输送水量百分比（%）
低	10
中	65
高	25

注:例如,假定流量读数在 7 月和 2 月 24 h 记录来推导大型水表在低、中、高流量时水表输送的水量百分比。

资料来源:参考文献[1]。

表 12.7 县水务公司大型水表测试数据

水表编号	尺寸	水表类型	安装日期（年－月）	制造商	测试日期（年－月）	不同流量平均登记值（指定为登记值百分比）		
						低	中	高
XYZ001	3	透平式	1991－06	Sensus	2004－10	89	93	100
X00ZAA	3	透平式	1993－06	Sensus	2004－10	70	95.2	98
NB123	4	位移式	1980－07	Sparling	2004－10	95	99	102
NB456	6	复合式	1977－09	Sparling	2004－10	98	96.5	102
AA002	6	螺旋桨式	1966－05	Hersey	2004－10	98	99	103
平均值总计						450	482.7	505
5 个受测水表平均值						90	96.54	101

资料来源:参考文献[1]。

表 12.8 大型水表误差计算

水量百分比[1]（%V）	销售总量[2]（V_t）（万 gal）	不同流量下水量（V_t）（%V × Vf）（万 gal）	水表记录数（R）[3]百分比（%）	水表误差（ME）$ME = Vf/(0.01R) - Vf$（万 gal）	水表误差（ME）（万 gal）
10	93 920	9 392	90.0	9 392/0.90 － 9 392	1 043
65	93 920	61 048	96.54	61 048/0.965 4 － 61 048	2 186
25	93 920	23 480	101.0	23 480/1.01 － 23 480	－ 232
大型水表总误差					2 997

注:1 来自表 12.6;2 来自表 12.2 工业、商业和农业水表用水总量;3 来自表 12.7。

资料来源:参考文献[1]。

图 12.7　3 in 及更大尺寸水表精度测试台

12.5.1　用户水表精度测试:方法和过程

大多数水表为机械装置。因此在运行一段时间后都会有磨损并丧失精准度。不幸的是,很多水务公司没有仔细跟踪其用户水表的总体精度,造成水表未经检查,增加表观损失及其负面影响。小于 1 in 的小型水表通常用作住宅,在测试中具有明显的优势,因为一个工人能很容易地移除和更换(轮换)旧表并从用户家带走测试:在水务公司测试台或水表测试承包商测试台进行测试。用这种方法,水务公司保证了为用户在其住处提供快速服务并在受控测试点对小型水表进行精确测试。很多水务公司远离了小型水表安装场测试,就像他们远离了水表维修一样。从用户轮换并在公司测试设备上测试过的旧水表提供了准确的水表数据,使水务公司相比各种品牌和尺寸水表记录的累计水量更能保持准确统计。相反,复杂的后勤程序通常要求保证大表用户高水表精度。由于大部分的用水账单由大型水表产生,建议在水务公司维护计划中实施正式的大型水表测试程序。很多水务公司对记载有收入增加和水问责收益而充分抵消该测试计划的初始投资和连续成本的账户进行公布。保持水表账户详细历史记录以及获取的各流量精度测试结果非常重要。现场测试时,记住记录测试前后的水表登记值以便不会对用户测试期间用水收费。

第 12.3 节谈到,需要水表精度测试结果和用户征收的水费,以便根据由于高累计水流通过水表造成水表最后精度下降情况确定目标水表更换率。各水务公司应尽力建立这种误差水平(和相对应的累计量)规定何时应该维修或更换水表。为了获取足够的数据来确定这个经济目标,每年应该选取一定数量、随机选取的高累计量水表进行测试。

1. 用户水表精度测试方法

水表精度测试可在用户所在地或者在测试设施上进行。当进行现场测试时,方法是将测试水表的精度与测试过程中所用的、经过校准的水表测试仪进行比较。经过校准的水表有其自身性能特点,在整个流量范围内也不是 100% 准确,应该有一个补偿曲线对此进行描述。在测试设施上进行水表精度测试通常能有更好的验证结果,因为流经受测水表的水流量流入了一个已知量的水箱中。因此,测试过程得到了很好校准,因为能精确地知道流经水表的水量。图 12.7 和图 12.8 为典型水务公司的大型和小型水表测试台图片。

图 12.8　小于 3 in 水表精度测试台

对于 2 in 及更大尺寸水表通常有必要进行现场测试,并建议对各种尺寸的流量计(磁流量表)式水表和复合式水表进行现场测试。极少数水表店配有足够大的水箱来处置测试更大型水表所需的水量。而且,一些流量计式和复合式水表的精度会受到水表正前方水管及配件布局的影响,因此当这些水表在工作时对其进行测试比较合适。

测试前,有必要知道各具体品牌、型号和尺寸的受测水表的典型精度曲线。这些信息可从水表制造商提供的资料中获取。可制作一个局部表,列出应测试的各类型水表的流量以便正确地评价其运行状态。开展测试、选择合适测试流量、确定精度以及得出结论等所采取的技术必须是已知技术而且必须小心遵循以便获得有效测试结果。对于绝对需要更换的水表,比较典型的是小型住宅水表,美国供水工程协会 M6 出版物提供了 3 种流量(低、中、高),适用于所有品牌水表。对于用于大型水表场合的透平式水表和螺旋桨式水表,可咨询 M6 出版物或者制造商水表信息资料,图 12.9 实例说明了这种情况。在用水量从高流量向低流量变化的大型水表场合,使用复合式水表。这种水表有两个记录器:高流量和低流量分别获取高低流量数据。对于复合式水表,要了解交叉流量水平,或者流量从高向低或从低向高切换的流量水平。如果用户用水量频繁地出现在交叉流量范围,那么这个水平上水表较低精度会导致大量的流量记录流失。因此,应确定交叉流量,除高低流量外,还要在此流量上对水表进行特别测试。美国供水工程协会 M6 出版物目前尚无此信息资料。

确定小型水表精度的测试设备和方法不适用于大型水表精度测试。较大型水表要求特制的测试设备,能处理大范围流量并提供精确、有效的数据。这种设备要么购买要么水务公司自行制造。

大型水表测试设备以一种可携带测试包存在,安装在拖车上,或安装在面包车或小货车里。不管风格如何,这些测试仪器都包含能正确测试透平式、复合式和螺旋桨式水表的某些基本要素。由于涉及大流量范围,测试仪至少包括 2 个(有时 3 个)经过校准的不同容量测试水表。通常,水表下游有一个开关阀门,在各种测试过程中控制流量。需要一个压力表来检查测试仪上的线压力和住宅水压。有时候还包括可

DISPLACEMENT METERS (AWWA C700)

Size in.	Maximum Rate (All Meters)				Intermediate Rate (All Meters)				Minimum Rate (New and Rebuilt) ①				Maximum (Repaired) ①
	Flow Rate gpm	Test Quantity gal.	ft.³	Accuracy Limits percent	Flow Rate gpm	Test Quantity gal.	ft.³	Accuracy Limits percent	Flow Rate gpm	Test Quantity gal.	ft.³	Accuracy Limits percent	Accuracy Limits percent (min.)
5/8	15	100	10	98.5-101.5	2	10	1	98.5-101.5	1/4	10	1	95-101	90
5/8 × 3/4	15	100	10	98.5-101.5	2	10	1	98.5-101.5	1/4	10	1	95-101	90
3/4	25	100	10	98.5-101.5	3	10	1	98.5-101.5	1/2	10	1	95-101	90
1	40	100	10	98.5-101.5	4	10	1	98.5-101.5	3/4	10	1	95-101	90
1-1/2	50	100	10	98.5-101.5	8	100	10	98.5-101.5	1-1/2	100	10	95-101	90
2	100	100	10	98.5-101.5	15	100	10	98.5-101.5	2	100	10	95-101	90

Size in.	Maximum Rate				Intermediate Rate				Minimum Rate			
	Flow Rate gpm	Test Quantity gal.	ft.³	Accuracy Limits percent	Flow Rate gpm	Test Quantity gal.	ft.³	Accuracy Limits percent	Flow Rate gpm	Test Quantity gal.	ft.³	Accuracy Limits percent
CLASS I TURBINE METERS (AWWA C701)												
1-1/2	80	200	20	98-102	35	100	10	98-102	12	100	10	98-102
2	120	300	30	98-102	50	200	20	98-102	16	100	10	98-102
3	250	500	50	98-102	75	300	30	98-102	24	100	10	98-102
4	400	1000	100	98-102	125	500	50	98-102	40	100	10	98-102
6	1000	2000	200	98-102	200	500	50	98-102	80	1000	100	98-102
8	1500	3000	300	98-102	300	1000	100	98-102	140	1000	100	98-102
10	2200	5000	500	98-102	500	1000	100	98-102	225	1000	100	98-102
12	3300	7000	700	98-102	700	2000	200	98-102	400	1000	100	98-102
CLASS II TURBINE METERS (AWWA C701)												
1-1/2	90	300	30	98.5-101.5	10	100	10	98.5-101.5	4	100	10	96.5-101.5
2	120	300	30	98.5-101.5	10	100	10	98.5-101.5	4	100	10	96.5-101.5
3	275	600	60	98.5-101.5	10	100	10	98.5-101.5	8	100	10	96.5-101.5
4	500	1000	100	98.5-101.5	20	100	10	98.5-101.5	15	100	10	96.5-101.5
6	1100	2500	250	98.5-101.5	40	1000	100	98.5-101.5	30	100	10	96.5-101.5
8	1800	4000	400	98.5-101.5	50	1000	100	98.5-101.5	50	100	10	96.5-101.5
10	3000	6000	600	98.5-101.5	75	1000	100	98.5-101.5	75	100	10	96.5-101.5
12	4000	8000	800	98.5-101.5	120	1000	100	98.5-101.5	120	100	10	96.5-101.5

COMPOUND METERS (AWWA C702) (Test at intermediate rate not necessary.)

Size in.	Maximum Rate				Intermediate Rate ②				Minimum Rate			
	Flow Rate gpm	Test Quantity gal.	ft.³	Accuracy Limits percent	Flow Rate gpm	Test Quantity gal.	ft.³	Accuracy Limits percent	Flow Rate gpm	Test Quantity gal.	ft.³	Accuracy Limits percent
2	100	100	10	97-103	10-15	100	10	90-103	1/4	10	1	95-101
3	150	500	50	97-103	10-15	100	10	90-103	1/2	10	1	95-101
4	200	500	50	97-103	20-25	100	10	90-103	3/4	10	1	95-101
6	500	1000	100	97-103	25-35	100	10	90-103	1-1/2	10	1	95-101
8	600	2000	200	97-103	35-45	100	10	90-103	3	100	10	95-101
10	900	2000	200	97-103				90-103	4	100	10	95-101

FIRE-SERVICE TYPE (AWWA C703) ③

TURBINE MAIN LINE TYPE WITH BY-PASS

Meter Size in.	Minimum Rate (95 percent min. accuracy limit)			Cross-Over Rate (90-103 percent accuracy limit)			Maximum Rate (98.5-101.5 percent accuracy limit)		
	Flow Rate gpm	Test Quantity gal.	ft.³	Flow Rate gpm	Test Quantity gal.	ft.³	Flow Rate gpm	Test Quantity gal.	ft.³
4	④	100	10	25-35	1000	100	750	2000	200
6	4	100	10	50-60	1000	100	1500	5000	500
8	3	100	10	50-60	1000	100	2500	5000	500
10	3	100	10	55-65	1000	100	4000	8000	800

TURBINE MAIN LINE TYPE WITH BY-PASS ⑤

Meter Size in.	Minimum Rate (95 percent min. accuracy limit)			Intermediate Rate (98.5-101.5 percent accuracy limit)			Maximum Rate (98.5-101.5 percent accuracy limit)		
	Flow Rate gpm	Test Quantity gal.	ft.³	Flow Rate gpm	Test Quantity gal.	ft.³	Flow Rate gpm	Test Quantity gal.	ft.³
4	10	1000	100	20	1000	100	750	2000	200
6	20	1000	100	40	1000	100	1500	5000	500
8	20	1000	100	50	1000	100	2500	5000	500
10	35	1000	100	75	1000	100	4000	8000	800

① A rebuilt meter is one that has had the measuring element replaced with a factory-made new unit. A repaired meter is one that has had the old measuring element cleaned and refurbished in a utility repair shop.

② Cross-over flow rates vary depending on meter model and brand. These values are for Sensus (Rockwell) Compound Meters. Consult manufacturers for other brands.

④ The values listed are for Sensus meters only.

⑤ Flow rate for FireLine 1-1/2 – 3" gpm depending on bypass meter. Flow rate for UL/FM Compact at 3 gpm.

图 12.9　测试流量(资料来源:《水损失控制手册》第一版)

复位计量器和(或)流量计来减少完成一次完整测试所需的时间。

　　要求用柔性软管来连接测试设备和受测水表的测试接头。由于存在静态压力和水压力,所有软管必须状态良好,并在两个水表间尽可能的保持平直。对于较大测试仪,要用车辆或者类似控制方法进行固定,这点很重要,因为在测试过程中,巨大的水压力会对水表测试仪产生影响。测试仪上所用的标准水表应加以保护并小心搬运,同时还应对其进行定期测试和重新校准以确保精确量测。

　　不幸的是,在大型水表能继续记录用水量的时候,它们常常被忽视。尽管水公司的大型水表数量相对较少,却占有公司收入的一大部分。如果大型水表对水系统的财务健康意义很大,那为什么不进行维护来发挥最佳性能呢? 解释是多方面的。大型水表难于维修,备品备件昂贵,有时候装配起来很复杂,而且需要维护人员相对较高的技能水平。最大尺寸的水表非常沉重,很难搬运和运输。安装在拥挤或者狭窄空间的水表使维护不便和(或)需要设置维护管路。很多时候,在水表精度测试期间没有旁通管道继续给用户供水,或者很难处置测试期间排出的水。而且,水表周围的工作空间受限或者不甚安全。有时候,系统管理层会担心测试人员的责任、安全问题以及控制范围。因为很多大型水表对整体收费非常重要,因此它们的运行状态必须进行系统且及时的监测。常用的方法是由称职的测试人员对大型水表进行现场测试。

　　大型用户水表可现场测试也可在水务公司测试设备上进行。在水公司测试台上测试大型水表有某些优点,然而,大多数情况下,现场测试从时间和资源的角度讲更为经济。从技术的观点看,水表周围的管道配置会对水表精度产生重要影响,当现场测试时,能检测到这些影响并能进行评估。

　　大型水表现场测试和测试台测试都取决于通过受测水表的水量。当在工厂测试台进行测试时,通过水表的水进入一个已知水量的水箱。在现场测试时,受测水表记录的水流量与先期进行校验且已知精确的水表进行比较。两个水表串联,测试水排入废水。既然校准水表在全流量条件下并非 100% 准确,因此也许有必要对不同流量条件下的精度差进行调整以确保正确测试结果。很重要的一点是,现场测试时两个水表必须充满水且在正压力下,所有空气都已排出。因此,流量调节控制阀应总是处于已校准水表的排水侧。受测水表进水口侧或两水表间不应使用流量控制阀,因为这会导致误差结果。

> 大型水表现场测试常常深受欢迎,因为用户现场是否合适以及水表是否精确都进行了测试。

　　维持某些类型大型水表适当性能的可接受方法是留下表体,更换操作部件和组装件。对于这类水表,建议在水表安装时对水表精度进行现场测试以确定合成计量装置按设计功能运行。如果量测和记录功能集成安装在一起,则不需要在安装时进行精度测试,整个装置必须在定期维护时进行测试。

有些大型水表内置有测试出口,而其他则没有。对于需要测试出口的设备,可用多种方式制作。维修鞍和异径三通是最常用的方法。这些装置需要根据水表制造商的建议(包括安装位置)进行安装,以便连接现场测试仪的软管恰当地位于水表的下游。为便于水表定期测试,建议在最初安装过程中在测试出口上永久性地装上一小段水管,加上一个能锁定到位的开关阀。有了这些,在大型水表的整个使用寿命中就能定期进行快速、有效的测试。

水表周围的管道配置必须有阀门将水表完全隔离开来,同时通过临时或永久旁通管道仍然保持适当的流量供给终端用户。如果任何一个隔离阀门未能密封好,就可能出现不准确的测试结果。同样,如果在任何一个阀门出现渗漏或者在水表连接上发生渗漏,就可能影响精确测试的完整性。测试流量越低,这种渗漏的影响就越大。

大型水表设置较为昂贵,需要大量的初步规划。这些水表很沉重,移除这些水表进行维修和测试成本很大而且耗时。因此,很多情况下大型水表现场测试为优先采用的方法。当小型水表进行轮换时,给用户供水通常只在水表去旧换新的短暂时间内停止。这种停水通常容易为小型水表供水用户所能忍受。对大型水表用户来说,情况就不是这样。大型水表供水的建筑物包括工厂、医院、军事设施、购物中心,以及很多其他重要设施,这些设施不是那么容易忍受长时间停水来更换大型水表。同样,很多此类建筑物必须有消防服务能力,只能有最低程度的中断。很多大型水表设施设计有一个旁通线路和阀门,在水表维修或测试时用来向用户连续供水。对于非消防线路水表设施来说,旁通管应该比受测水表小一个额定尺寸,小到 2 in。对于消防线路水表设施,旁通管线尺寸应为相同额定尺寸。旁通管线要给用户重要供水提供所需的连续供水能力。如果没有旁通管线,向这些用户提供供水服务的水表就不能进行测试或维修,这会给他们造成巨大的收入损失。大型水表旁通线路的典型配置如图 12.10 ~ 图 12.12 所示。预先组装好的水表包在设计时为水表完整安装提供必要的设备并帮助快速、方便安装。大多数水表制造商采用打包方式供货,同时这对那些可能没有安装大型水表所需设备或工具的很多水务公司来说特别重要。

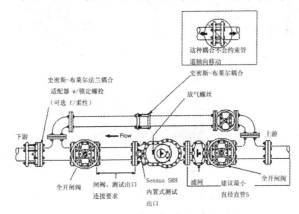

图 12.10　复合型水表安装建议

(资料来源:《水损失控制手册》第一版)

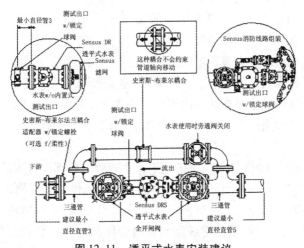

图 12.11　透平式水表安装建议

(资料来源:《水损失控制手册》第一版)

大多数水表制造商建议在水表下游安装一个短管。长度应至少是水表直径的两倍。这个被用来消除水表测量单元出口侧出现的任何紊

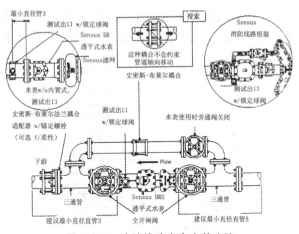

图 12.12　消防线路水表安装建议

（资料来源：《水损失控制手册》第一版）

流。必须在短管顶部安装一个标注鞍、黄铜护套和球阀或闸阀,供水表
现场测试时使用。大多数复合式消防水表在套管内都内置有测试塞。
很多 4 in 和 6 in 水表通常有 2 in 的测试塞,而 8 in 或更大的水表常常
装有 3 in 测试塞。在水表安装前,应去掉测试塞或者用黄铜护套和球
阀或闸阀更换以便水表现场测试。在打开主套管前需要球阀或闸阀来
安全地释放水表压力。当主闸阀渗漏,水表处于压力下测试塞去除时
破裂这种事件发生很多次。由于水会遭遇超过 100 psi 的工作压力,
如果配件不耐用或者腐蚀无法工作而被喷出,会产生破坏力,因此要极
度小心。

几乎所有 1992 年前生产的透平式水表表体内都没有测试塞,需要
在水表下游安装一个短管和测试护套。当在表体上装配测试塞时,不
需要单独的测试龙头。测试出口通常为 1~2 in 大小,这取决于水表的
尺寸。另外,一些商用消防线路水表组装件和复合式水表配备有测流
立管出口装配件,加带一个测试用锁定球阀和消防软管。图 12.10、
图 12.11、图 12.12 分别为复合式、透平式和消防线路水表安装建议。

2. 用户水表精度测试过程

实施水表精度测试时,非常重要的是指派进行测试的人员进行了

正确培训并有适当的测试设备。水表测试人员常常指派熟悉工作规范的现场专家或技工,而且进行了足够的培训,有熟练手艺。在使用测试设备时必须遵循适当的技术和程序。每次测试时必须特别了解、理解并考虑高流量时排放大量水流的后果。不恰当使用测试设备会对测试人员、水表、周围环境以及公众产生危害。表井必须有适当的空间以便工作人员能安全操作。在美国,应遵守职业安全和健康管理局(OSHA)出版的安全要求。

在进行测试前,要确定问题水表的结构、型号和制造商并在测试单上记录下这些数据,见图 12.13。

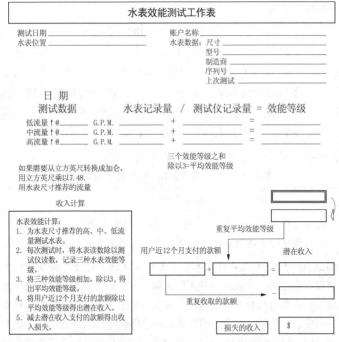

图 12.13　水表效能测试工作表
(资料来源:《水损失控制手册》第一版)

在规划大型水表现场测试时,技术人员必须对开展安全、精确水表测试至关重要的要素进行评价。表 12.9 为大型水表测试程序步骤。技术人员必须仔细确定测试时通过测试仪的大量水的影响。测试大型水表时,1 000 gal/min 流量很常见。在开展大型水表全是第一考虑,因为突然从供水管网提取如此高流量会降低局部供水网的供水水压和(或)将残留物释放到供水线路进入用户或邻近供水主管。技术人员还必须评价从哪安全排放测试过程中流经水表的大量水流。

> 精度测试时,安在这个过程中会排放大量处于高水压的水流。

不受控制进行排放会对景观或私人财产造成很大伤害,或对车辆或行人交通产生安全危害。必须采取不造成任何伤害或不违反环境规定的方式安全处置排放水。

应仔细选择具有效能的测试水表来排放最大水流测试流量所要求的高流量水。通常有必要使用一个低于为大型水表最大水流测试所规定的流量。在很多情况下,最大流量会限制在 500 gal/min。这个流量通常足以评价除最大型水表外所有水表高流量下的精度。较小流量应仅仅作权宜之用,在可能的情况下应使用确定的测试流量。假设测试曲线在达到峰值记录后将拉平,大约为水表额定能力的 10%,这样假设较为安全。保持在所要求的记录限定值内。

表 12.9　用户水表测试:程序及安全列单

大型水表测试列单	
1	遵循警告标签上所有用法说明。永远不要偏离警告标签上所有用法说明。附在测试仪上的警示标签是通过大量现场条件下产品测试得出的
2	测试前检查水表、水表井或水表室及相邻区域。有没有测试塞? 水表周围有没有旁通管? 水表两侧有无隔离阀? 如果以上有任何一项没有,必须确定一种在没有这种条件的情况下安全开展测试的方法,或者在测试前对之进行安装。确定一个合适的区域来安全排放通过测试仪的水。在大型水表测试时,排放超过 10 000 gal 水很寻常。要确保测试时水不会倒流进入表井。要留意人行道和街道有人行通过。即便是测试仪 300 gpm 的中等水流也能对车辆和行人造成危险
3	关闭水表隔离阀。关闭上下游阀门将水表从线路水压中隔离开来。这必须在拆除测试塞前进行。记录下阀门是运行平稳还是运行困难

续表 12.9

<table>
<tr><td colspan="2" align="center">大型水表测试列单</td></tr>
<tr>
<td>4</td>
<td>水表泄压。在去除测试塞前泄放水表组装件中残留的供水线路压力。一般情况下,通过松开水表顶盖上的放气螺栓来完成。如果没有放气螺栓,可松开主法兰或放气塞来释放水压</td>
</tr>
<tr>
<td>5</td>
<td>连接水表测试仪。当确保水压已经释放到安全水平后,去掉测试塞,连接测试管、软管和水表测试仪。要确保所有设备平直置放在地面上,两个软管(进口和出口)没有急弯和(或)不规则弯曲</td>
</tr>
<tr>
<td>6</td>
<td>牢固住水表测试仪。如果出现高水压或高流量,将测试仪拴在一个固定物体上并(或)用桩将测试仪(通过孔口)固定在地面上保持设备稳定,防止不安全移动</td>
</tr>
<tr>
<td>7</td>
<td>检查软管和连接并清除空气。检查水表测试仪软管和连接是否松动,打开测试仪上的小阀门并慢慢地开启水表供水阀,清除设备中的空气。继续开启直至设备处于全压力,所有空气从装配件中放出</td>
</tr>
<tr>
<td>8</td>
<td>从零流量开始测试。缓慢地逼出所有空气直到达到最大水流(当阀门全开或测试仪压力表降至 20 psi 时达到最大水流)</td>
</tr>
<tr>
<td>9</td>
<td>读取并重置记录器并像先前运行至少一次扫过受测水表上刻度盘那样运行最大流量。用第一次测试所用流量两倍的流量重复上一次序。将第一次测试的精度与第二次测试精度进行对比。差值应不超过 ±5%。如果大于此值,调查造成此差值的可能原因,可能归因于:
(1)测试水表功能失常;运行低流量或许能确认这种怀疑。
(2)受测水表也许记录仪磨损严重导致指针发挥过度。轻拍记录仪透镜,观察指针移动量或许能确认这种怀疑。
(3)也许连接水表测试仪的软管中留有空气。冲洗软管并重新测试。
(4)一个或者两个隔离阀漏水,导致测试前后不一致。通过查看受测水表记录仪低流量指示在 1~5 min 时间段的移动来检查。
(5)滤网被碎渣堵塞或部分堵塞。
(6)测试水表可能被石头或碎渣堵塞,或在冲刷过程中损坏。
还有很多其他造成测试数据前后不一致的原因。不一致问题必须在继续进行测试前解决,否则测试结果的有效性将值得怀疑</td>
</tr>
</table>

续表 12.9

大型水表测试列单

10	参照美国供水工程协会 M6 手册—特定类型水表测试流量—继续测试其他大型目标水表。使用水表制造商提供的测试流量(如果有的话)。同时建议采用用户平均用水流量进行一次测试。这将对产生主要收入的流量下水表运行效率如何提供非常重要信息
11	当测试复合式水表时,用转换点流量水表精度对该点用水流量进行复审。确定精确的交叉流量需要使用一个压力计和流量显示器。缓慢地开启流量控制阀。当注意到压力计指针上升时,计量器显示的流量为交叉流量。如果没有检测到交叉流量,关闭流量阀直到压力计再次回落。重复开启和增加流量直到交叉流量被检测到。这个过程也许要不断进行,但值得一试

资料来源:《水损失控制手册》第一版,14.3.4 节扩大版。

　　很多水表测试设备制造商通常对精度测试提供了详细的程序。一般情况下,测试仪被连接上且线路进行了冲洗。作为开始步骤,应在相对较高流量下开始一次简短测试,确定管路是否有渗漏或有未知分接头。流量应设置为水表容量的 50% 左右,为了足够的分辨率,应进行 10 次扫表测试。在确定了水表精度后,应在一半量重新运行测试。第二次精度测试结果应为第一次测试的 0.5% 之内。如果不在,可能是渗漏或其他未受控制水流影响了测试。如果问题水表有流量指示,它会显示由于下游隔离阀渗漏产生的水运动。

　　测试时,建议测试时间不少于 1 min 水表指针至少要完成一次全过程。在运行高流量测试时,测试仪上的残留压力不得小于 20 psi。而且,为安全起见,测试仪不得在静态压力超过 80 psi 的管线上运行,除非有防备措施确保测试仪安全。

　　正式测试的次序应该是先在低流量范围开始,然后逐步到高流量。经验显示,当大多数水表开始磨损时,其精度首先是在低流量而非高流量受到影响。如果水表在其 25% 的低容量范围内运行准确,那么正常情况下在余下范围内的测试将会很精确。大型水表尤其是这种情况。

12.5.2　用户水表精度测试结果评价

　　对水表性能进行评价既需要经验也需要对操作人员技能和培训的

信心,以便将测试结果与某一给定水表采取的恰当纠正措施关联起来。下面介绍 Sensus 水表有关实例,包括表 12.10,只是为了进一步说明。

表 12.10　用户水表精度测试结果评价

透平式水表评价

水表尺寸	调节叶轮	测试数据	可能原因
4″W－1000	15°	90%＠gpm 97%＠100gpm 99%＠700gpm	(1) 转子叶片破裂。 (2) 转子轴承和(或)推力轴承磨损。 (3) 叶片上有碎渣
4″W－1000	＋5°	100%＠10gpm 103%＠100gpm 105%＠700gpm	(1) (滤网中或陷在滤网上的)碎渣造成喷流。 (2) 安装影响。 (3) 线路中截留的空气。 (4) 转子和(或)腔室涂层
4″W－1000	＋30°	94%＠10gpm 98%＠100gpm 99%＠700gpm	(1) 调节叶轮从原先测试向(－)移动。 (2) 安装影响。 (3) 不正确维修

该表可通过将数值移动到 0° 来重新校准。

复合式水表评价

水表尺寸	测试数据	可能原因
	低流量测试	
3″SRH	105%＠0.5gpm 102%＠3.4gpm 98%＠10gpm	下游隔离阀渗漏
	高流量测试	
3″SRH	88%＠25gpm 94%＠55gpm 99%＠280gpm	(1)推进器损坏。 (2)高水流腔室磨损。 (3)配位仪磨损。 (4)立轴黏合和(或)轴衬磨损

续表 12.10

3"SRH	95%@0.5gpm 99%@3.4gpm 100%@10gpm 106%@25gpm 108.7%@150gpm 108%@280gpm	(1)高水流侧装配太高。 (2)碎渣造成喷流。 (3)安装影响

消防线路水表评价

水表尺寸	测试数据	可能原因
		旁通水表
6"盒式 消防类		(1)转子叶片破裂。 (2)调节叶轮向(-)移动。 (3)转子轴承和(或)推力轴承磨损。 (4)叶片上有碎渣
		探测器节制阀
		(1)阀座磨损。 (2)碎渣阻碍关闭
		大型水表
6"盒式 消防类	100%@4gpm 100.3%@45gpm 105%@500gpm	(1)滤网和(或)安装造成的喷流。 (2)调节叶轮向(+)移动。 (3)转子和(或)腔室涂层
6"盒式 消防类	100%@4gpm 103.3%@45gpm 101%@100gpm 100%@500gpm	下游隔离阀渗漏
		旁通水表
		(1)调节叶轮向(+)移动。 (2)转子和(或)腔室涂层

为了正确评价受测水表,需要对测试数据统一性有极高的置信度。因此,在进行精度测试时,重要的是要仔细按照水表测试程序来做。

Sensus 允许透平式、复合式和消防线路水表正常运行范围内测试±1.5% 的精度范围。在复合式水表低流量和交叉流量时，Sensus 允许 −5% ～ +1.5% 的精度范围。这些限值比美国供水工程协会的标准更为严厉。参见美国供水工程协会标准 C701，C702，C703 和 C704。

当水表精度测试结果指示有问题水表时，一定要审查测试程序是否包括了低、中、高流量测试（制造商或美国供水工程协会建议），并确认受测水表记录器一次扫表的最小持续时间。如果测试时没有满足这些条件，那么就应重复测试过程，要特别注意这些测试要求。

在审查水表精度测试结果时，要留心：

（1）正常运行范围测试。最小流量测试为 95% ～ 101.5%，如果两次都不在这个范围内，应停止水表运行并在未维修的情况下调整到满足规定要求。或许需要完全更换水表。

（2）透平式水表显示由于轴承磨损，首先在低流量丢失记录。肯定的是在低流量时测试是可靠的。

（3）复合式水表和消防线路水表有交叉流量。测试中要花时间来确定这个流量。对交叉两侧造成故障的原因以及阀门问题进行评价。不要尝试将测量腔室隔离进行隔离测试。

重要的是在解读水表测试结果时要坚定目标。尽管遵循着正确的水表测试程序，但还是让测试结果自己说话。通过解释水表功能和应用情况尽量认识各种失常情况，同时小心不要因为测试程序欠佳而很快就丢弃测试结果。而且，要用培训和技能来评价和诊断受测水表；永远不要停止观察、聆听和学习。表 12.10 列出了潜在水表问题，能解释变异大型水表精度测试结果。

当水表性能出现矛盾时，应对水表进行检查，看看用户用水方式是否发生了巨大变化，水表是否出现故障。故障水表补救工作包括：修理水表（大于 1 in 水表），必要时更换水表，考虑必要时用不同尺寸水表进行更换。当对水表性能产生怀疑时，特别是如果水表已使用多年，最好进行更换。水表是水公司用户用水数据之源，对水公司管理者高度信任用户水表功能和精度非常重要。

参考文献

[1] American Water Works Association. *Manual of Water Supply Practices, Water Audits and Loss Control Programs* (*M*36). 3rd ed. , Denver, Colo. : AWWA, 2008.

[2] Davis, S. " Residential Water Meter Replacement Economics. " Leakage 2005 IWA Conference, Halifax, Nova Scotia, CA, 2005.

[3] Sullivan, J. P. and E. M. Speranza. "Proper Meter Sizing for Increased Accountability and Revenues. " *Proceedings, American Water Works Association, Annual Conference & Exposition*: AWWA, 1991.

[4] American Water Works Association. *Manual of Water Supply Practices, Sizing Water Service Lines and Meters* (*M*22). Denver, Colo. : AWWA, 2004. ISBN 1-58321-279-5.

[5] Arregui, F. , E. Cabrera and R. Cobacho, et al. "Key Factors Affecting Water Meter Accuracy. " Leakage 2005 IWA Conference, Halifax, Nova Scotia, CA, 2005.

[6] Grothaus, R. "Size Matters: Meters Can Reflect New Standards. " *AWWA Opflow*, March, 2007.

[7] Rizzo, A. and J. Cilia. "Quantifying Meter Under-Registration Caused by the Ball Valves of Roof Tanks (for Indirect Plumbing Systems). " Leakage 2005 IWA Conference, Halifax, Nova Scotia, CA. 2005.

[8] Cohen, D. "UFR (Unmeasured-Flow Reducer): An Innovative Solution for Water Meter Under-Registration —A Case Study in Jerusalem, Israel. " *Global Customer Metering Summit*: London, England. July 2007.

[9] American Water Works Association. *Manual of Water Supply Practices, Water Meters— Selection, Installation, Testing, and Maintenance* (*M*6). 4th ed. , Denver, Colo. : AWWA, 1999. ISBN 1-58321-017-2.

[10] Tao, P. "Statistical Sampling Technique for Controlling the Accuracy of Small Meters. " *Journal AWWA*. 1982;74(6):296.

[11] American Water Works Association. *Standard C701-07 Cold Water Meters — Turbine Type for Customer Service*. Denver, Colo. : AWWA, 2007.

[12] American Water Works Association. *Standard C702-01 Cold Water Meters — Compound Type*. American Water Works Association, Denver, Colo. :

AWWA, 2001.

[13] American Water Works Association. *Standard C703-96 (R04) Cold Water Meter — Fire Service Type.* Denver, Colo. : AWWA, 1996. (Reaffirmed with no revisions 2004).

[14] American Water Works Association. *Standard C704-02 Cold Water Meters — Propeller Type Meters for Water Works Applications.* Denver, Colo. : AWWA, 2002.

第 13 章　使用高级读表设施控制数据传输误差导致的表观损失

13.1　用户用水量数据传输过程

大多数北美供水公司都在用户接户管上安装水表,记录每个用户的用水量。一直以来,供水公司为用户安装水表的目的主要是定期获取用户用水量数据,并以此作为收取水费的基础。将用水量与水价关联的方法也可以作为基本的节水措施,因为当用户意识到用水量的多少和支付的费用高低之间有一个明确、清晰的关系时,就会在用水方面更加谨慎。安装精确的水表只是管理用户用水量数据过程中的第一步。供水公司通常会进而将这些用户用水量数据存储在用户计费系统中,而从水表读表到将数据传输到用户计费系统的过程中,极有可能出现各种误差。这些误差一般导致少算用水量,也成为表观损失的一种形式。

供水公司在读表和数据传输过程中很容易出现误差。读表通常有两种方式:人工读表或者自动读表。人工读表是传统的读表方法,需要安排读表员入户操作,直到 2007 年还有超过 70% 的北美供水公司使用这种方式。但是自动读表系统,以及其他统称为高级读表设施(AMI)的众多创新的终端用户设备,发展越来越快。新的技术为水务公司提供了更多功能,将由数据传输误差导致的表观损失降到最低,同时提升了运行效率和服务质量。

13.1.1　人工读表

人工读表是比较可靠的读表方式,但在不少社区中实行人工读表

本章作者:George Kunkel; Julian Thornton; Reinhard Sturm。

都面临着一定的困难,影响其效率和成本。很多读表员都不太容易接
触到水表,尤其是当水表安装在用户家里的情况下。这种普遍的问题
使得人工读表成功率较低。此外,人工读表从本质上来说属于劳动密
集型工作,人员配备和调度成本较高。由于实际操作上可能出现众多
不可确定因素,很多用户的水表都不能定期进行读表。在气候寒冷地
区,水表通常安装在住宅里很难接触到的地方,比如地下室的角落里、
锅炉房或者其他地下区域,如图 13.1 和图 13.2 所示。很多用户都会
在这些地方堆置杂物,读表也变得更加困难。随着男女双方都工作的
家庭越来越多,在工作时间里常常无人在家,读表员也无法工作。出于
安全考虑,很多用户也非常警惕,不会轻易让陌生人进入。大辛辛那提
水务集团就遇到了类似问题,所以决定引入自动读表系统,他们采用通
信消息对此进行了报道[1]。"我们的公司使用挨家挨户上门人工读表
方式,读表员管理超过 3 万把用户的家门钥匙确实有些力不从心。而
且越来越多的用户不愿意将家门钥匙交给读表员,也没有办法保证白
天家里有人协助读表员入户读表。"因此,传统的人工读表方式迅速地
被更高效、更节省人力的自动读表系统所取代,这也是很自然的发展趋
势,并不难以理解。

图 13.1　费城某座有 100 户居民的
公寓大楼使用的 3 in 室内涡轮水表
（资料来源:费城水务局）

图 13.2　费城某座有 100 户居民的
公寓大楼使用的 3 in 室内涡轮水表,
安装在大楼地下室
（资料来源:费城水务局）

　　在没有霜冻困扰的温暖地带,用户水表一般安装在户外水表井内,
如图 13.3 所示。表井通常位于主管和用户建筑中间,作为供水公司和

图 13.3　典型的户外表井设置
（资料来源：耐普顿科技集团公司）

用户所负责的接户管道的划分界限。工业用水用户的水表由于比较大，常安装在建筑物之外的更大、更深的表井中，即便在寒冷地带也是如此。户外水表比起室内水表而言更容易接触，但也存在一些访问受限的问题。很多户外表井可能被水淹没。入口处也容易被杂物堵塞或停靠的车辆堵住。不少户外水表需要从住宅内部开启，也需要户主的同意。在一些敏感的区域，例如危险性工业建筑或军事设备，需要特别的安全检查和（或）护送，因此大大增加了人工读表的难度和复杂程度，延长了读表时间。

即使不考虑室内、室外水表的问题，人工读表也面临了不少安全风险，例如用户家饲养的具有攻击性的犬只、昏暗脏乱的空间、不友好的用户或是罪犯猖獗的周围环境等。读表员需要每天访问数十到数百户家庭，应对天气和各种困难，很容易出现由单调工作导致的疏忽、疲惫、生病、受伤等现象，这也直接影响了读表数据的准确性和完整性，导致了较高的员工离职率。

以上主要阐述的是接触水表产生的困难，此外还有很多由于人工操作的失误而出现的问题，例如读表员读表时出现误差或是登记数字时出现问题等，潦草的笔迹也会导致读表数据转录到计费系统里时出现问题。此外，也不排除有一些不负责任的读表员，干脆放弃了那些比较难以读取的水表数据，自己编造一个数据并作为真实数据提交。还会出现渎职的读表员与一些不诚信的用户合伙，故意捏造低于实际消费量的数据，欺骗供水公司。所有类型的误差或编造的数据都会造成用户用水量记录误差和表观损失，使供水公司蒙受一定的水费损失。

　　尽管存在各种各样的问题和困难,人工读表依然是比较普遍的读表方式,且在多数公司里效率还是比较高的。尤其是在一些小型社区,水表总数比较少,组织方面的困难比较少,用户数也比较稳定。但是自动读表系统各方面功能都有了很大提升,已在各种不同规模的供水公司中创造了高效率、低成本的成功案例。

13.1.2　自动读表

　　人工读表存在的诸多问题,导致读表成功率近年来不断下降。而自动读表系统则受到越来越多供水公司的青睐,具有准确性高、节省人力、安全、低成本等优点。自动读表还极大地减少了困扰着人工读表的水表接触和安全问题。很多公司都已经完成了从人工读表到自动读表的转变,并取得了成功,见图 13.4、图 13.5。20 世纪 90 年代中期,自动读表迅速地在水行业得到应用,在此前也已经成功运用于燃气行业和电力行业。2007 年,美国水行业中自动读表系统占的份额达到 25%以上,预计到 2012 年会增长到超过 40%[2]。由于自动读表系统准确、高效又节省成本,这对于饮用水行业而言显然是个好的趋势。

***

自动读表系统的优点

在 1997 年安装自动读表系统之前,费城水务局和水收费局读表成功率非常低下,每 7 份账单中只有 1 份是基于实际读表数据得出的,而另外的 6 份都是估算得来的。到 2000 年,费城已成功安装超过 425 000 个民用自动读表装置,通过使用车辆路过式自动读表,每月账单的读表成功率超过了 98%。原来基本基于估算的计费系统彻底转变为基本基于实际数据的计费系统。这不但大大提高了用户用水量数据的准确性,降低了用户账单投诉量,也帮助检测系统数据操作误差和未许可用水情况。原来的读表员被安排了新的工作职责,没有出现裁员或停职,整个项目的成本很低。费城相关部门计划在下一步建立固定网络自动读表系统,构建新一代读表体系

***

图 13.4　自动读表系统的优点(资料来源:美国供水工程协会,
《用水审计和损失管理项目》;《供水实践手册 M36》第三版,科罗拉多、
丹佛:美国供水工程协会,2008 年)

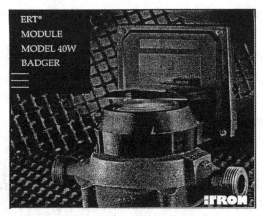

图13.5　费城水务局自动读表系统:典型的埃创(Itron)终端 ERT(编码器、接收器、发射器)和巴杰(Badger)水表供应商提供的5/8 in 居民水表

(资料来源:埃创股份有限公司)

自动读表系统包括一个安装在用户水表上的装置。这一终端装置从水表上收集数据,并通过供应商提供的多种信息传输方式之一来传送数据。第一代产品主要是靠读表员在建筑外接收信息然后传送数据,可通过无线网络或者将手持读表设备插在建筑外的接口上进行。使用这种手持读表设备接收数据,就可以避免进入居民家里读表,但仍需要读表员按照固定的线路来收集数据。这种方法明显提高了读表成功率和效率,但人工成本方面的变化极其微小。

第二种常见的自动读表方式是车辆路过的方法,读表员驾驶车辆经过固定路线收集水表读数。这样读表员无需下车就能收集数据。当车辆缓慢地驶过街道时,可以同时接收数十个水表的数据,收集数据的速度大大提高。具体的原理是,当车辆经过时,车辆上的设备发送信号"唤醒"连接在水表上的自动读表终端设施,并获取最新的水表读数。这种车辆路过的方式和手持设备一样,也无需进入居民家中收集数据,同时还有节省人工成本的好处,因为巡逻车辆每天可以收集的数据比步行的读表员要多得多。自从供水公司开始使用自动读表技术以来,手持设备和车辆路过就是最常见的自动读表方法。现在,供水公司已经准备好了向新一代的数据传输方式进行转变,即固定网络自动读表。

图 13.6 和图 13.7 展示了表井内安装的一个典型的固定网络自动读表
终端设备。

图 13.6　某一表井内民用水表自动读表
终端设备(资料来源:埃创股份有限公司)

图 13.7　在民用水表表井内
安装自动读表终端设备
(资料来源:埃创股份有限公司)

　　固定网络自动读表系统是指使用固定通信网络来发送自动读表信
号的系统,例如电塔、天线、WiFi 或者其他类似的通信网络。建立固定
网络自动读表系统显然比移动通信系统要更加复杂,因为需要设计和
建设永久性的通信系统。但当固定网络自动读表设置好之后,供水公
司就无需再派出读表员进行读表工作,从而节省了一大笔人工成本,也
避免了很多与之相关的问题。因为读表工作无需受到人工的限制,供
水公司就能以任何频率、在任何时间内读取数据。固定网络自动读表
可以以小时(或类似的较短时间段)为间隔获取数据,呈现用户用水量
在每日、每周、每月、每季度甚至每年里的变化,从而提供足够的数据建
立起用户用水量档案。有了固定网络,供水公司就可以在非常短的时
间内收集并传输水表读数。某些系统还在用户终端设置了带有数据记
录功能的自动读表设备,可以不断地收集和存储读表设备的数据。每
隔一段时间,或是当需要的时候,就能将用户用水量档案传送给中央数
据收集处。固定网络或数据记录自动读表的设置不同也为供水公司提

供了多种选择,以便挑选出最适合的自动读表网络类型,提供他们所需要的各用户用水情况。

建设固定网络自动读表系统除需要配备用户终端设备、软件以及其他自动读表设备标准组件外,还需要投资建设固定通信网络。固定通信网络的建设费用高低取决于服务区域的具体状况,包括城镇和农村的差异、山区和平原的差异、用户密度高低以及其他影响通信系统需求的因素。网络通常包含一系列天线和采集器设备(见图 13.8、图 13.9),它们分布在各处,便于为中央主机收集并传送自动读表信号。在任何地区建设固定通信网络都必须单独进行评估、设计、安装和测试,确保达到供水公司的服务需求。虽然设置固定网络自动读表系统需要投入不菲的规划和设计费用,但相比移动自动读表系统而言有了较大的优势,可以极大地降低人工成本,同时获得更加详尽的用户用水量数据。此外,本章后面也会提到,固定通信网络的功能并不仅仅止步于提供用户终端获取的水表读数,也为建立固定网络自动读表系统提供了更好的理由。

图 13.8 自动读表系统固定网络数据
接收器天线(资料来源:埃创股份
有限公司)

图 13.9 固定网络自动读表数据
收集装置(最多可以收集并存储
1 万个用户终端在 10 d 里每小时的用
水量数据(资料来源:埃创股份有限公司))

　　通过使用自动读表系统,水务公司可以减少由于数据传输误差导致表观损失的可能性。自动读表系统也为水务公司提供了当下最节省成本且高效收集用户用水量数据的方法。未来几年内,使用自动读表系统的公司会越来越多,同时固定网络自动读表系统也会逐步取代移动自动读表系统。

　　检测并量化数据传输误差:

　　虽然自动读表比人工读表出现数据处理误差的概率要小,但并不能完全避免出现误差。可能造成读表失败的原因有很多种。人工读表的困难在前文已经讨论过了。自动读表则可能由于自动读表设备误操作而导致失败,例如安装不正确、校准不准确、设备没电等。如果自动读表设备没有正确安装并配置就会导致出现错误的读表数据。为了减少这种状况,在系统安装的过程中应该设定一个良好的控制协议。

　　如果没有能够成功获得真实水表读数,多数供水公司都会使用估算的数值向用户收取水费。这一数值是在标准估算协议或该用户近期用水历史的基础上计算得出的。虽然这是一种合理的计算方法,但如果多次都使用估算数值而不是准确读表数据,出现估算误差的可能性就会大大增加。如果一段时间过后房屋易主,新入住的用户用水习惯有很大的改变,则之前为两口之家进行的估算值就不可能还适用于新的七口之家。现在用水量可能增加了两倍,但账单还是延续原来的计算方式,只收取低于实际数值的水费。一段时间过后,水务公司最终获取了实际读表数值之后,新用户将会需要补足很大一笔拖欠的水费,这种情况通常会让用户对供水公司产生不满。很显然,定期获取准确的数据,对于有效监控用户用水量模式,确保稳定的计费和收费至关重要。

　　基本在所有供水公司中都存在一定程度的读表误差和数据传输误差,因此管理者应安排部分员工定期分析读表和收费的用水量数据,以检查是否存在由于数据传输误差导致的反常的用水趋势。例如连续数月的零用水量,或者其他比较异常的消费模式。对于连续数个收费周期中都是零用水量的账户,应该进行抽样调查,核实零消费是否是真实情况(例如房屋闲置的情况),是否出现了自动读表设备误差或者损坏。分析员还应该监控居民和工业/商业账户的读表成功率,跟踪调查估算的数值,及时修正由于估算导致的误差。如果估算协议的使用时间已经很长,也应该对其重新进行评估。实际中也存在其他的系统数据传输误差原因。水务公司根据所拥有的资源不同,应开展符合实际的调查来评估本公司数据传输误差的情况。

审计员需要将由于数据传输误差导致的表观损失的主要组成因素进行量化,并包括在用水审计中。在供水系统中抽取一个异常账户的样本,通过调查和分析,审计员就可以辨别该样本用户账户的表观损失量。将每个账户的表观损失值乘以全部用户数,就可以为不同类型的数据传输误差确定一个合理的损失量。一种比较典型的潜在表观损失情况是由于接触水表困难,使得人工读表员无法进行读表,而在很多个读表周期内都没有能够获取读数。为了解决这种问题,需要采用特别的措施来读取这些水表的数据,可以发出书面的通知,告知用户并单独约定时间协助读表员读表,或要求用户移除挡在水表前的杂物。如果地方税务行政管理法规许可,水务公司也可根据实际情况需要向用户下发违法通知,声明用户有义务协助读表员获取水表读数,否则可能受到惩罚,包括停止供水服务(如果允许的话)等。图13.10 展示了量化数据传输误差导致的表观损失量的计算方法,县水务公司和相关数据都是虚构的。

根据用户数量、读表模式、水管理规定或政策以及其他水务公司各自特定情况,由于数据传输误差导致的表观损失子分类的数量可能为2~8 个甚至更多。应该考虑调查的子分类包括如下:

(1)一年甚至一年以上没有获取实际水表读数的账户。

(2)连续三个及三个以上计费周期中都显示零用水量的账户。

(3)在比较稳定的用水水平历史之后突然出现用水量大幅下降的账户。

(4)确认出现自动读表设备故障的账户。

(5)确定由于渎职的读表员导致的人工读表误差影响到的账户。

(6)确定由于手持读表设备向用户计费系统传输数据时出现数据误差的账户。

计算县水务公司数据传输误差的例子

　　管理员在编制县水务公司用水审计报告的过程中,怀疑在读表过程中出现了多个计费周期使用估算值的情况,可能导致数据传输误差。因此,他决定抽取 50 个用户账户开展实地调查,在过去 2 年中,对这 50 个用户账户都没有进行实际读表,而是依据估算的用水量缴纳水费。

　　首先,需要进入用户家中,以得到现在的水表读数。第一个月,管理员向这 50 户发出了通知并进行联络,有 38 户同意县水务公司来收集目前的水表读数。对于剩下的 12 户,公司将采取更加强硬的措施,例如断水等,以便获得水表的读数。这 38 户更新的水表读数显示,在过去的 2 年中,共少计费 36 万 gal 水量,即每年少算 18 万 gal 水量。收费记录显示,在过去 2 年中,共有 487 个用户没有得到真实的读表数据。根据 38 户的调查结果:

　　表观损失量(在 2 年中漏算的) = 18 万 gal × 487/38 = 230.7 万 gal

　　这 230.7 万 gal 应该包括在用水审计中,作为由于数据传输误差导致的表观损失的子分类。任何其他异常的账户,例如零用水账户,都应该进行类似的调查并根据用户数量进行计算,得到由于数据传输误差导致的表观损失的总量。任何供水公司中可能都有几个子分类,这些最终都应该包括在用水审计中,合计后归入由于数据传输误差导致的表观损失

图 13.10　计算县水务公司数据传输误差的例子

(资料来源:George Kunkel)

　　这里列举的仅仅是由于数据传输误差导致表观损失可能的几种原因。所有公司都有责任确定产生表观损失的确切原因并量化损失量。在这种自下而上的检查工作中,最关键的是分析异常用水模式或未读表用户的计费记录,审计并调查异常账户样本,最后确定表观损失的实际量。

　　水务公司控制数据传输误差导致表观损失的能力还取决于其规定和程序的执行力及清晰程度。使用先进的技术,例如自动读表技术,显然可以提高效率。但同样重要的是及时更新已经过时的规定和制度,涉及估算方法、退费、入户修理水表或自动读表设备和其他用户的服务

需求。如果近年内都没有对规章制度进行过审核,水务公司管理员有必要同社区政策相关部门合作,保障水管理规章能够满足当前用户对供水服务的需求,同时确保供水公司高效运转。以此类推,也应该确定、调整并及时反馈员工对读表和数据处理程序的适应能力。应该时常开展培训活动,确保无论是新员工还是老职工,都能使读表成功率和准确率保持在一个比较理想的水平上。

13.1.3　高级读表设施

随着自动读表系统在饮用水产业中占据的份额越来越大,未来的趋势是自动读表将会成为最普遍的读表方式,制造商逐渐意识到新的用户终端设备潜在的巨大效益。固定网络自动读表系统可以自动以设置较短的间隔传输水表数据,而用户终端作为数据收集点,其功能也大幅提升。

在过去,用户水表的主要功能目的比较单一,就是为定期读表提供用水量数据,作为收取水费的依据。使用人工读表方式时,收集读表数据通常会遇到各种各样的困难,例如每 30~90 d 进行一轮读表就算得上是一次不小的挑战。但有了固定网络自动读表技术后,最短可以每 15 分钟进行一次数据收集,且数据精确、成本低廉。固定网络自动读表系统还有收集各用户用水情况的功能,根据这些数据可以生成用户用水量档案,展示每小时、每天、每周、每个读表周期内用户流量的变化。大多数用户的用水量变化是有规律可循的,通常在一天当中的某几个小时比较低(通常是夜间),也会经历一次或多次用水高峰。掌握用户用水模式的细节对水务公司而言有几点好处。关于用户详细档案数据的使用将在第 13.2 节中进行探讨。显然,固定网络自动读表系统除可以收集详细的消费信息外,还可以开发出其他的功能,从用户终端还能得到其他可能有用的供水系统信息。制造商已经开发的功能可以获取以下相关信息:

(1)损坏水表或自动读表设备。

(2)用水量趋势分析可以对用户管道出现的损失发出警告。

(3)听音检漏:检测用户接户管道上或邻近供水网络上的漏点。

(4)回流(倒流)检测。

　　各制造商研制出了关于这些参数的感应设备,在可以预见的未来,制造商也会为用户终端开发出更多功能,也许包括水压和水质参数等。这样,除传统的读表功能外,固定通信网络还可以针对一部分终端参数传输数据和发送警报,其性能和价值得到了很大的提升。这一提升大大提高了供水公司的工作效率,而不仅仅局限于收费和水损失控制项目,供水公司的运行管理效率也得以提升,因此有了更加充分的理由来投资修建固定网络自动读表系统。

　　集中检漏功能得到开发和完善。可以通过分析用水流量档案检测出用户水表存在的漏点。如果水表处测出的用户用水量不断增大,就可以证明出现了漏点。通过这种方式检测漏点并向用户发出警报,就能使漏点运行时间减少到最小,相比没有任何检漏功能的系统而言,可以节省大量的水。同时也为用户提供了限制异常高额账单(UHB)的服务。目前,能够分析用户用水量模式的检漏软件已经逐渐成为了一部分高级读表设施制造商的标准配置。图 13.11 展示了一份账单样本,在用户用水模式的基础上,对可能检测出的漏点发出了警告。

　　自动读表系统网络也被用于控制供水系统中的渗漏情况。美国自来水公司(American Water)在很多州都有水务公司,在水行业创新研究中一直处于领先地位。过去的几年中,美国自来水公司都在尝试开发一种新技术,利用固定传输自动读表系统网络来传输读表数据的同时,传输噪声记录仪发出的警报,这个记录仪通常连接在靠近用户水表的接户管上[3]。大约每 10 个接户管线上设置一个记录仪,将用户管道上和供水系统管道上漏点产生的噪声模式都进行收集并互相对照,以准确定位漏点的位置。这种方法的优点很多:首先,它提升了固定通信网络的功能,增强了自动读表系统的性能优势,为使用固定网络自动读表系统提供了更好的支持。其次,相比人工检漏,它减少了检测漏点的反应时间。最后,这一永久性的设备可以自动运行读表和检漏程序,取代了人工操作。美国自来水公司已经在其首期试验项目中成功试验了检漏功能,并在其他测试点中进一步探索这种方法。图 13.12 展示了美国自来水公司进行的试验项目中,一个安装在接户管线上的典型的噪声记录仪。

欧佩莱卡供水公司

邮政信箱 2587
阿拉巴马州 欧佩莱卡：36801-2587
客服电话：334-705-5512
传真：334-745-3487

账户编号	22546
到期日	3/15/2003
服务地址	伯明翰公路 2900，235公寓
总额	70, 164, 68

Dan H. Hilyer
日内瓦路 502
欧佩莱卡 阿拉巴马州 36801

检测到持续渗漏

服务代码	服务	开始日期	结束日期	水表编号	前一次读数	本次读数	用量	金额
505953	供水	1/23/2003	4/24/2003	46996639	506	511	5	$ 14.33
	污水	1/23/2003	4/24/2003		1 558	1 565	5	$ 17.51
505954	灌溉	1/23/2003	4/24/2003	46996637			7	$ 20.14
	消防	1/23/2003	4/24/2003					$ 11.50
	保证金							$ 50.00
	手续费							$ 25.00
	系统开发							$70 ??? 00

时段	天数	供水	园林浇灌
本次	32	5	7
上月	28	5	6
去年	31	3	7

本月水费	$	70 138.48
税费	$	0.57
欠费	$	25.63

共计	$	70 164.68

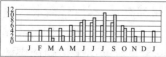
J F M A M J J J S O N D J

注意：如果亲自来缴费请您带上完整的账单。如果通过邮递付费，请私下并邮递回下半部分

在您的供水服务中已经发现了持续的渗漏现象。可能由于渗漏的马桶或者不断滴水的水龙头造成。也可能在您房屋下或院子里有水管破裂。我们建议您请专业的水管工检测您家的水管。

账户编号	服务代码	周期号码	抄表线路号码
22546	505953	2	22
拖欠日期	欠费	迟缴费 共需缴纳	共计
3/16/2003	25. 63	$1 980.25	$70 164. 68

图 13.11 包括了漏点警告的打印用户账单

（资料来源：耐普顿科技集团公司）

除通过固定网络自动读表系统将终端信息传输到供水公司外，其他用户终端的新功能也被开发出来，提高了为客户服务的能力。家用用水量显示器可以安装在室内便捷的位置，向用户实时反馈当前的水

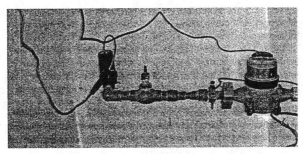

图 13.12　美国自来水公司在宾夕法尼亚州康奈尔斯维市尝试的水损失
控制项目中，将 MLOG 噪声记录仪、接户管线、自动读表系统终端
和水表连在一起(资料来源:美国自来水公司)

表读数和用水情况[4]。显示器一般安装在户内方便看到的位置，提供
的信息可以帮助用户了解不同家用装置的需水量，并帮助他们更好地
管理用水。通过软件可以分析用户的用水模式，检测漏点，并通过室内
显示器、电子邮件或者短信向用户发出警报。与水务公司水表和自动
读表系统分开，制造商还开发出终端读表设备，显示不同用户装置单独
的耗水量，例如水龙头和淋浴喷头[5]。有的供应商还提供终端控制设
备，可防止户内管线渗漏导致的水浪费。其主要工作原理是，如果通过
用水量分析软件发现了一个比较明显的漏点，该设备可以关闭接户管
道上的阀门，迅速地中断可能导致的破坏。这项技术不仅可以减少渗
漏点造成的水浪费，还能够减少渗漏对用户家里造成的损坏[4]。

　　此外，还有制造商开发了检测回流(倒流)事件的功能，并能通过
固定网络自动读表系统向供水公司发出警报。图 13.13 展示了一个固
态记录器液晶显示屏，可以看到上面有箭头标志，可以显示水流方向是
否正常，或是由于供水系统中异常的回压或中空状态出现了回流的情
况。回流事件会对水质产生严重的影响，因为流回供水网络中的水的
水质可能达不到标准，从而污染了供水网络系统中的水。"9·11"事
件后，水务公司对供水网络进行了安全弱点评估，认为故意污染供水系
统是一种潜在的威胁。危险分子可能会将污染物置入接户管线中，并
通过回流使其进入到供水系统。因此，拥有回流检测和迅速报警功能
的设备可以帮助供水公司有效应对回流事件带来的风险。

图 13.13　耐普顿水表的固态记录器液晶显示屏,可以显示内部管道回流(倒流)事件和漏点的检测情况。箭头标志显示水流的方向,水龙头标志显示漏点是否存在

(资料来源:耐普顿科技集团公司)

随着制造商不断提升用户终端的功能,供水公司也有了更多高效创新的工具,增强供水管理的能力和效率。高级读表设施套装的附加功能和优势越来越多,安装固定网络自动读表而不是只有读表功能的系统也将更具有吸引力。不难预见,北美水行业中使用固定网络自动读表以及更多有高级读表设施功能的水务公司也会继续增加。通过使用这些技术,可以加强供水管理,最小化数据传输误差导致的表观损失量,帮助水务公司向用户提供更完善的服务。

13.2　用户用水量档案——从定期用户读表转换为点消费数据

过去的人工读表方式大概每 30 d 甚至 30 d 以上才收集一次读表数据,而固定网络自动读表系统或带有数据记录功能的自动读表系统可以最频繁每 15 分钟收集一次数据,生成详细的用户用水量档案。通过这种方法收集到更多点数据,用于更好地应对用户账单投诉、快速确定内部管道漏点、帮助实施节水措施和损失控制。

单个用户水表的数据记录功能已经出现很多年了。最早的商业数据记录仪连接在单个用户水表上,可以记录水表的信号,形成详细的档案(见第 12 章图 12.4 和图 12.5)。单个数据记录仪现在也有了数据交换功能,类似于固定网络自动读表系统,且相对于全套自动读表设备而言成本更低。举个例子,某小型农村供水公司一直使用人工读表非常成功,但自从有了 5 家大型动物集中饲养公司之后,用水量剧增,读表工作面临着新的挑战。独立的数据记录仪和数据传输系统就可以以较低的成本,为供水公司提供这 5 个账户详细的消费档案。某些水务公司甚至与大客户达成协议,向他们出售每月详细的档案数据并提供信息,帮助他们更好地管理用水,同时也为水务公司增加收入。

　　以较高的频率进行读表,就可以生成一个比较典型的用水量档案,展示 1 d 内用户用水量的变化。图 13.14 展示了一个带有数据记录功能的固定网络自动读表系统生成的档案,如图所示,在 2007 年 11 月 22 日,用户共用水 320 gal,但是每小时的消费是不同的,消费模式基本上是一个典型的居民用户账户模式。以 10 gal 作为最小的计量单位,夜间和凌晨有可能会有微小的用水量,但在图 13.14 上显示没有产生任何用水。日间,用水量在 10 gal/h 到高峰时段 08:00~09:00 的 70 gal 间波动。这一档案展示的是只计算家庭用水的典型的用水量模式。在温暖地区较热的几个月,还可能产生户外园林浇灌用水。

每小时用水量图

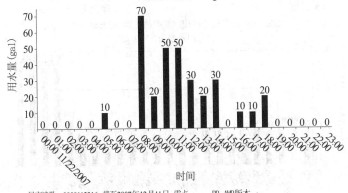

**图 13.14　带有数据记录功能的固定网络自动读表系统
生成的用水量档案,展示一个典型居民用户 1 d 内用水量的变化**

(资料来源:得克萨斯州麦金尼市和 Datamatic 公司)

生成用户用水量档案对于水务公司和消费者本人而言都有很大的

好处。对于大多数水务公司而言,用户打来的咨询电话中绝大多数都是关于账单的。一旦用户觉得有可能被多收费,就会很快向水务公司电话咨询。异常高额水费往往会引起消费者更多的关心和焦虑。在过去 30 d 甚至 90 d 才进行一次读表时,很难确定什么时候或者为什么用水量在某一计费时段内变得反常地高。但有了用户档案之后,就可以很准确地确定什么时候用水量从普通范围增长到了一个反常的高值。知道了时间之后,水务公司和客户就可以将具体的事情与用水量结合起来,也许那个时间段正使用家用水管给游泳池注水等,这样就能对高额用水量进行解释。而用户家中管线出现了渗漏的紧急情况,用水量档案也会显示用量的增加并一直保持在一个比较高的水平。图 13.15 就展示了当水表下游的用户管线出现较大的渗漏点时的用户用水量图。现在很多水务公司都在用户账单服务套装中包括了渗漏警报功能,一旦出现这种情况,水务公司就可以很快地应对渗漏问题,在减少渗漏的同时防止出现

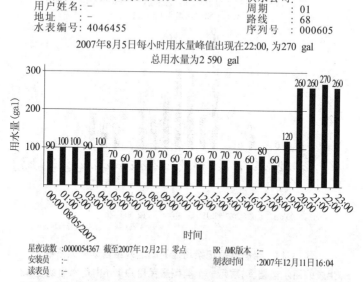

每小时用水量图

时间段 ：2007年8月5日00:00~23:00　　　供水公司：-
用户姓名：-　　　　　　　　　　　　　　　周期　：01
地址　　：-　　　　　　　　　　　　　　　路线　：68
水表编号：4046455　　　　　　　　　　　序列号：000605

2007年8月5日每小时用水量峰值出现在22:00,为270 gal
总用水量为2 590 gal

星夜读数:0000054367 截至2007年12月2日 零点　　RR AMR版本 :-
安装员 :-　　　　　　　　　　　　　　　　　制表时间 :2007年12月11日16:04
读表员 :-

图 13.15　用户用水量档案展示出持续的高流量导致的较大渗漏
(大概在 2007 年 8 月 5 日 19 时爆发,为用户带来了限制异常高额账单
(资料来源:得克萨斯州麦金尼市和 Datamatic 公司))

导致用户不满的异常高额水费。

有一些小型的、低于检测限制(BDL)的漏点,由于渗漏的流量太低,很多水表都无法检测出来,比起图 13.15 中展示的那种渗漏点,可能这种更加常见,也更加难以检测。应对这种渗漏的方法之一是使用流量修正设备,例如第 12.4 节中提到的微量进水阻止器(UFR)。随着水表和读表技术的不断发展,这些新技术也为水务公司提供了新的有效工具来检测这种类型的渗漏点。对比图 13.16 和图 13.17 可以发现,当出现一个渗漏速度为 4 gal/min 的渗漏点时,高精度的水表可以检测到相关数据,而低精度的水表就检测不到。图 13.18 展示了一个小型渗漏点对用水总量产生的影响。1/16 gal/min 的渗漏流量是非常小的,但是在数月之后也会导致显著的流量损失。

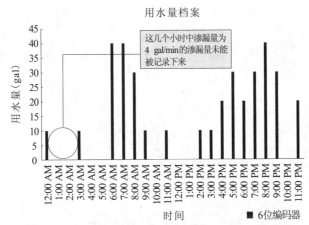

图 13.16　传统的有竞争力的 6 位编码器无法展示出在清晨出现的低流量渗漏量(资料来源:耐普顿科技集团公司)

用户档案的另一个用途是对节水措施的实施情况进行追踪。有的水务公司会对户外园林浇灌实施限制,例如一周两次或奇偶日期的安排,因为浇灌用水会涉及很大的水量,在北美的干旱地区尤其如此。图 13.19 就展示了一个用户档案,明确地展示出周三和周六会有较高的用水量,这就是由户外浇灌产生的流量。图 13.20 展示了一个类似

用水量档案

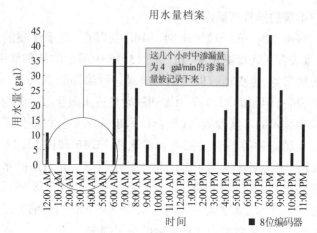

图 13.17　**耐普顿的** 8 **位编码器展示出了在清晨出现的低流量**

渗漏量(资料来源:耐普顿科技集团公司)

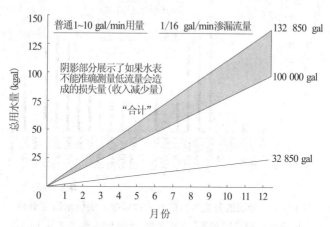

图 13.18　**是否有** 1/16 gal/min **的漏点对于一个用户总用水量**

产生的差异(资料来源:耐普顿科技集团公司)

的图表,但显示的用户却没有严格执行用水限制,在每天清晨用水浇灌,认为这些用水量不会被检测到。这样,用户档案就可以作为证据,证明该用户违反了相关规定未经许可进行浇灌,而水务公司可凭此对用户进行惩罚。

每日用水量图

时间段　：2007年11月1~30日	供水公司：-
用户姓名：-	周期　　：05
地址　　：-	路线　　：36
水表编号：2912581	序列号　：002285

每日用水量峰值出现在2007年11月10日(周六)，为1 760 gal

总用水量为16 210 gal

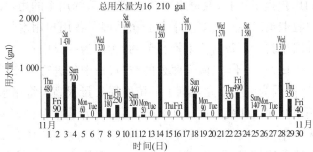

星夜读数 :0000112316 截至2007年12月11日 零点	RR AMR版本 :-
安装员　:-	制表时间　:2007年12月14日07:50
读表员　:-	

图13.19　用户用水量档案显示周三和周六出现用水高峰，
反映出一周两次的户外浇灌模式

（资料来源：得克萨斯州麦金尼市和 Datamatic 公司）

每小时用水量图

时间段　：2007年10月14日00:00~23:00	供水公司：-
用户姓名：-	周期　　：05
地址　　：-	路线　　：39
水表编号：	序列号　：000975

2007年11月22日每小时用水量峰值出现在03:00，为1 010 gal

总用水量为1 800 gal

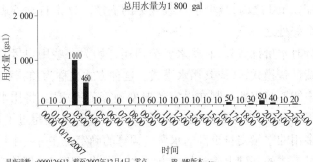

星夜读数 :0000126613 截至2007年12月4日 零点	RR AMR版本 :-
安装员　:-	制表时间　:2007年12月11日16:02
读表员　:-	

图13.20　用户用水量档案显示出凌晨时分出现用水高峰，
证明用户试图隐藏户外浇灌用水

（资料来源：得克萨斯州麦金尼市和 Datamatic 公司）

关于鼓励干旱地区用户节约用水的新方法还在不断地寻找中。除使用节水技术(低流量器具和设备)外,现在还有针对用户的教育和激励性的节水措施。比较常见的经济上的激励性措施包括:为装置低流量设备的用户提供折扣,改进水费结构,奖励节约用水的用户,对高用水量用户收取更高额水费等。水务公司掌握了各用户用水数据后,可以考虑推出创新的水费结构来推行节约,例如为一天中特殊时段设定不同水费。比如,在干旱、阳光照射的季节,在中午进行户外园林浇灌的效率较低,因为中午阳光暴晒下的蒸发损失量很高。将用水量较高的浇灌用水时间改到夜间进行可以提高用水效率。水务公司现在可以测量一天中用水量高峰期,就可以开始实施分时水价(TOU)政策,提高高峰时段的用水费用,奖励晚上或夜间时段用水。现在市场上已经出现了一些自动读表系统,装备了特殊软件用于分时段计费,供水务公司选择[4]。图 13.21 的账单显示了峰值时段和非峰值时段用水量,以及计费周期内累计用水量。分时水价计费也可以用于调节峰值时段流量,减小水务公司基础设施的设计承载能力。宽湾自来水公司(Wide Bay Water Corporation,位于澳大利亚东海岸)就是一个成功的案例。它安装了一个带有数据记录功能的自动读表系统,根据得出的用水数据设计分时水价计费结构,通过鼓励日间的小型峰值,将用水费更加平均地分配在 1 d 之内,减少了承载能力的需求。这是自动读表系统带来的多个好处之一[6]。

除分时水价计费外,有些水务公司还开始为一些用户量身定制复杂的水费计费模式,适应其用水模式。这种方式也称为预算水费结构。如果用户能够将水费控制在设定的典型预算范围之内,将用水量降低到一定程度,就可以得到奖励。相反,如果实际用水量超过了预算值,就要为多用的水量支付更高的水费。预算的确定是在每一个用户典型的用水量模式的基础上确定的。方法之一是首先确定典型的户内年用水量,以及确定实际需要的每月户外浇灌用水量,并在此基础上设计水费结构。这种方法涉及大量的数据管理工作,而且建立在如果用户确切认识到了节约用水在经济上能够得到奖励,就会减少用水量的前提

埃创EE	分时水价报告	2006年7月19日13:05第1页

服务点 80018797　　　　　　　　　开始时间 05/01/2006 00:00
账户 80018797　　　　　　　　　　结束时间 05/14/2006 24:00
原由 Billing　　　　　　　　　　　　时区 PacificUS
房产 Water customer2　　　　　　计量单位 gal
水表 80018797　　　　　　　　　　Int 60
　　　　　高峰/非高峰　　高峰/非高峰水价　　Roll 60
Tou编号
TOU时区　1　美国太平洋时区
间隔信道　TOU 80018797 : 1simpleonoff
TOU设置
TOU设置信道

	夏季	共计
高峰期	1 111.000 0	1 111.000 0
用水	25.000 0	25.000 0
高峰	05/04/2006 17:00	05/04/2006 17:00
高峰时间	0.634 9	0.634 9
负荷系数	20.34	20.34
%使用量	20.83	20.83
非高峰期	4 350.000 0	4 350.000 0
用水	24.000 0	24.000 0
高峰	05/03/2006 07:00	05/03/2006 07:00
高峰时间	0.681 4	0.681 4
负荷系数	79.66	79.66
%使用量	79.17	79.17
共计	5 467.000 0	5 467.000 0
用水	25.000 0	25.000 0
高峰	05/04/2006 17:00	05/04/2006 17:00
高峰时间	0.650 1	0.650 1
负荷系数	100.00	100.00
%使用量	100.00	100.00

夏季　　4/1~10/31
　高峰期　周末12:00~19:00
非高峰期　其他所有时段
冬季　　11/1~12/31; 1/1~3 /31
非高峰期　所有其他时段

图 13.21　固定网络自动读表系统生成的账单(展示
出高峰期和非高峰期的用水量,并用于调整分时水价水费
(资料来源:埃创股份有限公司)

下。但是也有一小部分用户,通常是那些拥有价值昂贵、精心维护的园
林的用户,愿意为多用的水量支付高额水费。量身定制或是预算水费
结构在推进节水措施的同时,也确保了社区内用户之间的相对公平,保
证了水务公司稳定的收入。科罗拉多州博尔德市就是预算水费的先行

者。该地区气候干旱,急需一个有效的长期战略来推行节水,保证收入的公平和稳定,因此首先使用了这种收费结构[7,8]。

粒状用户用水数据的另一个用途帮助在压力区或者独立计量分区内进行供水网络漏点评估。独立计量区是供水网络中的小块区域,通常拥有 500 ~ 3 000 个接户管道,一般有明确的界限,有一条至多条供水主管向独立计量分区供水。通过记录供水管道供水量,可以直接监控向独立计量区输入的水量,并观测流量的变化。自动读表系统中的粒状用户用水数据可以提供最小时段消费量数据,直接和独立计量区供水输入流量进行对比,这样就能构建单个独立计量分区水量平衡并追踪供水量。当最小用水时段供水量与用户用水量比较时,增加了独立计量分区渗漏评价的精度。在不使用夜间浇灌系统的地区,居民用户用水量最小时段通常出现在凌晨 1 时到 5 时。通过夜间流量分析量化损失量的原理在于,在用水量最小时段中,损失量在整个独立计量区供水流量中所占有的比例最高。因此,可以通过从最小消费时段的供水量中减掉用户用水量得到比较准确的独立计量区渗漏量。而在一些夜间浇灌流量很常见的地区,这个分析就必须另外更换到非高峰期(冬季)进行,此时不会使用浇灌设备。

在费城,费城水务局定期使用移动读表自动读表系统来获取夜间用户读表数据,将这些数据和独立计量区的供水输入量进行对比。这种技术一开始主要在临时独立计量区中使用,之后在费城水务局的第一个永久性独立计量区(5 号独立计量区)中得到了成功运用。这是作为美国自来水工程协会研究基金会研究项目"渗漏控制技术"的一部分进行设计和实施的[9]。美国自来水公司中,费城水务局最早在独立计量区中使用用水量最小时段自动读表技术来生成可靠的渗漏评估。收集用户夜间读表数时,费城水务局和自动读表服务供应商进行合作,凌晨 2 时在 5 号独立计量区内开展了一次完整的车辆路过式读表。在凌晨 4 时第二次车辆路过时收集了超过 2 000 个账户数据。将每个用户 4 时的数值减去 2 时的数值,得到的差值就被记录为最小夜间流量时段的用水量。图 13.22 展示了一次夜间自动读表结果的分布图。与

预想的一样,5 号独立计量区内主要是居民用户,没有需要 24 h 用水的
工业或园林浇灌系统,因此 2~4 时的用水量应该是最小的。图 13.22
中的结果就证明了这一点,2 020 个用户中的 1 441 个,也就是 71% 的
用户都没有产生用水量,19% 的用户只用了 1 ft³ 的水量。这 2 h 的总
用量为 1 570 ft³,其中 75% 的水都是不到 10% 的用户使用的。有 5 个
账户用水较多,在 2 h 之内消耗了超过 40 ft³(约 300 gal)的水量,表明
这些用户家里管道可能出现了渗漏。所有用户在这 2 h 内的用水量为
14.1 万 gal,从 55 万 gal 的总供水量中减去,差值为 40.9 万 gal,这是渗
漏量。这一渗漏量数额很大,估计其中背景泄露和未报告渗漏各占一
半。费城水务局针对这些渗漏点采取了相关措施,通过水压管理应对
背景泄露,同时开展定点漏点检测来定位并减缓未报告渗漏。

费城水务局——5号独立计量区

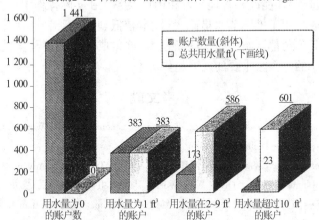

图 13.22　2005 年 4 月 5 日 2 时到 4 时 5 号独立计量区的用水量
(这些数据都作为独立计量分区中渗漏点用水量最小时段评估的一部分
(资料来源:费城水务局))

费城水务局在 5 号独立计量区中开展的工作证明,用户用水量档
案可以帮助管理、评估独立计量分区中的渗漏情况。在费城水务局的

例子中,5 号独立计量区的渗漏评估中使用自动读表比较有效;但是移动的车辆路过式读表并不是在较短时间间隔内收集夜间读表数据的最佳方法。费城水务局希望将 5 号独立计量区继续作为试验区域,测试固定网络自动读表系统,并在未来几年中建立相关系统,将车辆路过式自动读表系统更换为全面的固定网络自动读表系统。

13.3 小结:数据传输误差导致的表观损失

向用户收取正常水费,首先需要安装准确的水表,然后必须定期顺利开展读表工作,并将测量的用水量数据准确地传输给中央数据管理系统,一般指用户计费系统。而在用户用水数据进行传输的过程中,很容易出现各种误差。因此,水务公司应该分析并调查用户账户样本,确定由于数据传输误差导致的表观损失的程度和规模。随着水表功能的不断发展,自动读表系统以及一些新的功能被开发出来,被称为高级读表设施,这些都让水务公司有了前所未有的工具,不仅仅可以最优化数据传输过程,还能改善管理运行和用户服务。在实际操作中,这些工具还可以成功用于推广节水措施,且成本较低、收效不错。因此,越来越多的水务公司都开始实施这些新技术,这也成为北美甚至全世界的供水公司中的一个很重要的发展趋势。

参考文献

[1] Neptune Now newsletter. Case Study: Greater Cincinnati Water Works, Tallassee, Ala. : Neptune Technology Group, Fall 2007.

[2] Schlenger, D. "Water Utility AMR Systems Begin Transition to Advanced Information Systems. " Tulsa, OK. : WaterWorld, PennWell Corporation, August, 2007.

[3] Hughes, D. "A Piggyback Ride on AMR—Communicating More than Just a Meter Reading", *Proceedings of the Workshop entitled The ABC's of Apparent Loss Control and Revenue Protection for Water Utilities*, *AWWA DSS: Distribution & Plant Operations Conference*, Tampa, FL, 2005.

[4] Bharat, B. "Elster AMCO's Evolution AMI Empowers Water Utilities in Conservation Efforts. " Tulsa, Okla. : WaterWorld, PennWell Corporation, August, 2007.

[5] WaterWatch water meters (2007). www. h2owatch. net/more_meters. html.

[6]"Hervey Bay taps into high-tech water" Media Release February 19, 2007. [On-line]. Available: www. yourwater, com. au/html/19_feb_07_amr. html. [Cited February 19, 2007. 1]

[7]Western Resource Advocates. "Structuring Water Rates to Promote Conservation," 2005. [Online]. Available: www. westernresourceadvocates. org/water/wateruse. php. [Cited April 2, 2008.]

[8]City of Boulder, Colorado. "Water Budgets", 2007. [Online]. Available: www. ci. boulder. co. us/index. php? option = com. content&task = view&id = 6243&Itemid = 2039. [Cited April 2, 2008.]

[9]Farnner, V. P, R. Sturm, J. , Thornton, et al. "Leakage Management Technolo-gies. " Denver, Colo. : AwwaRF and AWWA, 2007.

第 14 章　用户计费系统中系统数据处理误差导致的表观损失控制

14.1　统计用户计费系统中的收费水量

在饮用水行业中,人们普遍认为表观损失仅仅是由于用户水表不精确造成的,从而直接得出结论,认为更新所有用户水表就能解决这一问题。但作者认为,表观损失是由多种因素共同导致的。审计人员应当首先收集所有用水审计数据,确认表观损失中每一个因素的本质、数量及对成本的影响,才能在此基础上制订出合理的表观损失控制方案。建议第一步将用户计费系统的每一个环节绘制成流程图。因为如果表观损失绝大部分是由于计费系统数据误差或未许可用水所造成的,那么大规模更换用户水表的方案显然是不划算且低效的选择。实际中,很多水务公司都犯了类似错误而不自知,花费了数百万美元更新水表,但表观损失情况并未得到改善。相反,针对用户计费系统的数据处理过程导致的表观损失,可以通过改进电脑程序或流程等方法解决。这些方法费用低廉,效果却立竿见影,能迅速提升收入。综上所述,制订表观损失控制方案应该建立在用水审计结果的基础上,之后通过绘制流程图或深入调查等方式考察用户计费系统各环节的状况。

19 世纪英国著名物理学家开尔文有一句关于物理学的名言,这句话同样也能运用于水资源损失控制领域中:

"没有测量,就无法管理。"

这句话的现代版本就是:

"没有明确的界定、测量、数据收集和报告,就无法进行管理。"

当今,我们生活在信息时代。得到准确、完整的信息对我们而言至

本章作者：George Kunkel；Julian Thornton；Reinhard Sturm。

关重要。提供安全的饮用水也需要各种各样的信息。不仅仅是饮用水
行业的工作人员,包括工厂员工、政府官员、管理者、服务和设备供应商
需要这些信息,行业外的利益相关方,例如商业团体和民间团体、消费
者和媒体等也同样需要这些信息。

绝大多数水务公司使用用户计费系统作为最有效的信息库。每月
或每季度,水务公司根据用水量向用户收取水费。对于使用水表计量
水量的公司,计费系统不仅仅包括用户信息和水表数据,还保存了常规
用户水表读数等信息,并通过这些数据计算用水总量。

许可用水量是指供水公司授权许可用于消费目的,并为社区提供
服务的供水量。一个社区内所有用户用水总量的绝大部分是许可收费
用水量,但也有一小部分是许可免费用水量。

许可收费用水量是指向用户计费系统中的每个用户账户提供的水
量,可分为计量用水量和未计量用水量。许可收费供水量是大多数水
务公司主要收入来源,这些公司不按照固定额收取水费。收费账户是
拥有永久性管道输送服务的用户房产。在北美,大多数水务公司要求
用户通过联通服务计量用水量,并按月或按季收取费用。计量用水一
般分为居民用水、工业用水、商业用水、农业用水、政府用水和其他用途
用水等类型。但并不是所有水务公司都通过水表读表数收费。有些公
司在固定时间段内定额收取水费,还有一些按照房产整体或其他标准
收费。因此,许可收费用水量并不全是按量收取费用。美国供水工程
协会则建议所有拥有永久管道联通服务的客户均使用水表计量,并按
照读表数交费。

许可免费用水量也分为计量用水量和不计量用水量两种,是指通
过各种方式从不计费管道非常规性取水量,通常不是从永久性建筑物
内供水。消防栓用水是最典型的例子。水务公司通常允许从消防栓中
取水用于灭火消防(主要用途)、冲洗、测试、清理街道、施工以及其他
用途。这些用水通常有明确的政策规定,以保护水质和公共安全,应该
尽可能进行计量。尽管所有永久性建筑物常规供水量都被建议归入用
户计费系统,并通过计量账户进行计量并跟踪数据,但某些政府房产用

水有时也归于许可免费用水类别中。如此一来,尽管某些房产用水并不收费,但用水数量也可以划入监督范围内。

随着现代读表技术、自动读表系统和用户计费管理技术的发展及普及,水务公司在准确收集和使用用户消费和账单数据方面已有卓越的能力。强烈建议水务公司运用这些技术,通过水表系统计量个体用户用水量,并运用计算机用户账单系统存储用户账单数据。自动读表系统因为其收集用水数据的廉价和准确性,也被越来越多的公司使用。对于运用这些技术的公司而言,用水数据信息通常通过用户计费系统的一系列报表得出。表14.1和表14.2按照水表尺寸和用户消费类别分别展示了虚构的县水务公司的典型数据报告。

表 14.1　按水表尺寸计量县水务公司用水量

（2006 年 1 月 1 日至 12 月 31 日）

尺寸（in）	水表读数	读数百分比(%)	计量用水量百分比
5/8	11 480	94.1	71.2
3/4	10	0.08	0.1
1	338	2.8	2.8
3/2	124	1.0	2.8
2	216	1.8	11.7
3	15	0.12	6.6
4	7	0.05	2.2
6	6	0.05	2.6
合计	12 196	100.00	100.00

资料来源:美国供水工程协会,《用水审计和损失管理项目》;《供水实践手册 M36》第三版,科罗拉多,丹佛:美国供水工程协会,2008 年。

表 14.2　按用户消费类别计量县水务公司 2006 年用水量(未校正)

（单位: 万 gal）

月份	居民用水	工业用水	商业用水	农业用水	总共计量用水量
1	14 660	3 580	810	0	19 050
2	16 290	3 580	810	0	20 680
3	16 290	3 580	810	0	20 680
4	17 920	3 910	810	2 440	25 080
5	21 180	4 240	810	5 700	31 930
6	22 810	4 890	810	7 490	36 000
7	26 030	4 890	810	5 700	37 430
8	26 650	4 890	810	7 490	39 840
9	22 810	4 560	810	6 520	34 700
10	16 290	3 580	810	0	20 680
11	16 290	3 580	810	0	20 680
12	14 660	3 580	810	0	19 050
年共计用量	231 880	48 860	9 720	35 340	325 800
日均用量	635	134	27	97	893

资料来源: 美国供水工程协会,《用水审计和损失管理项目》;《供水实践手册 M36》第三版,科罗拉多,丹佛: 美国供水工程协会,2008 年。

　　所有活动账户都必须包括水表标示号码、尺寸及型号等信息。若使用自动读表系统,那么自动读表设备号码、读表路线号码以及其他相关信息也应记入用户计费系统。首先,将所有账户用水总量(未校正）、各种水表尺寸数据按照月份（或其他收费时段）记录，同时记录整个时段的综述，如表14.2所示。许可收费供水量所有单位要进行统一，例如 ft^3 要换算成万 gal。

供水系统中供水量数据（见第10章）可与用户计费数据以及初步计算的无收益水量相匹配，见表14.3费城水务局数据。通过月度报告，水务公司可以对其用水效

> 许可收费供水量所有单位要进行统一，例如 ft^3 要换算成万 gal。

率状况有一个更加全局的概念，这比年度用水审计数据更具周期性。这些月度报告数据的详细程度和精确性不如用水审计数据，但对于短期用水效率状况追踪调查仍然十分有用。

如果没有电子账单记录或报告，审计员就必须从所有已得的记录中收集用户账户信息。首先需要确认所有永久性建筑中拥有水表的用户。账户信息包括账户号码、建筑物地址、水表尺寸、水表系列号、管道尺寸、评估人员的宗地编号以及户主及租户的姓名和地址。为了统计用户用水模式及节水影响，则必须要为每一个账户确定消费类别：居民用水、工业用水、商业用水、农业用水、政府用水或者其他。所有人工收集的数据都需要输入电脑中。在条件允许的情况下，水务公司应逐渐购买、安装标准计算机用户计费系统；若条件不允许或者在过渡的过程中，数据则应保存在电脑数据库或电子表格里。

表14.3 展示了过去12个月的时段内用水数据变化趋势。

表14.3　费城各月度用水数据报告

2006 年 6 月用水数据

费城水务局6月平均供水量为259.3 mgd，略少于2005年6月（268.1 mgd）。水收费局用户计费记录显示，6月内市内用户和输出到批发供水账户收费供水量为174.4 mgd。这一数据高于2005年6月收费供水量（170.7 mgd）。

无收益水量（供水总量减去收费水量）在2006财务年年末为76.3 mgd，相比2005年83.6 mgd而言减少量巨大。

续表 14.3

12 个月的运行周期	供水总量（mgd）	收费用水量（mgd）		无收益水量（mgd）	用户计费账户数据	
		市内	输出		大尺寸水表	小尺寸水表(5/8″,3/4″)
8 月 4 日至次年 7 月 5 日	260.7	156.9	18.8	85.0	13 355	458 339
9 月 4 日至次年 8 月 5 日	261.3	159.4	19.1	82.9	13 332	458 251
10 月 4 日至次年 9 月 5 日	261.5	160.5	18.8	82.2	13 312	458 144
11 月 4 日至次年 10 月 5 日	261.4	159.9	18.8	82.7	13 292	458 056
12 月 4 日至次年 11 月 6 日	260.9	159.4	18.9	82.6	13 274	457 966
1 月 5 日至12 月 5 日	260.3	159.4	19.1	81.8	13 253	457 906
2 月 5 日至次年 1 月 6 日	258.8	160.6	19.4	78.8	13 237	457 922
3 月 5 日至次年 2 月 6	256.9	159.6	19.3	78.0	13 217	457 949
4 月 5 日至次年 3 月 6 日	255.6	158.5	19.3	77.8	13 194	457 956
5 月 5 日至次年 4 月 6 日	254.8	158.0	19.4	77.4	13 176	457 946
6 月 5 日至次年 5 月 6 日	254.5	157.7	19.5	77.3	13 156	457 972
7 月 5 日至次年 6 月 6 日	253.8	157.8	19.7	76.3	13 137	458 043

资料来源:费城水务局。

14.2　　使用用户计费系统导出用户用水量数据

　　用户计费系统问世之初主要发挥财务作用:生成账单便于收费。

　　近年来,越来越多的人认识到客户消费数据的价值并不仅仅只在于收费。消费数据可用以评价节水措施的效果,用来实际测量个体用户水表和服务线,以及测量整个社区的供水设施。建成精确的水力模型也需要消费数据。通过区分许可用水量和损失量因子,消费数据也可用于水资源损失控制项目。除财务作用外,用户计费系统也为工程目的提供参考。然而,很多系统在设计之初仅仅以财务作用为首,那些将计费系统数据运用于工程目的的公司并不确信这些用户消费数据中是否存在适当措施来保障用户消费数据工程精确性。

　　重要的一点是,水务公司管理者需要了解用户计费系统的运行以及消费数据的精确性。很多计费系统着重强调了计费功能,但是却在不知不觉中损害了用水消费数据工程精确性。有些系统在生成客户账单时,通过更改实际读表数或消费数据来回计算调整。在此情况下,产生了用户货币信用,用来减少、去除或制造负消费值来更正出现问题的时段数据。频繁地调整数值将极大地影响个体用户和整个社区的真实用水量数据。用户计费系统中的其他程序都是如此,虽然从财务角度而言有一个好的出发点,但从工程角度来讲,却在无形中产生了麻烦。

　　所以,如果用户计费系统同时拥有计费(财务)和运行调度(工程)双重功能,则该系统在设计之时需加以控制措施。这样,在提供计费功能的同时,也能保证用户消费数据的精确性。多数现有用户计费系统的主要功能是为水务公司向个体用户提供服务后收取费用提供准确的数据。而水资源保护、水力学模型或水资源损失控制项目的运行管理者,则应仔细审查计费系统功能及配置,来确定计费操作没有在无意中修改实际消费量,确定被记录为计费系统的输出量的用户消费记量没有被用户水表产生的数据所改变。水务公司应将计费步骤绘制成一张流程图,本章后文会详细涉及这一点。通过流程图,来确认是否有影响用户消费数据的精确度的任何因素,同时确认在数据处理过程中是否存在任何表观损失因素。如果发现计费操作确实影响到了消费数据,供水公司管理者则应考虑重新编制收费系统,以便同时分开记录登记消费量和收费消费量,从而确保计费功能以及用户消费数据被精确地记录、保存下来。在这一步骤完成之前,前文提到的这种调整措施需要算入表观损失因素中。

14.3　调整用户读表数据中延迟时间

用水审计的计算时间段通常为 1 年。当源水表和用户水表读表时间与用水审计周期的开始和结束日期不相同时,需要对水表记录数据进行修正。

14.3.1　单一读表路线调整

假定水务公司考察一个历年的数据,从 1 月 1 日到 12 月 31 日。源水表读表时间为每月 1 日,而用户水表读表时间为每月 10 日。目标是计算本年中供水和消耗总量。

源水表:源水表无需进行延迟时间调整,因为源水表的读表时间通常与用水审计周期开始和结束的日期相同。如果最后一个读表日(12 月 31 日)迟了 1 d(1 月 1 日),则 1 月 1 日的供水量需要从全部供水计数中减去。

用户水表:因为用户水表读表时间并不与整体周期相吻合,所以必须进行一定的调整。调整用户水表数据及消费模式最好的方法是按照比例折算用水审计周期内的第一次和最后一次计费周期的用水量。

第一次计费周期只有 10 d 的用水量是真正包含在用水审计周期内的,但是该数据代表了 31 d 的消费。如果 12 月 11 日至 1 月 10 日的用水量是 3 320.4 万 gal,则包含在用水审计周期的数量应该是

$$3\ 320.4\ \text{万 gal} \times \frac{10\ \text{d}}{31\ \text{d}} = 1\ 071.1\ \text{万 gal}$$

这样,1 月 10 日读表数中的 1 071.1 万 gal 就记入用水审计周期内。

在用水审计周期末 12 月 10 日的读表数中,有 21 d 的用水量未被计入。12 月最后的 21 d 的用水量从下个月的计数中算出。如果下个月的数值为 3 666 万 gal,则包括在用水审计周期的数量应该是

$$3\ 666\ 万\ gal \times \frac{21\ d}{31\ d} = 2\ 483\ 万\ gal$$

这样,2 483 万 gal 的数据加入 12 月 10 日的计读量。

14.3.2　多条读表路线调整

单一读表路线调整是一种较为基础的调整读表数据延迟时间的方法,适用于全部用户的水表都在同一天进行读表的情况。但是,除非使用固定的自动读表系统(见第 13 章),实际中很难出现这样的情况,因为水务公司通常拥有数量巨大的用户数,所以很难在同一天完成所有水表的读表工作。通常情况是将所有的用户分成不同的读表路线,在不同的日期进行读表。因此,对于每一条读表路线都需要进行一次延迟时间调整,特别是对每位用户的水表都在每月的同一天读表的情况而言。图 14.1 正是说明了这样的情况。

调整延迟时间要分几步进行。在我们的例子中,县水务公司有 3 条路线,每一条路线读表时间都不同。用水审计周期依然是一个日历年,全部用户被按比例平均分配给每条路线。水表 2 月读一次,路线 A 在 1 日读表,路线 B 在 10 日读表,路线 C 在 20 日读表。

未校正的总体计量用水量根据用水审计周期内发出的账单计算得出。但是由于收费安排是 2 个月一次,这些账单并不能包括这一年中所有的用水量。有一些在 2 月发布的第一个读表周期内的用水量实际上是在前一年 12 月的用量。而 11 月发布的账单中,有一部分 12 月水消耗并未计算在内。因此,需要进行两次调整。首先,在用水审计周期前使用的水量必须减去。其次,在周期最后一个月使用的耗水量必须加入到本年度数据中。

图 14.1 详细展示了如何计算水表用水量延迟时间的方法。图的最底端显示出,净调整量为 +20 万 gal。很多水务公司将计算和收费步骤综合为一个计算模式,使得计算过程更加简单、快捷。

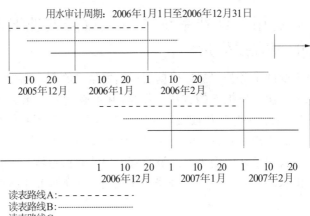

读表路线A: - - - - - - - - -
读表路线B: ·······························
读表路线C: ————————————
12月到次年1月的计数周期共62 d

路线	读表日期(年 – 月 – 日)	消耗量	调整量
A	2006 – 02 – 01	400 万 gal	31/62 = 200(万 gal)

路线	读表日期(年 – 月 – 日)	消耗量	调整量
B	2006 – 02 – 10	330 万 gal	21/62 = 110(万 gal)
C	2006 – 02 – 20	360 万 gal	11/62 = 60(万 gal)

　　需要从审计周期中调整减去的 2005 年的总消费量为 370 万 gal。这一数值出现在 2 月的账单上,但是实际上是前一年 12 月的消费量

路线	读表日期(年 – 月 – 日)	消耗量	调整量
A	2007 – 02 – 01	420 万 gal	31/62 = 210(万 gal)
B	2007 – 02 – 10	330 万 gal ·	21/62 = 110(万 gal)
C	2007 – 02 – 20	390 万 gal	11/62 = 70(万 gal)

　　需要加入 2006 年 12 月的调整量为 390 万 gal。这一数值没有在这一年的最后一份账单中出现,是通过等比例计算得出的

净调整量·· +20 万 gal

图 14.1　水表延迟时间调整详细方法(资料来源:美国供水工程协会,
《用水审计和损失管理项目》;《供水实践手册 M36》第三版,科罗拉多、丹佛:
美国供水工程协会,2008)

14.4 确定用户计费系统中系统数据处理误差导致的表观损失量

北美主要的水务公司都是根据测量消费量来收取费用的。这也是美国供水工程协会所推荐的方法。但是,并不是所有的水务公司都通过水表计量,也有一些公司按收费时段收取定额费用,还有一些只计量一部分客户的账户。后者一般会在以下情况出现:

(1)该公司正在向用水表计量所有用户的阶段过渡。

(2)供水政策规定了一部分账户不用计量,例如市政房产或消防水泵。

(3)一些水表无法正常工作,数据误差严重或者无法读取,因此只能用估计值代替测量值。

若用户水表无法正常工作,审计员就必须设定一种估测方式来计量这些用户的用水量。一些方法可以帮助合理估测。例如,在无水表的系统中,可以在小范围内根据消费类型和水表型号抽取一部分用户(50户或100户),为这些用户安装水表。通过收集这些用户的数据,可以得出一个平均值,从而推出每一种类型用户的用水总量。在这一过程中,一定要确定任何估算步骤都被全程记录下来,并完全基于当前的情况。由于无水表用户必须使用估值计数,就不可避免地会在计算用户用水量的数据时产生一定误差。正因为如此,我们强烈建议所有的用户数据都能被详细、准确地记录、读取、保存。

对于使用水表的水务公司,数据的精确性不仅仅依赖于水表的精确度,同样重要的是用户整体用水量的数据的传送、保存、报告的整个过程。这一过程中的任何一个环节如果出现误差,都有可能导致表观损失,从而使得用户消费数据的精确性遭到破坏,一部分消费被低估,同时流失一部分收入。从水表的读取记录,到最终的报告产生以及数据的使用,其中任何一个环节都有可能出现系统数据处理误差。

第13章详细证明了很多错误都有可能在用户消费数据的传输或水表计读过程中产生。该章也详细阐述了确定由于传输数据误差导致的表观损失的步骤,以及减小误差的方法。其中,自动读表系统和高级

读表设施被推荐为有效的改进技术,可帮助水务公司完善这方面的
功能。

一般而言,读表数据传送到用户计费系统中,用于计算用户自上一
次读表后产生的消费总量。消费量数据生成水费账单后被保存在系统
中,并被运用于收费过程中涉及的各种财务运算。系统数据处理误差
通常以损害部分用户消费量数据精确性的方式出现。

美国的用水量通常以 ft³ 或 kgal 为单位。如果无法获得实际读表
数据,计费系统通常有一种程序运算法则来估算消费量。这些运算法
则通常根据近期用户消费趋势来估算,或根据其他方法运算。如果不
精确或者错误的运算法则存在于计费系统中,则会造成用户数据被低
估或高估,进而扰乱作为运算基础的用户数据。审计员应了解当前使
用的估算方法,并在该方法出现误差时考虑对运算法则的调整。这种
情况所导致的用户消费数据损失应该被计入用水审计数据中。

在账单调整影响到消费数据的过程中,可能出现一种典型的误差
类型。一定要确认账单调整是否由修改实际消费量造成。正如
第 14.2 节中提到的,计费系统为了收取水费之便,产生用户货币信用,
而这一过程很有可能会影响到用户消费数据的运行精确性。

当计费系统并不区分登记用水量(从水表读表数产生)和收费用
水量(列在用户账单,并保存在计费记录中)时,账单调整导致的用户
消费数据不精确就有可能产生。当产生用户货币信用时,收费用水量
和登记用水量就会产生差异。如果计费系统通过制造负用水量值来创
造货币信用(供水公司的负收入),实际的用水数据将会受到影响。如
果计费系统将二者分开,就可避免这种问题的发生。

表 14.4 展示了一个居民用户账户的情况,作为上述问题的实例。
在 23 个月的时段内,该房产经历了短暂的闲置,之后卖给了一位比原
业主用水量少的新业主。从 2002 年 10 月开始,水务公司就无法获取
该房产的准确水表读数。有可能是读表不便造成,或是由于自动读表
设备损坏或其他原因。该公司直到 2004 年 8 月都无法修正这一状况
并获取准确的水表读数。在这段没有水表读数的时间内,水务公司在
用户近期用量的基础上(885 ft³/月)进行了估算。

表 14.4　负用水量的使用导致用户计费调整,进而产生用户消费数据偏差

(5/8 in 民用水表账户)

年份	月份	读表数（估算读数用粗体表示）	收费用水量(ft³)（用当前数减去上一次读表数,估算用水量用粗体表示）	累计收费用水量（每年）	实际读表数	实际用水量（ft³）	累计实际用水量（ft³）
A	B	C	D	E	F	G	H
2001	12	15 004			15 004		
2002	1	15 838	834	834	15 383	834	834
	2	16 654	816	1 650	16 654	816	1 650
	3	17 496	842	2 492	17 496	842	2 492
	4	18 304	808	3 300	18 304	808	3 300
	5	19 220	916	4 216	19 220	916	4 216
	6	20 162	942	5 158	20 162	942	5 518
	7	21 130	968	6 126	21 130	968	6 126
	8	22 105	975	7 101	22 105	975	7 101
	9	23 007	902	8 003	23 007	902	8 003
	10	**23 892**	**885**	8 888	23 867	860	8 863
	11	**24 777**	**885**	9 773	24 722	855	9 718
	12	**25 662**	**885**	10 658	25 535	813	10 531
2003	1	**26 547**	**885**	885	26 360	825	825
	2	**27 432**	**885**	1 770	27 184	824	1 649
	3	**28 317**	**885**	2 655	28 021	837	2 486
	4	**29 202**	**885**	3 540	28 433	412	2 898
	5	**30 087**	**885**	4 425	28 513	80	2 978
	6	**30 972**	**885**	5 310	28 578	65	3 043
	7	**31 857**	**885**	6 195	28 633	55	3 098

续表 14.4

年份	月份	读表数（估算读数用粗体表示）	收费用水量(ft³)（用当前数减去上一次读表数,估算用水量用粗体表示）	累计收费用水量（每年）	实际读表数	实际用水量（ft³）	累计实际用水量（ft³）
A	B	C	D	E	F	G	H
2003	8	**32 742**	**885**	7 080	29 255	622	3 720
	9	**33 627**	**885**	7 965	30 059	804	4 524
	10	**34 512**	**885**	8 850	30 836	777	5 301
	11	**35 397**	**885**	9 735	31 592	756	6 057
	12	**36 282**	**885**	10 620	32 315	723	6 780
2004	1	**37 167**	**885**	885	33 032	717	717
	2	**38 052**	**885**	1 770	33 740	708	1 425
	3	**38 937**	**885**	2 655	34 462	722	2 147
	4	**39 822**	**885**	3 540	35 150	688	2 835
	5	**40 707**	**885**	4 425	35 884	734	3 569
	6	**41 592**	**885**	5 310	36 686	802	4 371
	7	**42 477**	**885**	6 195	37 520	834	5 205
	8	38 345	− 4 132	2 063	38 345	825	6 030
	9	39 113	768	2 831	39 113	768	6 798
	10	39 811	698	3 529	39 811	698	7 496
	11	40 515	704	4 233	40 515	704	8 200
	12	41 230	715	4 948	41 230	715	8 915
2005	1	41 951	721	721	41 951	721	721

资料来源:美国供水工程协会《用水审计和损失管理项目》;《供水实践手册 M36》第三版,科罗拉多、丹佛:美国供水工程协会,2008。

直到 2003 年 8 月,这一估算值（D 列）都非常接近于实际消耗（G

列），直到该房产被闲置待售。2003 年 4 ~ 8 月，该账户只在管理员偶尔巡视期间产生非常有限的用水量，直到 8 月售出，新的业主恢复了正常用水，但是用水量比原业主要少。

2003 年 4 月至 2004 年 8 月的 17 个月里，预设的用水量（885 ft^3）超出了实际用量。当水务公司终于能够准确读表时发现，2004 年 7 月预测的水表读数（42 477 ft^3）比实际读数超出了 4 132 ft^3。不断累积的误差由以下原造成：

（1）长达 23 个月的时间没有水表读数。

（2）房产闲置时间达到 4 个月。

（3）新业主相对较小的用水量。

在 2004 年 8 月获得准确的读表数后，必须进行 – 4 132 ft^3 的调整，并向用户账户提供与消耗量等值的货币信用。

用户计费系统中产生的货币信用值应该如何处理同时关系到系统的收费（财务）和运行（工程）功能。钱可以通过收费和制造货币信用值分别流入和流出，但水只能由水务公司供应给用户单向流动。如果计费系统只有用户用水量一个单一字段，则 2004 年 8 月收费用水量为 – 4 132 ft^3。这样一个负用水值对于计费（财务）运算而言可以接受，因为可以将其转换为货币信用值；但是对于运行（工程）方面而言，负用水值则是不可接受的，因为 2004 年 8 月的实际用水量是 825 ft^3（G列），而不是 D 列显示的 – 4 132 ft^3。

消费数据的偏差同样表现在年度估算和实际用水量的差别上。分析人员在查看表 14.4 中的账户数据节水或损失控制情况时，会出现比 2003 年实际用水量多 3 840 ft^3 的误差值（10 620 减去 6 780）。相反，2004 年的数据则会少 3 967 ft^3（8 915 减去 4 948）。有些人可能会认为，从长期来看，估算和调整最终取得了一个平衡，因此可以使用单一消费值。但是，很多分析和报告功能都是以一个日历年或财政年为单位的。如果一个账户多年以来估算值误差都较大，则对最后一年需要作出巨大的调整，也会使最后一年的数据产生巨大的改变。而且在任何一家饮用水公司，都可能有成百上千个账户的不同时段需要估算。在任意一年中，试图精确地估算高估或低估的数据对这些账户带来的

影响,工作量和复杂程度都是超出想象的。显而易见,一个负的用水值
对计费(财务)功能无甚损害,但是对运行(工程)功能而言,对数据的
准确性会造成严重的影响。

　　鉴于上述原因,我们建议水务公司的用户计费系统包括用户消费
的两个字段:一个登记用水量,一个单独的收费用水量。使用与表14.4
中相同的数据,分成两个字段显示在表14.5中。

表 14.5　所用的数据是 5/8 in 民用水表账户数据

(将用户计费系统中登记和收费用水量分开,见表 14.4)

年份	月份	读表数(估算读数用粗体表示)	收费用水量(ft^3)(用当前数减去上一次读表数,估算用水量用粗体表示)	累计收费用水量(每年)	实际读表数	登记(实际)用水量(ft^3)	累计登记(实际)用水量(ft^3)
A	B	C	D	E	F	G	H
2001	12	15 004			15 004		
	1	15 838	834	834	15 383	834	834
	2	16 654	816	1 650	16 654	816	1 650
	3	17 496	842	2 492	17 496	842	2 492
	4	18 304	808	3 300	18 304	808	3 300
	5	19 220	916	4 216	19 220	916	4 216
2002	6	20 162	942	5 158	20 162	942	5 518
	7	21 130	968	6 126	21 130	968	6 126
	8	22 105	975	7 101	22 105	975	7 101
	9	23 007	902	8 003	23 007	902	8 003
	10	**23 892**	**885**	8 888	无读数	885	8 888
	11	**24 777**	**885**	9 773		885	9 773
	12	**25 662**	**885**	10 658		885	10 658

续表 14.5

年份	月份	读表数（估算读数用粗体表示）	收费用水量(ft³)（用当前数减去上一次读表数,估算用水量用粗体表示）	累计收费用水量（每年）	实际读表数	登记(实际)用水量(ft³)	累计登记(实际)用水量（ft³）
A	B	C	D	E	F	G	H
2003	1	**26 547**	**885**	885		**885**	885
	2	**27 432**	**885**	1 770		**885**	1 770
	3	**28 317**	**885**	2 655		**885**	2 655
	4	**29 202**	**885**	3 540		**885**	3 540
	5	**30 087**	**885**	4 425		**885**	4 425
	6	**30 972**	**885**	5 310		**885**	5 310
	7	**31 857**	**885**	6 195		**885**	6 195
	8	**32 742**	**885**	7 080		**885**	7 080
	9	**33 627**	**885**	7 965	无读数	**885**	7 965
	10	**34 512**	**885**	8 850		**885**	8 850
	11	**35 397**	**885**	9 735		**885**	9 735
	12	**36 282**	**885**	10 620		**885**	10 620
2004	1	**37 167**	**885**	885		**885**	885
	2	**38 052**	**885**	1 770		**885**	1 770
	3	**38 937**	**885**	2 655		**885**	2 655
	4	**39 822**	**885**	3 540		**885**	3 540
	5	**40 707**	**885**	4 425		**885**	4 425
	6	**41 952**	**885**	5 310		**885**	5 310
	7	**42 477**	**885**	6 195		**885**	6 195
	8	38 345	−4 132	2 063	38 345	667	6 862

续表 14.5

年份	月份	读表数（估算读数用粗体表示）	收费用水量(ft^3)（用当前数减去上一次读表数,估算用水量用粗体表示）	累计收费用水量（每年）	实际读表数	登记(实际)用水量(ft^3)	累计登记(实际)用水量（ft^3）
A	B	C	D	E	F	G	H
2004	9	39 113	768	2 831	39 113	768	7 630
	10	39 811	698	3 529	39 811	698	8 328
	11	40 515	704	4 233	40 515	704	9 032
	12	41 230	715	4 948	41 230	715	9 747
2005	1	41 951	721	721	41 951	721	721

资料来源:美国供水工程协会,《用水审计和损失管理项目》;《供水实践手册 M36》第三版,科罗拉多,丹佛:美国供水工程协会,2008。

表 14.5 包括了收费用水量(D 列)和登记用水量(G 列)。当 2004 年 8 月,实际水表计读恢复时,−4 132 ft^3 的消费调整出现在收费消费栏 D 列中,并据此给客户产生货币信用值。然而,G 列显示之前 30 d 的时段内修正的估算用水量,基于最近的两次实际读表数差异的基础之上(2002 年 9 月和 2004 年 8 月)。这个估算值的计算方式如下:

$$(38\ 345 - 23\ 007) / 23\ 个月 = 667(ft^3)$$

至 2004 年 9 月,获得了第二次连续实际月度读表数后,就不再使用估算数据。收费用水量再一次与登记用水量相一致。将收费用水量和登记用水量分别计算,对于数据运行精确性的好处体现在 2004 年 D 列和 G 列中的累计用水量数值上,4 948 ft^3 和 9 747 ft^3。如果只记录单一字段用水量,则 4 948 ft^3 的用水量相对于该年的实际用水量相去甚远。而登记的 9 747 ft^3 的用水量则更贴近实际。

> 我们建议水务公司的用户计费系统包括用户消费的两个字段:一个登记用水量,一个单独的收费用水量。

为了确定计费系统运作过程中数据分析误差值,审计人员应该确认账单调整的计算方式。如果调整是由消费变化导致的,则应该尝试得出一个调整的近似值——不论是高估实际消费还是低估实际消费。如果明显地报少了用户消费值,则这一误差的估算值应该算入表观损失并列入用水审计数据。

14.5　收费政策和程序缺点

表观损失也可能是由政策和程序设定时短视、设计不佳、实施管理不力等而造成的。这种情况很微妙且不少见。将用户计费过程用流程图表现出来,着重展示对用户消费值的影响,会更加直观地呈现这种类型的表观损失。一些常见的情况如下:

(1)尽管目标是将水表普及到所有用户,实际上水务公司却忽略了部分用户群体,常见的如地方政府运行的市政房产。

(2)由于用户行为或水务公司管理不善,使得用户账户进入"不计费"状态。

(3)由于管理效率低下,导致读表或收费延迟。

(4)用户账户管理不力:账户未能及时建立、账户遗失或被错误转出。

这些计费账户管理上的问题到底有多严重,基本上取决于水务公司的问责"文化"。如果问责制不是长期机制,某些消费漏算就有可能经常出现。如果从公司高层到所有职工都具有高度的责任意识,这种问题就会很少出现,且影响较小。设计人员通过对表观损失的估计,或可以看出公司的集体政策和程序上的漏洞和确定。自上而下的审计过程只能得出一个大致的估计。而由下而上的调查更能详细地反映问题,并发现内中关联。但在确切的策略制定之前,审计人员应从源头数据和计费功能开始,进行更加详细的调查,以便确认初步损失的数量,对表观损失的情况有一个全局的了解。自下而上的过程包括详细的调查和审计工作,与会计进行详细的财务审计类似。自下而上的用水审计功能需要考虑到以下内容:

(1)第一步:分析用户计费系统的工作状态,确定用水消费数据处理过程中的问题和导致的表观损失情况。较好的方法是将数据处理过程通过流程图展现出来。

（2）第二步：完成用户账户基本信息，包括水表尺寸和读数、用户类型、消费范围等。检查异常情况，例如小型水表登记大量年用水量，或大型水表只记录异常的少量用水。

（3）第三步：对样本水表进行水表准确性测试，以初步掌握水表的工作状态（见第 12 章）。

（4）第四步：评估某样本用户账户或者地点的未许可用水可能（见第 15 章）。

（5）第五步：确认可能导致水表未计费的核算政策。某些计费系统的设置情况是，如果短期内用户不产生用水消耗，则账户可进入不计费状态，例如闲置的房产。但这种不计费账户通常被发现导致表观损失。往往用户恢复使用后，账户依然处于不计费状态。

永远建议计费系统分析作为第一步实行，因为这一步出现的任何漏洞都会影响到其他步骤中对数据的评估。

对多数水务公司，用户计费系统是所有用户数据的来源，包括用水量。在早期水损失控制项目的发展中，审计人员需要详细了解在用户计费系统中消费数据的管理方式。构建一系列的流程图、概述各种信息处理过程是一个系统化的方法，可以揭示在政策、步骤或者编程中是否存在任何漏洞，导致表观损失出现。任何漏洞都可以导致表观损失，例如允许用户不使用计费账户，缺乏准确的计量和读表数据，或允许计量消费数据的修改。

图 14.2 ～图 14.5 展示了费城部分用户计费系统流程图。费城水务局和水收费局（费城税收部门的一个分支）共同管理用户计费流程。图 14.2 概括性地展示了整个计费流程的过程。尽管它大体展现出了主要的计费功能，但缺少足够的细节来确定可能产生的表观损失。图 14.3 ～图 14.5 补充性地展示了用户计费系统中单独的子流程。这些水表读表过程流程图不仅包括自动读表和人工读表，还包括水表轮换过程。尽管费城在 1997 ～ 1999 年，安装了全美覆盖范围最大的自动读表系统，但仍然有 2% 的用户等待自动读表安装完成或者需要更换

更大的管道尺寸。因此,费城在大范围实施自动读表的同时,仍在小范围内实施人工读表。使用流程图评价计费操作子流程可以使审计人员确定计费功能是否正常运行,确认任何可能导致用户消费低估并使供水公司减少收入的缺口的存在。

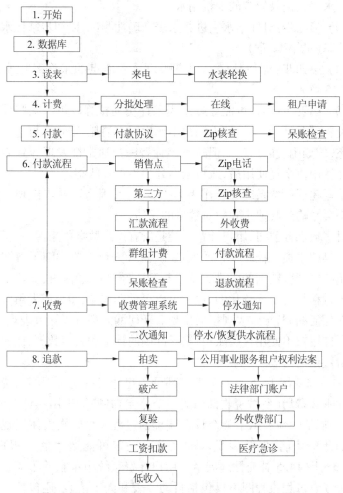

图 14.2　费城水及废水服务用户计费系统概况

（资料来源:费城水务局）

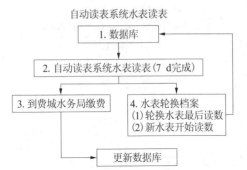

图 14.3　费城自动读表系统流程

（资料来源：费城水务局）

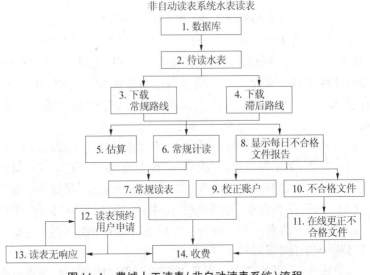

图 14.4　费城人工读表（非自动读表系统）流程

（资料来源：费城水务局）

图 14.2～图 14.5 的流程图仅仅作为例子。尽管费城的流程大致如此，但是每个水务公司的用户计费步骤都有其特殊性。因此，每个公司都应该生成各自的流程图，展示各自的步骤。

在勾勒出计费数据流程路线和信息处理政策、步骤及操作后，审计人员通常可以据此形成一个非常详尽的对计费步骤和对数据处理误差

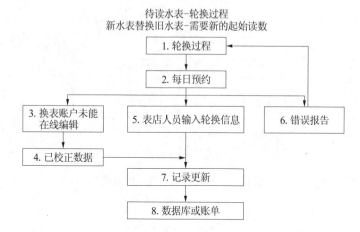

图 14.5　费城用户水表轮换步骤流程(资料来源:费城水务局)

导致表观损失的认识。从几十个到几百个不同类型的用户账户形成样本,并加以分析,以判断确定损失影响是否出现,在程序或编程中是否出现系统性误差。审计人员还应分析任何特殊收费类型(市政房产,不计费账户)的样本,及其特大用水量样本,来确定表观损失是否存在。

在分析用户计费系统运行过程中,审计人员应特别留意以下几点:

(1)政策:关于用户读表、收费、水费比例、服务直接责任以及其他相关项目的政策是否一致? 是否制度化? 是否进行了良好的沟通?

(2)程序:是否存在书面程序? 是否设定程序来确定所有用户都有一致的读表和收费服务? 是否存在系统内部的制衡机制来标记故障或者过程中的任何漏洞?

(3)操作:实际的操作过程是否反映出程序的要求? 是否有有效的培训项目,确保所有职工明确政策和程序? 是否所有读表员、收费员或其他类似员工都有合理的监督系统,以便发现并减小人工操作带来的误差,并确保政策和程序被认真贯彻执行?

此外,当查找更加具体的表观损失现象时,要确定以下几点:

(1)是否有某些用户群体,例如市政房产,被排除在记读和收费之外? 如果有,供水公司如何记录他们的用水消费量?

（2）如果房产闲置、拖欠水费或者关闭账户,是否可以让用户账户进入不计费状态? 如果是,是否存在针对这些账户的日常性监控,来发现在不计费状态下是否还有用水消费?

（3）当无法读表时,是否存在估算用户消费的情况? 如果是,这些估算值有多精确? 估算方式是否会定期检查更新?

（4）是否存在政策阻止未经许可的用水? 用户是否可以拒付来终止服务? 如果是,是否存在用户非法重新恢复服务? 是否有机制来发现并阻碍这种行为?

（5）编程算法是否包括账单调整,而导致过度修改实际消费计量数据(如图 14.4 和图 14.5 所示)?

（6）公司是否定期发行日常管理报告,主动跟踪监督计量、读表和计费功能,并总结绩效、确定趋势、标出异常?

（7）顾客消费和计费趋势是否进行定期评估,辨别水消耗和损失的具体形态及整体的趋势,应对节水、损失控制项目,或人口发展趋势(如工业部门的增长趋势)?

这些仅仅是一部分在由下至上的审计过程中可能提出的问题。对于每一家供水公司,都会存在一些独特的程序,审计人员应仔细核查。

14.6　量化水监管中系统数据处理误差并解决损失问题

早期自上而下的用水审查可以粗略估计出用户计费系统中系统数据处理误差产生的表观损失。之后,我们建议分配一部分职工和咨询资源来分析用户计费系统的工作,推荐采取绘制流程图这种方法。第11 章中的图 11.7 给出了一个例子,通过开展收入保障计划来评估和解决表观损失问题。如图 11.7 所示,计费系统流程图是实施此项目首先需要完成的。尽管这一过程需要耗费一定支出和时间,但是却能帮助快速发现易于修正的表观损失问题,提高收入,使得项目获得迅速回报和良好的开始。

由于收入保障分析人员能发现问题用户账户,因此应该逐一检查各用户房产以确定不计费账户的用水情况、是否存在水表篡改或非法连通的痕迹,或其他可能造成水费减少的情况。根据表观损失情况的严重性,水务公司管理者应确定是否需要设定全职员工来执行检查任务。可以设定专人专职负责,也可以对水表读表员或其他经常访问业主房产的人员进行综合培训。

一般来说,通过收入保障计划控制表观损失是一种比较划算的方案,尤其是在表观损失控制计划的早期阶段。这一方案的实施往往能立竿见影地提高收入。因此,建立图 11.7 中描绘的收入保障计划是水损失控制项目由下至上阶段最早的步骤之一。

第 15 章　表观损失控制

——未许可用水

15.1　未许可用水以多种形式出现

未许可用水是指违反水务公司规定的用水,通常产生于以下几个方面:

(1) 违法私连供水管道。

(2) 私开旁支管道(通常在大型用户水表周围)。

(3) 通过掩埋或隐藏水表,致使供水公司漏计用水量。

(4) 滥用消防栓和消防系统(未计量消防线路)水资源。

(5) 毁坏水表或篡改水表读数(损坏水表)。

(6) 损坏读表设备。

(7) 违法开启由于停付水费已经被关闭停用的用户管道阀门。

(8) 违法开启周围的其他供水系统阀门,这些管道除非紧急情况或特殊用途一般不得开启。

(9) 水务公司员工在计量、读表或收费过程中的渎职行为。

(10) 新用户加入服务网络后,水务公司未能及时开启新账户。

所有水务公司都或多或少地存在未许可用水的问题。通常都是由于用户或其他相关人员故意在不付费情况下取水用水所造成的。未许可用水的性质的程度通常由以下几个方面的因素共同决定:

(1) 服务社区的人口规模。

(2) 服务社区的经济状况。

(3) 该社区对于水资源的重视程度,通常与当地水资源蕴含量

本章作者:George Kunkel; Julian Thornton; Reinhard Sturm。

相关。

（4）水务公司贯彻执行政策的力度和持久性。

（5）水务公司和政府官员对于制定和执行有效的政策来阻止未许可用水的政治决心。

某一场所未许可用水量的多少，反映出该社区和水务公司对于水资源的重视程度，以及水务公司的管理效率。要建立良好的问责制度和表观损失控制计划，必然要揭露未许可用水发生的情况，其中用水审计是最重要的部分。

> 所有供水公司都或多或少地存在未许可用水的问题。

作为表观损失的重要组成部分，未许可用水现象严重损害了付费者之间的公平。当一部分用户少付甚至不付水费时，剩下的用户则在实际上分摊了他们的费用，因为水费的计算包括了所有的用水量。水费上调时，付费用户实际上要承担更多的费用，而违法者却依然无需支付费用。如果水务公司不能控制未许可用水问题，本质上就是对付费用户的不公，而一旦媒体或公众知晓未许可用水量数目之大，公司的公众形象也会受到影响。

15.2　通过用水审计确定未许可用水量

未许可用水的出现多是由用户不能或不想支付水费造成的。所有的水务公司都有可能出现未许可用水的问题，而这一问题对于一部分公司而言出现的可能性更大。例如在大型城市水网中，未许可用水出现的概率明显高于中小型郊区或农村供水系统。但不论水网规模大小，绝大多数未许可用水量只占水务公司年供水量的一小部分。公司应该通过用水审计确定未许可用水量大小。对于初次审计或假定未许可用水不会出现的公司，审计员一般应该将总供水量（WS）的 0.25% 作为未许可用水量的默认值。这一比值在全球范围的用水审计中都被证明比较具有代表性。而对于那些具备完善用水审计系统或未许可用水问题比较严重的公司，未许可用水量中的每一个单独因素都应该一一确认，那些有可能在无形中为违法免费用水提供可乘之机的政策和措施也应该被严格审查。

若审计人员认为公司未许可用水问题严重,并具备进一步详细调查的时间和条件,可进一步确定未许可用水中每一个单独因素的量的大小,但这一调查冗长而琐碎。审计员应根据实际情况,来判断是否需要进行进一步深入的调查来得到详细的数据,或是仅仅使用默认值计算。一段时间后,用水审计过程趋于成熟化,这时就应当对水务公司出现的未许可用水状况进行更详尽的调查。当然,在大多数情况下,使用默认值是一个比较恰当的估算方式。

15.3　控制未许可用水

如前文所述,未许可用水可能有多种产生方式。几乎所有的水务公司都会存在一部分用户想方设法少付或不付水费。然而,这种现象的出现和严重程度与公司的政策、措施和监管方式息息相关。水务公司可通过以下两种方式控制未许可用水:

(1)检测——发现各种不同原因导致未许可用水的能力。

(2)强制执行——阻止未许可用水现象并实施相应惩罚措施。

水务公司应建立检测未许可用水发展趋势的相应机制。例如,审计人员应该确认是否有可能通过消防栓违法取水,并确认是否存在合理的政策规范消防用水。将用户计费系统过程绘制成流程图(如第14章所述)的方法,可以使审计人员有一个整体的概念,明确可能导致未许可用水发生并被水务公司所忽略的漏洞所在。一旦明确漏洞的存在,通常可以迅速通过程序、编程或许可更正等方式,快速收回额外的费用。审计人员也应核查账单数据可疑的趋势,这些可能是未许可用水存在的证明。例如,一个活动账户连续几个计费周期内用水量都保持不变(零消费),这就有可能是由损坏水表导致的。可选择性地对零消费用户进行入户检查,以确定是否发生实际用水。与周围其他供水系统相连接的阀门也应该定期进行检查,确保阀门处于正常状态。如果公司规定允许对停付费用户停止供水服务,则需要对这些账户进行后期随机抽样检查,查看用户是否违法恢复了用水。关于损坏用户水表的行为,由于现在以很低的价格就能在市场上买到所有型号和规格的水表,最简单的解决方式就是将设备锁定。所有这些典型的自下而上的检查方式都可用于控制未许可用水。

　　但从长期考虑,水务公司应该着眼于实施更加有效的政策,并加强执行能力,来解决未许可用水问题。这可能需要对现有的规定、条例和准则进行修改,并制定新的政策。进行上述更改具有一定的政治敏感性,需要通过长期、灵活的努力才能实现。但是,强有力的法律框架最终将保证水务公司的执行力,达到将未许可用水量控制在最小程度的目的。

　　水务公司也应认识到,任何地区都存在一部分经济困难的用户群体。通过特定项目,公司应为符合标准的用户提供适当的折扣、拨款或类似优惠,确保他们可以负担生活必需用水。最理想的政策就是在推行这些援助项目的同时,加强对未许可用水的监管。不能仅仅因为某些用户声称他们经济困难,就允许他们通过未许可方式取水、用水。但水务公司也应该考虑到这部分困难用户的生活必需用水问题,并为他们提供一定的帮助,让他们在可承受的范围内购得供水服务。

> 水务公司也应认识到,任何地区都存在一部分经济困难的用户群体。公司应当通过特定项目,为符合标准的用户提供恰当的折扣、拨款或类似优惠,确保他们可以负担生活必需用水。最理想的政策就是在推行这些援助项目的同时,加强对未许可用水的监管。

15.3.1　成功管理消防栓

　　很多水务公司都由于消防栓的违法使用而流失了大量水资源。这种行为不仅造成公司表观损失,同样也由于不当操作而经常造成消防栓的损坏。除了损失,消防栓的管理在"9·11"事件之后也被视为重要的安全问题。消防栓的违法使用可能对饮用水的安全带来潜在的隐患,为污染饮用水提供可能的渠道。正因为如此,对于消防栓使用的监管重视程度远超过以往。

　　消防栓的主要作用是消防灭火,以及供水管道系统测试和维护,包括冲洗自来水管道等。但对于很多水务公司,消防栓的作用远不止上述基本功能,不论是许可范围内或是未许可使用。作为表观损失的一种形式,消防栓未许可用水可能用于补充景观绿化用水或建筑用水、洗车或个人降温,如图 15.1 所示。很多供水公司的规定事实上允许从消防栓取水,用于一定范围内的公益事业。这些都在用水审计报告中归类为不计量、不计费许可用水量,包括清洗街道用水、填充公共泳池用水、提供临时用水(例如为巡回马戏团提供临时用水)、社区花园用水以及建筑工

图 15.1　违法开启使用消防栓在浪费水的同时带来潜在安全问题
(资料来源:费城水务局)

地用水等。有些公司甚至允许在酷热季节通过消防栓喷射冷水降温。但这些用水对于水务公司和消费者而言隐藏着以下潜在问题:

(1)消防栓用水量是不计量的。被使用的消防栓越多,在用水审计中需要计入或估算的用水量就越多。

(2)经常取水的消防栓应该配备回流保护,以防止在负压力情况下污染物进入到供水管道中。但是一般并不设置回流保护。

(3)从消防栓取水用于生活用水存在潜在威胁,因为当水通过消防管道时可能导致水质下降。

(4)通过消防栓洒水降温也存在安全隐患,因为消防栓通常设置为朝向街道当中,使得人们(通常是儿童)需要站到马路上,同时承受高压水流冲击。

(5)广泛存在的私接消防栓用水可能降低供水管道中的水压,在削弱消防灭火能力的同时增加回流污染的危险。

(6)允许非专业人士私自开启消防栓,很有可能由于操作方法的不熟练和使用不当的工具而损坏消防栓(见图 15.2)。

(7)允许消防栓的多种用途事实上给出了一个错误信息:对于那

些会开启消防栓的用户而言,水是免费的。在需要保障饮用水系统安全和保护水资源的大背景下,这一信号可能带来严重的危害。

由于上述原因,我们建议水务公司将允许使用的消防栓控制在很小的范围和数量上,并对这些使用进行严格的监管。水务公司应该严格控制消防栓使用,同消防部门和政府合作,制定关于消防栓使用的政策规定。关于允许和跟踪调查被许可使用的流程也应当建立实施。商业建立大体积水销售站也可以在市场上见

图 15.2　违法开启使用消防栓通常由于使用不当的工具而损坏消防栓
(资料来源:费城水务局)

到,为水务公司提供了一种方式,允许使用者(特别是罐车)取水而不是从消防栓取水。这是关于消防栓使用政策向好的方向迈出的一步。水务公司管理者应该向官员、合作方、用户、媒体以及其他利益相关方普及对消防栓使用严格监管的必须性。弗吉尼亚州的诺顿县卫生局就制定了一个全面的政策,详细规定了消防栓使用的细则,尽量在合理供水、保护供水管道和保障饮用水质量之间取得平衡[1]。

15.3.2　用户端点未许可用水

消防栓的违法使用很容易被公众、水务公司或执法人员发现,进而得到控制。而用户端点的未许可用水并不明显。与消防栓直接喷水不同,用户端点的违法用水通常出现在建筑物或表井内的水表或管道上,不是经过训练的专业人士很难发现问题。令人欣慰的是,高级计量设施的出现为发现端点非法用水提供一些有效的工具(见第 13.1.3 部分)。

用户端点损坏供水服务的最常见的现象有如下几种:

(1)损坏用户水表。

(2)损坏读表设备。

(3)违法在水表前方私接分管。

(4)违法使用消防用水(通常不计量)作为日常用水。

（5）违法开启由于停付水费已经被关闭停用的用户管道阀门。

（6）违法开启任何应该保持关闭状态的阀门,例如大型水表周围旁支管道阀门,连通附近其他供水网络的阀门等。

（7）任何其他损坏用水计量和收费过程,以便少付或不付水费的违法取水行为。

自从水务公司开始使用水表作为记录用水量工具,并将读表数作为收费账单,损坏水表这一违法行为就随之出现。最普遍的损坏水表的做法是"跨过"水表:首先关闭供水阀门,然后移除水表,并用一根直管(跨管)代替水表,如图 15.3 所示。在读表日前后,水表通常再被安装回去,以便在水表上产生一定用水量,就不会因为零用水量而受到检查。如果盗水者发现水务公司读表过程管理松懈,就会让直管一直放在原处,并报出一个远低于实际用水量的数值以达到少付水费的目的。费城水务局记载着一个类似情况:其一个小服务区一百多个住宅水表被换成相异用户地址。很显然,有人专门从事水表跨管改装,为用户提供改装服务。

费城水务局记载着一个类似情况:其一个小服务区的一百多个住宅水表被换成相异用户地址。很显然,有人专门从事水表跨管改装,为用户提供改装服务。

根据用户个人水表的品牌和使用时间的不同,有些用户可能试图通过更改水表读数来盗水。这种行为也是损坏水表的一种形式。

出于类似的目的,还有用户试图损坏自动读表系统的读表设备,扰乱计费过程。相比直接损坏水表,这种问题更容易被发现。因为自动读表系统通常具备损坏检测能力。一旦检测到损坏行为干扰读表过程,系统会自动向公司发出警报。水表生产商提供的这种功能,是水务公司管理未许可用水的最基本的方式。

违法私接管道或开启阀门盗水,这类未许可用水形式相比消防栓或水表盗水更难以被发现,通常只可能通过水务公司分派专人对建筑水管和水表井进行实地检查才能发现。将地下室管道违法连接到不计

图 15.3　绕过水表的操作并不复杂。这张照片显示了跨管(上方)
代替了水表的违法改装。表井下方是一个典型的 5/8 in 民用水表
（资料来源：摩根敦公共设施理事会）

量消防线路上,这种行为不算难以检测,但是必须首先有一个可疑区域
的范围,然后公司派专人才可能发现违法私接的管道。某些极端的例
子(至少在发达国家存在)中,盗水者会先挖出一个洞,私连管道后再
填平,将违法管道埋藏起来。这种盗水行为除非在挖掘洞穴和私连管
道的阶段被发现,否则很难发现被埋在地下的秘密。如果怀疑某地有
私接管道情况,必须使用管道定位仪,或通过测试性地关闭用户系统连
接到水源的不同部分,才能收集到这种非法私接管道的证据。之后需
要在服务管道不同点安装新的阀门,最终关闭服务。水务公司比较节
省成本的方法是对职工进行交叉综合培训,特别是水表工、读表员和回
流工等,使他们能够在工作中发现损坏水表或读表系统、私连管道、开
启阀门等违法问题。

　　不同的公司或当地法规对于继续供水的条件有不同的规定。在某
些地方,任何条件下都不能停止供水服务,包括在用户停付水费的情况
下。美国供水工程协会则认为,如果用户停付水费,水务公司就有权中
止供水服务。美国供水工程协会关于停止供水服务的相关阐述如
图 15.4所示。对于执行停止供水的公司,必然会存在一部分用户会想
方设法通过非法方式重新恢复用水。水务公司在一般情况下通过关闭

用户端和供水主管道间的阀门(通常在街上)来中止居民用户供水。重新开启阀门虽然需要特制的钥匙,但是通过违法手段打开阀门却并不是非常困难。加上某些公司对于由于停付费而中止服务的账户会停止读表和计费,这种政策就为违法恢复用水提供了可乘之机,因为该账户不再被公司监控。当然现在的情况有所改善,随着自动读表系统和高级计量设施技术的普及,如果用户账户显示出任何可能出现违法恢复用水的迹象,例如出现用水量或损坏水表行为,供水公司会对该账户继续进行监控。

美国供水工程协会认为,在用户停付水费的情况下,为了保障公司正常运作,水务公司有权中止供水服务。

美国供水工程协会重视对所有用户进行无差别性地计费和收费,确保每一位用户都按照同样的标准向水务公司支付用水费用。如果有用户未能按时足额缴纳费用,就意味着其他用户必须承担相应的费用。

美国供水工程协会意识到现实中会存在一些特殊情况需要灵活处理。因为用水是人类日常生活保持卫生的必需品,也是工业生产和商业活动中重要的一部分。因此,对停付费用户中止供水服务必须在充分告知用户、排除了所有其他解决方法之后,才能在最后阶段执行。

图 15.4　美国供水工程协会关于对停付费用户中止供水

服务的政策规定(资料来源:美国供水工程协会)

第 13.1.3 部分相当详细地阐述了在高级计量设施下,水表和自动读表系统制造商正在开发研制的令人惊叹的先进技术。随着自动读表系统向着固定网络发展,显而易见未来这个网络将不仅限于传送水表读表数据,而同样可以收集水表损坏、倒流事件、漏水噪声、较大流量等数据及其他未来水务公司可能会关注的问题。固定网络自动读表系统为水务公司提供了一种更有效的、不间断的监控用户终端的工具。这种功能使水务公司可以在第一时间检测到任何水表损坏问题,而在过去,这些信息就很有可能会被忽视。此外,通过分析固定网络自动读表系统收集到的用户用水档案数据,公司还可以分析并解释异常的流量模式,这一点在过去一直困扰着水务公司和相关用户。

15.3.3 水务公司控制未许可用水展望：预付费制度及终端管理

随着气候变化、人口增长、污染加重，人类面临的水资源压力越来越大。水务公司作为水资源的管理者，需要提供日常性的维护服务，按照法律法规要求，持续进行老化损坏设备的更换工作。因此，水务公司应该将全部服务计算在内，包括长期服务，并向用户收取费用，而用户则应当按规定缴纳水费。

然而，在任何社区内都存在一部分用户试图违法用水，因此水务公司必须有相关机制和项目，检测未许可用水并将其控制在一定范围内，减少其经济上的影响。不断更新发展的技术使水务公司能运用先进的工具管理供水，跟踪所有许可和未许可用水。但水务公司也需要设定明确的管理条例，界定用户和服务提供者的角色和责任。政府应当适当给予水务公司相应的权力，以打击非法取水。

世界上很多地区都是将技术与政策结合在一起共同作为管理手段，不仅仅是在用水领域，也包括能源产业（电、天然气）。将先进的技术和政策相结合，才可能在处理为公众提供洁净水资源、公司从用户处合理收取费用、所有相关方共同承担保护珍贵的水资源的责任这三者关系时找到一个相对的平衡点。在能源产业中，随着技术的不断进步，一些政策、措施也随之展开，例如预付费政策等。预付费政策要求用户在收到服务之前先付费，而不是传统的先消费后付费模式，尽管这一传统模式仍然为世界上绝大多数供水公司所采用。

阿塞拜疆大规模地推行能源（天然气、电）预付费项目，试图通过这一方法提高收入，并将其投入到设备更新上。Ganga 市于 2008 年引入预付费系统，并使用智能卡即时直接连接到银行机构[2]。智能卡有双向信息交换功能，可以在为水表充值的同时读表并将数据传输回公司。

预付费系统的管理问题已随着"智能表"的发展迎刃而解。"智能表"是指具有包括交流信息在内的其他一系列功能的计量表。"全世界对智能表的需求量大约为 12.8 亿台，其中 10 亿台都是在北美之外的市场。"[3] 目前，这部分市场主要针对能源领域，但是很多适用于能源领域的功能在将来也很有可能应用于供水领域。智能表技术为能源领域提供的功能包括双向自动读表、梯级计费、分时和实时计价、远程电子操控断开和重连、优化分配系统、停电检查和恢复管理、灯火管制消除、收入保障、实时直接负荷控制、供电质量管理以及检测损坏能力，这些功能很多都能直接用于供水领域。

南非约翰内斯堡水务公司率先实施了供水领域方面的预付费体系，以应对严重的未许可用水、低效收费、紧张的水资源以及不断增长的人口等问题带来的挑战。该预付费体系为很多用户提供了一定的基本免费用水额度。当他们将月度的额度用完后，必须提前充值，才能在当月剩下的时间内继续用水。这一体系也包括停水功能。公司试图通过预付费体系帮助提高收入并加强供水管理。之前的体系只收取定额水费，不设使用上限。新的体系事实上使供水公司能更有力、更直接地提供合理的服务，但必须在预付费的基础上，且对未许可用水的管理能力得到提升。这一体系的转变实际上展现了一个积极主动的姿态，帮助供水公司优化其收入来源，并防止未许可用水。这不同于世界上主要供水公司面对未许可用水时所采取的被动的应对措施。

约翰内斯堡水务公司的经验并不是毫无争议的，一些利益集团支持部分用户启动法律手段反对该体系，主要是因为公司设定的免费用水额度太低，对于庞大的贫困家庭而言，免费用水额度用完之后的几个礼拜都无法用水[4]。约翰内斯堡的经验被视为先期的尝试，而供水公司改革的最终目的是紧密结合技术和政策手段为用户提供安全的饮用水，同时平衡经济、社会、环境等难题。

当然，智能技术的出现为水务公司提供了更多的控制管理服务的方法，这一点已被广泛认同。先进的技术为公司提供有效工具，提升公司运行效率，加强收费管理，为用户提供更好的服务。在所有面向公众的公共服务中，供水服务非常特殊，因为只有水是直接进入人体的，人类的生活绝不能缺少水。正因为所有人都需要水，供水服务并不能完全与其他服务对等。水务公司管理者必须主动控制损失，增强收入控制，但也需要认识到那些真正需要帮助的群体需求，并为这部分人群提供适当的优惠，或者通过其他方法保证他们的用水需求得到满足。

参考文献

[1] Villegas, Samantha. "Hydrant Use: Balancing Access and Protection," AWWA *Opflow*. Denver, Colo. : October, 2006.

[2] Itron, Inc. , Media Release. "Itron Announces Prepaid Metering Contract," 2007. Available Online: www. itron. com/pages/news _ press _ individual. asp? id = itr_ 016305. xml. [Cited: 19 December 2007.]

[3] Echelon Media Releases. "Echelon Announces World's Most Advanced Residential Utility Meters," 2006. Available Online: www. echelon. com/Company/press/ newmeters. htm. [Cited: 31 January 2006.]

[4] Right to Water, Media Summary. "Legal Challenge over Water Policy in Poor Community in Phiri, Soweto," 2006. Available Online: www. righttowater. org. uk/code/legal_6. asp. [Cited: 12 January 2006.]

第 16 章　实地真实损失控制
——积极性损失检测

16.1　简介

　　第 7 章和第 9 章介绍了如何评估水务公司的真实损失量并计算最佳经济真实损失量的步骤。一旦确定了真实损失的性质,量化了真实损失量,并计算出经济可持续限制量后,就能确定出切实的目标。结合设定的干预目标和预算,才能选出最优的方案,以便控制并减少真实损失量。本章介绍了一些最常见的积极性损失检测的技术和方法。图 16.1中的 4 个箭头分别代表了应对真实损失的 4 种干预手段(第 17 章和第 19 章将详细解释另外 3 个箭头)。

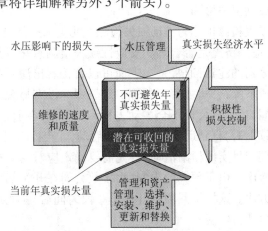

图 16.1　主动真实损失管理项目中的 4 种潜在干预手段

(资料来源:国际水协会水损失工作小组和美国供水工程协会水损失控制委员会)

　　本章作者:Reinhard Sturm;Julian Thornton;George Kunkel。

水务公司检测管网中损失的方法可以粗略归纳为以下两种。

16.1.1　积极性损失检测

积极性损失检测也称为主动损失检测(ALD),是指水务公司部署资源和设备,主动检测现阶段尚未暴露的损失(隐形损失)情况。积极性损失检测的优点在于以下几个方面:

(1)减少损失可以减少水处理以及供水的生产成本。

(2)可以减少进入下水管道的处理水量,避免给污水处理系统增加不必要的负担。

(3)随着服务范围不断扩大,减少损失可以避免或延迟设置新的供水设施的费用。

(4)如果在漏点引发严重问题之前发现并加以维修,可以帮助避免漏点对于基础设施的损坏。

(5)减少水务公司责任。

(6)提高供水标准和可靠度。

(7)帮助水务公司建立正面的公众形象。

16.1.2　反应性损失检测

反应性损失检测也称为被动损失检测。北美水务公司多采取这种方法,而不考虑经济上是否合理。反应性损失检测意味着只有当损失引起了水务公司的注意,通常是当表面可以直接看出渗漏或渗漏导致某一用户水压下降,公司才着手处理。对于那些没有显现出来或引发供水问题的漏点,水务公司不会主动去检测。所以,在通常情况下,总损失量会持续上升,直到反应性损失检测启动,才会控制损失量。

为了合理安排实地检漏活动,首先需要确定应对真实损失的干预工具的优先次序。由于预算的限制,大多数公司在开始都会选择收回成本最快的方法。这样检漏项目开展了一段时间后,就能从收回的节余中直接支付项目经费。

16.2　绘图

开展实地真实损失管理项目,首先需要确认管网及组成部分的地图和平面图具有最大的精确度和及时性。水务公司保存管网平面图的媒介多种多样,从最先进的地理信息系统(GIS)软件供水系统,到保持更新的纸质平面图系统,到某人脑海中记忆的最新的平面图系统,甚至根本没有保存。显然,更新以上不同系统所需的花费也千差万别。

　　公司的管理者负责的日常决策直接影响公司的业绩,拥有详细的平面图和条理、结构清晰的背景数据显然可以提高管理者的决策效率。如果系统中背景数据过少,制订符合实际的损失控制目标就会非常困难。由于缺乏可靠的基础作为评价的标准,即使制订出改善损失状况的计划也很难达到预定的目标。因此,在开展综合损失控制项目之前,水务公司应该首先理清背景数据并完善绘图。

　　GIS 软件是非常有效的系统平面图管理软件。它拥有友好的操作界面,可以与其他管理信息系统整合,例如财务和账单数据库、遥测及监控和数据采集系统以及订单管理系统等。很多水务公司使用水力模型作为决策工具,GIS 软件也可与之链接。这样,就可以节省数额巨大的模型更新费用,因为模型中的管网资产数据可以随着 GIS 软件的修改而自动更新。

　　很多水务公司使用全球定位系统(GPS)的卫星定位功能自动标记或定位系统组成部分和主要特征。GPS 坐标通常也可以在 GIS 环境中使用。虽然听起来可能有些复杂,但实际操作起来非常方便。GPS 数据可以自动下载并导入到 GIS 数据库中。根据分辨率和性能的要求不同,GPS 的使用费用也有所差别,但在很多国家都不算太高。图 16.2 中,GPS 被运用于南非彼得马里茨堡的实际工作中,这是作为联邦政府出资支持的平面图和水损失管理项目整体更新的一部分。

　　如果水务公司缺乏可靠的系统地图,或需要进行大规模的更新,最好的方法就是使用 GIS 软件。现在有各种不同的套餐服务可供选择,但是不论软件支持是由水务公司内部还是外包服务提供,都需要选择与自来水公司的人员构成相匹配的套餐,这样才能保证软件的顺利运行和升级。图 16.3 展示了巴西圣保罗 SABESP 实施的一个损失管理项目过程中的 GIS 的一个图层。这一特殊的图形展示了市区街区、马路、管道,以及每一个街区的接户管道数量。使用这张图可以确定需要开展水压管理的区域范围。图 16.4 出自于同一个公司,展示了另一个

图 16.2　使用 GPS 对设备进行定位

正在开展水压管理和损失检测及维修的区域信息。GIS 被用于绘制已被报告和尚未被报告的损失位置,便于维修和监测渗漏频率。

拉帕

数据:
* 80　mi管道
* 12 000个计量连接点
* 80 000人口
* 用水量5 200 gpm
* 约40%损失
* 零售水价$2.27/kgal

需求分析实例

图 16.3　使用 GIS 定位需要水压管理的潜在区域

(合同号:66.593/96)

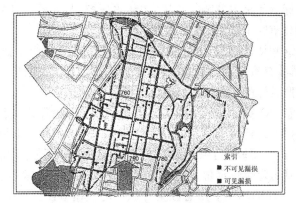

图 16.4　使用 GIS 绘制报告和未报告损失情况

（合同号：4.134/97）

最终确定选择使用软件包或纸质平面图后，要确定必要的功能，以确保系统便于使用和更新。除下列条件外，管理者还需考虑生成或更新的平面图的尺寸和比例。如果使用 GIS 软件，就可以使用软件附带的放大功能，选择区域并调整到需要的尺寸和比例。但纸质平面图不具备这样的条件。要作出准确的决策，足够的细节必不可少，但是平面图的比例也要兼顾，这样才能对整个区域有一个整体的概念。对于城镇区域，很多水务公司使用 1：2 000 的比例尺来展现复杂的细节和密集的管道连接。农村地区或管网系统则常用 1：5 000 的平面图，因为这些地方管道密度较低，所以更强调包括较大的范围。

一般而言，平面图至少需要以下基本信息，才能保证完整的损失管理战略有效实施：

（1）街道及名称。

（2）城市街区。

（3）用户水表读表线路。

（4）管网特征（包括整个输水系统），包括管道直径、材质、使用时间。

（5）主要用户标示。

（6）地面标高和等高线，至少 20 ft 间隔。

（7）所有水源、水井、处理厂、泵站、中转站、地上和地下储水设施。

（8）所有阀门、控制阀、水源及区域或地区总水表。

（9）标示系统内各区域及其功能（水压控制、区域流量分析、逐级检测、账单、市区土地使用等）。

列出这些特征后,需要仔细辨别、确定现有信息中哪些数据已有且能使用,哪些是有但是过时的,哪些是缺失的。确定完成后,工作小组就可以按照具体的情况收集必要的数据。

收集管网数据的实地工作多需要使用管道和电缆定位仪、金属探测器以及探地雷达（GPR）等记录设备,在某些情况下只需简单的纸笔记录即可,这主要取决于项目要求的细节程度和预算。图 16.5(a)展示了使用管道定位仪定位管道的情况。定位工作也通常通过 GPR 进行,如图 16.5(b)所示。所有收集并保存的数据应便于小组中所有成员访问,也要便于水务公司的员工查询。

(a) 使用管道定位仪

(b) 使用 GPR

图 16.5　管道定位方法

开展系统平面图更新项目时，必须有步骤地确认随着系统的变化，新的地图系统的更新内容是可靠的。还需要确保水务公司所有的部门，包括财务、维护部门都参与到其中。

16.3　渗漏基础要素

水务公司的水损失管理人员需要了解损失出现的基础要素和正确的控制方法。下面主要介绍一些关于渗漏的基本信息。

16.3.1　渗漏类型

管网中有很多不同类型的基础设施，产生的渗漏也有很多不同的类型。

1. 主管破裂或管道开裂

在北美，主管破裂或管道开裂用来形容由于管道退化、波动或过大的压力、地质运动或综合原因导致的大规模的严重管道破裂。主管破裂或爆裂通常比较容易定位，因为渗漏速度快且非常明显，在街面就能看见水涌出，尤其是在高压地区。但也有主管破裂在地面上不容易被发现的情况，因为渗漏是从地下流走的。这就增加了检查的难度，使得严重的破裂并不一定会产生巨大的渗漏噪声。这是因为大量渗漏通常导致压力巨幅减小，因而发出的噪声也很小，而且在裂口周围很有可能会迅速形成水坑，进一步降低渗漏噪声。主管渗漏噪声通常是低频的轰隆隆的响声，而不是高频的嘶嘶声，因此对于缺乏经验的检漏人员而言难以通过听音来发现。当发生大量渗漏从地下流走且水管压力降低，渗漏迹象只有当自来水公司检测整个供水网络的水压并注意到压力的明显下降时才会被发现。需要注意的一点是术语的界定。"主管破裂"在北美地区被水务公司广泛认可并运用，但并不是通用的术语。因为"主管破裂"和"渗漏"在不同的公司可能有不同的内涵。因此，很难对比不同水务公司的主管破裂和渗漏的数据。在分量分析模型的开发过程中形成的"报告"和"未报告"渗漏更加精准地界定了"主管破裂"和"渗漏"，读者可以查看第10章和词汇表来确认这些定义。

2. 裂缝

裂缝通常用来形容由于管道老化或地质运动导致的环形或纵向的

水管破裂,而发生的渗漏情况。这种渗漏可能在一段时间内都不会被发现,直到最后恶化成一次主管破裂或爆裂而被发现。渗漏噪声大小主要取决于水压、水管材质等因素,通常容易辨识且频率较高。

3. 针孔渗漏

针孔渗漏是管道上的小型圆孔渗漏,通常由于管道腐蚀或安装回填过程中的石头压力造成。安装在腐蚀性环境中的钢管如果不加以恰当的防腐蚀措施,就很容易产生小孔渗漏,且其发展速度非常快,在极端腐蚀的环境下只需要几个月的时间。所有水管都应该至少被埋在一层细沙中作为最基本的保护措施。当然,一般情况下这还远远不够,尤其是当管道材质为钢铁时。针孔渗漏噪声的大小主要由于水压、管道材质和回填的不同而不同,通常容易辨识且频率较高。

4. 渗漏

渗漏常见于老化的石棉水泥管中,随着管壁变成半孔壁,水会慢慢漏出。这种类型的渗漏极难定位,因为渗漏噪声非常小。因此,这种渗漏通常被归为无法检测的背景渗漏。渗漏导致的损失可以通过减压和/或更换基础设施来改善。

5. 泵和阀门的填料密封垫渗漏

泵和阀门的填料密封垫渗漏通常由于老化造成,长期不使用的阀门再次使用时容易发生渗漏。这种渗漏很容易被发现,渗漏充满泵或阀室,在阀轴可以直接听到明显的噪声。新型的阀门的密封垫更有弹性,有的甚至没有填料,这样就能避免这种常见的渗漏问题。

6. 管接渗漏

管接处是常见的渗漏点,尤其是老式铸铁管或石棉水泥管,嵌缝或垫片随着时间老化很容易出现渗漏问题。很多联轴器并没有防腐蚀保护措施,因此比管道本身老化得更快。发生地质运动时,管接处承受了最大的压力,通常会导致渗漏,最终变成破裂。

钢管焊接接头实际上比管道本身强度更大,但是安装之后很少进行防腐蚀保护,因此很容易发生腐蚀问题。金属管上的管接渗漏较容易发现,因为会产生清晰的渗漏噪声。但是,在石棉水泥管和塑料管上的管接渗漏就较难定位,因为这些材料容易降低噪声。

7. 接户管渗漏

接户管渗漏是管网中最常见的渗漏形式。从接户管的包头,到主水管,到用户水表,水管的尺寸和材质通常不一致,而不同尺寸和材质之间的接头就成为了管道系统中的较弱的地方。接户管通常埋得较浅,非常接近地面,因此它们非常容易受到交通压力的影响。包头管接处也非常容易受到腐蚀和频繁的压力波动的影响。接户管渗漏很容易检测,因为通常可以通过路边站或水表直接接触到水管,近距离直接检测渗漏噪声。

8. 消防栓、空气阀、冲洗阀渗漏

管网附属设施也会发生泄漏,例如消防栓、空气阀和冲洗阀。这种渗漏可以通过相对直接的方式检测,可以直接看到或听到。

16.3.2 通过渗漏噪声检漏

渗漏噪声的频率取决于渗漏的类型、水管的类型、回填材料和密度以及漏点附近是否已形成水腔。一般说来分为以下3种类型:

(1)摩擦音,是指由于水强行穿过管壁,沿着管道震动产生的声音。频率往往很高,为300~3 000 Hz。一般情况下,高频率的渗漏

> 渗漏造成的噪声通常是连续性的,而非短暂的环境噪声。

噪声很容易辨认,但噪声沿水管传递的距离并不长。需要注意的是,管道振动也可能带动周围物质产生噪声,覆盖渗漏噪声,尤其是金属接户管(见图16.6)。

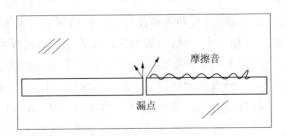

图16.6 摩擦音

（2）喷泉音,是渗漏的水在漏点附近流动的声音。频率通常较低,为 10 ~ 1 500 Hz(见图 16.7)。

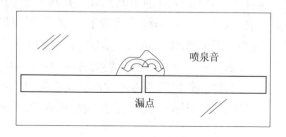

图 16.7　喷泉音

（3）撞击音,是漏出的水冲击漏洞管壁以及撞击岩石的声音。频率通常为 10 ~ 1 500 Hz(见图 16.8)。

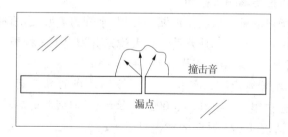

图 16.8　撞击音

16.3.3　影响渗漏噪声音质的因素

1. 水压

渗漏噪声的音量、音质和传播都与水压密切相关。水压越大,噪声越大,反之亦然。在一个区域,有效地使用听棒进行直接探测至少需要 30 psi(约 21 mH$_2$O)。由于多数管网中日间用水需求较大,日间水压低于夜间水压。如果日间水压低于 30 psi(约 21 mH$_2$O),则需要在夜间进行探测,这时用水减少,水压上升。在人口密集的城市,最佳探测时间是凌晨 2 ~ 4 时,此时用水量最小,水压最大,也是地面交通和其他噪声最小的时候。

2. 水管材质和尺寸

渗漏噪声的音量、音质和传播也与水管材质和尺寸相关。一般来说，水管材质越硬（例如钢管）、直径越小，渗漏噪声音质越好，沿着管壁传递的距离越远。反之，材质越软（例如 PVC 管）、直径越大，噪声越小。以下是不同水管材质对噪声传播的影响：

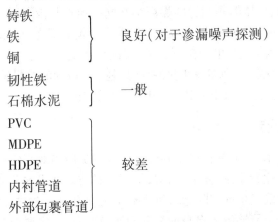

铸铁
铁   良好（对于渗漏噪声探测）
铜

韧性铁
石棉水泥   一般

PVC
MDPE
HDPE   较差
内衬管道
外部包裹管道

一些金属管道防腐设计也会减低渗漏噪声的音质和传播范围。铁管通常会有混凝土内衬，外部包裹并有外涂沥青漆，这些都会吸收噪声。较短的水管以及一些管件，例如法兰三通、弯管、阀门等，也可能有一层硬环氧树脂。这些也都会减弱渗漏噪声的音质和传播范围。

3. 渗漏噪声类型

小型管件、阀门填充物以及针孔渗漏通常产生高频渗漏声，而破裂、断裂以及一些接头的渗漏声音较小。小型渗漏通常发出嘶嘶声，而大型渗漏则发出轰隆声。

4. 管道覆盖面

沙土、沥青和黏土、混凝土发出的声音恰恰相反。回填土壤中有空隙的会减弱噪声的传播。在未铺路面的表面上进行探测更加困难，如果有可能，需将探杆穿过地面并接触水管，以便传输声音。如果这种方式不可行，可以使用一种叫"图钉"的设备（一个金属圆盘与一根杆横向连接），将其置于地面作为探测的表面。

5. 土壤湿度

土壤湿润程度和潜水位的高度影响渗漏噪声的传播。土壤中水分越多,越能减弱噪声。饱含水分的土壤对渗漏点会产生反向压力。

6. 干扰渗漏噪声的音源

交通、减压阀、用户用水、半关闭阀门、飞机、吹风机、空调、发电机、火车、缆车、压缩机、变压器等制造的噪声都在同一地点与渗漏噪声并存,使得检测渗漏变得更加困难。但是,很多噪声的频率不在典型的渗漏噪声频率范围之内。现代电子探测设备(渗漏噪声记录器、渗漏相关仪)可以将典型频率范围之外的噪声过滤掉,只剩下范围内的渗漏噪声。但是,检漏员仍需密切关注干扰噪声,以识别并精确定位渗漏点。

16.4　检漏仪器

检漏仪器的技术、功能和价格千差万别。检漏员应当对真实损失的性质和发生状况比较了解,才能选择最恰当的种类。如果水务公司并不了解管网中渗漏发生的实际范围和性质,即便使用非常先进、昂贵的检漏仪器也不一定能够解决自身的渗漏问题,这一点一定要引起高度重视。因此,在决定斥资购置检漏仪器之前,应该先进行可靠的成本分析。

顺利开展检漏工作最重要的因素是一个有经验的检漏团队,不论使用何种仪器,他们都能够合理利用并对从仪器得出的数据进行分析。对于检漏员的培训,不仅应该包括声学探测仪器的操作方法,还应增加对仪器的适用范围的了解。只有这样,检漏员才能根据管网内典型的噪声传播范围调整适当的距离,成功设计符合检漏仪器的渗漏检测程序。比如,如果检漏员设定了每 656 ft(200 m)进行一次探测,但由于水管是塑料管道,声音传播能力差,除非渗漏点正好在被探测的消防栓或者管件的附近,否则漏点很有可能无法被检测出来。对于不同的管网以及管网的不同部分(水管材质、水压高低),都应根据具体情况设定其检测标准。但就技术本身而言,管网探测技术并不复杂,但是探测计划的整体制订和实施必须由一位充分了解仪器及人员的能力和局限、管网中渗漏发生的情况和特征的人来执行。附录 B 提供了更多关于检漏仪器和检漏技术的信息。

16.4.1　声学检漏仪器

1.机械和电子听棒

这种传统的探测仪器也叫听棒、探杆或类似的其他名称,主要用来系统地探测所有主管管件以及接户管。这种仪器有各种各样的设计,最常见的是一个铁杆上连着一个听筒,也有的听筒自带薄膜来放大声音。但这种设计会产生一种类似贝壳的音效,容易误导未经专门训练的检漏员。使用听棒需要将其放置在管件上,渗漏噪声就会从管道沿着铁杆传送到听筒中。

电子听棒与机械听棒的工作原理一样,但是配有电池供电的声音放大器,这样渗漏噪声会被放大然后从听筒中播放出来。电子听棒通常在低水压处使用,因为这些地方渗漏噪声较弱,需要放大功能。在周围环境嘈杂的情况下,也能使用电子听棒进行直接探测。

2.地面麦克风

地面麦克风(地音探听器)也是一种探测仪器,在接触点(例如阀门、龙头、供水管控制点等)相距较远时,用来在地面找寻渗漏点。地面麦克风也可用于精确定位渗漏点。机械听音仪器的外观和工作原理跟医用听诊器一样。先进的电子听音仪器配有信号放大器和噪声过滤功能。尽管地面麦克风(见图 16.9)可以单独使用,但实际工作中都与其他检漏仪器一同配合使用,尤其是当检测区域内管件较少或者主要是塑料水管时。

图 16.9　机械地音探听器

3.渗漏噪声相关仪

同传统的声波设备类似,渗漏噪声相关仪主要靠渗漏所产生的渗漏音来判断。渗漏噪声相关仪通常由一个接收器、处理器(相关仪)单元和两个配备无线发信器的感应器组成。将两个感应器置于阀门或龙头上可疑漏点的两边,感应器检测到的渗漏噪声会被转化为电子信号,通过无线发信器传输到相关仪。渗漏音沿着管道以恒定速度传播,其传播速度和范围取决于水管直径和材质。距离漏点较近的感应器会先接收到渗漏噪声,而相关仪就利用两个感应器接收到信号的时间差、水管的材质和尺寸信息以及两个感应器之间的距离来计算漏点的位置。计算公式为 $L = TD \times V + 2I$,其中 L 为长度,TD 为两个感应器接收信号的时间差,V 为渗漏音在管壁或水中传输的速度,I 为漏点距离一个感应器和管件的距离。这一计算过程详细展现在图 16.10 中。将计算公式变换一下形式,就能计算出漏点的位置,$I = L - (TD \times V)/2$。

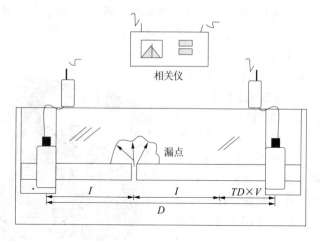

图 16.10　渗漏噪声相关性原理

　　相关仪准确定位漏点的能力主要取决于两个感应器的感应能力以及操作者输入信息的精确性。当发生泄漏的点离一端非常近,而两点间的距离又特别远时,可能会出现一些意外。因为延迟时间 TD 的数值变得很高,而速度值在很多情况下是估算的。这样,一个非常高的延迟时间值乘以一个不准确的速度值,得出的结果就会扰乱对漏点的精确定位,使结果离真实位置相去甚远。

为了解决这一问题,很多相关仪配备了速度计算的功能。但为了尽可能准确定位,最好使可疑的渗漏区域位于两个感应器的中间。可以首先使用相对仪迅速地定位漏点的大致位置,然后移动感应器,让可疑漏点位于感应器中间再来详细定位。如前文所述,只是用一种检漏仪器是不够的,最好使用多种工具配合使用,可以更加精确、可靠地定位。一般来说,可以使用相关仪确认了可疑的渗漏区域后,再使用地面麦克风或地音探听器在可疑点探测。

检漏员必须具备丰富的相关仪使用经验,因为会出现很多实际状况干扰相关仪的使用。例如,当漏点位于 T 形管道或分支管道上,而相关仪在主管上使用时。多数类型的相关仪不能辨别漏点是位于主管还是分支上,通常只会指出漏点位于主管的 T 形管道上。只有足够了解管网以及相关仪的情况的检漏员才会考虑检测从 T 形管道上分出去的分支的情况(见图 16.11)。

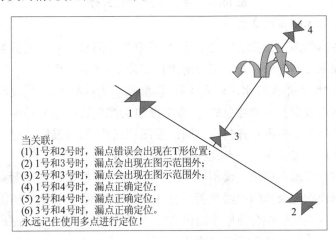

图 16.11　T 形管道测量规则

避免这类错误的一个方法是测试三次以上,在不同水管长度上放置感应器,并将数据作一个线性回归分析,如图 16.12 所示。这种方法可以减小误差,准确定位渗漏位置。一些相关仪内置有类似功能,但是经验丰富的检漏员也可以手动操作。

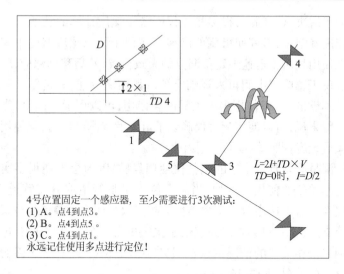

图16.12　结果的线性回归分析

4. 渗漏噪声记录器

渗漏噪声记录器安装在管件中,设定为夜间自动开启检测管网噪声并探测渗漏迹象。通常记录时间在凌晨 2 ~ 4 时。夜间进行记录有两个好处:一是夜间水压较高,因此渗漏噪声比较明显;二是夜间干扰或用水声较少。需要注意的是,夜间灌溉会严重影响渗漏噪声记录器记录的结果。根据水务公司不同的渗漏管理政策,渗漏噪声记录器可以永久性地安装在某一点,也可以临时性地从一个点转移到另一个点。与听棒或渗漏噪声相关仪不同,噪声记录器并不能精确定位漏点。它只能指出在记录器的周围是否存在漏点。因此,要精确定位还需要经验丰富的检漏员综合使用渗漏相关仪、地面麦克风和听棒来测量。

5. 数字相关渗漏噪声记录器

在噪声记录器技术之后推出的是数字相关渗漏噪声记录器,它将声学噪声记录器和渗漏噪声相关仪的功能结合起来。这种新技术的出现可以减少确认渗漏噪声和定位漏点的时间。但是在正式开挖维修漏点之前,仍然建议由一位经过训练的专业检漏员使用地面麦克风核实定位。

16.4.2 非声学检漏仪器

1.示踪气体

不可溶水的气体例如氦气或氢气可以被注入到水管中一个单独的区间。一旦出现漏点,气体会从漏点逸出,渗入覆盖层中,使用高灵敏度的气体检测仪就能检测出来。实心的覆盖面,例如混凝土,会减缓气体渗入覆盖层的过程。当输水干管水压过低而无法使用声学探测,或者入户管道中小型塑料管道出现渗漏时,可以考虑使用示踪气体。这种技术也可以在新水管投入使用之前检测防水构造。该技术的缺点之一是必须暂停使用水管,才能使用这种方法。

2.探地雷达

探地雷达通过检测水管周围由于渗漏形成的空腔,或水管周围由于渗漏出现的水,或由于渗漏造成的地面反常来检测渗漏点。这项技术并没有广泛普及,原因之一是使用的条件和成本较高。但在水压过低或者管道材质为塑料的条件下,由于产生的渗漏噪声非常小,声学检漏无法检测出,这时使用探地雷达技术就比较合适。

16.4.3 输水干管检漏仪器

在输水干管上开展检漏调查比较困难,原因在于干管上管件之间距离过远,而管件是探测的接触点,且渗漏噪声会随着水管直径的增加及离漏点的距离的增加而减弱。

1.输水干管置入式感应器

这种专为输水干管设计的检漏仪器的主要原理是将一个感应器(不同制造商使用不同类型的感应器)置于水管中,使感应器随着水流移动,在移动过程中收集渗漏点发出的任何噪声。实践证明,置入式检漏仪器的准确度很高。这项在北美刚刚起步的新技术在英国已经有了很长的使用历史。在未来,这种技术很可能被越来越多的北美自来水公司所采用。

2.光学纤维

另一种技术是使用声波光纤来管理并监测大尺寸主管。光纤缆线沿着管线铺设,并与数据收集系统相连,提供永久的实时声波监控。

3. 红外技术

还可以使用红外线测温仪检测尚未发现的渗漏点。这项技术的原理是,由于从漏点溢出的水温与周围的覆盖层温度不一样,因此通过测温摄像机就能检测出温度的不同。由于测温仪通常需要飞行通过被检测的区域,使用成本较昂贵。红外技术在一些农村的输水主管中已被成功使用,但这种技术并不适用于人口密集的城市地区,因为其他地下设施会形成干扰,例如下水道,这样使得整个检漏过程更加复杂。还有一些检漏员运用这项技术检测水库渗漏情况。

16.5　检漏技术

渗漏水量的货币价值在很大程度上决定了水务公司最适合采用何种或哪几种检漏技术。在确定检漏技术时也要考虑管网的使用时间、状况、主要材质,以及公司员工检漏技术水平。

独立计量区被用来监测管网中独立区域水流量,确定渗漏程度并监测由于新的漏点产生而造成的入流增长。渗漏综合管理战略的基础就在于配合使用独立计量分区和其他主动检漏策略。本章后半部分将详细介绍独立计量区技术相关内容。

16.5.1　观察检测

检漏的最基本检测方法是观察检测。观察检测主要是检漏员沿管线行走,并沿路观察是否存在露出的渗漏点;在非常干燥的国家和地区,水管上方的地面上是否出现了可疑的小块绿色植被。图 16.13 就展示了一种非常容易通过直观观察定位的渗漏。这一渗漏点出现在地面空气阀上。其他不那么明显的渗漏点也常常能通过这种方式检测出来。

尽管观察检测不是最精确的检测方式,但是这种方法仍比较有效,对于那些缺乏经常性良好维护的水务公司来说更是

图 16.13　某空气阀上可视渗漏点

如此。

16.5.2　听音检漏检测

听音检漏大概是最常见、最熟悉的检漏方法,使用时间也很长。听音检漏仪器根据其细节程度可以分为不同的两大类。

1. 一般性检测

在美国和加拿大,一般性检测方法是指龙头检查。这种检测通常只在管网主管的消防栓和阀门处进行听音,检测是否有渗漏噪声,并不检测接户管。消防栓间隔距离比较一致,可以覆盖大多数区域。这种检测方法仅使用地音探听器和渗漏噪声相关仪来精确定位漏点。但这种省时的检测方法有一个缺点:无法检测出接户管渗漏情况,尤其是当一个地方的大多数主管和接户管使用非金属材质时。

2. 综合性检测

综合性检测方法检测所有主管和接户管上的管件。由于接触点较远,低音探听器在主管上方使用。一旦发现渗漏噪声,就可以使用低音探听器和渗漏噪声相关仪来定位漏点。尽管这种检测方法比较费时,但却是检测管网中所有可检测的漏点(包括接户管渗漏)最有效的方法。

16.5.3　逐级检测

逐级检测的方法是将管网划分为小的区域,然后检查每个区域的入水量。这种方法一般临时进行,检漏员通常携带便携式流量测定仪来测量区域的流量。每当一个渗漏区域被隔绝开来,就能在流量图上看到一次明显的下降,如图 16.14 所示。下降值代表了渗漏值,也代表了成本效益计算和程序跟踪所需要的重要的信息,这一信息可以帮助定位小组直到被证明出现了渗漏的管线工作,这样就节省了时间。进行逐级检测时,最重要的是要在不影响用户的正常使用的前提下进行检测。因此,逐级检测通常在夜间进行,此时用户用水量达到最低值。

逐级检测也可以通过其他的形式开展。农村管网多没有分区,但很多区域都使用塑料水管且管件很多,这都使得漏点检测比较困难。一种比较适合这类管网的可持续渗漏管理方法是,在管网中设定临时或永久性的流量测量点。在夜间用户用水相对较少的时段,测量点收

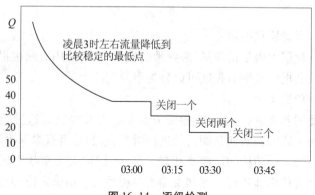

凌晨3时左右流量降低到
比较稳定的最低点

关闭一个

关闭两个

关闭三个

图 16.14　逐级检测

集流量数据并根据数据衡量夜间流量模式。在此期间,流量仪会记录
出现了较大流量的管段,标记为渗漏管段,并以此作为开展维修计划的
依据。这种方法避免了在未出现渗漏的管段进行成本高昂的检测,因
此帮助检漏员将精力和注意力集中在重大渗漏的管段。在确认了渗漏
量之后,检漏员即可专注定位渗漏点。如果没有之前的确认阶段,检漏
员根本不可能投入如此多的精力在所有区域中。尤其是当确认了大量
的泄漏量的存在后,就可以正式开挖新测试孔来追踪渗漏点。而如果
检漏员根本无法确定该管段渗漏点的存在,他将不希望投入额外费用
和时间。

　　关于逐级检测还有一个重要的问题。当每一"级"关闭时,流入区
域内的总流量减少。这也减少了在未关闭级主管(那些尚未被隔离开
来的部分)的摩擦水头损失。因此,主管的水压增大,而由于水压和渗
漏的直接关系,又引起未关闭级中渗漏概率的增加。理论上来说,关闭
一级后导致的流量下降应反映出由于关闭级而带来的流量减少。但实
际上流量的减少可能比预期要少,因为在仍然供水的区域水压上升致
使未关闭级中流量也会增加。在最坏的情况下,可能未关闭级中流量
的增加完全抵消了关闭级中流量的减少,这种情况常出现于存在多个
漏点的区域。在这种情况下,一级中存在的一个漏点可以被遮掩住,且
漏点定位小组并没有被指向这一级,渗漏点依然无法被发现。为了开

展逐级检测,需要操作很多阀门,有可能有的阀门并没有完全关闭。如果一个层级阀或循环阀没有完全紧闭,流量的下降值就不准确了。因此,逐级检测是否是最恰当使用的方法还需要谨慎地考虑[1]。

16.5.4　渗漏噪声记录器检测

相比其他声学检漏设备,渗漏噪声记录器是一种较新的技术,在过去的 15 年中被运用于不同的形式。噪声记录器用强磁力安装在管件中,例如阀门、龙头等,用来收集渗漏产生的噪声。记录频率通常为 1 次/s,记录时段在夜间一般是 2 h,此时背景噪声最小。通过录音并分析噪声的强度和持续度,记录器可以识别漏点是否存在。噪声记录器可以永久性地安装在管网中,也可以仅临时设置一段时间,通常是 1~2 个晚上。噪声记录器仅能指出漏点是否存在,而不能详细定位。因此,在确定了漏点存在后还需要进行后续的检测来定位漏点的位置,才能进行开挖修补。

16.5.5　渗漏噪声绘图

噪声绘图是一种进化版的声学检测,最先由 Halifax 区域水委员会应用。听音探测的地点通常是提前确定的(主要是龙头),然后将渗漏噪声的级别和类型(从检漏仪器中得出的数据)记录在地图上。此外,噪声是否存在也被录入电子表格中,这张统一标准化的表格包括了日期、地点、概况、检漏员以及噪声图例等信息。下一步就是验证被记录下的噪声,并将结果记录在同一张表格中。所有记录的噪声都要经过验证。这样,渗漏管理员就能较好地掌控检查员的工作,并通过对比实际噪声级别和之前的记录,简单地判断出哪些区域需要更加详细的检漏活动。这种方法是对普通听音检测的改进,虽然简单但是非常有效。在拥有高密度龙头的管网中使用可以很容易地确定探测点[2]。

16.5.6　检漏技术小结

为了成功控制渗漏水平,必须充分了解管网中渗漏的情况,以及检漏仪器、技术、人员培训和经验的能力。表 16.1A 和表 16.1B[1]总结了前文提及的所有检漏技术的特点。

表 16.1A 检漏技术列表——第一部分

技术	定位/精确定位	配合使用的技术	可以检测的渗漏类型	人力使用	对训练有素的员工的要求
观察检测	定位	精确定位技术	表面渗漏	否	否
临时噪声记录器	定位	精确定位技术	主要是主管渗漏	中等	中等
永久性噪声记录器	定位	精确定位技术	主要是主管渗漏	中等	中等
逐级检测	定位	精确定位技术	主管渗漏	是	是
一般性检测	定位和精确定位	噪声记录器和逐级检测	主要是主管渗漏	中等	是
综合性检测	定位和精确定位	噪声记录器和逐级检测	主管和接户管渗漏	是	是
渗漏噪声绘图	定位和精确定位	精确定位技术	主管和接户管渗漏	是	是

资料来源：参考文献[1]。

表 16.1B 检漏技术列表——第二部分

技术	对的影响	对定位持续时间的影响	适用情况
观察检测	如果只用这一种方法,很长	需要进一步定位。取决于员工是否有时间和对于渗漏给予的优先程度	拥有很多漏点尚未解决,基础设施很差的自来水公司,进行初步检测
临时噪声记录器	对有积极影响。取决于区域临时使用噪声记录器的频率。如果一年一次,平均为183 d,如果一年两次,减少到92 d	需要进一步定位。因此,高度取决于员工是否有时间和对渗漏给予的优先程度	拥有很大的背景噪声的地方,可以避免检漏小组夜间工作

续表 16.1B

技术	对的影响	对定位持续时间的影响	适用情况
永久性噪声记录器	减少到 2 ~ 3 d。决定于噪声记录器数据多久检索一次。如果噪声记录器数据每天都被传送或记录,则只要 1/2 d	需要进一步定位。因此,高度取决于员工是否有时间和对渗漏给予的优先程度	由于高投资成本,很难确保永久性安装
逐级检测		需要进一步定位。因此,高度取决于员工是否有时间和对渗漏给予的优先程度	有很严重渗漏问题的农村管网
一般性检测	取决于一般性检测的频率	漏点被迅速精确定位,定位时间非常短	漏点主要出现在管网上,且主管和接户管主要是金属水管的区域
综合性检测	取决于综合性检测的频率	漏点被迅速精确定位,定位时间非常短	接户管渗漏出现比较多的区域,且大部分水管是非金属材质。最适当的技术来检测所有的渗漏点并移除所有隐藏的渗漏点

续表 16.1B

技术	对的影响	对定位持续时间的影响	适用情况
渗漏噪声绘图	取决于检测的频率	漏点被迅速、精确定位,定位时间非常短,尤其是其他所有在检测过程中仪器收集的噪声必须要记录下来并且跟踪核实	消防栓密度较大的区域

资料来源:参考文献[1]。

不论使用哪种检漏方法,之前都要精确规划,才能达到预期的效果。检漏员在规划检测并衡量结果时需要考虑到如下几点。

1. 检测前清单

(1)准备数据精确、比例适当的管网平面图。

(2)明确标出需要检测的区域。

(3)定位不确定的水管长度。

(4)在每一种主管类型上定出适当的测点间距。

(5)确定可能干预探测的大用户。

(6)确定减压阀位置以及其入口和出口压力范围。

(7)准备好防护服。

(8)确定适当的漏点定位形式。

(9)为电子仪器充电。

(10)通过开启水龙头测试感应器的灵敏度。

(11)准备适当的身份牌,因为有时需要进入私人房产。

(12)准备必要的路标锥形警示标志,以便警示来往车辆。

2. 检测后清单

(1)在准备的表格上明确记录所有可疑的漏点。

(2)在地图上精确定位。

(3)根据渗漏点的渗漏程度和对居民生命及财产潜在威胁的严重程度对渗漏点进行排序。

（4）确定维修工作的顺序。

（5）确定符合实际的维修工作时间表,确保最先维修渗漏最严重的地方。

（6）若有可能,在修补的过程中访问现场并对漏点进行影像记录。

（7）尽量为大型渗漏点测量渗漏梯级,帮助年度决算表准备工作。

（8）准备渗漏点报告卡片(见图 16.15)。

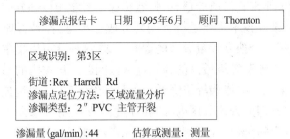

渗漏点报告卡　　　日期　1995年6月　　　顾问　Thornton

区域识别：第3区

街道:Rex Harrell Rd
渗漏点定位方法：区域流量分析
渗漏类型：2″ PVC 主管开裂

渗漏量(gal/min):44　　　　估算或测量：测量

缩略图

N

Unake支流管

渗漏点

2″ PVC

Rex Harrell Rd

附加评论：此处发生渗漏时间较长,因为渗漏点附近的一块石头形似箭头,这是由于多年间水不断涌出造成的

图 16.15　渗漏点报告卡样本

16.6　分区制和独立计量区

对于很多水务公司而言,划分区块或使用独立计量区是渗漏控制战略中重要的一部分。使用独立计量区管理的好处之一是可以将控制真实损失的四种工具(见图 16.1)中的两种结合起来。通过夜间最小流量分析发现新的渗漏点,独立计量区可以缩短渗漏感知持续时间。

通过独立计量区还可以将分析得出的渗漏最严重的地方作为管理的首要区域,增强主动检漏能力。独立计量区设置可以是永久性的或是临时措施。一些国家,例如英国,将独立计量区的使用规范化,现有的独立计量区达到数千个。而在北美,这仍然是比较新的技术。在美国已有了成功的先例,作为美国供水工程协会研究基金项目"渗漏管理技术"的一部分得以实施。该项目的最终报告中仔细介绍了独立计量区技术,提供了非常有价值的信息,强烈建议读者参阅该部分内容。

独立计量区技术主要是将管网划分成更小、更容易管理和监督的区域,量化每一个独立计量分区的渗漏等级,这样就可以集中检漏小组的力量来解决渗漏等级最高的独立计量区问题。该技术的另一个优点在于,一旦某地区的渗漏等级降低到了最佳经济等级,通过独立计量区技术就可以密切监督该分区内渗漏的后续发展。除非渗漏等级上升到超过之前设定的(经济上的)等级,都无需特地派出检漏员到该区域。而阈值是在综合考虑了渗漏费用以及检漏小组人工和仪器费用之后确定的。

16.6.1　独立计量区原理和渗漏管理的有效性

一个独立计量分区是一个独立的水区域,根据管网的特点不同,可以拥有一条至几条供水管。流量仪检测着独立计量区的供水量,在某些情况下,独立计量区还可以和邻近的独立计量区串联起来(见图16.16)。

管网被划分为小型独立区域后,可以连续监测记录输入水量,通过评估夜间最小流量来展现渗漏趋势。实践证明,这种技术是减少未报告或隐藏渗漏的最有效的方法之一,也因此减少了总的真实损失量。在管网中设置独立计量区有以下两大好处:

(1)水务公司将供水网分解成小型区域,明确界定每一块区域的范围并配备流量仪来监测总输入量(尤其关注夜间最小流量),就可以识别是否存在未报告的破裂和漏点。公司不仅仅使用夜间最小流量信息来识别新的破裂和漏点,还根据设定的最佳经济门限值,排查哪些独立计量区的渗漏量超过了这一值,并集中检漏力量来解决这些重点区域的问题。

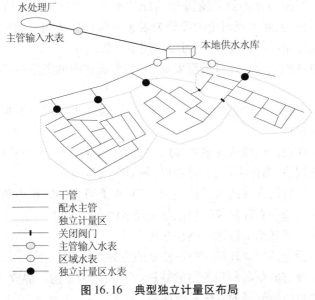

图 16.16　典型独立计量区布局

(资料来源:参考文献[3])

(2)水务公司还可以利用独立计量分区在小范围内进行水压管理,确保每一个独立计量分区的水压水平都处于最佳状态(见第 18 章)。

对独立计量区内最小流量或夜间流量分析的同时也可进行从自上而下的年度水量决算表中计算得出的真实损失的校验。通过与独立计量分区测量得到的真实损失量对比,可以验证基于自上而下的水量决算计算出的真实损失量。没有使用永久性独立计量区技术的水务公司可以设置一个或多个临时独立计量区代表整个供水网络,通过自下而上的独立计量区测量、评估渗漏量。

16.6.2　独立计量区设计

"渗漏管理技术"研究项目[1]调查研究了独立计量区技术在北美供水管网的可适用性。结果证明当一些设计标准达到后,独立计量区技术可以在北美网络中推广应用。关于独立计量区的设计,美国水务公司需要注意的两个因素是消防流量能力和水质。但北美水务公司大量实地测验显示,通过一些简单的设计,可以在运用独立计量区技术的同时仍然保障必要的消防流量和达标的水质。通过上述研究项目[1]的结果得出的、在本章讨论的设计要求也不仅仅只适用于北美水务公司的独立计量区技术设置,还可以应用于任何地方。

在设计独立计量区时最重要的、需要考虑在内的因素包括以下几个方面:

(1)渗漏经济等级或经济干预频率,因为这些因素会影响独立计量分区的最佳尺寸。

(2)在设计阶段就应该考察用户类型(工业用户、多户家庭用户、单户家庭用户、商业用户、重要用户(例如医院等))。

(3)考察已存在的水压控制区,若有可能可直接转换为独立计量区。这是设置独立计量区最快也是最经济的办法。

(4)需要详细测量地面高程变化。

(5)设立的独立计量区应该使新的边界阀位于小主管上。

(6)现有的单向阀和关闭的减压阀应该作为新的边界阀使用,以在出现紧急消防流量的时候提供保障。

(7)设计的边界不仅仅要满足一般性独立计量区设计标准,还要尽可能避免与现有主管相交。界限设置应该遵循"阻力最小的途径"的原则,尽可能使用自然的地理边界和水文边界。这么做的目的很明确,就是节省安装、运行、维护的费用。利用水力模型可以准确确定现有管网中的水压平衡点,在这一点上,独立计量区边界阀可以在不影响现有的网络运行的前提下关闭,进而减少潜在的水压或水质问题。

(8)输水干道、供水水库或水塘不应划分在独立计量区中。

(9)需要考察水质状况,在设置独立计量分区前后都应监测水质。

(10)需要确定最终的目标渗漏等级,以确定当积累的渗漏问题得以解决后,独立计量区水表和减压阀的尺寸没有过大。

(11)需要考察消防用水和保险用水的最低水量和压力值。

(12)需要考察关键区域点的最小压力值和最大压力值。

(13)需要考察循环需水量和冗余需求量。

(14)需要考察由于设置独立计量分区而带来的系统变化,例如需要的新的阀门数量、水表点和表井的设置等。

（15）在设计阶段,需要仔细考虑管网中水泵系统和泵站的位置。

（16）确定水表位置时,需要斟酌独立计量区进水主管的尺寸。大直径进水管在夜间最小流量时段内流速会非常低。在很多情况下,流速可能低于预备安装的流量计的精确度限值。而夜间最小流量是独立计量区监测和分析的关键数据。因此,需要安装较小直径的进水管以满足流量需求条件,或设置一个支管绕过关闭阀门,在此阀门上设置独立计量区进水水表(见图 16.17)。

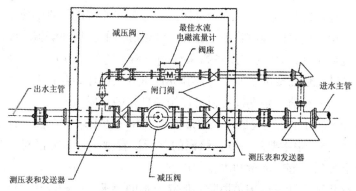

图 16.17　Halifax 区域水委员会所使用的典型独立计量区

水表井设计——为消防流量提供冗余

（资料来源:Halifax 区域水委员会）

有几项设计标准更加具体的要求如下:

（1）独立计量区尺寸。独立计量区尺寸越小,通过夜间最小流量监测和分析识别新的漏点就越快。假如一个独立计量分区包含超过1 000 家用户或接户管道,就很难区分小型漏点(例如入户管)和用户用水量变化之间的区别。当然,独立计量区尺寸最重要的决定因素还是漏点的经济等级。如果经济分析的结果表明,水务公司最经济的选择是尽快发现并修补入户管道漏点,那么独立计量区尺寸就应该小于1 000 个接户管道。但在绝大多数情况下,独立计量区尺寸都设定为3 000 ~ 5 000 个接户管道。

（2）水质考虑。新设置独立计量分区包括了关闭阀门来形成边界,相比普通的全开系统,就要多出很多端管。因此,由于水流扰动

(开始)和滞留(最终)导致的潜在的水质下降问题出现。一个独立计量分区中关闭阀门的数量越多,越需要小心地设置水质保护措施。相反,设置独立计量分区使得水务公司比一般非关闭系统更多关注到阀门、消防栓、承压水位以及水质等问题。水务公司通常没有多余的预算来主动管理系统阀门,因此很多阀门都处于被忽略状态,缺少维护,也因此在水管破裂等紧急情况下无法正常工作。好的阀门运作和管理可以与独立计量分区管理结合在一起,为这些通常被忽略的资产提供前瞻性管理。运行多个独立计量分区的水务公司通常比不使用独立计量区的公司有更好的阀门管理。在独立计量分区的计划和实施阶段以及日常运行时期,需要对水质进行采样和分析。这将帮助自来水公司管理者主动将所需要的水质管理与独立计量分区设计结合起来。通过适当配置边界或执行定期冲洗也可以维持良好的水质。

(3)消防和保险流量要求的最低流量和水压要求。在独立计量分区设计阶段,很重要的一点是恰当的判断设置独立计量分区对在紧急情况下提供足够的流量和水压的影响。

有几种设计可以满足消防和保险流量的要求。一种成功的设计独立计量分区的方法是设立多条或冗余供水管,只在主要供水管配置独立计量水表,其他备用供水管则配备减压阀,只在紧急情况下打开(见图16.17)。主管和备用管可以设置在同一表井中,也可以设置在独立计量区边界不同的供水点上。另一种同时满足消防和保险所需并准确测量独立计量区输水量的方法是使用单向阀或液控液压阀来代替关闭的闸门边界阀门。当需要消防流量时,独立计量区的系统水压会下降,使得单向阀或液压阀打开,引入更多的水量。

16.6.3　独立计量区初始设置和测试

完成了最初的独立计量分区设计步骤之后,需要临时设置独立计量区并进行实地测量,来确认独立计量区的准确性,同时收集必要的数据设计独立计量区表井。关闭所有识别的边界阀门,核实已被关闭阀门的状态之后才能设置独立计量区。然后使用临时流量仪(例如电磁插入式流量计或夹合式超声波流量计)来监测通过选定的供水管输入的水量。

　　下一步,通过实施"压力下降测试"来评估独立计量区边界的准确性。在这个测试中,操控阀门或减压阀来控制流入未来独立计量分区中的水量,通过不同的步骤降低独立计量分区内的水压。这一测试应该在夜间最小流量时段(凌晨 1~4 时)进行,以免干扰用户用水并导致投诉。根据不同地方的用水需求模式不同可调整测试时段的具体时间。减压步骤应该从 10 psi (7 mH$_2$O) ~15 psi (11 mH$_2$O) 的范围降到关键区域水压点所需最小的压力值。为验证独立计量分区是否是独立的区域,进行测试之前就要在独立计量区边界外设置数个压力记录仪。这些边界记录仪会记录任何与独立计量分区内压力下降相关的压力的变化,以验证独立计量分区的独立性。除了边界记录仪,还需要在独立计量分区内设置记录仪。如果任何独立计量分区外面和里面的记录仪记录的模式相同,那就说明独立计量区不是独立开来的,而是出现了一个未被识别的交叉管道连接到邻近的区域,或者有一个过水边界阀门。

　　确认了独立计量区的准确性后,就需要测量几天内流入独立计量区的总流量,以获取必要的数据来计算存在的损失量并估算未来渗漏目标值。这一阶段也需要模拟消防用水紧急事件,看所选择的供水管道是否具有在这种情况下提供足够水量的能力。如果发现在紧急情况下所选择的供水管不能满足需求,那么就需要重新设计独立计量区,要么改变边界,要么在设计中新增一条供水管。

16.6.4　独立计量区水表选择

　　选择并安装独立计量区水表是设计和设置新的独立计量分区的过程中关键的部分。有几个重要问题与独立计量区水表相关,需要考虑在内,例如水表的尺寸、水表精确记录最大流量和最小流量的能力、满足峰值需求和消防流量需要的必要性。对于一个独立计量分区而言,消防需要的流量取决于用户建筑人口分布情况,因为居住建筑与工业、商业和机构用户,例如工厂、商店、学校、机场等,对消防流量的需求差别很大。在设置独立计量区流量表时还需要考虑季节用水波动和需求变化。

　　水表尺寸和类型的选择主要依赖于如下几点:

　　(1) 主管尺寸。

　　(2) 流量范围。

（3）最大流量水头损失。

（4）倒流要求。

（5）精确度和可重复性。

（6）数据交流要求。

（7）水表成本。

（8）购置和维护成本要求。

（9）水务公司偏好。

在确定水表尺寸和类型时，关键的是要评估当前用户需求和渗漏比例，计划未来在实施了减漏措施之后降低的渗漏率。未来渗漏估算值会影响到未来夜间最小流量范围。在独立计量区初始设置和测试阶段进行的流量测量，同季节性需求波动和渗漏分析一起，可以用来最终确定独立计量区入水水表和表井的设计。拥有已校准的水力模型的自来水公司可以使用模型来计算独立计量区水表点的预期的流量范围而不用临时测量流量。

如果初始渗漏等级非常高，则建议在最终确定水表设计之前进行一次彻底的渗漏检查和修复工作，来清除主要的渗漏积存。通过这一过程可确保设计建立在预期的低渗漏范围的流量特征之上，避免出现水表过大的问题。

一个简单的经验是限制水表计量的入口和出口的数量，因为供水口和经过口过多，会导致多个流量仪的误差叠加，造成渗漏等级误算。

16.6.5　独立计量区数据监控

最佳经济损失量是影响独立计量区监测选择和数据传送能力的根本因素。对于水价很低的水务公司，很有可能没有迅速监测小型漏点的需要，也就意味着不需要独立计量区实时数据传送服务。这些公司可能一周提取并分析一次独立计量区数据。如果在这段时间内同时出现了几处漏点，可能几天之后夜间最小流量才达到干预值。这时，才需要派遣检漏工作小组到独立计量分区去开展漏点检查。在选择最佳间隔时间来收集独立计量区流量和水压数据时，有以下几种不同的方案可供选择。

（1）实时数据传送。监控和数据采集系统是北美水务公司常用的实时监控系统,同时用于控制泵站、远距离处理设施、水库、减压表井以及其他任何需要的供水设施。近几年,监控和数据采集系统的功能扩大到包含安保、视频传送、水质监测以及其他并不直接与配水相关的参数。如果需要实时数据收集,对于绝大多数水务公司而言,使用已有的监控和数据采集系统是一种可行的选择。如果已有监控和数据采集系统,多一套装置或独立的水表/减压阀站点的成本基本上就是一个监控和数据采集终端设备,或远程终端单元(RTU),或其他仪器的费用。如果没有现成的监控和数据采集系统,水务公司也可以装置整套监控和数据采集系统,好处之一就是一个监控和数据采集系统可以服务于多个独立计量分区。如果水务公司需要对独立计量分区中的紧急渗漏或主管破裂作出迅速反应,那么实时监控就比较适合。但是,绝大多数渗漏是缓慢发展的,一开始的时候仅仅是小型漏点,直到下一个夜间最小流量时间到来之前都无法识别。因此,并不是必须要实时接收独立计量区数据。对于绝大多数漏点都是缓慢发展的管网而言,经济条件允许的最密集的频率为 1 次/d,最好是在清晨、夜间最小流量时段之后。通过监控和数据采集系统监测独立计量区数据是最普遍的综合方法,但是如果仅仅作为监测独立计量区数据使用,并不是特别划算。通常情况下,使用监控和数据采集系统有多种好处,不仅可以监控,还可以控制很多不同地点和设备的参数。

(2)通过全球移动通信系统(GSM)遥测传输数据。另一种监控独立计量分区流量和水压的方法是通过全球移动通信系统短信服务(SMS)传输数据。几家制造商生产的记录仪具有使用短信服务定期传输记录的流量和水压数据的功能。这种记录仪可以以天、周或月为周期将数据传送到主机上。这种服务的设置成本非常低。但是需要考虑到短信服务费用,因为这一服务的费用是由当地移动电话服务商规定的。使用电话线路或低功率无线电进行拨号连接也可以传输流量和水压数据。这种方式也无需电源。

(3)人工数据收集。另一种选择是人工定期从记录仪上下载记录的数据,下载数据的频率是根据经济最优原则事先确定的。这种方法需要定期派遣员工到独立计量分区的设备处下载数据。好处在于可以经常对设备进行观察、检测,但缺点在于需要耗费很多工时。这种方法所需的设施设置费用最低,因为无需自动化通信系统,但实际运行费用却很高,因为必须支付人工费用和交通费用。

16.6.6　独立计量区数据分析

独立计量区数据分区检测的概念在于,对一个带有明确边界的独立计量区的入水流量进行测量并观察流量的典型变化。通过夜间最小流量分析估算真实损失成分的方法是,减去估算或测量的独立计量分区中连接到主管上的每一个用户的合理夜间消费量。城区夜间最小流量出现的时间通常在凌晨 2 ~ 4 时。这一流量值是确定独立计量分区中渗漏率的最有价值的数据。在这一时段内,许多用水量达到最低值,因此渗漏量在总水量中占的比例达到最大值。在一些区域中,用户园林浇灌用水量在夜间最小流量时段中占了比较大的部分,这些地区真实损失量计算值的准确度和可靠性就要相应降低。将夜间最小流量减去合理夜间消费之后得到的值为夜间净流量,为估算夜间最小流量时段真实损失值提供支持。使用固定和可变面积流量路径概念对渗漏流量进行 24 h 调节(见第 18 章,或提及固定和可变面积流量的章节)。

$$夜间净流量 = 夜间最小流量 - 合理夜间消费量$$

夜间净流量主要由水管和用户水表之间的管网及接户管道真实损失组成。但是,它也可能包含了用户水表处的渗漏和未许可连接管道的用水。图 16.18 展示了一个夜间最小流量分析结果。

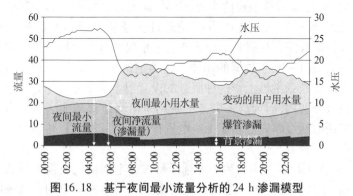

图 16.18　基于夜间最小流量分析的 24 h 渗漏模型

(资料来源:国际水协会水损失工作组)

独立计量区夜间最小流量分析数据:

为了进行夜间最小流量分析,除入流测量、区域入口点以及平均区域压力点的压力测量外,还需要以下数据:

（1）水管长度。

（2）接户管道数量。

（3）住宅房产数量。

（4）非住宅房产数量和类型。

（5）合理夜间消费量(可以通过测量一个用户样本并推广到全部用户,或通过使用固定网络自动读表系统测量整体用户消费进行估算或获取)。

合理夜间消费通常由以下三部分组成:

（1）特殊夜间用水。一些公共、商业、工业、农业用户会在夜间消耗较多用水,这是由于行业的特殊要求导致的。这些用水量相比区域内夜间最小流量可以很大。这些用户需要通过与当地运行员工探讨和从计费系统的消费数据分析中识别出来。如果一个区域内的某用户被认为有比较大的夜间用水需求,这一用户的消费读表或记录需要在夜间最小流量时段记录下来,以准确地从总流量中把这一部分合理用水减掉。

（2）非住宅夜间用水。非住宅用户(未被归为特殊夜间用水的用户)也可能会在夜间消耗一定的水,例如自动冲洗小便池,必须为这部分夜间用水留出空间。通常通过建立在行业类型和为每一个用户发布的典型消耗量来估算。必要的时候,还需要加上一些特定用户水表的短期数据记录。

（3）住宅夜间用水。家用或居民用户通常也会在夜间最小流量时段消耗一定用水。厕所用水、自动清洗机器、设定时间的洗碗机、户外园林灌溉等都会产生用水。在理想状态下,在特定独立计量分区中,典型的家庭用户的夜间用水量可以收集起来,用以确定应该包含在夜间流量分析中的适当的家用夜间用水。夜间用水量数据可通过人工读表或固定网络自动读表器在夜间最小用水时段来收集,或者通过设置数据记录仪来记录家用夜间用水量。也可以使用历史记录的数据,例如英国渗漏管理系列数据提供了英国夜间用水量评估详情(1991～1993年),而美国供水工程协会研究基金会项目“居民终端用水”也提供了北美夜间用水量。如果在一年的某些特定时候存在比较大量的夜间园林灌溉消耗,我们强烈建议在非灌溉时段或灌溉用量较小的时段,通常是在冬天,进行独立计量区夜间最小流量分析。

16.6.7　独立计量区检漏优先

独立计量区检漏允许在一个独立的区域进行损失量检查。如果在服务区内设置多个独立计量分区,可以定期评估每一个独立计量分区的渗漏量。独立计量区测量得到的结果可以使水务公司优化检漏的顺序,将注意力主要集中在渗漏量最大的独立计量分区上,在这里会给检漏工作带来最佳的结果,付出的精力能带来最大的真实损失减少量。因此,需要确定目标,决定哪个独立计量分区需要最先被关注,检漏小组应该采用什么样的顺序开展工作。最简单的确定检漏顺序的方法是,将独立计量分区按照其每个接户管道上真实损失量的顺序排序。这种方法适用于城镇地区的水务公司,而农村地区的水务公司需要考虑以管道的长度来表达真实损失量。独立计量区的运用导致了检漏工作小组活动的策略性规划。这种工作方法比过去那种根据固定的时间间隔彻底检查服务区域内的一部分的方法更为有效。

允许检漏干预手段实施的理想的目标或门槛是在每个独立计量分区最佳经济损失量分析的基础上设定的(见图16.19)。

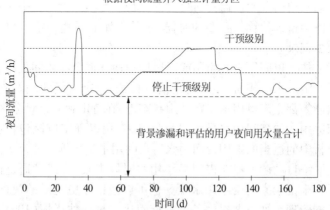

图 16.19　根据一个独立计量分区真实损失量的经济最优分析得出检漏介入等级的案例

(资料来源:国际水协会水损失工作组)

图 16.19 中展现的是针对一个独立计量分区的连续测量情况,以及该区域内渗漏量的增长。针对这一独立计量分区的具体情况,基于最佳经济真实损失量分析,可以设定最合理的干预损失的阈值。一旦达到这个值,一个检漏工作小组就会被派遣到该独立计量分区中检查渗漏点,并将真实损失量降低到停止干预级别,一旦低于这个值,进行进一步的检漏工作就不划算了。

16.6.8　独立计量区管理

正如管网中的任何其他部分一样,独立计量分区也需要进行管理和维护以达到理想的结果。应该对独立计量区相关设备(例如独立计量区流量仪和减压阀)进行恰当的维护,以确保收集到高质量独立计量区数据。对于独立计量分区管理成功非常重要的是维持数据的准确性,要保持所有边界阀门关闭并确保所有边界阀门都不渗漏或渗水到邻近区域。但为了操作需要,边界阀门可以临时开启,只要能够在事后恰当地关闭并确定运行状态正常。最好记录下边界阀门操作信息,例如事件、地点以及时长。还需要清楚地在地图上和实地中标示出边界阀门,以免疏忽导致的误操作。这一信息可以帮助渗漏管理小组确认高流量是由于渗漏和破裂导致的,而不是由于边界阀门开启。

每一个独立计量分区都应该建立起专门的档案,内容包括关键信息,例如所有类型用户的数量、敏感用户地点以及联系方式、消防栓和自动喷水灭火器系统数量、水压信息、评估的夜间最小用水量。独立计量区管理中另一个非常重要的部分是创建一张信息量尽可能丰富的地图。所有关于已发现漏点的记录都要保存下来,包括地点、水管破裂类型、发现漏点的水管材质、尺寸等,以便未来分量分析。

16.7　水库渗漏测试

水库大量渗漏主要通过水库建筑物渗漏或溢流产生。建筑物渗漏更常见于较早的地下砖石水库,这些水库没有内衬。但是渗漏也可以有其他产生形式。

最简单的检漏方式是,通过关闭入水口和出水口阀门,将水库从供水系统中隔离开来,这通常在夜间操作。一旦水库被隔离出来,可简单地测量水位下降或通过安装高分辨率水位数据记录仪测量水位下降进行水库深度检测。剩下的就是计算问题，计算水库面积，每个区域的体积乘以水位下降值，计算损失量。利用该方法必须确定出水口

> 可以通过水位下降测试检查是否存在水库漏水。

阀门没有渗漏。如果建筑物不是棱柱形，计算会变得困难一些，因为随着水位的下降，体积也随之变化。大多数水务公司应该具备准确的竣工图来展现详细的测量值。

如果发现水库有渗漏情况，一种检测实际漏点的方法就是派人员携带细沙潜入库中。潜水员将细沙均匀地洒在水库壁和底座上，由于漏点的吸力，细沙的形态会发生变化。但是在很多情况下，如果渗漏情况严重，只要基础建筑物还比较完好，水库应该加上内衬。确定了漏点的存在后，就方便开展水库内衬项目。

水库储水溢流更容易发生在位于比较远的位置的水库，在地面上很难清楚看见水的状况，这是城镇里的情况。溢流通常发生在非峰值时段，这时系统内的水头损失和用水需求较低，储水正在进行。溢流发生的典型状况包括：水平仪器或操作仪器故障和/或人工疏忽操作失误，没有在适当的水位停止注水。

应该检查溢流管，看地面上是否存在印迹或者湿润的小块地方，这是由于水漏出造成的。另一种简单的方法是在日间将一个球或其他物体塞入管道内。如果物体移动，就有可能存在溢流问题。使用高分辨率水位记录仪可以进行更详细的分析。当水位达到溢流管高度时，渗漏开始出现。配合在入水口设置的临时水表，计算渗漏的量和值就比较容易了。一旦渗漏值确定，就可以确定一个最适当且经济最优化的干预措施。最简单的控制水位形式是机械浮子阀或纬度阀，这一部分将在第 18 章中探讨。但是水务公司通常使用遥控系统及监控和数据采集系统来控制水槽水位。在一些案例中，水槽溢流发生是由闪电或其他原因造成的设备故障导致的。

有时候问题是不加以控制或者低效的人工控制，有时候是缺乏对

简单机械操控的维护。但是不管何种情况,都应该选择一种高效的方法解决渗漏问题。

拥有监控和数据采集系统或者遥测技术的水务公司可以使用这些系统定期读取区域内水表,通过定期模拟和评定来分析损失情况。

16.8　小结

在本章中,我们讨论了经济的渗漏管理方法,目的是为有效而创新的管理管网渗漏的方法和技术提供指导,尤其是对于地下、不可视(未报告)的漏点。建立渗漏管理策略有很多种方法可供选择,对于每一个供水系统在决定选择一个方法之前都应该进行独立评估。但是,如果没有主动检漏,管网中的渗漏问题只会愈加严重!

参考文献

[1] Fanner, V. P., R. Sturm, J. Thornton, et al. *Leakage Management Technologies*. Denver, Colo.: AwwaRF and AWWA, 2007.

[2] Fannner, V. P., J. Thornton, R. Liemberger, et al. *Evaluating Water Loss and Planning Loss Reduction Strategies*. Denver, Colo.: AwwaRF and AWWA, 2007.

[3] *"District Metered Areas Guidance Notes,"* IWA Water Loss Task Force, 2007.

[4] UK Water Industry Research Limited. *A Manual of DMA Practice*. Report Ref. No. 99/Wm/08 / 23, UKWIR: UK 1999.

第 17 章 真实损失控制
——渗漏维修的速度和质量

17.1 简介

渗漏维修的速度在控制真实损失的 4 个要素(见图 17.1)中占据重要位置。

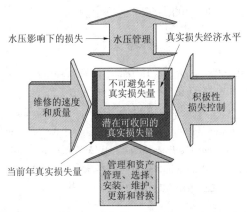

图 17.1 **主动真实损失管理项目中的 4 种潜在干预手段**(资料来源:国际供水工程协会水损失工作组和美国供水工程协会水损失控制委员会)

在第 16 章中,我们探讨了定位漏点的多种方法。非常重要的一点是要根据漏点带来的生命财产损失或危险的严重程度对漏点维修进行排序,并据此尽快安排维修。报告和未报告的年度真实损失量取决于漏点的数量、规模、运行系统水压,最为重要的可能是允许渗漏总持续时间。所有漏点的渗漏量都与水压相关,水压越大,代表渗漏率越高,第 18 章将探讨以减少损失量为目标进行水压管理的各个方面。

本章作者:George Kunkel;Julian Thornton;Reinhard Sturm。

17.2　缩短渗漏持续时间

任何漏点的持续时间主要与以下 3 个因素相关(第 10 章进行了详细的真实损失量分析):

(1)感知持续时间。是指管理者感知漏点存在所需要的时间,这一时间的长短在很大程度上取决于是否采取了积极的损失控制措施。

(2)定位时间。是指当管理者感知漏点存在后,精确定位漏点位置所需要的时间。

(3)维修时间。是指确定了漏点的位置后,从开始实施维修到停止渗漏的时间。这并不仅仅只是关闭或者维修的步骤本身所耗费的时间,还包括了安排维修工作的顺序、计划维修、通知用户以及其他所有的安排总共所需的时间。根据各个水务公司的不同规定,这一过程可能需要数天至数周的时间。

图 17.2 展示了感知、定位、维修时间对于一个漏点的总渗漏量的影响。

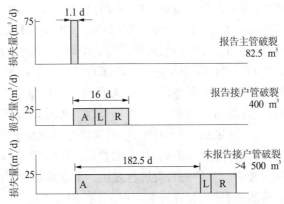

图 17.2　感知(A)、定位(L)、维修(R)时间对于总渗漏量的影响
(资料来源:参考文献[1])

图 17.2[1]描述的是在英国开展的某项研究的结果,该研究主要针对不同尺寸的漏点的渗漏持续时间对于整个系统损失量的影响。结果明确地显示,主管渗漏由于影响较大,比较容易定位并能迅速修复,其

损失量在总损失量中所占的比例非常小。原因在于,虽然主管通常有较高的渗漏率,但是水务公司对于这种类型的渗漏通常反应及时,渗漏管段通常被马上关闭,因此损失量相对较小。

相反,小型漏点,尤其是发生在接户管道上的漏点,在总渗漏量中占有最大的份额,因为它们的渗漏持续时间长。小型漏点可能会持续渗漏数周、数月甚至数年才会被发现并维修。

17.2.1　缩短感知持续时间

水管中存在的漏点既有被报告的也有未被报告的,而一个漏点被报告与否直接影响到渗漏总持续时间,尤其是感知持续时间。报告漏点和未报告漏点的感知持续时间差别很大。报告漏点的感知持续时间很短,因为可以在街面或路面直接观测到(有的时候甚至是灾难性爆裂的形式)然后被报告给公司,或者导致输水水压下降然后被迅速上报。

而未报告漏点则可持续渗漏很长时间(甚至数年)才会慢慢发展为大型漏点而在路面显现或导致灾难性事故,进而变成报告漏点。

以下两种方法可以帮助缩短未报告漏点的感知持续时间。

(1)主动检漏措施。每年对整个管网进行一次主动检漏活动可以将未报告漏点的感知持续时间缩短到平均6个月。加倍主动检漏的强度,即将主动检漏行动的频率从每年一次增加到每半年一次,未报告漏点的渗漏持续时间将减少至平均95 d,未报告损失量减少一半。但如果主动检测频率降低为每两年一次,渗漏持续时间将增加到365 d,损失量将增加一倍。这也证明了为什么检测未报告渗漏对于供水商而言如此重要。检漏探测的频率不同,耗费的费用(人工、设备、材料)也不同,而这一耗费必须与节省的水费进行对比。主动检测频率高,节省的水就多,主动检测频率低,节省的水就少(见第10章)。

(2)独立计量区:通过将管网划分为多个独立的区域,并对每个区域的输水量进行监督,这种方法能够帮助水务公司在很短的时间内感知独立计量区中出现的漏点。设立了独立计量区后,水务公司可以以日或周为基准,进行夜间最小流量分析,那些夜间最小流量增长的区域标志着新的漏点的出现。根据独立计量分区的大小不同,通过独立计量区分析得出漏点的大小也不同。独立计量区越小,可以识别出的漏点也越小。结合了独立计量分区管理和主动检漏措施的损失管理策略比起仅仅使用常规探测方法要更加有效,但因为要设立独立计量分区,显然花费也更高。

17.2.2　缩短定位时间

　　水务公司定位一个已知漏点的时间长短取决于检漏工具以及检漏小组精确定位渗漏源头的能力。通过投入更多的人力,或者通过培训、鼓励人员并配备适合的设备,可以缩短定位时间。一般来说,使用最先进的渗漏相关仪的检漏小组比起仅仅使用机械探测仪器的小组能更快、更准确地找到渗漏点。而水务公司对于一个已知漏点的响应速度的相关政策应该通过效益成本分析进行衡量。通过漏点渗漏的水的价值越高,公司就需要越快地定位漏点。

17.2.3　优化维修时间

　　水务公司维修漏点所需的时间由一系列因素决定。最重要的因素在于派出了多少维修人员、这些人员的培训程度和激励程度以及这些人员的设备配备等级。水务公司的政策对于漏点维修时间也有举足轻重的影响。水务公司可能为接户管、主管等不同管道上的渗漏维修速度设定了不同的目标。因此,不同的水务公司在维修时间上的差异也很大。发现漏点之后,反应速度最快的水务公司维修漏点的平均时间为 12~24 h。其他公司可能需要数周到数月来维修那些没有造成巨大损坏或设备损坏的漏点。

　　漏点维修总时间中至关重要的因素之一是水务公司关于接户管道漏点的维修政策安排。世界上很多水务公司都要求用户管理维护部分从管网主管延伸到用户端的接户管道。有少量水务公司会要求用户管理整段接户管道,大部分则规定用户需要管理从房产地界线或供水控制点到用户端之间的管段。但事实已经证明,要求用户来安排维修其入户管道上的漏点是非常低效的渗漏管理政策,显而易见,用户对于维修漏点的反应速度比水务公司的员工更慢。由水务公司开展的接户管道维修通常可以在漏点发现之后 2~4 d 得以安排。而对于绝大多数用户,安排维修的反应时间平均都在数月。漏点运行时间越长,渗漏量就越大。

　　为了贯彻有效的损失管理措施,让用户减少安排漏点维修的花费和负担,很多水务公司开展了接户管保险项目。用户只用在他们日常的账单中增加少许额外的费用,一旦渗漏发生,用户就可以依靠水务公司来安排所有的接户管维修或更换工作,而不需要支付其他的费用。这种方法通常比用户自行安排的维护要更有效,也更有利于发展良好的客户关系。水务公司应该对这种方法的响应和维修时间进行跟踪记录,如果公司考虑要求用户来安排维修,最好重新评估接户管保险的方法来缩短系统中接户管发生渗漏的时间。

　　在考虑漏点维修效率时,另一个重要的因素是水务公司对维修工作顺序的管理能力。水务公司应该配备完善的维修工作顺序管理信息系统,用来跟踪并储存用户投诉和水务公司安排的工作顺序的信息。良好的工作顺序跟踪信息对于水务公司提供完美服务而言必不可少,尤其是对于大型水务公司而言,因为每年他们都需要应对数千用户投诉和维修要求。而不良的信息系统则会延迟信息从检漏小组传送到维修小组的时间,增加平均维修时间。一些水务公司使用纸质工作顺序信息系统,纸质文件丢失时有发生,将会导致在检漏过程中识别出来的漏点不能及时得到维修。为了避免由不良的工作顺序信息管理造成的不必要的延迟,水务公司的管理者应该重新审视其工作顺序追踪过程的结构和效率。

　　第 10 章中已经探讨过,真实损失量分析是一个非常有力的工具,用以分析水务公司不同维修时间政策对于整体真实损失量产生的影响。需要再一次强调的是,漏点维修政策和漏点维修时间目标应该建立在合理的成本效益分析之上。

17.3　渗漏维修的质量

　　在整体损失管理工作中,漏点维修工作的质量至关重要。影响漏点维修整体质量的两个关键因素是材质和工艺的质量。如果漏点维修的质量很差,很有可能在之前已经进行过维修的地方再次渗漏。更糟糟的情况是由于不良的漏点维修引发新的漏点出现。

17.4　小结

　　为了确保损失量维持在最小值,必须迅速有效地维修漏点。令人惊讶的是,很多水务公司并不对已知的漏点开展维修。在某些情况下,这可能是基于经济的考虑,或者由于后勤分配,但是在有些情况下是由于水务公司没有认识到漏点维修对于年度渗漏量的影响。第 10 章详细探讨了一些为年损失量以及不同干预工具对于渗漏的影响建模的可行方法。经过改进的维修项目的影响力也很容易建模。漏点不仅需要维修,而且要确保维修的质量,保证在短期内这一漏点不会再次发生,但维修质量往往会被忽略。维修工作开展之前所经历的时间会对年真实损失量产生重大的影响,不管是从表面显现出来的报告漏点,还是在某次常规检漏过程中定位出的未报告漏点。因为很多小型漏点在短时间内就能累积产生大量的渗漏量。

参考文献

[1] IWA Water Loss Task Force. "Leak Location and Repair Guidance Notes," 2007.

第 18 章　控制真实损失

——水压管理

18.1　介绍

　　系统优化在许多情况下远比系统扩大花费费用效益高,而且更加肯定地具有对环境的正影响。许多水系统设计时考虑了需求最低水压水平,但很多情况下都没有考虑最高水压水平。如果

> 很多供水系统在设计时思想上按最小水压要求考虑,而没有最高水压限制,因此很多供水系统出现全面超过水压的地区。

没有考虑或只基本考虑最高水压水平,那么到安装时,可能可以容纳得下系统内最优化的水压力。水压管理是优化系统中最基本且是费用效益最高的一种形式,而且有许多巨大投资的实例可以证明能快速回报。

> 水压管理是实行真实损失管理的最基本工具之一。

　　图 18.1 表示当水压管理符合 4 种实际漏水组成部分时的管理情况。

　　水压管理已经用各种方式实行了多年,但是只有在最近几年才采用先进的水压控制,大量用在系统优化和降低损耗及管理程序上。

　　本章主要介绍通过水压控制工程全部规划阶段,从决定是否需要用在水务公司的系统上,到用到何种程序,费用合理性分析以及实际现场安装。

　　本章并不企图取代包含全面的阀门手册。涵盖水力控制的各个方面的阀门手册可从大多数制造厂获得,以及可从美国仪表学会(ISA)

本章作者:Julian Thornton; Reinhard Sturm; George Kunkel。

获得。本章注重实际地指导使用水压管理(水压降低、水位控制、流量控制及水压保持阀),其作为许多工具中的一种,用来减少损失和以更有效的方式运行配水系统。

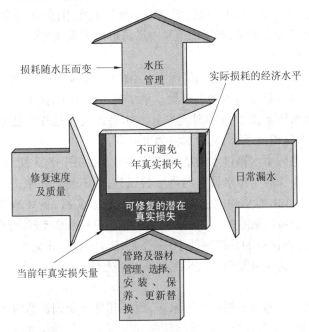

图 18.1　真实损失管理的水压管理组成部分

(资料来源:国际水协会水损失控制特别工作组/美国供水工程协会水损失控制委员会)

18.2　实行水压管理方案的原因

18.2.1　实在的原因

1.减少漏水

减少漏水是全世界水务工程师和管理人员关注的课题。在本书的其他章中讨论了各种减少漏水的方法,其中减少水压是其中之一,正如所有其他减少漏水技术一样,水压管理正是其中的一种工具,它必须与其他技术和方法一起应用。

近来探索的研究表明,在配水系统内采用减少和稳定水压可以使漏水容积和新漏水频率显著减小。显然并非全系统都能忍受水压降低,实际上许多供水系统受尽水压不足的苦头,可是仍有许多水务部门在超出要求的水压下运行,他们会从水压管理方案中受益。当考虑减少漏水量时,有经验的人往往想到减小水压的作用,但在许多情况下,特别是对于抽水系统,利用涌浪预防措施可以大量减少漏水。

2. 节约用水

在直接利用水压供水的情况下(见图 18.2),降低水压可能是一种有效的控制不需要的用水的措施。举个简单的例子,某人在高水压下或者在低水压下用 5 分钟时间刷牙。如果在刷牙过程中让水龙头开着,在低水压情况下,消耗的水将会少得多。

在住宅区由水箱供水的情况就不一样了,如图 18.3 所示,控制用水量的水头是高于用水设备的高度的函数,而不是自来水进入的水压的函数(工作由熟悉住宅水箱的有经验的专家实行,更好地了解水压管理会减少球阀漏水的作用,但往往球阀处于无探测状态,当水表错误读数小(值得注意的是球阀低于一定的水压)时会停止漏水,以后也不参与供水。这样可能会在效果上意味着压力管理也可以对明显漏水有正面作用)。

许多水务部门不想减少用水量,因为其将会受到钞票收入的负面的冲击,也有许多其他水务部门发现减少用水量的办法在费用效益上远比花费巨大的扩展计划去增加供水需求或满足超过供水需求的高峰期大。采用直接从水管供水的供水部门应该细心分析供水需求的形式,居民和工商业用户,对水的需求是容积,而不注意水压降低,充水时间变化除外。

3. 拒绝付款

有些水务部门遇到拒绝付款的情况,这是难以解决的问题,由于政治压力和社会压力的原因,他们认为即使用户没交水费,水务部门也必须继续供水。在这种情况下,水压管理部门减少耗水量,同时保持最低供水水平是优化损失和节约资源至关重要的任务。

有些水务部门面临着所辖区域不允许增加供水的情况,原因是环境的限制。降低水压可以按区域或以某个顾客为基础去执行,按情况

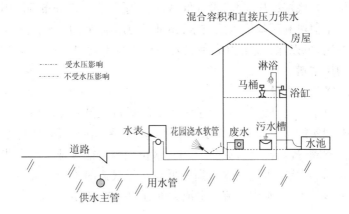

图 18.2　住宅直接供水

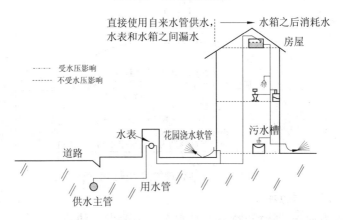

图 18.3　住宅水箱供水

要求而定。

降低水压也可以作为控制干旱的一种应急手段,需水量水平和漏水量可以大刀阔斧地干,直到储备量回复到正常水平。

4. 水的有效分配

许多配水系统向一些顾客供水时遇到一些问题,而其他一些顾客喜欢水源恒

> 水压管理不仅仅关于水压降低,而且在有些情况下也包括水压升高、水压保持、涌浪控制和水位管理。

定。可能是底层结构老化,设计低劣,地理限制或人口分布等原因。水
压管理不但可利用降低水压技术,还可以使用维持水压技术、升压机或
流量控制,可以保证系统中的水源尽可能地分配均匀,确保大多数顾客
所需的用水量。

5. 保证蓄水量

履行水压管理计划,有助于水务部门运行人员确保水库和蓄水箱
维持在现实的水位以满足供水的需要。可以采用降水压、维持水压和
流量控制阀等混合方法,见图18.4。水位控制也能保证水库在非供水
高峰时间、系统需水量和水头损失低需水压最高时不允许溢流。假如
控制和核校不当,水库溢流会造成大部分的水务部门漏水。

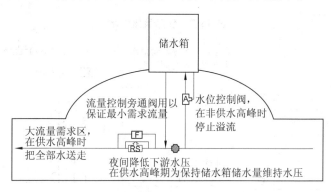

图 18.4　　水压管理常用的阀门型号

6. 减小水力冲击

水力冲击,涌浪和瞬态波是水系统情况发生快速变化所造成的。
不幸的是,大多数水系统都有运行人员关闭阀门太快或者相反的情况,
也许消火栓在紧急时快速操作或者是用水大户突然关闭排水。系统中
若没有阀门控制,瞬态波会在系统内来回传播,在管路的薄弱处发生损
坏。压力释放阀和涌浪控制阀就是用来应对这种情况的工具(见图18.5),
简单的水压管理计划限制水压到要求值,也减小了瞬态波的负冲击作用。
简单的减压阀来维持较低的水压,也缓冲了潜在的负压作用。

7. 减少顾客申诉

水压管理计划的目的不仅仅是减小水压,而是为了恒定地提供水

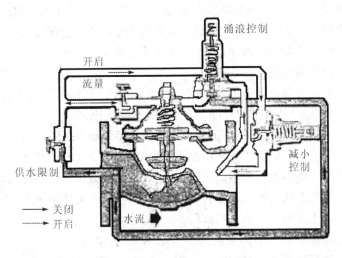

涌浪控制

开启

流量

减小
控制

供水限制

关闭
开启

水流

图18.5 涌浪自动阀

压和水量。有些顾客经历过由于系统中水头损失大造成水压低的日子。流速大,有些可能是由于下游的顾客用水量未得到控制,造成很高的水头损失。其他顾客投诉水压太高不舒服,或者损坏家里的用水设备。未受控制的漏水也可能是没有供水的原因。

相信水压管理可以增添顾客满意度。

18.2.2 潜在的关心事宜

从前面内容看来,似乎水压管理可以回答所有水务部门的问题了!但是拙劣执行计划本身也会造成问题。对于从未广泛地控制也未计划提高控制水平的某个水务部门,在讨论水压管理计划时平常关心的是如下几点:

(1)消防流量问题。

(2)收入的损失。

(3)夜间水箱不充水。

1. 消防流量问题

各处的消防流量都是值得关心的事,消防部门可以加倍地供水,由具有流量调制能力的

当设定水压管理区时,必须遵守消防规程。

减压阀组控制,因此如果发生火灾,该系统具有足够的水力容量维持水压和水量去灭火。例如,美国和加拿大的国家防火协会规定,消防用的阀门必须能自动调节水压,其水压为要求的供水压力再加上最小安全工作限制残余极限。

那些设有高效能调制流量阀门的消防系统,往往有一只大备用阀门,该阀门或者与工作阀并联安装或者安装在该部位的关键进口处。当发生火灾,消防流量产生的额外水头损失使系统水压下降时,那只备用的消防泵会打开。在很多情况下,这只大阀门会保持关闭,除非遇到紧急情况。使用大型的不动阀门,与更现代的有效供水调制方案相比,在很多情况下从费用效益上看可能并不合算,但在有些情况下,需求范围说明可能使用第二台并联阀门。

美国和加拿大的国家防火协会基本说明,消防系统必须有残余水压为 20 psi。对于消防栓,将以第 22 章讨论的试验为基础编写流量和参考压力标准。

> 当建立地区水压控制标准时,必须遵照消防规范。

显然当建立地区水压控制标准时,这些限制连同该地区内的财物形成保险规定,都应一起考虑。

大多数国家都有某种消防规范,在规划水压管理计划时必须遵照。

2. 收入的损失

就收入损失而论,漏水严重的系统几乎总会从水压管理上获得正的利益,即使居民区或工业部门水压降低抵销了潜在的收入损失。

任何收入的损失都包括在费用对利益的计算内,费用对工程项目而言只是包括安装和产品费用。

这也可以适用在具有低损耗、高费用生产水或购买水的系统中,在那些收入损失不能被容忍的情况下,水压管理可以限制到夜间,合法化耗水是在最低用水时,此时系统水压在最高值。

记住也有许多系统是强制执行节约用水计划的,降低水压也是一种节约用水计划。

> 美国供水工程协会近来进行了一项优秀居民用具研究,详细的用途分类可通过美国供水工程协会网站采购。

大部分的水用在家庭的厕所中,装有抽水马桶的厕所使用固定的容积,其耗水量不会因水压降低而有变化。住宅内也有许多容积固定的用水器具,它们也不会随水压改变而改变耗水量,见图 18.2。

当考虑为某一地区的水压管理时,必须考虑每人的用水量是否超过标准。每人的用水量样本可以在表 18.1 中找到。

表 18.1　美国各州人均耗水量估计

州	L/(人·d)	gal/(人·d)
亚阿拉巴马	379	100
阿拉斯加	299	79
亚利桑那	568	150
阿肯色斯	401	106
加利福尼亚	556	147
科罗拉多	549	145
康涅狄格	265	70
特拉华	295	78
哥伦比亚区	678	179
佛罗里达	420	111
佐治亚	435	115
夏威夷	450	119
爱达荷	704	186
伊利诺伊	341	90
印地安纳	288	76
爱荷华	250	66
堪萨斯	326	86
肯塔基	265	70
路易斯安那	469	124
缅因	220	58
马里兴	397	105
马萨诸塞	250	66
密执安	291	77
明尼苏达	560	148

续表 18.1

州	L/(人·d)	gal/(人·d)
密西西比	466	123
密苏里	326	86
蒙大拿	488	129
内布拉斯加	435	115
内华达	806	213
新罕布什尔	269	71
新泽西	284	75
新墨西哥	511	135
纽约	450	119
北卡罗来纳	254	67
北达科他	326	86
俄亥俄	189	50
俄克拉何马	322	85
俄勒冈	420	111
宾夕法尼亚	235	62
罗得岛	254	67
南卡罗来纳	288	76
南达科他	307	81
田纳西	322	85
得克萨斯	541	143
犹他	825	218
佛蒙特	303	80
弗吉尼亚	284	75
华威顿	522	138
西弗吉尼亚	280	74
威斯康星	197	52
怀俄明	617	163
波多黎各	182	48
处女岛	87	23
美国总计	397	105

资料来源:Soleg 等。配水系统手册[M]。Larry W. Mays., Ed. © 2000, McGraw – Hill。

如果超过标准,那么水压管理成为节约用水计划的一部分,如果没有超过,必须在该区(居民、商业、工业)选定耗水的组成部分、耗水容积以及耗水量与水压的关系,然后分析减小损失的潜在利益除以收入的减少。

3. 水箱充水

关于水箱夜间不充水是因为系统要降低水压的问题,许多水压降低计划把注意力集中在小的总供水管上,因此让所选地区的损失减小,同时让较大的管或传输总管处于正常系统水压(如图 18.4 所示的例子,一套完整的水压管理工程在某些情况下可以实际改善水箱充水性能)。这一点特别重要,尤其是制水系统,它的储水箱与系统水压是平衡的。采用重力方式,影响较小。

水箱往往与较大的管道相连接,在大多数情况下不应该有问题。大多数水务部门发现看不见的漏水都发生在小管和供水联结头上,所以潜在水压管理的有效性不应该明显地减小,在控制地区不应该拒绝使用较大的管,见图 18.6。

水压控制可以在小分区里执行

图 18.6 在小分区里的水压管理

18.3　水压管理的多种型式

水压管理来自各种不同型式,分地区的重力系统到动力控制的自动控制阀组(ACVs)或水泵速度,世界上每种配水系统都有不同要求或多种要求。本章下面几节要讨论最常用的水压管理中的几种型式。

18.3.1　分区管理

分区管理是水压管理的最基本形式,其效果很好。分区之后再次分成小区或按自然分区或按具体的阀门分区。往往区很大,且有多个供水点,所以往往不发生因为当地的阀门关闭等引起的水力问题。利用重力供水的系统往往按地面高程分区,水泵供水系统的分区则依据水箱或水塔的高程。

其中最难的事是利用分区边界上的阀门控制水压,现在都有遥测设备,它能把阀门每次操作的现状发送给中央控制室,让管理人员能完整地控制各分区,保证各阀门在紧急情况或维修之后回复到正常。

分区管理在其最简单的形式下不要求用昂贵的自动控制阀组(ACVs)和控制器,但是若没有这些设备,分区管理在很多情况下是不完全有效的,有许多系统分区得当,多年来也觉得在原有的控制设备基础上增加更先进的控制更符合效益高的原则。

18.3.2　水泵控制

许多部门利用水泵控制作为控制系统水压的一种方法。水泵启动或停机根据系统的要求。这种方法在降低了抽水水位(通常在夜间)的同时,仍然可以保持水箱水位不变。关于近年来能源保护事宜,水泵控制水压的办法应该小心检查,提高能源的使用效率。水泵如果遇到上游阀门堵塞,它会运行在设计的能限线以外或者需水量在设计限制以外,低效运行的水泵会造成大量电力消耗,并且在某些情况下,由于在高峰用水期间使用过度而受到昂贵的罚款。

适当地控制水泵,特别是用可变转速运行总可以提供非常有效的水压控制。

18.3.3 节流阀

很多供水系统的运行人员都知道为了减小系统水压,需要部分关闭闸阀或蝴蝶阀以便产生水头损失,降低水压。这个方法的效果是最 ⌐节流阀是效果最差的水压控制方法。⌐ 差的,因为水损失发生后会改变系统供水量。夜间配水系统需要最低水压,但水压会更高,白天配水系统需要最高水压满足供水需求,而此时水压会更低。

18.3.4 固定出口自动控制阀

自动控制阀是传统的控制方法,它基本上是用水力操作的控制阀,见图 18.7 和图 18.8。本书后面将讨论控制器和不同的外形。固定出口控制阀的控制方法在低水头损失、用水量小的地区效果好,这些地方不会因季节变化而有很大的用水需求改变。

图 18.7 并联工作的减压阀

固定出口水压控制在领域不同于前面提到的,也许效率不高,由于出口水压必须设定得足够高,以满足高峰供水时的最小水压。往往在夜间,系统需水量降低,水头损失降低,系统水压回复到静水压,该水压在许多情况下远远超过夜间要求的供水加上消防供水所需的水压(见图 18.9)。

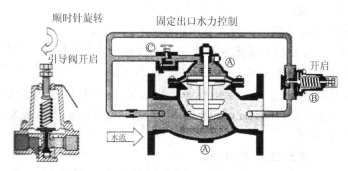

当引导阀B开启,控制回路中的水压对主阀A的
隔膜没施加任何力,因此主阀开启

图 18.8　减压阀

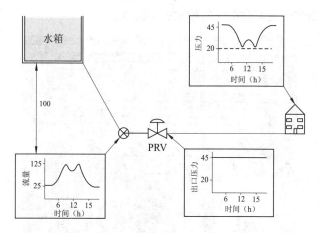

图 18.9　固定出口水压控制的作用

18.4　漏水量控制——水压漏水量理论

　　如同在第 10 章中讨论的,现在证明漏水量并不仅仅是水压的平方根,而宁可说是扩大了幂的关系。不但 PVC(聚氯乙烯)管漏水,许多其他形式漏水,特别是联结头,当水压变化时面积变化,这意味着在降低水压中潜在利益,对漏水容积有很大的冲击,不但改变漏水流量的速度,而且改变了漏水面积。

18.4.1 传统的计算方法

减少漏水量的传统的计算是对某一固定面积、水压减小进行计算，对这种情况过去的计算式是：

$$\frac{L_1}{L_0} = \left(\frac{P_1}{P_0}\right)^{N1 = 0.5}$$

现在仍然是：

当水压从 P_0 变成 P_1 时，漏水率从 L_0 变到 L_1。

因此：

$$L_1 = L_0(P_1/P_0)^{0.5}$$

实例如下：

【问】某一地区固定面积漏水率为 500 gal/min，水压为 80 psi。如果水压降到 50 psi，漏水率会减少多少？

【答】$L_1 = L_0(P_1/P_0)^{0.5}$ = 新漏水率 = $500 \times (50/80)^{0.5}$ = 500 − 395 = 105（gal/min）。

18.4.2 固定通道和可变通道

漏水量可以用固定通道或者可变通道来描述。固定面积漏水可以是在镀锌管上的针孔或在铸铁管上的孔，这种漏水形式遵循上一段表明的传统计算方法计算，通过减小固定面积所节省的漏水量往往比可变面积的漏水要少得多。

可变面积漏水通常发生在管道采用聚氯乙烯或塑料为基础的系统中，系统有接头漏水（多数发现在有空调管的系统中或旧式的水力联接管和具有高漏水背景的系统中）。

可变面积漏水率不用传统平方根公式而采用 1 次方，很多系统都依赖的公式，$N1$ 值的范围为 0.6~2.5，并且要分区逐级计算，国际研究指明 $N1$ 为 1.15 是使用不同材料的大区的代表。

计算 $N1$ 十分简单而且可以在现场进行。利用数据记录器或者人工读取流量和水压的数据。这种试验形式通常称为逐级试验。

为了计算出正确的 $N1$ 值，水压和流量值应该在夜间供水要求稳定的情况下收集。水压应该用已有的减压阀或利用闸阀节流板降低后的水压。相应的流量下降，此时读出的 $N1$ 值才是第 10 章所讨论的值。往往用 $N1$ 值来估算三个或更多个下降值的平均值,参见图 18.10。

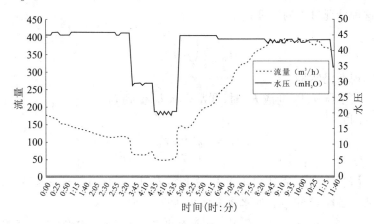

图 18.10　水压下降形成了漏水率下降

利用国际上接受的 $N1$ 平均值为 1.15,我们的漏水计算归纳改为:

$$L_1 = L_0(P_1/P_0)^{1.15} = 新漏水率 = 500 \times (50/80)^{1.15} = 500 - 291$$
$$= 209 （gal/min）$$

可见我们增加了 104 gal/min 的节省。这项附加的节省是在第二个例子中改变了漏水面积的作用。因此,我们可以得出结论,除系统以 100% 固定面积漏水(这是很难找的)外,还有传统的计算从降低水压而获得潜在节省。也就是说,传统的算法是极其保守的,而且是落伍的。

18.4.3　背景漏水

许多水务部门在进行十分有效的漏水评估探测,并对漏水部位进行修理,但仍然有漏水单元未被发现,常常把这种现象称为背景漏水,这种漏水是由许多针孔漏水、接缝漏水、滴水等组成的,这种漏水不能用传统的方法探测,唯一有效的方法是减少背景漏水的影响(而不是下部结构管理参与调解……例如第 19 章讨论),有效地控制水压。

背景漏水严重常常在用水服务密集、消防龙头密集或者供水系统中由于高度城市化维修困难的地方。

18.4.4　减小新漏水频率

水压管理不但帮助减少漏水容积和背景漏水,而且也减小了新漏水发生的频率。必须注意的是,水压并非影响新漏水频率的唯一因素,但它是最明显的一个原因,其他因素可能包括土地条件、交通条件、管道材料条件、杂散电流、温度及回填。估算和减少破坏频率的方法,可采用第 10 章的降水压方法。

18.5　溢流控制

当讨论水压管理及其对水损失的影响是很重要的时,讨论水塔、水箱和蓄水池的水位管理也是很重要的。

从蓄水设备中溢流造成的水损失司空见惯,它被视为并不常发生。认为水箱放在不恰当的地方才会溢流。

溢流往往发生在夜间(当时水压条件常常处于最高的时候,因为用水量少且水头损失小),同时也因为没有水位控制或误操

> 水压管理包括水库管理和水箱水位管理,往往是考虑水资源损耗的依据。

作。水位控制可以由手动控制水泵,由监控和数据采集,包括由计算和连接软件控制水泵,或由简单水力控制阀,利用水位控制阀或球阀,有时一个部门会有一套尖端系列的自动控制。但是外界力,例如闪电会影响这些设备,简单的水力支援常常是符合费用效益的,本章后面将讨论水力如何解决工作问题。

大多数水箱和水塔都有溢流带,如果想知道是否发生溢流,这是件简单的任务,检查溢流管排水处就行。如果有新近排水的迹象,那么一方面把水位数据存入记录器中,并与溢流水位比较;另一方面,如果没有数据记录技术,简单的解决办法是将一个球放入溢流管中,每天检查球的位置,如果球从管中出来,就是发生溢流。

水压和水位应该监测,还要分析损失的水位,简单的演算费用与利益对比,由此将会识别设置新的控制系统是否理由正当。

18.6　基本监测点

对于任何水压管理工程,首先需要监测的至少有以下的结点:

(1)供水结点。

(2)蓄水结点。

(3)临界结点。

(4)平均区结点(AZP)。

供水结点可以认为任何点,它是该区供水系统的点。供水结点也可以是从一个区到另一个区的出水点。在某些情况下可能需要用双面水流测量仪表监测。

蓄水结点可以是任何水库、水箱、立管或蓄水的位置。

临界结点是指某一位置供水时是最脆弱的,例如系统内高水位时或者某点是供水水头损失最高点,相反,该点也可能是用水户不能停水,例如生产工厂或医院。

平均区结点是一个位置,它是代表平均条件下(地面高程、水压、水头损失等)在供水系统或区内的位置,在第 10 章中会讨论正确选定平均区结点的方法。

18.7　流量测量

一般来说,流量测量应该在任何供水点或出口点测量,供水点可能是抽水站、水处理站、蓄水设备、水井或者向供水系统或供水区的大容量转送点,也有可能是在用水分析期间认为

> 测量时间越长越好,但是测量时间往往受费用限制。

有必要对用水大户进行测量,看看他们是否在夜间大量用水。

流量测量至少要测 24 h,但最好 7 d 或更长,决定测量多长时间,通常由费用多少来决定。

测量流量时要注意这些流量与季节变化趋势有关,显然变化需求量的最好状况要测量 1 年,但这是很难做到的。另外一件最应该做的事是把年需水量正常化处理,并与测量流量的周与正常化曲线作相关比较。

流量测量应该利用经过校准的设备进行,但是准确度为 ±10% ,通

常可以接受,因安装的阀门有很宽的范围。

18.8 水压测量

对以上提到的所有结点都应该测量水压,水压应该用合理高清晰度的记录器(±0.1% ,原尺寸)测量和记录。测量仪器应在现场安装后校准,关于测量步骤和建议的资料见附录 B。

18.9 利用水力计算机模型确定理想的安装位置

为了选择水压控制地点,没有必要用计算机水力模型。但是如果有,用它来确定水压高和水头损失高的地方,什么地方可以用最先进的控制器,见图 18.11。现代模拟技术可以用来确定最优的控制区内的控制点和数目。一般来说,模型应该经过校准以及包含极端的用水要求,例如消防水量或季节性调整。模型校准到 ±15% 才可接受用于这类工作。

利用模型是快速确定可能的水压控制地点的最好方法,虽然仍然需要到现场去做一些测量,因为现场情况往往发生变化,例如阀门处于关闭状态,新的漏水发生等。

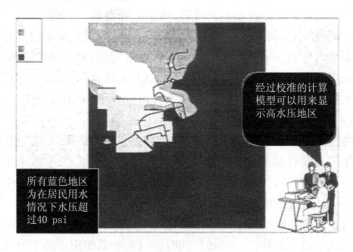

经过校准的计算模型可以用来显示高水压地区

所有蓝色地区为在居民用水情况下水压超过40 psi

图 18.11 水力模型可以用来显示高水压地区

18.10　在执行之前先了解的水力情况

除利用水力模型确定水压控制站的安装位置和现场测量以定出临界参数外,还有非常重要的是要确切地了解该系统是如何在水力上发生作用的。

这些分析通常在工程对用水分析阶段就进行,应该明确以下内容:

(1)直接水压用水所占的百分数。

(2)从单独储水箱供水的百分数。

(3)用水泵或用重力水箱配水。

(4)用水户分解类别,居民区、商业区和工业区。

(5)高架水塔的高程控制。

(6)水泵关闭控制。

探索结果将形成控制方案的基础,提供控制的限制及费用对利益的设想。

18.11　利用统计模型计算方案的可能利益

一旦确定了水压控制点的位置,做了现场测量,并明确了该分区内的水如何被利用,就可以进入到决定阶段,在此阶段要确定我们能有效控制多少内容而不中断正常供水,还有这样控制对减小漏水量、减小新漏水频率方面的利益是什么,还有新水源方案的延期,以及水保持等。

大多数优秀的使用者按照指导可以建造简单的模型(见第10章),但是也有各种商业模型出售。

决定是否要购买一个模型或者决定建造一个模型,实际上取决于一个部门有没有该类型的职员和职员有没有时间。当计算并非复杂时,在有些情况下,试验和制造自己的模型并不经济,而用一笔小投资买到一个试验过的版本。

大多数商业用的模型适应性很强,但总得小心,要保证所购的模型涉及系统中的水力特性。正如早些时候讨论的系统用水的水力特点之间有显著的不同,例如使用居民水箱用水和直接从自来水压中用水就不同。

18.12　计算费用与利益的比值

一旦数据输入到模型,校准到某一置信度,该模型可以用来分析潜在工程的费用和估算利益。准备安装的各类部件和直径、旁通阀型式和阀室、地面类型、有效控制的方式、设备安装之后准备实行的保养计划都会决定费用,从直接水压用水的部分,其附加费用在年总收入中可能很少减小。假如在该用水部门内不知道节约用水这笔费用应该利用,假如该部门要求用水户减少耗水,那么水压控制将成为非常有效的部分,而减少耗水将成为利益而不是费用。

要从减少漏水容积,减少保养费用,延期修建新水源(如果水缺乏),减少向拒绝付款的用户供水和加强蓄水管理等方面计算效益。

费用对效益计算是费用除以效益的函数,往往表示为一个比值,同时也是偿还开始投资所需的月数。大多数情况良好的水务部门的偿还期为 24 个月之内。在很多先进的水压控制部门,由于受到巨大的漏水冲击和简陋的安装,其偿还期少于 24 个月。

18.13　自动控制阀的工作原理

市面上有各种型号的自动控制阀出售,有些使用隔膜,有些用活塞,有些有活动套筒。

但是各制造厂生产的大多数阀体都能与控制型阀门互换,例如:

> 大多数阀体增加引导后成为几种不同的水压管理作用。

某个阀原先设计是作减压阀用,很容易改变成水位控制阀、水泵控制阀、流量控制阀或其他功能的阀,方法是改变控制管的方向和所安装的引导阀的型号。

水力自动控制阀基本上是利用上游水压的推力开启或关闭阀门。在引导阀整定值的作用下使水进入或离开阀门的上部,可以参见图 18.8。根据经验选择自动控制阀的型号尺寸在 20% ~ 80% 开展范围内自动控制阀工作良好。

第一次考虑水压管理设计时最好找各种阀门制造厂商谈,保证他们的阀门可以改变为多种功能,只要改变管道和引导阀,这将保证当系统特性改变时,投资得到优化。

例如有一部门今年在区内安装 1 台 6 in 的阀门,作为压力控制用,已经正确地计算各种尺寸,但是不到 2 年有一建设公司要建设一个大型共管的系统,因此改变了要求条件,这台 6 in 阀门现在还在确定尺寸中,虽然这是一件简单的工作,只要把一个功能更多的阀门代替 6 in 的阀门,而将 6 in 的阀门重新用在另外的地方。当考虑旁通阀的安装尺寸时,一定要注意采用柔性连接。

另外一件重要的事是维护保养问题。为了保养方便,大多数水务部门只用 1 家或 2 家制造厂的阀门,这样可以省去储存同一尺寸的不同厂家制造的阀门部件的麻烦。显然对于大多数工程,价格是关心的事,但当地支援、产品和备件储备地应该加以考虑。任何一个正在进行的工程的首次投资往往只是工程总投资的一小部分。

水压管理正如其他任何控制损耗的工具一样,并非静止的概念,是一个常常变化的工程,它要随着管理部门的需要改变。

18.14　降低水压

降低水压很可能是目前正在实行的水压管理的最普遍的一种形式,它对漏水现象有正面冲击作用。阀门与前面表示的图纸没有不同,承担着降低水压的作用。

在控制弹簧上施加多或少压力改变引导阀门的位置,则引导阀开启或关闭,引导阀中孔口尺寸改变,使水或多或少,强迫进入或流出主阀的顶部,使用调整向开或关位置。引导阀可以配上控制器将在本章后面详述。

在大多数情况下,水压控制会在一个区中实行,该区全部超过标准水压。但是在一些大区其费用效益比良好,它也可能需要增高水压到某一临界高度,然而这似乎不合理,这是件简单的事,只要演算其费用对效益比就明白是

往往在大区中只有少数要求水压降低者,其费用效益分析仍然良好。

否好。

这并非罕见,除较小的区外,要求大量减少水压的还有山谷,其他

较大的区只有很少的水控制,他们也能很好偿还,图 18.12 和图 18.13
为表示这种情况的一个例子,该情况发生在圣保罗 SABESP 装置。

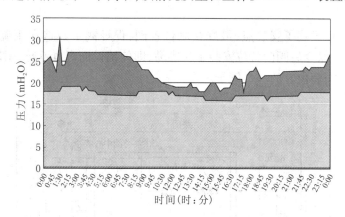

图 18.12　水压管理前、后的情况(合同号:69.502/96)

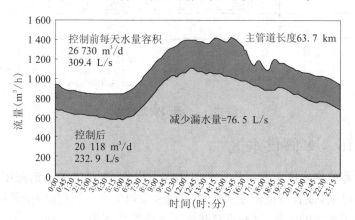

图 18.13　水压管理前、后的流量变化情况(合同号:69.502/96)

18.15　在现场确定安装点

　　一旦选出了可能的区并确定了控制点,就将其标志在纸上或标志
在计算机模型上,十分重要的是到现场去将阀门装配要安装的确切值
量定下来,其他的地下设施的位置在开挖前小心定下来。

当阀门安置在道路的倾斜段,应该注意确保阀门进口水压总须超过阀门出口要求的最高水压,额外加几磅是水流经过阀门所需的水头损失。

一旦确定了安装点,最好绘制位置图,保证阀室建造在正确的位置,并确保今后阀门就位安装工作容易,即使铺设沥青也不妨,图18.14是阀门安装位置的一个例子。

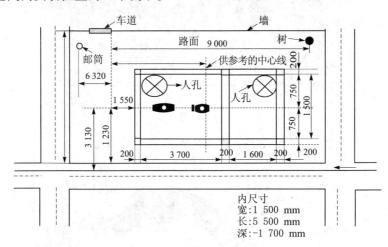

图 18.14　阀门安装位置

18.16　多阀供水区

有些供水区不能只从一个点用水力供水,这可能由于消防用水要求水量大,或者可能由于供水高峰期水头损失大,或其他一些原因,例如关于水质的问题,这并不意味该区不能维持下去。

拥有若干个供水点的区是可行的,也是合理的,装配起来也容易,只要注意 1 台阀门的水力反作用对与其配对的对应部件的作用,重要的是把各阀按其重要性排序,同时确保控制整定点反映重要性排序。例如有些阀要求只在水头损失严重时起作用,也就是在用水高峰或紧急要求时起作用。这些阀可能在这一天的其余时间保持关闭,水力分级线(HGLs)软件可用于保证阀门平衡出流。

通常供水量较大的阀门应整定到反应较快的改变需水量,而其他向系统供水的阀门反应的时间整定得稍微长些。

18.17　水塔和水箱的控制

前面已讨论过有各种方法控制水箱水位,很多水务公司可能已经有这些设备在控制中。因此,下面只讨论两种简单的水位控制的水力学解决办法,球阀控制和水位控制阀控制。这两种方法很可能是减少溢流漏水的最简单、最不需维修保养的解决办法。有些部门利用监控和数据采集系统,若该系统有闪电问题,可能把它作为备用方法,这种方法要用水力操作,并且与自动化系统无关。

18.17.1　球阀控制

球阀控制的操作很简单,它利用浮在水面上的球操作。最新的产品中球与引导系统相连,按照图 18.15 的说明依次操作主阀。

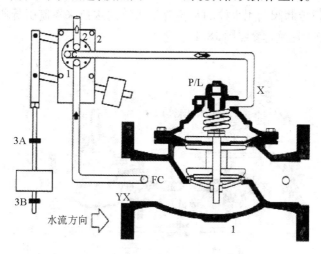

图 18.15　球阀控制

在有紊流的水塔中重要的问题是,保证球阀装置安装在静止平衡的地方,参照图 18.16,要保证紊流水面不影响控制阀门的开和关,对于储水设施,球阀装备是理想的,从顶部充水,与底部充水相反。

图 18.16　校准球阀

18.17.2　水位控制阀控制

　　水位控制阀利用水柱的水位等于水箱的水位来控制引导阀,依次开启和关闭主阀,参照图 18.17。

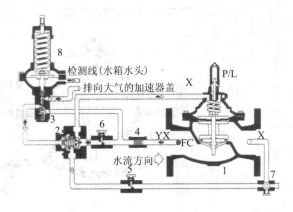

图 18.17　水位控制阀

　　水位控制阀常常安装在底部充水的水箱和储水器中,如照片(见图 18.18)所示,但如果检测线与出口管连接,也可以安装在顶部充水的水箱中。

图 18.18 水位控制阀安装

值得注意的是,不要把水位控制阀安装得离水箱太远,以免产生延迟反应和不良控制。制造厂供应的安装图完善,应附着在设备中,水位控制阀可以安装在单向水流和双向水流的管中,可以设定反映开—关或反映关系。

18.17.3 利用流量控制阀和水压保持阀控制用水

某些水系统发现在供水高峰期间系统中某些部分水力不足。发生这种情况时往往是某些用水户用了大部分的水,只剩余少部分的水给其他用户。往往这种情况发生在用水大户,造成局部水头损失巨大。这在发展中国家不规则的移民区是常见的情况。

水流控制阀和水压保持阀可以用来减少上述情况的冲击,并保证向所有用水户恒定供水。这些阀连同超水压地区的减压阀一起帮助保证系统所有部分水压均匀。

保持水压和水流控制特性也可以被加到减压阀中,见图 18.19 和图 18.20 所示的照片,把减压阀制造成一件有效的工具指导系统中水的流向,确保水良好周转,反过来保证了良好的水质。在用水高峰期,由于应用水力方面的问题,有些水库消落得快些,为了保护水库容积,这种形式的控制常常是需要的,如果没有控制,有些水库将会真的干涸了,而其他水库永不消落。

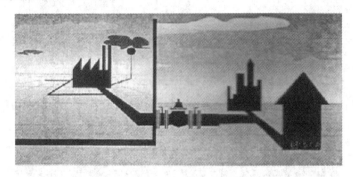

图 18.19 水流持续阀可以用来保护供水

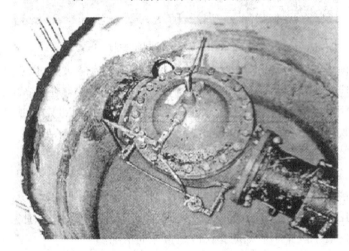

图 18.20 水流持续阀安装

18.17.4 有工业用水大户的用水区

在区内有非常大的用水户时,一定要小心查明流量和水压的分布范围线,以便用来确定阀门的尺寸大小,它代表着供水期间最高值和最低值的要求。在某些情况下,如果一个蓄水设施都没有建,安装现场蓄水设施,可能对水务部门和用水户双方都有好处,一旦用水大户有了蓄水设施,就能使用流量控制阀和水压保持阀来控制用水大户的用水需求,以及减小用水高峰冲击造成的全面严重的局部水头损失。

对所有用水大户的调查一定要严格注意他们的用水需求和紧急需要。调查的费用和某些情况下改型的防火洒水器系统或者提供的蓄水设施等费用,有时包含在该工程费用中。这也许是用水户不愿改变他们的系统以支持整个工程的原因。显然这些费用只能由水务部门支付。

18.17.5 季节性用水量变化巨大的用水区

在一些供水区内有季节性用水量变化巨大的情况,就需要安装多个供水点或并联安装阀。并联装置中应由一个大阀和一个较小的阀组成,大阀在供水高峰情况下提供大流量,这种情况往往在旅游区的周末或假期。较小的阀大部分时间都在供水,大多数情况下要安装一个控制器,这个控制器只需要装在小阀上,它很灵活。在某些情况下,大阀大部分时间都与小阀一起发挥作用,正是在夜间流量最小的期间,见图 18.21 所示的组装例子。

图 18.21 并联安装可以用来扩大流量范围

18.17.6 水力容量不充分的供水区

水力容量不充分的供水区也不罕见,在夜间降低水压的可能性大,那里白天水压不足,夜间水压降低,虽仍是合理的,但需经过费用效益分析后作

假如系统在供水高峰期功能薄弱,水压管理只能在非高峰期实行。

出最终决定,正如前面提到的,可以用水压保持阀连同减压阀一起作用。如果可能,另一个方案是安装一个小水箱,它可以消除只在用水高峰期的失压状态,此时是系统最紧张的时刻,而水压不能控制。

18.18　阀门选择及尺寸计算

　　阀门选择和尺寸计算通常是用流量和水压的平均值计算,再按阀门允许偏差值选用。在大多数情况下,阀门工作良好,但这不是推荐去实际实行。

> 选择满足系统要求的流量范围和正确的阀门型号,注意在本表中最大水流连接流速允许为 20～22 ft/s。

　　在为了控制漏水量而降低水压的情况下,强烈地建议流量和水压要在现场测量,正如前面讨论的,降低水压对漏水的冲击作用,往往时间的运行是关键的,但却没有准确的数据,可能是阀安装得不正确和运行不稳定。

　　当需要进行阀门季节性矫正,保证阀门能适应流量最大值时产生的太高的水头损失,现场测量也是有好处的。这也符合于当计算紧急用水,例如消防的结果时的情况。

　　所有阀门制造厂都提供阀门尺寸图表,表 18.2 表示一个例子。

18.18.1　自动控制阀的型式——隔膜式、活塞式、滚动隔膜式、套筒式

　　所有引导阀操作的液压阀、自动控制阀都利用相同的原理,但其控制模式变化显著,每个制造厂都会指出他们生产的型式的优点,试图说明他们的产品比别的好,全镗孔阀,像滚动隔膜式和套筒式将说是大流量时,水头损失低,而球型隔膜式阀的制造厂会说稳定调节、控制平衡。归根到底至关重要的是,部门的工程师必须了解所希望得到的是什么,然后选择工作所需的最好阀门。

　　除技术利益外,工程师还应该考虑其他两件非常重要的事,当地支持和运行中的维修保养费用。管理部门面对的最大问题之一是,当他们有许多已安装了的阀门就需要一笔费用和快速保养维护的能力。管理部门应该设法避免安装许多不同制造厂的阀门,因为储存备品的费用会显著增加,而局部支持的可能性急剧下降。

表 18.2　快速确定阀门尺寸

系统流量范围 （gal/m）	尺寸范围 （gpm）	尺寸范围 （gpm）	尺寸范围 （gpm）
单阀安装			
1～100	1～1/4″		
1～150	1～1/2″		
1～200	2″		
20～300	2～1/2″		
30～450	3″		
50～800	4″		4″30680
115～1 800	6″	ACV 6000	6″501025
200～3 100	8″	Series	8″1152300
300～4 900	10″	Valves	10″2004100
400～7 000	12″		
500～8 500	14″		
650～11 000	16″		
并联安装			
1～400	1～1/4″（1～100）	2～1/2″（20～300）	
1～800	1～1/4″（1～100）	3″（30～500）	
1～1 000	1～1/2″（1～150）	4″（50～850）	
1～2 000	2″（1～200）	6″（115～1 800）	
1～3 800	1～1/4″（1～100）	3″（30～500）	8″（200～3 100）
30～3 800	3″（30～500）	8″（300～1 800）	
1～5 400	1～1/4″（1～100）	3″（30～500）	10″（300～4 900）
30～5 400	3″（30～500）	10″（300～4 900）	
1～8 000	1～1/2″（1～150）	4″（50～850）	12″（400～7 000）
50～8 000	4″（50～850）	12″（400～7 000）	
1～9 500	1～1/2″（50～850）	4″（50～850）	14″（500～8 500）
50～9 500	4″（50～850）	14″（500～8 500）	
1～13 000	2″（1～200）	6″（115～1 800）	16″（650～11 000）
115～13 000	6″（115～1 800）	16″（650～11 000）	

18.18.2　阀门尺寸计算和极限——最大流量和最小流量、空蚀、水头损失

在许多情况下,自动控制阀控制的流量极限是该阀可控最大水压的函数,然而在临界结点是提供的水压最小的常数。如果要对具体的水压数量实行控制,可查阅制造厂的空蚀图表,以保证该阀能在其极限内操作,见图 18.22 例子。

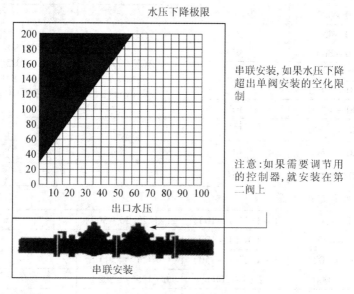

图 18.22　空化图表

1. 阀门尺寸计算——水压减小

减压阀尺寸的正确选择是相对简单的方法。选择的准则是最小流量、最大流量和流过阀门的水压降。下面解释三种形式的减压阀安装。

这也适用于任何功能与减压功能联合,例如减压/检验功能,再例如减压检验和减压电磁阀。

2. 单阀安装

单个减压阀可以适用于要求的工作流量在单个阀的容量之内,水压降低在空化区之外。

(1)从阀门尺寸图表选择阀门尺寸,也就是说从阀门的流量范围

内取最大流量(考虑最低用水量选用设备)。

(2)检查水压下降(进口—出口),确实查明所要的出口水压高于所推荐的最低出口整定值,以避免出现空化状况(查阅空化图)。

3. 并联安装

如果要求的水流量在单个阀门容量以外,就要求增加一个小阀并联安装。并联装置中,大阀输送最大流量至其最低流量,小阀延伸其最小流量范围。这套并联装置的总容量等于这两台阀门的最大流量的总和。

(1)从阀门尺寸图表中联合查阅两台阀门的最小流量至最大流量,从中选出并联安装的阀门尺寸。

(2)检查水压下降(进口—出口),确定查明所要的出口水压高于psig 指数,或检查空化图表。

4. 串联安装

如果必要的水压下降造成了阀门出口水压低于 psig 指数,或落入空化区,那么就会要求 2 台阀门串联安装,每台阀门都在空化区外工作,把进水水压分两步降低到所需的出口水压。阀门尺寸大小根据最大流量—最小流量范围选择。前面已解释过。

5. 隔离关闭门

在自动控制阀的上游和下游管路上,应该安装蝴蝶阀或相似的阀门,以便在维修服务时不需将管路系统排水或者免除服务人员受到水压影响。

6. 安装建议及要求

避免安装 6 in 及更大的阀门,水流方向为垂直方向(阀杆水平或阀盖指向路旁)。如果装置要求安装成这种方向,订货时要与工厂说明。

如果阀门很有可能运行于空化区,那么要把 2 台阀门串联安装,像下节讨论的一样,见图 18.22。

在选定阀门尺寸时要小心检查整个阀的可能的水头损失(闸阀、滤网、流量计、控制阀和管路装配件),特别是在供水高峰期间,水压已经降低,调节控制只能在高峰期以外实行,如果不注意,在高峰期供水可能减少,会造成无水的投诉,见表 18.3 供参考,它可用来检查旁道阀装配内各配件的水头损失。

表 18.3　尺寸计算考虑因素

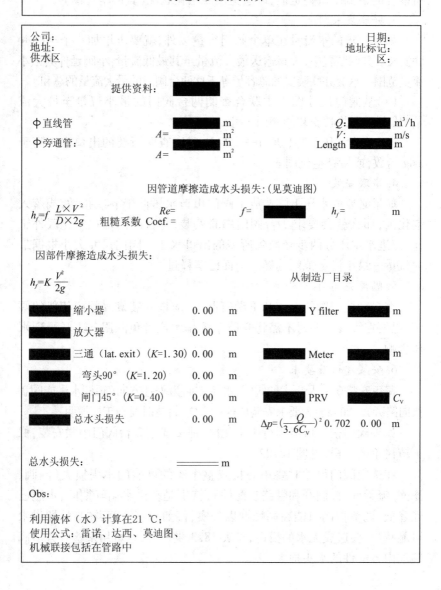

旁通水头损失估算

公司:　　　　　　　　　　　　　　　　　　　　　　　　日期:
地址:　　　　　　　　　　　　　　　　　　　　　　地址标记:
供水区　　　　　　　　　　　　　　　　　　　　　　　　区:

提供资料:

Φ直线管　　　　　　　　$A=$　　　m²　　　　　　Q:　　　　m³/h
Φ旁通管:　　　　　　　　　　　　m²　　　　　　V:　　　　m/s
　　　　　　　　　　　　$A=$　　　m　　　　Length　　　　　m
　　　　　　　　　　　　　　　　m²

因管道摩擦造成水头损失:(见莫迪图)

$h_f=f\dfrac{L\times V^2}{D\times 2g}$　　　　$Re=$　　　　$f=$　　　　$h_f=$　　　m
　　　　　　　粗糙系数 Coef.=

因部件摩擦造成水头损失:

$h_f=K\dfrac{V^2}{2g}$　　　　　　　　　　　　　　从制造厂目录

　　　缩小器　　　　　0.00　m　　　　　　Y filter　　　　m

　　　放大器　　　　　0.00　m

　　　三通（lat. exit）（K=1.30）0.00　m　　　　Meter　　　　m

　　　弯头90°（K=1.20）　0.00　m

　　　闸门45°（K=0.40）　0.00　m　　　　PRV　　　　C_v

　　　总水头损失　　　0.00　m　　$\Delta p=(\dfrac{Q}{3.6C_v})^2\,0.702$　0.00　m

总水头损失:　　　　　　　　＝m

Obs:

利用液体（水）计算在21 ℃;
使用公式:雷诺、达西、莫迪图、
机械联接包括在管路中

　　作为水压控制后的结果,原有的水流分布图会下降,特别是当高水位漏水出现时,见第 10 章详细计算降低水压对系统漏水的作用。

　　在选定阀门尺寸大小时,要注意漏水量减小后的流量不能小于阀门可接受的最小值。如果这样的事发生,该阀可能无法控制,它几乎处于关闭位置,因此任何微小调节水流和水压的作用都比在正常位置下的调节作用大。这样可能会造成较高的维修费用或增加漏水量,大多数液压阀设计时都计划在 20% ~80% 开度下工作。

　　阀门必须面对最大流量和最小流量两种条件的情况是常见的,这时往往在主控制阀旁边安装一台小的旁通阀,保证水力控制顺利进行。

18.18.3　并联安装——消防控制,大流量,流量变化模式

　　在流量模式变化巨大或者为了满足安全或紧急时段的用水要求时,在实践上通常把阀门并联安装。这种安装形式通常采取一台大阀和一台小阀的形式,一起工作提高有效流量范围。图 18.23 表示两台不同直径的阀门在一起工作的例子,在这种情况下,大阀处理一天中的大部分流量,小阀只处理夜间相对较小的流量,在这种情况下,如果要装控制器应装在大阀上,小阀应有固定出口水压,该水压箱水压稍微大于大阀经过调整后的最小水压。当大阀向关闭方向调整减小出口水压,使小阀投入启动。大阀和小阀出口水压差值整定在 5 psi 左右,能获得良好、顺利的切换。

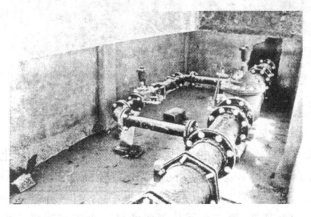

图 18.23　不等直径的并联安装

在某种情况下,大阀已安装用来满足消防供水的条件,大部分时间保持关闭,反过来也适用。如果要装控制器就要装在小阀上,大阀出口水压应整定得比小阀的出口水压低一些。当用水量增加,小阀开始产生过多的水头损失,迫使出口水压下降,大阀会调整开启并向系统,以固定的出口水压和大容积供水。

并联装置也可以承担供水流量大而且要求两台大阀并联安装的供水任务。图 18.24 表示两台等直径的阀门并联安装的例子,同时也表示如何把控制器接到 1 个引导阀中,该引导阀将控制两个主阀的顶腔。只要两个阀的开启和关闭速度调整到均等,正常运行功能良好,在某些情况下(通常是两个大口径阀门),一个引导阀和一个较大的喷嘴好让大容量的水通过,仍然保持控制,又不造成局部水头损失。

图 18.24 等直径并联安装

18.18.4 串联安装——水压下降大

大水压很高需要削减的情况下,使用单个阀门会落入空化区,而用两个相等直径的阀串联运行,可适用于本情况。在此情况下可安装 1 个控制器。安装在第二个阀(或下游的阀)上,第一个阀将上游水压削减到要求的最高值,第二个阀从需要的最高水压减到要求的最小值。图 18.25 说明了两个并联阀门和串联阀门及控制器的复杂例子。

图 18.25　并联和串联安装带控制器

18.19　利用控制器使液压阀更有效

智能型和费用效益型的控制器的出现使我们能够以传统的方式将控制器安装在液压阀出口处,使其以更有效的方式运行。该控制器实际上能在下游水压中依据时间或者系统供水要求设置多个点,在很多情况下,只要根据白天和夜间的水头损失差值而改变控制器的整定点,就能在漏水方面节省许多。

除标准漏水控制外,控制器还可以使阀门在类似于地震之类的紧急情况下发挥作用。当某地区发生地震,主要输水管很可能断裂,导致可能耗尽全部蓄水。利用校准控制器的标高曲线,控制器可以降低水箱损失的水量或完全关闭该输水线,从而节省了宝贵的资源,也省去了在紧急情况下令人头痛的向水箱充水事宜。

18.19.1　根据时间控制

利用内部有定时计的控制器的作用。控制受到根据用水需求曲线决定的时间带的作用。这种方法对于用水曲线稳定、水头损失不变的地区十分有效,往往在费用方面成为争论问题的地方,但先进的水压管理是所需要的。以时间为根据调整控制器供货时,可以提供数据记录器,也可以不提供或者远方连接。有些制造厂商把控制器联络引导阀,并且改动了引导阀的整定点,引进抵抗原有引导阀弹簧的力,如图18.26所示。

图18.26　根据时间控制器安装在引导阀上

其他制造厂利用定时计和电磁阀通过预先设定的引导阀改变管路控制。

18.19.2　根据需要控制

对于有些地区条件多变,水头损失、消防要求以及需要先进的控制等,采用根据需要控制是最好的控制方式。这种控制方式是利用出口水压的影响,与供水要求有关,办法是把控制器和流量计信号输出连接起来。阀门出口压力的调节利用变动克服引导阀的弹力来实现。通常控制器提供当地的数据记录器,并可任选远方通信器,见图18.27。

可以用预先设定的曲线的作用来实现控制,这表示供水区内供水需求和水头损失的关系改变了。另外一种方案是用直接通信连接,可使控制器和临界点之间直接联系。显然第二种方案包含通信费,因此费用较高,这种方案并非必要。

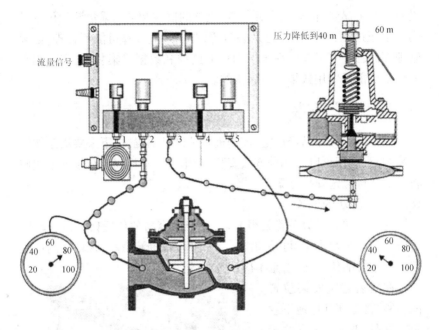

图18.27　根据需要控制

　　大体上这种控制方式的装置费用较高,但是附加节省以及由于使用智能控制,并保证消防用水,往往使这类控制更加理想。

　　以用水需求为依据的控制或以远方提示为依据的控制对关键临界点能够平缓系统中薄弱点的水压波动,特别是对于非常脆弱的系统,能够减少供水中断的频率。

18.20　监控和数据采集

　　有些水务管理部门想要原有的监控和数据采集装置,许多监控和数据采集装置是计划用在输水系统层面上运行的而不是用在配水系统层面上,因为费用的原因。但是现在管理部门开始对系统在费用方面合理优化,而监控和数据采集也不应该因其优越而排除在外,虽然作为配水系统中的水压管理的方法是昂贵的(作者曾在加拿大、澳大利亚、日本和美国看见过这类型的控制设备和介绍)。一般来说,这种控制设备安装最昂贵,但显然十分有效,完整的监控和数据采集装置仅仅是为了水压控制,它不一定总是必需的,费用效益计算可能不合理,如果管理部门已经有了配水系统层面用的监控和数据采集装置,那么用它来调整可能是费用效果分析属优的。

18.21　阀门安装

一旦阀门尺寸已经选定,控制极限范围已明确,接下来要决定如何安装阀门,阀门可以用几种方法安装,费用也各不相同。在接下来我们将讨论几种可选安装方案。

18.21.1　挖坑的位置

这个问题看来似乎答案很明显,找个最容易的位置！但是有时候可以在纸上很快决定,可是却没有完整的现场勘测资料,现场勘测可能就是最重要的任务之一,是不应该忽视的。

在最后选定安装位置前,必须将全部其他地下设施定好位,见第 16 章关于地下设施的定位,确定的地方交通问题,必须是最容易对付的,那就是地下室,也要考虑所有权,都可能影响到开挖。

18.21.2　主线或旁通

一旦合理的位置已经选定,就需要决定或者是把阀门装配安装在干线上,把直径较小的装成旁通阀,这样安装会便宜些,或者是把阀门装配安装在旁通位置,让阀室和进出人孔布置在边缘以进出方便,假如主管

图 18.28　安装在主管上的阀门

（合同号:69.502/96）

线在道路下面,见图 18.28 和图 18.29,上述为两种可选择方案。然而旁路有助于主阀的维修,有些水务部门更乐于不装旁通阀,因为旁通阀总是有机会在计划维修流动以外被打开,那样实际上使水压控制失去服务,而造成漏水量显著增加,也增加漏水频率。如果装旁通阀,旁通阀的控制工作也要摊派到水务部门的运行人员中。

图 18.29　安装在旁通管上的阀门(合同号:3.066/98)

18.21.3　水头损失有关事宜

当为阀门设备选择旁通管和配件时,考虑水头损失是很重要的,水头损失可能产生在水流高峰加上紧急情况用水时。水流不仅通过阀门,而且通过所有配件。如果阀门要利用控制器主调节到各个整定点,那么就希望在某瞬间几乎全部开启阀门,造成明显的处于用水高峰期,而只在供水很小期间控制着。如果旁通管或邻近的配件为了减少费用而选用尺寸小的,水头损失可能会在要求的最小值的过程中产生。在这一阶段,小心考虑配件的尺寸选择。在某些情况下,在经济上是合算的,但在其他方面则论为不合理。每种情况都有具体的地址特点,将在费用利益对比阶段再进行分析。

18.21.4　液力管接头

当考虑使用的接头型式时,重要的是考虑现有的管道工程的类型。

如果现有的管道工程是铸铁或韧性钢等连接的,可以用锚杆连接,因为水平移动并不是关键性的问题。但是如是已有管道是由石棉水泥或用低底钟口承插接头,或者是由聚氯乙烯管制成的,那么就应该考虑在控制期间可能产生的水平运动。在任何情况下都要考虑垂直运动。

18.21.5　固定支座

固定支座根据管道工程和阀门的大小而定,每个实例都要单独考虑和计算,以确保设备不可能出现垂直运动或水平运动。在正常情况下,在分支管90°弯头处设置止推座,但是如果阀门本身安置在支管上,附加的推力约束应该计算。

18.21.6　阀室或地面设备

在某些情况下,把阀门装备安装在地面是合理的,图18.30中的照片便是例子。地面布置很现实,它可使运行人员免除要求进入的空间限制和设备被淹的可能性(特别是在地下水位很高的地区),并且通常在受限制的条件下工作。显然,地面布置也有缺点,那就是占据很多空间,特别是对于那种尺寸大的设备,地面布置也更吸引对某些环境要求的人们的注意,并可能成为首选的焦点。

图18.30　地面装配(合同号:3.066/98)

18.21.7　阀门投产试运行

在任何情况下,最好能由熟练、有经验的运行人员操作阀门的启动。有时由于种种原因,阀门不按其应该发挥的功能动作,也不需要什么常识,不熟练的操作者会使系统发生严重的问题,要是阀门控制反复无常,至少会失去许多时间和精力去设法解决简单的问题。

> 在任何情况下,最好能由技术熟练,且有经验的运行人员操作阀门的启动。

18.21.8　启动程序

启动程序,虽然要指定具体的地址,但最好在启动前编制一份检查清单,用于减压阀启动程序样本,它也包含有流量控制和保持流量功能,可在表 18.4 中找到。

表 18.4　调整流量/减压/保持阀

安装/启动

自动控制阀的启动要求遵照下面的专门程序,要让阀门有时间回复到调整状态,即系统已稳定的状态,目的是使阀门进入到服务和被控状态以保护系统不受压而损坏。

(1)清除管路上的杂渣和其他垃圾。

(2)检查并确保孔板已安装在阀门进口上,而且保持进口处探测口没有被挡环遮挡。如果盖住了,则转动挡环让缺口对准探测口。

(3)安装阀门让标有水流箭头的符号在阀体上,打上与水流一致的标记。

(4)把上、下流截断阀关闭。

(5)打开控制管路上的球阀或截断旋塞,假如主阀是这样装配的话。如果不打开这两个小阀将会妨碍减压阀正确发挥功能。

步骤 1　按说明预设引导阀。

调整流量:反时针方向调整出,开启阀门到低流量。

水压保持:反时针方向旋转保持控制调整螺丝出,背压离弹簧,让其处于打开状态而调整其他的控制。

减压:反时针方向调整出,背离弹簧,避免系统可能出现过压。

步骤 2　旋转调整螺丝进行关闭速度和开启速度控制,假如主阀准备安装出,从全关方向反时针方向拧出转 3/2 至 5/2 圈。

步骤 3　松开主阀上的小管或旋塞盖在主阀启动期间通气。

续表 18.4

步骤4 使全线通压力水慢慢地打开上游隔断阀,经过松开的配件排气,当流体开始排出时,关紧配件。

整定流量控制

步骤5 慢慢打开下游隔断阀,直到阀门全开。

步骤6 在系统向用户供水时,可以把阀门调整到合适的流量。这要求流量计能读出该阀正在供水的流量。

步骤7 当读出流量计的记录器时,调整控制流量。

(1)顺时针方向旋转调整螺丝进,调节增加流量。

(2)反时针方向旋转调整螺丝出,减小流量整定减压控制。

注:降低控制是整定得比保持控制水压更高的控制。

步骤8 精细地调整减压控制到想要的水压整定点。方法是顺时针方向旋转调整螺丝进,增加水压或反时针拧螺丝出,减少下游水压。

步骤9 开启流速控制调整:流速控制开启可使自由水流进入阀盖而限制水流流出主阀的盖外。

如果因下游增加用水需求而水压恢复缓慢,反时针旋转调整螺丝出,增加开口率,如果下游水压恢复得太快,也就像指出过的水压快速上升,很可能比所预期的设定点的压力还高,顺时针方向旋转调节螺丝进,减小开口率。

步骤10 关闭速度控制调整:速度关闭针阀调节进入空阀顶盖腔的流体水压,控制主阀的关闭速度。如果下游水压波动稍微高于预期的设定点,逆时针方向旋转调节螺丝出,提高关闭速度。

整定保持控制

步骤11 整定保持控制需要降低上游水压到预期的最小维持水压。

步骤12 让下游隔离阀保持全开,关闭上游隔离阀直到进口水压下降到预期的设定值。

步骤13 顺时针拧调整保持控制的螺丝进,直到进口水压开始增加,或者逆时针拧出,调整螺丝出,降低水压至预期的水压。

步骤14 让水压处于稳定。

步骤15 按步骤13的要求,精细调整保持控制的整定值。

步骤16 打开上游截断阀,回复到正常运行。

1. 空气

当启动一台新装置或重新启动一台曾经经历过零压力的装置时，普遍的做法是将空气截留在阀门的顶部。空气的影响使得阀门不能正常地控制，在此情况下，通常阀门不能关或者不能调节到关闭位置。在普遍的实践中都在控制阀的顶部安装一个小空气释放阀，见图18.31。另一种方法是把释放阀安装在水管上，后者往往是水务部门想把表示阀门位置的指示器杆安装在阀门的顶部，管路空气阀也将成为较大容量空气释放阀的一部分。

图18.31 安装的减压阀顶部的空气阀(合同号:3.066/98)

2. 调整整度

不论是否装配了控制器，阀门的调整整度一直是个问题。应该设置液压快速控制使调整控制得平稳。另外，当出口水压改变时，在提前调整情况下，控制器的反应速度应该与系统的需要相匹配。大体上根据经验，阀门愈大需控制得愈快，因为其液压反应时间愈长，阀门上部体积更大。

阀门愈小调整愈慢，合理的控制器调整带应该在每个控制脉冲10′~25′间，有些情况下阀门顶部体积非常大。甚至两个阀门并联运行从 1 个控制器实行调整,那种情况可能改变脉冲容量更为合理些,或者用电磁阀开启,加强强制控制。大多数制造厂提供详细的手册解释如何处理他们的设备。无论如何,运行人员对于他的系统需要何种反应形式应有感觉。系统的需要可能包含消防反应或者用水大户的拖动。显然阀门不宜调整得太快,不然则会形成非常负面的水力反作用。如果未确定系统会对控制起何种反作用,最好的办法是把压力数据记录器放到记录非常快的系统中,然后用脉冲的大小和频率作用在控制器上试验,看看哪种组合能得到最平衡的控制。

　　3. 稳定性

在装配控制器前最好与系统水压力联机看看在没有控制器情况下液压阀的控制是否平稳。如果速度控制、整定得不正确,或者在多个供水的情况下出口压力设置得

> 阀门像任何其他设备一样需要定期维护保养以保证有效操作。

不正确,那么这些阀就是所要寻找的,这些都要进行水力方面改正后再通过更先进的控制器领域进行试验。

18.22　维护事宜

阀门经过安装,完全的投产和校准后,重要的事是编制定期维护计划,确保今后的阀门高效运行列入议事日程。维护周期通常由水质、设备安装的位置(假如该处准备破坏)和用水需求变化及调整范围的变化原因确定。

维护应该包括且不限于以下项目。

> 对所有各种控制阀的速度调制是要求很苛刻的问题,必须根据各个系统的条件认真操作。

18.22.1　阀门维护

(1)清扫主过滤器和辅助过滤器。

(2)检查管路漏水情况及薄弱环节。

(3)检查控制截流阀的运行情况。

(4)检查压力表。

(5)检查阀的平稳调整。

18.22.2　控制器维护

(1)检查电池。

　　(2)检查输入电缆。

　　(3)检查记录器功能。

　　(4)检查调整速度。

18.22.3　小分区维护

　　(1)检查临界阀。

　　(2)检查夜间流量。

　　(3)检查临界结点水压。

　　(4)检查临界结点有效性。

　　(5)修一新漏点。

18.23　阀室

　　对阀室应该定期性地检查漏水和渗漏、空气质量和一般的使用性能。对阀室人孔盖也应该定期检查并涂抹黄油以利于开门。

18.24　非液压的水压控制

　　只要认为当地条件合适以选用其他水压控制方案并安装。电气促动阀就是一个例子,见图 18.32 和图 18.33。

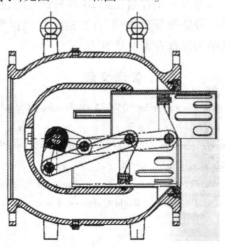

图 18.32　电磁插棒式阀装配

图 18.33　在圣保罗插棒式阀安装

18.25　结语

　　水压管理是许多水损失控制的工具之一,它可以被漏损管理专业人员用来与漏水量或漏水频率作斗争,也可以与减少用水需求计划联同一起作用。水的有效利用计划在第 20 章有详细的讨论。

　　水压管理是一种适合管理水损失的方法,目前世界各地从高度工业化国家到发展中国家都在推行这种方法。

参考文献

[1] Thornton J. *Pressure management*. AWWA Publication: *Opflow*, Vol. 25, No. 10: USA, October 1999.

[2] Thornton J. *Correct selection sizing and advanced operation of PRV's*, ABES national congress: Salvador, Brazil, 1998.

[3] Thornton J. *New tools for precision pressure management—a case study in SABESP, Sao Paulo, Brazil*. IWA World Water Congress, Beijing, 2006.

第 19 章　控制真实损失
——无压管理

19.1　简介

　　地下管道是水务管理部门拥有的巨大投资之一,为了维护或更换旧管的费用常常是被阻止的,这不仅因为管道工程本身的实际费用,而且还有开挖和在密集的城市条件下恢复原貌。

　　不幸的是,维护保养常常被忽视,因为这些事是看不见的,直到危急情况发生,又可能被忘记。总之,任何好的水损失管理计划都应该说明日后维护作为关键问题。图 19.1 表示维护、修复和更换,在我们真实损耗控制的 4 个箭头概念中。

　　管路维护可用很多方式,也可以用不同的时间频率。要依问题的本质而定,与运行人员的工作态度和实际状况的严重程度都有关。但是有些维修很频繁的计划遭到反对,损耗是腐蚀控制和管路加衬和更换。在管路更换的情况下,新技术被用来承担无沟槽更换,这点很重要,许多管不论是主管还是分支供水管都发生过破裂事故频发,由于早年敷设的管特别是其材料质量或安装质量在安装期间被忽视了。任何一个水务管理部门考虑更换管道作为方案之一时,需要考虑报废的理由,同时要保证新管不会像旧管那么快损坏。

　　本章涉及一些目前在市场上遇到的问题和方法,虽然两个题目是在他们自己权限内的科学课题,但是已经广泛讨论并在其他文献上发表过。

19.2　管道腐蚀

　　管道腐蚀由很多种腐蚀组形成,其原因可能如下:

本章作者:Julian Thornton; Reinhard Sturm; George Kunkel。

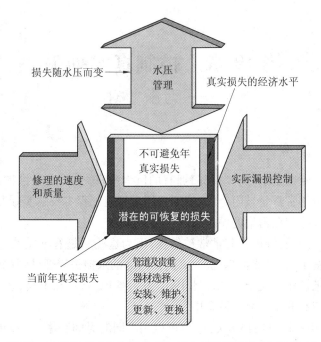

图 19.1　维护、修复和更换在任何损失管理计划中起重要作用

（1）直流电腐蚀。

（2）氧浓度细胞侵袭。

（3）细菌侵袭。

（4）杂散电流腐蚀。

（5）空蚀。

（6）裂隙腐蚀。

（7）溶蚀。

（8）与应力有关的腐蚀。

（9）磨蚀。

（10）与疲劳有关的腐蚀。

（11）撞击腐蚀。

（12）高温腐蚀。

作为水务工作者常常必须对付下列形式的腐蚀：

（1）直流电腐蚀。

（2）土生细菌腐蚀。

（3）水生细菌腐蚀。

（4）杂散电流腐蚀。

正如任何其他部件一样,造成系统水损失、腐蚀的原因在任何一个特定的水系统中都不一样,往往很复杂,应该各个分开研究,但是有些标准的控制腐蚀的方法如下：

（1）外部涂上保护涂料。

（2）管路重新涂衬料。

（3）管接头绝缘。

（4）利用防腐蚀剂进行水处理。

（5）阴极防腐法。

（6）杂散电流汇集剂。

腐蚀控制是一项复杂的问题,它积极引领着逼近系统维护的通道,总之在大多数情况下,这种服务方式的偿还是非常快的,能在短时间内急剧地减少新的管道爆裂次数和漏水量。

19.3　管道修复和更换

地下管道有极限使用寿命,经常需要修复或更换,有如下一些理由：

（1）破裂或漏水严重。

（2）接头漏水严重。

（3）结垢的腐蚀（内或后）。

（4）水力过水能力。

（5）结构加筋补强。

（6）对待生命或对待财产。

在本书中我们把重点放在水损失管理上,修复和定期维护可以有效地增加管路的寿命,但是不同方法的效果和费用是不同的。近来国际水协会水损失控制任务强逼水压管理小组确认水压管理使水系统中每年的破裂数明显地减少——因此也就是增加了系统的使用寿命。

19.3.1　管道更换和修复方法

一般来说,下面提到的第一种管道修复可选方案是有效减少漏水的。特别是在结构上已严重损坏的管路。但是有很多情况要研究,该方法确实显示减少水耗的结果是良好的。

有些修复和更换的方法讨论如下。

1. 主管和支管的更换

管道显然可以采用布置新管、抛弃或搬走旧管达到更换的目的,但这样代价是极其昂贵的,而且在某些情况下是完全不切合实际的,比如在居民稠密的城市里就是这种情况。在很多的水务部门更换一根生活洪水管的程序要解决大量的耗水问题,在很多情况下每年最大的实际耗水量谎称是在生活供水的小管中长期运行漏掉的而未探测到也没报告。还要附加说明,更换总管或供水支管绝大多数能减少新管破裂的频率,因此减少了年维护费用和测验漏水的活动。

2. 无沟槽技术

管道更换的其他方法可以利用无挖或无沟槽技术,这种方法往往更省钱并且几乎总是破坏性更小。无沟槽管道更换的方法讨论如下:

> 无构槽技术是管道更换和修复方法中较为经济的,特别是在人口密集的地区。

滑动里衬法:滑动里衬法可能是无挖掘更换技术中最简单的一种方法。在此方法中,将旧管清理干净,新管直径较小,被拖穿入或被推穿入旧管中。新管直径较小,通常用聚乙烯材料制成,一旦新管穿入到位,支管的接头通常要挖掉,重新连接。

滑动里衬确实减小了该管原来的直径,应该注意还有足够的水力拖动容量完成后面的任务。总之,在大多数情况下,特别是旧的铸铁管,虽然直径大些可是已腐蚀,其效果也比新管好不了多少。

紧密配合里衬是另外一种滑动里衬的形式,此法是把变形的里衬插入管中,然后使其在管内一次性复原到原来的尺寸。

管道抗裂或抗爆:在一些地方需要保持或增加水压过水能力的情况下就要采取管道防裂或抗裂措施。先把旧管准备好,然后将一楔形锥管推进新管前面。这样就可以利用旧管作为导向,把新管安装在旧管的位置。新管比旧管大。

上述方法可在所有情况下协助减小漏水，而且还提供其他好处，例如提高过水能力，提供清洁安全的供水条件。

19.3.2　修复方法

在大多数情况下，在结构完好性方面未发现问题，管路可以清洗和加衬砌，衬砌面料趋向于采用水泥或环氧涂料，在大多数情况下都不考虑结构或减少漏水，而宁可说是为了提供清洁平滑的环境，保证提供健康用水和更低的摩擦系数。

1. 管路清洗

不论用何种涂敷面料，在重新涂敷之前都要认真地清洗管道，确保涂料能牢固地黏附在管壁上，没有杂质和腐蚀的空穴，这些都是日后易出现问题的地方。

管道内壁腐蚀可以用几种方法清除，最常用的方法如下：

（1）空气冲刷法。

（2）旋转链条、铁棒和刮削器。

（3）生铁锭。

空气冲刷法是用空气压缩机将稍微高于水的空气灌入管中。将空气引入到管中，然后让其从下游排出，由此形成涌浪，它具有剥离管壁上的腐蚀层的作用。空气通常选的消防水管在主供水管有水压的情况下灌入和排出。虽然关闭周围地区的供水阀门是个好主意，以限制对周围用水的影响，但实行空气冲刷时要认真监督和检查，事后要对主管进行冲洗，确保没有对健康有危害的事，没有污水和水中掺气的投诉。空气冲刷法的好处是执行清洗工作不需要开挖。这种方法常用在管道表面不打算涂敷却要求改善过水能力的情况。

旋转链条、铁棒和刮削器。当某一主供水管的段已确定要进行重新涂层时，实行涂层前需挖开一个进入坑道。另外，刮削器也可以通过这条通道。主管刮削之后应冲洗，涂覆前还应进行生铁增碳处理。

生铁锭有各种开头和大小，可用作初次清洗或在用铁棒或削刮器处理之后的清洗，把生铁锭穿过挖好的坑放进主供水管，这些生铁锭在涂层过程中还会使用并在这段管的端部收回。有些管道有铁锭收集器,它可用来定期处理管子,即使到了再要重新涂覆管道也无需担心。

　　2.喷洒涂层

　　(1)环氧涂料。全世界环境机构有许多都批准了环氧涂料,但是考虑到使用它们时都提出要小心,有些环境机构没有批准。环氧涂层利用牵引离泵枪喷洒到管壁上。环氧涂层的优点是往往可以涂得很薄,因此它对管内径的负面冲击很少,对过水能力也没影响。同时环氧涂层干得也快,使得供水主管能很快恢复供水。

　　(2)水泥。水泥涂层也得到广泛的批准,能提供良好的改善管内条件和 C 系数。水泥涂层常常是新管道的选用材料。

　　水泥涂层施工时利用离心喷洒,也可以用镘刀,视管径而定。水泥涂层比环氧涂层要花多些时间才可干,它的浓度浓稠一些。要注意保证施工后的管道过水能力不至于降低到低于可接受的极限,主要是由于直径减小了。

19.3.3　何时更换或修复

　　更换或修复管路的决定往往是以费用效益分析为基础作出的,虽然下面所列的其他因素也影响决定:

　　(1)环境考虑因素。

　　(2)有关健康事宜。

　　(3)结构上的问题。

　　(4)紧急公害事故。

　　(5)需水量增长。

　　(6)过水能力下降。

　　(7)缺少可替换的供水。

　　如果不更换或修复管道,可以用下列的命题来估算费用:

　　(1)历史断水平均频率。

　　(2)每次事故水损容积的费用。

　　(3)管路清除造成的损坏费用。

　　(4)修理总无所谓水管的费用。

　　(5)将周围地区修复原样的费用。

　　这些费用应与更换或修复总管或用水支管的费用进行比较,按建议的寿命间隔加上插入法。

19.4　结语

如今大多数水务部门会让那些年久失效的旧管结束它们的使用寿命。作为先进技术无沟槽更换和修复方案比超传统的主管更换方案更具有吸引力，小心跟踪漏水和断水频率报道。与水力和摄影一道观察，让运行人员尽快明确那些主管段目前的状况已经再也不能保持费用效益分析准则了。

第 20 章　　用水效率计划

20.1　简介

　　需要扩大供水或者污水处理设施的大城市,急需编制改善用水效率计划的优先方案。与扩大基础工程相比,改善用水效率往往对环境更负责,并且常常成本效益更高。

　　本章旨在帮助那些规划实施用水效率计划(WEP)的人们,重点是那些对项目整体成功重要的要素。所谓成功,就是通过实施公众可接受的措施,达到成本效益最大的节水效果。本章所含材料将能帮助计划设计人员建立降低需水量的特定目标,以及对其了解。如果这些目标并非特定目标,则不可能量化计划的成功。

> 资本扩张极其昂贵,而且在有些情况下实际上是不可能的。在这些情况下,在维持目前收费水平的同时,首先降低系统的实际损失。如果降低实际损失不足以推迟基本建设,则要降低需求量。

　　本章还要解释的是,只有在确定了计划的总体目标之后,才能确定需求量的分量目标,从而最终确定哪些用水效率措施最适合于实现这些目标。

　　讲述节水目标的章节将解释为什么需要了解与用水效率计划有关的最大潜在节水量和目标节水量,以及为何两者之间常常存在差异。

　　本章后面找出了实施方面的重大问题,其中有些问题常常被忽略或者误解,因此进行了较为充分的阐述。

　　最后一节简单介绍了监测和跟踪计划成果的重要性,说明了几种评价计划实施情况的常用工具,以及对较常见的几种监测方面的误解。

本章作者:Bill Gauley。

20.2　为什么要编制一个用水效率计划

20 世纪 80 年代以来,越来越多的城市和机构实施了用水效率计划。有些甚至要求在批准扩大水或污水处理基础设施规模之前,确定潜在的用需水量降低量并对其进行评价。即使不是强制性的,很多城市也通过考虑需求方管

> 一些城市在批准系统扩容或取水权之前强制性要求节水。

理(用水效率)和供水方管理(扩大基础设施规模)相关经济和环境效益,以凸显其财政责任。

与"为艺术而艺术"这条古训不同,要开展一项用水效率计划应有非常清楚和明确的理由。幸运的是,在当今的环境中,总可找出许多这样的理由。比较常见的理由包括:

(1)需要扩大水或污水处理厂或基础设施。

(2)接近水源容量(如水库或地下水含水层)。

(3)要对环境负责。

不论什么理由,要想计划成功,重要的是要让所有相关方——政府管理者、工程部门、公众……了解和接受其总体目标。毕竟,正是该计划目标决定了目标需求量的分量(下节介绍),也正是该需求量的分量决定了应包含哪些用水效率措施。

因此,对于计划策划人员或者实施小组来说,关键要了解不同系统的需求量的分量,以及它们是如何与通常作为用水效率计划的一部分实施的各种用水效率措施相关联的。

20.3　系统需求量分量及它们与用水效率计划的关联

一年中,大多数供水系统都会经历一系列需水率(注意,在此指需水率而不是计费率),通常随季节变化。图 20.1 说明了供水系统通常经历的各种需求量分量。这些需求量分量形成一个需求量金字塔,金字塔底部包括系统平均基本日需求量,金字塔顶部表示系统的峰值日需求量(通常,水处理设施设计满足峰值日需求,而系统储水量用来满

足峰值小时需求）。本节下文将详细阐述需求量各分量。

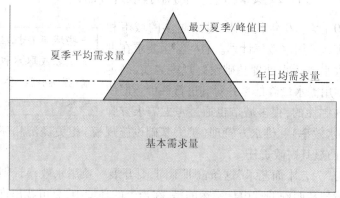

图20.1　典型需求量金字塔

（资料来源：Bill Gauley）

由于大多数用水效率措施均针对某一特定需求量分量，因此重要的是根据计划目标正确选取这些措施。选取的措施不当不仅效率低，甚至更糟糕的是，实际上会对计划产生负面影响（如降低系统收入）。

20.3.1　基本需求量

一般来说，各种需求量类型都对系统的总体基本需求量产生影响。冲厕所、淋浴、洗衣等家庭室内用水的季节变化一般不大，配水系统（给水管网）渗漏以及工业/商业/研究（ICI）部门的大多数非灌溉和非冷却需水量在一年中也较为稳定。基本需求量构成冬季（此处的"冬季"用来描述非灌溉季节）日均需水量的最大分量。然而，随着季节性温度的上升，灌溉和其他季节性需求量增加。事实上，在夏季高温季节，系统总供水量中，高达50%及以上的水与灌溉和冷却有关。

基本需求量受人口规模、雇员人数和人口统计变化的影响。然而，由于基本需求量通常不受气候变化影响，所以年年基本保持稳定。

通常，系统基本需求量的大部分排放到卫生下水道系统。因此，针对减小废水流量的用水效率计划（推迟扩大废水处理设施）应着重于降低基本需求量（以及其他入流和入渗，下节介绍）。

尽管降低了基本需求量，但并没有降低与灌溉和其他室外用水有关的需求量,但是,通过切薄金字塔底部,确实降低了峰值期水的需求率(见图20.2),也降低了整个需求量金字塔(见图20.3)。注意在图20.3中,因为基本需求量降低,峰值期需求量也以相同的需求率降低(比例不同)。

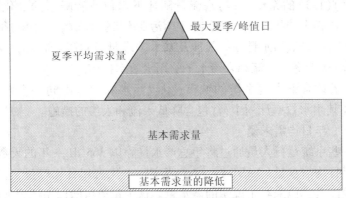

图 20.2　峰值需求率降低

(资料来源:Bill Gauley)

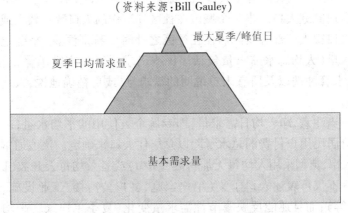

图 20.3　整个需求量金字塔降低

(资料来源:Bill Gauley)

　　在水效率措施中,节水的可持续性有时受到忽视,但这却是一个很重要的方面。在今后几年,这种节水是否能保持? 或者必须重复或加强需求量降低措施? 通常,不可持续的节水对城市的价值不大(例外情况是使用临时性紧急措施,如在干旱期间禁止浇水)。

20.3.2　基本污水流量

通常,卫生污水流量全年相对稳定。在高入流(入流是指流入下水道的地表水)和入渗(入渗是指通过裂缝和接缝渗透进入下水道的地下水)(I&I)的系统中,污水流量随地下水位或者降雨的变化而变化。一般来说,当排除降雨事件时,卫生污水流量随季节的变化相对很小。

典型的降低污水计划一般涉及基本需求量(更换厕所、莲蓬头、洗衣机等)或者降低入流和入渗水平的用水效率措施。

有着联合下水道系统的城市(卫生污水和雨水由同一个系统收集),在其用水效率计划中,常包含降低入流和入渗的措施。

20.3.3　年日均需求量

一些系统运行人员通过将年总产水量除以 365 d(一年的天数)来计算年日均需求量(AADD)。这个值实际上代表年日均产量,包括系统漏损以及其他未给予说明的需水量。这个量值可除以系统服务的总人口("人口"一般指居住人口,也就是说那些生活在社区中的单户家庭和多户家庭人口。当一个城市在社区外工作的人口数目较大或者其雇用人口很大一部分实际居住在社区之外时要特别注意)来确定人均日需水量(人均总水需求量包括居民水需求量、ICI 水需求量、消防需求量、水管冲洗以及所有未予说明的需求量,或更精确地说,人均日产水量)。

应当注意,净人均日需求量,即专属个人使用的平均水量,一般通过将给居民用户付费的总水量除以总居住人口来确定。该值通常表现为需求率,典型采用人均每天加仑数(gal/d)或者人均每天升数(L/d)。需求率不仅可表述人口子集(单户家庭、多户公寓楼、工业设施、商业点,等等),而且还能反映季节性需求量变化(夏季单户家庭平均日需水量,冬季商业点平均日需水量,等等)。

年日均需求量是一个学术意义上的值,逐年变化(例如,夏季灌溉需求量差异会对年日均需求量产生巨大影响)。由于它们是不同季节性需求量分量的一个混合体,年日均需求量一般不提供足够数据来设计针对基本需求量(影响水和废水处理设施)或者针对峰值需求量(仅影响供水设施)的用水效率计划。例如,两个系统可能有相同的年日均需求量,可是也可能有完全不同的运行特征(见图 20.4)。

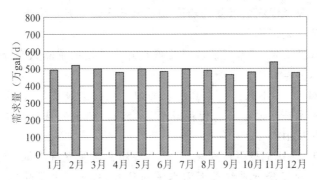

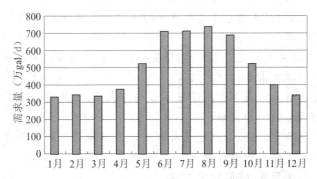

图 20.4　两个系统的月需水量(两个系统可能有相同的年日
均需求量(在此情况下为 500 万 gal/d),可是也可能有完
全不同的运行特征(资料来源:Bill Gauley))

　　为此,需水量降低目标或用水效率计划以年日均需求量为依据通
常不太现实。事实上,那些降低年日均需求量而不降低基本需求量或
峰值需求量的计划能够实现的不过是降低系统收入。

　　实例 1　一个社区确定其废水处理厂正接近满负荷,决定实施一项用
水效率计划以延长其设施寿命。他们的目标是将年日均需求量降低 10%。

　　一年后,他们惊讶地发现,尽管他们的确将年日均需求量降低了
10%,但是废水流量没有改变。经过调查,他们确定年日均需求量的降
低完全是由于夏季灌溉量降低(或许因为这个夏天气温低于平均值,

降水量高于平均值),而不是因为其用水效率计划。

尽管降低灌溉需求量的确降低了该社区的年日均需求量,但是对废水流量毫无影响。

该社区决定,将来延长废水处理厂寿命计划的重点放在降低基本流量而不是年日均需求量。

实例2　一个社区确定其废水处理厂正接近满负荷,决定实施一项用水效率计划以延长其设施寿命(扩容)。他们的目标是将年日均需求量降低10%。

一年后,他们惊讶地发现,尽管年日均需求量没有降低,但是实际上他们实现了降低系统最大需水量的目标,从而扩大了处理厂能力。经过调查,他们确定由于4月和9月的气温高于平均值,夏季灌溉总需求量略高于平均值。然而,他们的景观灌溉降低计划,向用户提供账单说明书、无线电和电视广告信息,很快就有了在夏季最热和最干旱季节降低用户灌溉需求量的理想效果。

尽管本计划一点也没有降低年日均需求量,但是它的确实现了扩展水处理设施能力的目标。

该社区决定,将来旨在延长废水处理厂寿命计划的重点将是峰值需求量而不是年日均需求量。

20.3.4 最大夏季/峰值日需求量

峰值日需求量通常定义为任一日历年中记录到的一天24 h内最高需水量,因此该值逐年变化。尽管从技术上讲,峰值日需求量仅发生在一天当中,实际上,一年中可有多个峰值日(最大夏季需求量),它们可在一年中连续发生(例如在炎热干旱时期)或多次发生。

系统的峰值系数是一个数值,由峰值日需求量除以年日均需求量确定,因此该值也逐年变化。不同的系统可有相同的峰值系数。多年中形成的最大峰值系数常用作规划新的供水设施分量时的一个设计峰值系数(设计峰值系数大于实际历史值,包含额外的安全裕度)。

要注意的是,尽管峰值日需求量一般与室外灌溉需求量有关,而且通常发生于较长时期的干燥、炎热天气之后,但也可能是由大型主管破裂或火灾或工业需求量,或这几种因素共同造成的。

降低峰值日需水量的效益巨大,比如,延缓扩大水处理设施或者管网设施的需要以及使当前设施能服务于人口增长,等等。因为有这些效益,许多城市实施了至少几种针对室外灌溉的计划,如浇水限制(单双日浇水、一天定时浇水等)、收费说明书、无线电/电视/报纸文章或广告宣传、灌溉审计,等等。

降低峰值日需求量尽管很重要,但要注意,降低夏季日均需求量而不降低峰值日需水量的用水效率计划不能实现计划目标,反而降低水的销售收入(见图 20.5)。

通常峰值日均需水量通过监测水处理厂或水井厂的日产水量来确定。天气的变化(如干热或湿冷夏季)能导致年际峰值日需水量的变化很大。

针对峰值日需求量,实施用水效率计划的机构或城市必须意识到,天气通常引起需求量的巨大变化,因此夸大或缩小用水效率计划的任何节水效果都是不可取的。

较为理想的是,这种计划应仅仅降低峰值日需求量(从而延长了水处理或配水设施的服务寿命),而不影响夏季日均需求量或基本需求量(这样就不会降低收入)。为此,有些城市正在实施一些试点计划,特别是量化实施他们的灌溉降低措施所取得的峰值日节水成果。

这些试点计划包括一个研究区和一个控制区的大面积监测(大面积监测涉及直接在供水主管上安装水表,同时记录一大群用户(如一个完整的分部门)的水需求。使用大面积监测消除了 Hawthorne(霍索恩)效应(后文介绍))。水效率措施(或干预手段)仅在研究区实施。由于不可能使用水的账单数据(水账单数据即便每月发布,既没有为查明日需求参数提供必要的细节,以查明每天的需求参数。这些数据并没有说明天气条件变化)对节水进行量化,因此对这类计划必须采用大面积监测。

与基本需求量降低计划一样,关键是节水的可持续性。因为许多峰值日需求量减小计划的目标包括改变用户灌溉习惯,而不是更改装置或设备(如安装新的厕所或莲蓬头),长时间维持峰值需水量而节约的水可能比维持基本需求量节约更为复杂。

20.3.5 小结

尽管许多水效率措施影响多个需求量分量,但是它们一般都指向

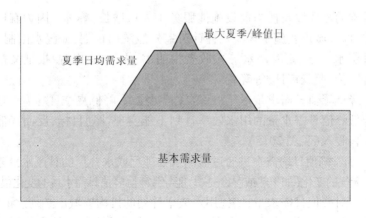

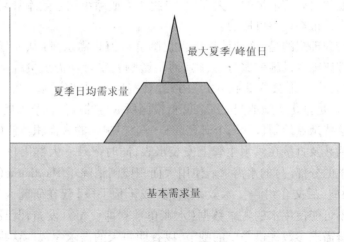

图 20.5　最大夏季日均需水量和原图的对比（降低夏季日均需水量而不降低峰值日需水量的用水效率计划不能实现计划目标,反而降低了水的销售收入（资料来源:Bill Gauley））

某一特定目标,如降低峰值或基本需水量,或者降低废水流量。重要的是要选择合适措施以解决计划的特定需求量分量目标。表 20.1 是通常实施的水效率措施与它们影响最大的需求量分量类型的关联情况。

表 20.1 水效率措施的影响

措施	主要受影响对象	措施	主要受影响对象
厕所更换	基本需求量计划	浇水限制	峰值需水量计划
莲蓬头更换	基本需求量计划	冷却水降低	峰值需水量计划
洗衣机更换	基本需求量计划	可再利用废水回用	峰值需水量计划和基本需求量计划
景观灌溉	峰值需水量计划	公众教育	峰值需水量计划和基本需求量计划
季节性定价	峰值需水量计划		

资料来源:Bill Gauley。

20.4 节水目标

一旦确定了用水效率计划针对的是峰值日需求量还是基本需求量(或二者)以及将要实施的措施,就必须确定用水效率计划预期实际能节水多少,即用水效率计划实施效果会如何。这个过程的第一步是确定计划的最大理论节水量(TMS)。

20.4.1 最大理论节水量

最大理论节水量为一个计算值。它假定测量准确,市场渗透率为100%。最大理论节水量确立了节水目标的上限值——计划节水量不可能超过最大理论节水量。

必须注意,最大理论节水量没有考虑实现各方 100% 参与为所要求的任何计划提交要素。例如,最大理论节水量不要求了解奖励金额、安装标准、如何处理拆卸装置、如何开展市场营销、措施的成本效益等任何相关知识。

最大理论节水量可以作为确定用水效率计划目标节水量的工具。下面介绍几个计算最大理论节水量值的实例。

实例 3 一个拥有 5 万人口的城市有一个污水处理厂即将接近其容量,决定实施一项厕所更换计划,以延长处理厂的使用寿命。

　　他们决定利用美国供水工程协会研究基金会住宅终端用户研究（REUS）的信息资料，以确立该市本计划的大致最大理论节水量。研究表明，每人每天使用低效厕所 4.92 次,每次冲水 15.5 L(4.1 gal)（住宅终端用户研究表明，每人每天平均冲洗低效厕所 4.92 次,共用水 20.1 gal。因此，平均每次冲水量为 4.1 gal）。研究还表明，每人每天使用高效厕所 5.06 次,每次冲水量 7.2 L(1.9 gal)（住宅终端用户研究表明，每人每天平均冲洗高效厕所 5.06 次,共用水 9.6 gal。因此，平均每次冲水量为 1.9 gal）。

　　通过一个取样家庭调查,发现目前的厕所仅有少量为高效厕所。所采取的措施大致最大理论节水量确定如下：

　　(1)厕所冲水需水量——现存的低效厕所。50 000 人 × 4.92 次/(人·d) ×15.5 L/次(4.1 gal/次) =3 817 954 L/d(1 008 600 gal/d)。

　　(2)厕所冲水需水量——规划的高效厕所。50 000 人 × 5.05 次/(人·d) ×7.2 L/次(1.9 gal/次) = 1 816 045.65 L/d(479 750 gal/d)。

　　(3)最大理论节水量 TMS = 3 817 954 L/d(1 008 600 gal/d) – 1 816 045 L/d(479 750 gal/d) =2 001 909 L/d(528 850 gal/d)。

　　换句话说,如果将现有低效厕所都换成高效厕所,实现类似于住宅终端用户研究所表明的节水,则该市的节水量将为 2 001 909 L/d(528 850 gal/d)。

　　实例 4　一个有 5 万人的社区需要降低峰值需水量,以推迟一项水处理厂扩容计划。系统峰值需求量出现在夏季,主要是由于大量景观灌溉造成的。该镇决定实施一项针对住宅终端用户灌溉的用水效率计划,以减小系统峰值需求量。该社区有大约 14 000 个单宅家庭。

　　公共事业部门完成了一项收费数据分析,确定在非灌溉季节(冬季)家庭平均需水量约为 757.08 L/d(200 gal/d),而夏季家庭日平均需水量为 1 060.00 L(280 gal),夏季峰值日需水量为 1 325 L(350 gal)。由于他们正在尝试推迟其水处理厂扩容计划,故决定重点是降低夏季峰值日需水量。

　　家庭平均额外需水量(超出冬季日需水量的需水量)在夏季峰值日为 567.81 L(150 gal)。该镇意识到,部分额外需求量涉及洗车、游泳池充水等,他们估计(在确定最大理论节水量时,虽然几乎总是必须估计某些值,并作一定的假设,但是他们应根据合理的工程评判和适当的参考)为额外需水量的 65% ~ 70%,或者说每户每天约 378.54 L(100 gal)的水与景观灌溉有关。

在这种情况下,最大理论节水量取决于采取什么措施来实现计划目标。

情景1　计划设计人员知道,实际上,如果执行强制性浇水禁令(在1992年干旱期间,华盛顿西雅图颁布了一个强制性禁令,禁止夏季给所有草坪浇水,基本上消除了正常峰值水需求。然而,该禁令不受用户和民选官员欢迎),可以消除所有灌溉需求量;这意味着每户每天可节省 378.54 L(100 gal)水。最大理论节水量为 14 000 户 × 378.54 L/(户·d)(100 gal/(户·d)) = 5 299 560 L/d(1 400 000 gal/d)。

然而,这种限制一般并不受用户或政府官员们欢迎,通常只是在严重干旱等紧急情况下才使用。

情景2　计划设计人员审查了其他地区的成果,并估计通过自愿限制,或通过临时雇用人员向居民免费发放软管计时器、雨量计、宣传手册,或通过使用翔实的嵌入账单等方式,可节约大约 25% 的灌溉需水量(节水估计值仅仅是为了说明情况,并不是为了反映实际可能达到的节水量)。尽管这种计划的最大理论节水量将会相对较小,但是居民更容易接受。假定 100% 用户参与,每户节约 20% 的灌溉需水量,则最大理论节水量为 25% × 378.54 L/d(100 gal/d) × 14 000 = 1 324 890 L(350 000 gal)。

20.4.2　实际可达到的节水目标

计划的实际可达到的节水量目标(RAST)通常比最大理论节水量稍小,原因如下:

(1)如果民众自愿性参与,实际用户参与率会低于100%。

(2)并非所有措施都能实现100%的潜在节水量,特别是那些要求用户改变用水习惯的措施。

(3)并非所有措施都能高效实施,例如一项水效率措施,如果每单位水的实施成本大于扩大供水成本,就不是高效的措施。

（4）并非所有措施都能按计划完成，特别是当要求快速节水时。

（5）节水可能不可持续，特别是当涉及改变用户用水习惯时。

（6）有些措施未必公开适用，例如尽管使用可再利用废水提供了相当大的节水潜力，但它未必受用户欢迎。

一般，该计划所包含的各用水效率措施均设立了实际可达到的节水量目标；各实际可达到的节水量目标之和决定着用水效率计划的总体节水量目标。一旦为一项措施设立了实际可达到的节水量目标，它仅仅适用制订该计划时所依据的特定环境（人口、人口统计、计划时间表、公众支持等）。与一项措施相关的实际可达到的节水量目标因城市而异，没有一个千篇一律的方法来计算这些值——实际可达到的节水量目标值，必须根据各自情况分别确定。

在确定一项措施的实际可达到的节水量目标时，必须考虑以下几方面因素：

（1）水效率措施对用户的成本效益比（成本效益比即实施一项措施的成本除以实现的节水量值。低于 1.0 的成本效益比表示该措施为成本效益措施）。

（2）激励的可用性。

（3）公众对用水效率的态度。

（4）家庭人口统计。

（5）水费及构成。

（6）新装置的预期建筑规范要求。

（7）与执法协议有关的用水。

（8）预期的卫生器具技术发展。

（9）预期的用水效率装置成本变化。

一旦确定实际可达到的节水量目标，制订用水效率计划的下一步就是设计实施计划。

20.5　实施计划

实施计划，考虑并精确地描述将如何提交用水效率计划以及如何满足计划目标。与实际可达到的节水量目标一样，实施计划也会因措施和城市而异。

虽然描述设计实施计划时必须考虑超出了本章范围的所有潜在因素,但以下确定了比较重要的因素:

(1)什么是实施时间表,即节水要求多快?

(2)哪些基建工程项目因用水效率计划而推迟或取消?

(3)如何确定计划的成本效益?

(4)如果需要水效率装置,应由专业人员安装或是自行安装?

(5)将提供哪些激励手段?

(6)将如何确保新装置正确安装并实现最大节水?

(7)将按什么标准批准卫生洁具和装置?

(8)将如何确保持续节水?

(9)将如何应对用户申诉?

(10)是否需要扩招人员?

(11)是否需要试点计划?

(12)是否需要监测?

(13)是否包括公众教育?

(14)是否包括报纸、广播或电视宣传?

(15)如果节水目标没有实现或者超出目标,有哪些应急计划?

(16)设备装置自然更换对预期节水有何影响?

(17)搭便车对计划成本有何影响?

如以上所列,通常准确确定如何实施用水效率计划比确定为何实施用水效率计划要复杂得多。然而,如本章前述,用水效率计划最重要的方面并不是计划本身,而是计划的成功实施。

对大多数计划来说,很多实施问题是共同的。以下阐述其中4个最重要的问题。

20.5.1　自然更换

所有卫生器具和装置迟早会老化或者其性能开始退化,并用新装置更换——尽管不一定采用更高效的装置。这种更换甚至无需任何激励手段。通过提供激励手段或者打折,用水效率计划常常尝试影响用户选择用水效率高的器具或装置。用水效率计划设计人员了解自然更换率后能更好地评估节水直接原因归功于实施了用水效率计划。

　　实例 5　如果一住宅厕所平均寿命为 25 年,则其设备的自然更换率为每年 4%(即 1/25 = 0.04)。理论上,在 25 年内,所有厕所设备将更新(实际上,有些厕所会在到达平均寿命之前更换,而有些厕所在到达平均寿命之后更换)。

　　如果市场上只有节水厕所,即使不用激励手段,在 25 年内,实际上所有厕所也将成为节水厕所。如果仍可买到非节水厕所,而且没有激励手段,在 25 年内,可能仍在安装非节水厕所。

　　1. 搭便车

　　即使通过自然更换方式参与节水计划,仍获得激励或者折扣的用户,称为搭便车,即这些参与者增加了实施计划相关成本,但没有提高计划的有效性。例如,在一个只能买到节水厕所的地区,一项节水计划提供激励手段鼓励购买节水厕所,则该计划的所有参与者为搭便车者(在这种情况下,不管怎么说,激励手段可以加大非节水厕所的自然更换率)。

　　2. 激励手段

　　很多用水效率计划依靠使用激励手段加快采用一项措施。然而,确定最优激励额需要进行研究(该研究通常作为一项试点计划来完成)——如果激励额太低,计划就无法实现所要求的参与目标;而如果激励太高,计划成本就会超标。激励额通常基于目标用户参与率、计划的总体成本效益以及节水的紧迫性。

　　必须注意的是,在计划过程中改变了激励额会引起用户投诉,即降低激励额会伤害后来参与者(他们会认为:为什么其他人以前得到的比我现在得到的多呢)。另一方面,增加激励额会伤害早期参与者(他们会认为:为什么我以前得到的比其他人现在得到的少,而我是从一开始就支持这个计划的)。

　　3. 试点计划

　　试点计划为小规模计划,一般在开展整个计划开始之前,以核实设计、实施方法、参与率等。由于试点计划通常含有很高的监测、分析和评估水平,设备成本通常大大高于开展整个计划的成本。

　　重要的是,试点计划的设计要反映开展整个计划的设计,例如,折扣数量、市场营销、产品类型和品质等。

20.6　监测和跟踪

任何实施计划最重要的一个方面是确立用于监测和跟踪计划成果的协议。正确地进行计划监测和跟踪,将确定水效率措施是否实现其实际可达到的节水目标(RAST),计划是否按期进行,计划成本是否在控制范围内,以及节水是否可持续。如果未进行适当的监测,就不可能评价用水效率计划的有效性。

由于没有两个城市完全一样,监测计划必须根据各用水效率计划的具体情况因地制宜地设计。虽然本章不可能简述应考虑的所有参数,但下节将简述与计划监测相关的几个比较普遍的要素。

20.6.1　水审计

有些用水效率计划将节水归因于水审计。尽管水审计是评价现场条件甚至是确定降低需水量潜力的极好工具,但水审计本身并不能节水。开展费用巨大的水审计而没有产生任何节水成效的可能性很大。或许用户没有实施审计确定的任何措施,或者没有发现任何能节水的机会。在审计完成后确实节约了水,这是用水方式或者设备发生变化或者两者都发生变化的结果。

20.6.2　水表

水表很重要,因为其作用如下:

(1)帮助确保公平(每位用户为他们用的水付费)。

(2)帮助确定节水机会。

(3)用来增强节水意识。

(4)提供一种机制以衡量和跟踪变革效果。

然而,水表本身并不能节水。

根据几个分析不当的案例研究结果,很多用水效率计划错误地将节水直接归因于先前统包收费的家庭安装了水表。这些家庭取得的所有节水是由于用户改变了用水习惯、安装了更为高效的设备等其他行动的结果。没有任何节水明确归因于水表。

因安装水表而达到节水成效的计划存在着"双重计数"的风险。

例如,已经考虑了安装节水厕所、莲蓬头、充气水龙头的效果,以及改善用户用水习惯(不用时关闭水龙头、满负荷使用洗衣机和洗碗机、避免景观过度浇水等)等节水计划,如果同时还包括安装水表而节水(考虑到不应希望由秘密测量用户的需水量实现节水,也不应希望为用户安装一个以上水表而获得额外节水),会错误地过高估计节水潜力。

20.6.3　使用百分比和使用实际数值的比较

尽管常用百分比来描述数据集的分布,但是其结果有时候会误导,见以下实例说明。

> 使用百分比作为性能指标会产生误导。

实例6　单户家庭的需水量作为用水效率计划的一部分受到先期监测,收集的数据见表20.2。

户主决定利用市政府的折扣政策安装一台新的节水洗衣机,用水量只有他现有洗衣机的60%。家庭的其他需水量没有任何变化。

对这个家庭再次进行监测,所收集数据见表20.3。

表20.2　先期监测结果

项目	需水量(gal/d)	比例(%)
厕所	60	30
洗衣机	40	20
淋浴	50	25
水龙头	50	25
总计	200	100

资料来源:Bill Gauley。

表20.3　后期监测结果

项目	需求量(gal/d)	比例(%)
厕所	60	32.6
洗衣机	24	13.0
淋浴	50	27.2
水龙头	50	27.2
总计	184	100

资料来源:Bill Gauley。

表中百分比似乎表明这样一个荒谬的结果：安装一台节水型洗衣机将会莫名其妙地增加有关厕所、淋浴及水龙头等的需水量。实际上，与其他卫生设备相关的实际用水量当然不会受到安装新洗衣机的影响——只对总需水量降低的百分比产生影响。

实例 7　一个小城市多年一直在努力解决大量不明水损失问题。尽管他们每天生产 454.25 万 L(120 万 gal)饮用水,但是仅征收到约每天 378.54 万 L(100 万 gal)的水费——缺口约 17%。

后来,一个啤酒厂搬进该镇,其平均每天需水量为 302.83 万 L(80 万 gal)。随后,该市每天生产 757.08 万 L(200 万 gal)水,对 681.37 万 L(180 万 gal)的水征收了水费。这样,其不明真相的水损失只有 10%,看起来是降低了。

这个理由显示出一个很荒谬的结论：一个啤酒厂搬进你的城市,会改善城市供水系统的性能。事实上,不明实际水损失量当然不会受啤酒厂搬入的影响。

20.6.4　霍桑(Hawthorne)效应

霍桑效应是一个过程中对该过程强加的观测产生初步改进。当开展一项监测计划时,要注意霍桑效应。当计划参与者知晓他们的行为正在受监控时,他们会改变常态行为,这就是霍桑效应。因此,如果在参与者不知晓的情况下实施监测计划,常能呈现实际情况。

为了降低或消除霍桑效应,监测计划就应这样设计,即应尽可能采用大宗计量或其他盲测方法。

实例 8　室外水表槽中(参与者可能没注意到受到监视)水表数据记录器采集的信息可能比室内水表(参与者会意识到监测计划,从而改变其行为)数据记录器更准确地反映现场实际情况。

20.6.5　日需水量曲线

日需水量曲线常被用来说明 24 h 内需水率的变化。曲线的形状取决于受监测设施的类型。日需求量曲线可以单个家庭、公寓楼、区域、工业园或整个城市为单位进行绘制。

绘制曲线所用数据从大楼水表数据记录器获得。数据收集时间范围通常从 24 h 到数日。通常,分析数据后绘制图表,以显示平均或"典型"结果。要记住,曲线所表示的细节数量将取决于记录的需水量数据是瞬时值还是平均值,以及数据采集的频率(使用1 h的数据记录频率,如一些数据记录器会每小时开启,记录瞬时参数值,而其他记录器则连续监测1 h内的参数值,然后记录其平均值)。通常,数据采集的频率基于数据的变化特点,即变化大的数据就应以更高的频率记录。

在采集了"事前"和"事后"的数据后,通过比较两条日需水量曲线的特征就能清晰地说明节水情况。图20.6说明一个家庭在安装节水厕所和莲蓬头前后,监测需水量预期的结果。早晨峰值需水量降低与产生的节水有关。

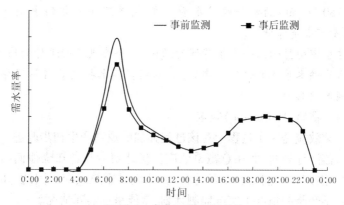

图20.6　家庭日需水量曲线

(数据来源:Bill Gauley)

日需水量曲线可用来说明人们什么时间用水(洗澡、使用厕所等)、灌溉流量和持续时间、工作日和周末需水量的差异,以及夏季和冬季需水量的差异等信息。

20.7　收入损失

一些城市也许会担心,实施一项用水效率计划会造成水销售收入的降低。事实上,许多用水效率计划的实施是为了用现有基础设施服务更多的人口;而更多人口意味着更大的计税基数,市政府将能从中受益。

然而,对于那些无需求实施的计划(例如无需推迟基建扩展项目），会导致收入的降低，下面几点就是针对这个担心叙述的。

（1）大多数用水效率计划在几年时间内会逐渐降低需水量，这为实施水费小规模调整提供了大量时间。

（2）夏季气候变化（例如凉爽湿润和炎热干燥）对年度水销售的影响比实施用水效率计划更大。

（3）降低水的产量将降低与水处理和抽水相关的成本。

20.8　结论

希望本章的内容能帮助越来越多的人在制订、实施和监测用水效率计划中更好地了解完成一项成功计划的几个重要方面。

对用水效率计划目标、为实现这些目标将要实施的措施和方法，以及为监测各项成果所要使用的协议等有了清晰的理解，希望用水效率能成为将来需水量规划的更重要要素。

水太宝贵，不容浪费，让人们更聪明地用水。

第 21 章　利用内部员工或承包商与设计招标文件

21.1　简介

本章将讨论如何在现场准备必要的干预,以解决本书前面提到的在审计和建模阶段存在的真实损失与表观损失问题。

21.2　利用内部员工或承包商

大部分较大的水务公司内部都有一些专家,他们懂得怎样进行用水审计或对真实损失和表观损失进行干预。但是,这些人常常还有其他的职责,因此无法长期专注地做这份工作。

一旦这个团队被确定和培训,他们必须识别现有供水管网系统中哪里存在缺陷以及怎样以最佳方式解决。通常,最佳方式就是成本效率最高的方式。如果内部员工无法胜任或者不能专注地进行此项工作,就应该聘请顾问或承包商。

很多较小的水务公司或者工商机构供水公司(ICI),还没有内行的专家和必要的设备对供水系统进行全面的用水审计和分析。要么是没有人专门从事这项工作,要么是内部员工中没有人能做得了,那么就很容易决定聘请咨询顾问或者承包商来进行审查及随后的干预工作。

如果水务公司内部有具备相应能力的员工,那么就应该按照下面的步骤成立一个专门的工作组来预防控制损失:

(1)确定一位团队负责人,专职监管控制损失。

(2)确定必要的可进行现场测试的检测设备。

(3)确保对设备在本地的精确度进行定期检测,并且能有本地供应商提供及时的维修。

(4)确定一个专职的或兼职的团队协助团队负责人。

(5)就用水审查和干预的方法和技术对团队成员进行专门的培训。

(6)准备授予团队一定权限。

(7)为团队准备经费以完成年度的检测和干预。

以下列出了用水审计和干预的大部分工作：

(1)总水表测试和维修。

(2)遥测测试和维修。

(3)更新管网系统平面图。

(4)抽样测试和更换销售与收益类水表。

(5)选择反映性能的指标。

(6)统计分析、建模和完成审计。

(7)渗漏探查和维修。

(8)水库和储量测试。

(9)干预前后的监测。

一些由审计和测试引起的其他工作还包括以下内容：

(1)压力管理。

(2)水位控制。

(3)主管道重衬和修复。

(4)主管道和分支管线的更换。

上面列出的一些工作非常耗时和烦琐，而且需要经常重复，以确保水损失可承受和较经济。因此，在某些情况下最好是选择专业的承包商或咨询机构，帮助团队或者直接代替团队内部职员完成这些工作。

跟大多数事情一样，是利用内部职员还是找承包商取决于时间和经费。另外需要考虑的是，聘请的咨询顾问和承包商将会更加专业，它们会拥有业内最先进的方法和技术。

水务公司的管理者要想接触到最前沿的技术，就需要参加各种国际会议或研讨会，同时还需要到外地同业机构参观并同他们进行讨论、总结经验教训，但他们并不是总会有足够的预算来支持他们进行这些活动。

21.3　设计招标文件

21.3.1　简介

　　如果确定要找专业的承包商,那么就需要在招标前做好周密计划或者直接跟承包商协商以保证业主和承包商双方都能准确地理解合同的要求和交付成果。如果所有的情况在一开始都明确说明,将会更容易在几个投标报价中选择最佳投标,或者更容易解决以后可能发生的争议。如果招标文件内容存在猜测和不确定性,必然会浪费业主和承包商双方的时间。

> 招标文件必须写清楚、详细,以确保业主和承包商双方能充分理解项目的方法和目标。

21.3.2　考虑的重要因素

　　显然,每个水务公司对专业承包商会有不同的要求,有些水务公司可能要求承包商提供全面的服务,而有些可能只要求进行具体的工作,以对内部人员所具备的技能进行完善和补充。

　　如果这是一项包含内容广泛的大项目,那么召开投标人会议将整个情况解释清楚就是一个很好的办法。招标文件需要发布管网系统条件和基本情况报告。

　　系统条件报告需要包括以下信息:

　　(1)系统整体框架图(如果有的话)。

　　(2)系统平面布置图(如果有很多平面布置图,就提供一个样本)。

　　(3)供水水表的数量、型号和使用年限。

　　(4)销售水表的数量、型号和使用年限。

　　(5)如果上面的信息都没有,就需要明确说明获取这些信息是目标之一。

　　(6)地形信息。

　　(7)储量信息。

　　(8)系统的平均压力。

　　(9)供水区域的示意图(如果有的话)。

　　(10)如果分区不到位但又是所需的可交付成果之一,那么必须明确说明。

（11）主管道长度和类型。

（12）如果上面的信息都没有，要明确说明这些信息必须作为交付成果之一予以提供。

（13）关于以前的用水审计和损失干预情况。

（14）估计的损失水量。

下面是一个简单的例子：

XYZ 水务公司有 321.86 km（800 mi）长的供水主管道，约有35 000个水表接口。大部分主管道为 1950 年左右铺设的铸铁管道，少量是 1980 年左右铺设的 PVC 管道。水表安装使用了大概 10～30 年的时间，其间曾经维护过几次。在 1:2 000 的系统平面图上有很多地方已经不太准确了。有 2 个主要的蓄水池，旧的是砖砌的地下水池，新的是架高的混凝土水箱。

水厂位于 ZYZ 路，水源为 XYZ 河。该供水系统是直接泵送系统，有 2 个平衡水箱。有 2 个主要的承压供水区——A 区和 B 区。A 区的承压范围是 50～70 Pa，B 区的承压范围是 40～100 Pa。除了这个水厂，B 区还通过供水水表接受部分来自 ABC 水务公司的供水。供水水表的型号是文丘里式，输出电量为 4～20 mA。供水水表将信号传给一个遥测系统，然后由遥测系统再发回控制中心。没有获得地形资料，具体的损失情况不清楚。但是，据估计应该在 25% 左右，其中大概 70% 的损失可能来自系统的渗漏。

21.3.3　项目目标

在所有的情况下，招标文件都应该清楚说明合同的最终目标。举例来说，XYZ 水务公司希望按照美国供水工程协会 M36 导则第三版或者国际水协会审计导则进行一个详细的用水审计。审计的主要目标是根据成本效益，对减少管网系统损失的最佳方法进行识别和排序。

审计将是全面的，覆盖所有潜在的损失，包括真实损失和表观损失。损失程度以及干预潜在效益费用的多少将依据用水审计现场实地测量来决定。

所有的数据采集、测试、分析，以及对水损失控制、干预的建议都将由承包商负责。另外,应该更新所有的管网系统平面图,每个水管接口的阀门位置将由 3 个固定点的三角形表示在 21.59 cm × 27.94 cm 的图纸上。新的系统平面布置图将是 ABC 地理信息系统格式。地理信息系统图层信息将包括水管、给水栓、阀门,以及详细的海拔等高线。

合同的实施将分为 3 个阶段:

(1)第一阶段,审计、系统测量、样表测试以及平面布置更新。

(2)第二阶段,渗漏探测和维修。

(3)第三阶段,更换水表,采用自动读表系统。

成功的承包商将会为第二阶段的渗漏探测服务和第三阶段的更换水表服务投标。

承包商将提交月度进展报告,以及在第一阶段末提交一份详细的效益费用报告。承包商还将提供一个第二阶段和第三阶段的监督管理固定总价格。

以下是第一阶段的任务。

承包商将至少完成以下工作:

(1)检测所有的总水表和供水水表(见下面的投标文件的范本)。检测将遵循美国供水工程协会 M6 版本的建议。

(2)进行需求分析以确定用水户的类别以及哪些类别的供水大部分都用掉了,这些用水类别包括居民用水、商业用水、工业用水、机构用水、农业用水、市政用水等。

(3)选择一个可统计的销售水表样品加以检测,以便对水表更换和改表径的潜在效益费用进行分析。承包商将对自动读表系统的效益加以分析和评价。

(4)如前所述,对管网的平面图进行更新,将其纳入 ABC 地理信息系统。

(5)进行水力学测量以确定管网真实损失的程度以及漏损控制的效益。水力学测量将设定为最小 7 日测压 250 次和 7 日测流 50 次,测量的地点在一开始的谈判中就已经确定。流量测量误差范围为实际流量的 ±5%,压力测量误差为实际压力的 1%。设备必须以国家标准的体积和重量进行校准,在合同的开始和结束各校准一次,在合同实施中还将分别随机校准两次。在测量过程中对漂移的测量结果的数据将会按照函数进行调整。

(6)压力管理是进一步减少和控制真实损失的一种方法,需要识别这种方法的效益(这项任务将至少包括一个试点安装)。

(7)通过在蓄水箱中进行降水试验以判断是否漏水。

(8)识别溢流形成的潜在失水。

(9)按照准则要求提供一个全面的审计,同时要对可能的损失修复措施进行排序。

(10)对所有推荐措施提供一个完整的效益费用分析,包括对自动读表系统潜在效益的分析。

(11)提交月度进展报告。

(12)提交一个最终的报告,包括对渗漏探测与检修和水表的更换以及自动读表系统(如果可行的话)的投标文件。

(13)采用水审计中用到的方法进行详细的员工培训。

下面是对应上面例子的一个投标文件范本,是关于承包商检测供水水表类型,主要包括孔板、文丘里管、达尔管以及皮托管等仪器。对于其他任务如渗漏检测或者更换仪器,其文本结构也是类似的。

1)检查和测试主要装置

(1)承包商将进行实物检查,对每个主要装置的视觉状况,每个机械接口和水利接口,以及室内环境的适宜度,例如腔室环境等(提交报告)进行检查。

(2)承包商将使用水务公司提供的便携式设备测量出差压(DP)与检测时的流量之间的关系,同时将这个压差关系在每个装置的说明书中说明。承包商将写一份有关压差的精确度报告。

(3)如果差压与流量/流速不匹配,承包商将建议重新校准主要装置的可能方法,如清理、捣实拉杆等疏通办法。如果主要的装置是过去修复的,承包商要对此进行详细的说明。

2)检查和测试差压传感器和转换器

(1)承包商应该进行实物检查,检查大约的使用年限,电子设备的适宜度,说明其串号、品牌以及程序类型,如开方器程序、线性程序等。

(2)在确定主要装置的精确度后,承包商将对电子设备进行零校准和刻度校准。要编制报告详细说明校准条件。报告还将说明对读表误差的潜在影响以及怎样修正误差。

(3)如果发现装置有误差而且能被校正,承包商将进行必要的零校正和刻度校正。承包商将在报告中说明校正的方法和取值。承包商将与水务公司商量用插入式仪表对场地进行重评估,作为最终的精确评估。

(4)如果发现设备有误差而且不能被有效校正,承包商将在报告中讲明原因并建议更换成其他更适合的设备。

3)传输和数据采集

(1)承包商将检查所有的无线电设备、电气连接等装置,以确保设备传输和接收适当的数据。承包商将会报告找到的所有缺陷和潜在的问题。

(2)在所有的情况下,如果在测试过程中,中央控制及重新校准情况下承包商都将从水务公司的文件中收集数据。承包商将对归档的数据进行分析以确保与实地测试成果相匹配并且被校准,同时确保校准后收集的数据能够反映真实的流量条件。

4)更换有缺陷的设备

(1)承包商可以对更换有缺陷设备所需的供应和服务提出一个单独的报价,更换的设备为校准过的新设备。

(2)如果要求承包商安装新的设备,则需要对新设备进行原位校准和测试并且在报告中详细说明设置及类似情况。

5)承包商的经验和要求

(1)承包商必须提供完成这项工作的设备技术员的履历表。技术员必须有10年以上的相关工作经验并且对上面提到的各种设备的品牌和型号都非常熟悉。

(2)除便携式差压测试仪和插入仪由承包商提供外,其余所有检查过程中需要的设备都由业主提供(如果业主不提供,承包商应提供插入仪等仪器)。

(3)如果要求承包商供应和安装替换设备,承包商必须准备提供所有必需的设备、配件、连接头等,以确保能在拆除旧设备的同一天安装新设备,当中没有任何拖延或"停工期"。

(4)除了完整的报告,还要求承包商在整个测试以及更换和校准等所有阶段对业主员工提供"操作培训"。

21.3.4　选择承包商

一旦招标文件已经发出并收到投标响应,就需要对投标方进行分级,以此选出本项目最好的承包商。

许多水务公司发出招标文件,然后选择报价最低的投标人。对于一个简单的服务,这种做法可能是好的,但对于更复杂的服务,并不总是报价最低的投标人最划算。越来越常用的方法之一是对投标文件的技术水平和价格进行分级评定。为此,有必要分别对投标人的技术、人力和经济性赋予权重,然后比较技术标和财务标。另一个流行的方法是根据履约结果评标,这将在本节后面讨论。

> 要确保有一套机制可以挑选出最适合这份工作的承包商,最好的往往不是最便宜的。

1.技术标和价格标

技术标和价格标通常由如下几部分组成:

(1)对问题的理解。

(2)投标人承担类似项目的经验。

(3)人员以往参与类似项目的经历。

(4)应用到该项目的创新。

(5)要使用在该项目上的设备。

(6)报价。

以上各项技术条款均被赋予一个权重,这个权重除以报价得到总加权值。表21.1~表21.3显示了3个投标情况。投标人1是技术实力最强的,因此在表21.1中显示成为中标人。

表21.2显示了投标人2报价需要低多少才能中标,即使其实力被认为不太强。表21.3显示了投标人3报价需要低多少才能中标,即使其实力远不及其他两个投标人。技术标和报价是确保最佳投标人中标的好方法。尽管如此,仍应仔细分析提交的数据和对作出的决定负责。

可以肯定的是,有人会投诉和要求申辩。

表 21.1　投标人 1 中标

限价 15 万美元的项目	各款最大权重	投标人 1 各款权重	投标人 2 各款权重	投标人 3 各款权重
对问题的理解(%)	30	29	25	20
投标人承担类似项目的经验(%)	25	25	24	20
人员以往参与类似项目的经历(%)	25	24	23	19
应用到该项目的创新(%)	5	3	3	0
要使用在该项目上的设备(%)	15	15	15	10
合计(%)	100	96	90	69
报价(万美元)	15 最大	15	14.5	14.2
加权(%)	66.67	64.00	62.07	48.59

表 21.2　投标人 2 报价需要低多少才能中标

限价 15 万美元的项目	各款最大权重	投标人 1 各款权重	投标人 2 各款权重	投标人 3 各款权重
对问题的理解(%)	30	29	25	20
投标人承担类似项目的经验(%)	25	25	24	20
人员以往参与类似项目的经历(%)	25	24	23	19
应用到该项目的创新(%)	5	3	3	0
要使用在该项目上的设备(%)	15	15	15	10
合计(%)	100	96	90	69
报价(万美元)	15 最大	15	14	14.2
加权分数(%)	66.67	64.00	64.29	48.59

表 21.3　投标人 3 报价需要低多少才能中标

限价 15 万美元的项目	各款最大权重	投标人 1 各款权重	投标人 2 各款权重	投标人 3 各款权重
对问题的理解(%)	30	29	25	20
投标人承担类似项目的经验(%)	25	25	24	20
人员以往参与类似项目的经历(%)	25	24	23	19
应用到该项目的创新(%)	5	3	3	0
要使用在该项目上的设备(%)	15	15	15	10
合计(%)	100	96	90	69
报价(万美元)	15 最大	15	14.5	10.5
加权(%)	66.67	64.00	62.07	65.71

采用技术标和价格招标体系是个好方法,清晰地表明了投标文件的权重。"对于在技术标准的各个得分项的权重分配方面,XYZ 水务公司保留最终裁决权。投标人投标时,就必须同意放弃对任何由于未中标而造成的损失而提出索赔要求的权利。"这类表述也不失为一种好办法。

2. 以履约结果为基础的招标

确保经济效益的另一种方式是以绩效为基础的招标。这样,投标人基本上变成了水务公司的一个合作伙伴,从减少开支或增加收入来源上共享收益。显然,投标人如果没有达到履约标准,将得不到服务费用。如果与水务公司分担风险,服务费将减少。附录 A 包含一篇题为"基于履约结果的减少无收益供水合同 1"的论文,文章摘自《发展中国家减少无收益水的挑战——私营部门怎样才可以提供帮助:论以履约结果为基础的合同》、供水和卫生服务(WSS)部门委员会讨论报告第 8 号,世界银行,2006 年,William D. Kingdom, Roland Liemberger 和 Philippe Marin。本文和供水和卫生服务部门委员会讨论报告提供了一个以履约结果为基础合同信息的很好来源。

3. 保证合同的简单明了

在大多数情况下,最好的协议和合同都是最简单的。在任何情况下,承包商和业主都需要商定一个付款基准和效率随时间推移而高于此基准的衡量手段。还需要商定降低真实(或表观)损失和增加收益的约定值。

合同的期限需要根据承包商的投资额和预计回收期作相应调整。显然,这必须符合实际,否则没有人愿意投标。允许承包商赚到钱,才能使其继续提供良好的服务,对水务公司也有好处。

一个典型的基于履约结果的项目体系如下:

(1)第一阶段(固定利率、预付款、贷款偿还),依照商定的格式执行总表测试和对管网系统用水审计。

(2)第二阶段(根据履约情况付款)。

设置临时独立计量区水表和记录独立计量区的需求数据:

(1)识别夜间最小流量发生时间,设立合理的无收益水量和真实损失水平。

(2)识别有明显渗漏的地方,采用"分检测法"进行准确量化。

(3)使用声波和相关方法检漏并报告定向维修计划中的维修点。

(4)水表测试和口径缩小计划。

关于现行的漏损控制措施实施程序计划,已有详细工程报告,这些措施由水务公司的员工完成。在这个简单的案例里,假定用水量和压力保持不变,损失已被修复的判断基准应该是维修前后夜间最小流量发生时间。损失定位承包商和水务公司的监督员有一个简单的核查方法,即估算每个已修复漏点的损失水量。这样就能同之前的夜间流量进行对比。如果两者出现显著差异,则需要相互调整达成统一。积压渗漏需要慎重处理,因为它可能会使得第一次的测值不准确。

同样,为了计算经过测试和正确选择表径之后计量售水所获收益,这种统一可能是采用换表当年最近3个月的加权移动平均值和前一年的数据进行比较而实现的。这将确保不同月份的用水量差异不会使问题更为复杂。如果换表后业主因为开始采取节水措施使其用水量减少,就要进行协商,由水务公司在某一时段支付固定费用给承包商,用

来补偿其采取节水措施的费用。在这种情况下,已修复漏失的价值可能包括如下方面:

（1）购买成本(如果水由供水商提供)。

（2）生产成本(如果水在本地生产)。

已收回收入的价值应该等于水的销售成本减去任何固定费用。

21.4 小结

上述构想只是水务公司和承包商之间谈判的多种可能性中的一个例子。然而简言之,对于双方来说,保证项目成功完成的最好办法是尽可能尽早阐明合同的要求和规定。这样做也总是有助于双方以相互信任的状态投入到项目中去。例如大都市区水务公司的合同,就是建立在"达成一致"基础上的一个最好的例子。

21.5 检查表

（1）投标文件必须清晰和准确。

（2）投标人的合同包括应该准备的背景数据,但可以是粗略的。

（3）投标人会议是一个好方法。

（4）灰色区域(没有明确的方面)会造成混乱,并可能导致纠纷。

（5）预算必须是实事求是的。

（6）基于履约结果的选项可以协商。

（7）实际工期必须协商,允许承包商撤出自己的资金。

（8）应该使用良好的基准资料和履约指标,清晰识别干预前后的情况。

（9）有一个"达成一致"的条款,双方都应遵守。

参考文献

[1] Kingdom, B. ,R. Liemberger, and P. Marin. "The Challenge of Reducing Non-Revenue Water(NRW) in Developing Countries—How the Private Sector Can Help: A Look at Performance-Based Service Contraction. "WSS Sector Board Discussion Paper Series—Washington,DC:World Bank,2006.

第 22 章　　基本水力学

22.1　简介

　　该章将要讲述确定水损失的一些主要数学问题及其经济价值。所以,大家有必要回到学校翻几页教科书复习一些或许已经忘记了的计算方法! 下面几节阐述了一些最常使用的计算方法、表格和在水损失管理与现场测试中使用的转换关系。

22.2　管道糙率

　　所有水管都有糙率,由于其存在,管道中流动的水体和管壁之间产生摩擦。设想一下玻璃管,其糙率值很大,但非常光滑,与此相反,老旧生锈和结垢的铸铁水管糙率值却很低。在考虑计算机模拟或压力分区和管理问题时,糙率是非常重要的参数。在消防流量很关键的地方,由于糙率问题,可能会因水管输水能力不强而关掉某个区域的供水。

　　此外,糙率还可以说明管道处于不良状况。供水系统运行管理人员常用其判断管道是否需要更换或需要做一定的维护工作。本书前部分已阐述了可用和目前仍在使用的各种形式的修复技术,在什么地方和什么时候用这些技术,以及怎样最好地应用这些技术。另外,还阐述了什么时候更换和什么时候维修或修复。

　　有多种方法能计算封闭管道糙率,比如曼宁、达西 – 韦史巴赫(Darcy-Weisbach)和科尔布鲁克 – 怀特平衡方程式(Colebrook-White)等。但是,对于压力水管中最普遍使用的方法是海森 – 威廉(Hazen-

> 连续性:$Q = V \times A$;海森 – 威廉公式(Hazen-Williams):$V = 1.318 \times CX \times R_{0.63} \times S_{0.54}$

本章作者:Julian Thornton。

Williams）系数 C（海森 – 威廉（Hazen-Williams）公式如框中所示）。

为确定系数 C，需要测流和测量压力、水位与高程、管道长度与直径。下面的小节详细阐述了在现场测试这些参数的方法。

有一张表列出了各种使用年限和直径管道的系数 C 的平均值，当为决策模型应用这些数据进行首次估算时可用这些平均值的数据，但这个表格中的数据不能替代现场实测值。

22.3　C 系数的现场测试

必须实测流量、压力、水位、直径和长度。图 22.1 为系数 C 测试的一个例子。测试中选择了 2 个消防栓用于测量压力，1 个消防栓用于测流。表 22.1 列出了采用 Hastead 法编制的名为 Flowmaster 的商业软件计算的实例成果。

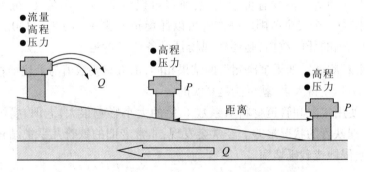

图 22.1　系数 C 测试（资料来源：Julian Thornton）

在进行这种测试时，使用校准设备是很重要的，这是因为测试时尤其对于压力测试结果非常敏感。有关这种测试中采用的设备校准程序可参见附录 B。

操作者对于要取得的测试结果有一个基本感觉非常重要，这样可以避免出现重回现场测试的情况。总之，减少水损失和进行修复的理念就是使系统更有效率、效率更高！现场工作是测试过程中非常重要的环节，无论是外包或是由本企业人员自己做，要做到花费合适的情况可能是相当多的。合理的计划和对可能结果的良好“临场”感觉有助于将不必要的工作减到最少。

表 22.1　系数 *C* 计算示例

输入	美制单位	输出	美制单位
高程@1	605.86 ft	流速	1.65 ft/s
高程@1	25.2 psi	水头损失	2.11 ft
高程@2	540.65 ft	势能@1	664.04 ft
高程@2	52.55 psi	势能@2	661.93 ft
流量	2 325 gal/min	摩擦坡降	0.000 4 ft/ft
直径	24 in		
长度	4 710 ft		
海森 – 威廉（Hazen-Williams）*C* 系数	124.41		

注: 上述结果系用 Flowmaster 软件计算得出。

虽然有可能测得的系数 *C* 值高于 130 或者低于 75,但这种情况很少有可能出现,所以可以将 75 ~ 130 作为一个安全范围。操作者可以怀疑超出这一数值范围的任何数据,趁还在现场且设备还未拆走时,重新测试。如果多次测得的结果相同,那么只要数值与上述推荐的范围不是差得太多,就可能是真实的。

> 系数 *C* 值应为 75 ~ 130。

使用年限和管道材料对系数 *C* 值的大小影响很大,老旧、腐蚀和未处理铁管的状况最差。经常会发现,非常老旧的铁管几乎被结核状腐蚀、侵蚀或砂砾堵塞。

22.4　消防法规

当考虑通过分区或压力管理改变压力时,如第 18 章所述,要记住很多国家(包括美国和加拿大)均对消防流量和压力有强制性要求。尽管所有国家的要求不尽相同,但笔者有幸研究的几个国家的法规相似度较高。多数国家要求的最小流量压力为 20 psi 或 15 m 水头。

在改变系统压力前,很多情况下也有必要视当地保险承销商的需要。通常对一些特殊类型的财产保险费率部分程度上是根据当地消防能力确定的,很多情况下是以流量这个术语表达的。在很多城市中,消防栓盖和阀帽以不同颜色喷涂标示消防栓流量的大小。

除了解如何确定消防栓的消防需求外,在任何要做分区或压力管理的区域进行需求分析,以确定内建的喷洒系统需求也是很重要的。通常这些系统需重新设定以适应较低的入户水压,但必须通知用户将有压力变化,以便合理计算水量。一般来讲,压力管理带来的效益是很大的,足以通过合同抵消校准这些系统的花费,也可确保满足用户要求。

22.5　流量

在描述一定时间内通过管道中某一点的水量时用到流量这个术语。流量是流动的水(或其他物质)的体积。流量可以用很多单位计量,一般取决于国家使用的计量体制,如公制、英制或美制。计量流量最常用的单位是加仑每分钟(gpm,英制或美制)、立方英尺每秒(ft^3/s)。在大流量情况下,比如在主干管道、增压站和水厂,流量单位用百万加仑每天(mgd),相应的公制单位是升每秒(L/s)、立方米每小时(m^3/h)和百万升每天(ML/d)。

在水审计期间,经常需要在不同流量和流速单位之间转换。流速是流体流动的速度。流速本身没有告诉你关于流过了多少水的任何信息,只是说明其在管道内流得多快。

用流体的平均流速乘以其流经管道的横断面面积可求得流量。计算公式如下:

$$Q = V \times A$$

式中:Q 为流量;V 为流速;A 为横断面面积。

在计算管道横断面面积时,横断面面积和流速要使用同样的单位,即:平方英尺(ft^2)和英尺每秒(ft/s),或者平方米(m^2)和米每秒(m/s)。

最后,为了计算流量,将面积乘以流速,这些必须在现场实测。

下面将进行一些流量和流速的计算。

22.5.1　算例

(1)管道直径 6 in,流速 1 ft/s。求以加仑每秒计的流量是多少?

用公式:　　　　　　　　$Q = V \times A$

将未知数 $V = 1$ ft/s 和 $A = 0.785 \times 0.5 \times 0.5 = 0.196$ (ft^2)代

入，故

$$Q = 1 \times 0.196 \text{ ft}^3/\text{s}$$

但想以加仑每分钟（gpm）来表达流量。这时，要用以立方英尺每秒计的流量乘以 7.48 得到以 gal 计的流量。然后，还要乘以 60 将时间转化为 min：

$$Q = 0.196 \times 7.48 \times 60 = 87.96 \text{ (gpm)}$$

现在用公制单位做同样的计算。将上述计算转换如下：

$$V = 0.304\ 8 \text{ m/s}, A = 0.785 \times 0.15 \times 0.15 = 0.017\ 662\ 5 \text{ (m}^2\text{)}$$

故

$$Q = 0.304\ 8 \times 0.017\ 662\ 5 = 0.005\ 383\ 5 \text{ (m}^3/\text{s)}$$

前面讲过，公制单位流量一般用升每秒或立方米每小时表达，上述解答可改变为：

$$0.005\ 383\ 5 \times 1\ 000 = 5.383\ 5 \text{ (L/s)}$$

或

$$0.005\ 383\ 5 \times 3\ 600(1\ h = 60\ min, 1\ min = 60\ s) = 19.380\ 6 \text{ m}^3/\text{h}$$

1 gal 为 3.78 L，可检查一下上述两种计算：$(5.385\ 3 / 3.78) \times 60 = 85.45$（gpm）（相差约 1%，这是十进制进位引起的）。

22.5.2　流态

现在已进行了一些基本的流量计算，下面要讨论一下可能遇到的不同流态。了解管道内水流状况是很重要的，这样可以确定合适的监测或测试地点。

供水系统计算中出现的许多问题都是由水表或测试设备安装位置不正确引起的。之所以经常出现这种情况，是由于负责安装水表的人员不了解基本的流体动力学。另外一些问题是由于不正确的单位换算引起的，这就说明了解不同单位间的换算关系非常重要。

在开始现场工作或数据分析前，最好写下将要审计的供水系统中正在使用的计量单位类型及其转换关系式（有关数据处理的更多信息见第 8 章）。这样就可以避免之后犯错误，而这种错误所造成的费用是比较大的。

尽管并不需要太多了解流体动力学，但要了解一些基本概念。了解一些基本概念能更好地解决实际问题。如果不了解流体动力学的基本概念,就有可能在不合适的地方安装测试设备。在此情况下,测得的数据可能不正确,可能将错误的数据输入到非常重要的计算中。

下面几个小节阐述了几种流态:尽管在某一个供水系统中一般不会存在所有这些流态,但知道有这些流态的存在是很重要的。

1. 恒定流

在管道某一点,如果考虑水流是恒定的,水流流速不随时间变化即保持恒定。在实际水流中并不经常存在恒定流,但有时为简化模拟计算而要采用这种流态。

2. 均匀流

如果水从一点流到另一点不改变流速或方向,就认为水流是均匀的。在具有等直径和束水设备(如蝴蝶阀或控制阀)很少的长主干输水管中存在这种流态。大多数配水级别的主管道中发生的是非均匀流。

在现场的配水级别管道中,主管尺寸总是变化的,从而致使流速和压力经常变化。另一种情况发生在水流经水表和控制阀的时候。

为此,在计量输水系统大水量时,应总是在水流大致为均匀流的地方计量。当然,在计量配水系统流量时,找到均匀流地点计量是不太可能的。

很多便携设备的制造厂家建议,距上游任何装置或约束设备的距离至少是管径的 10 倍,距下游任何装置或约束设备的距离至少是管径的 5 倍。如果有疑问,可用 30/20 规则(见图 22.2), 不要在永久水表或阀门附近安装测试设备,这是因为测试设备可能在此时比被测设备更不可靠。

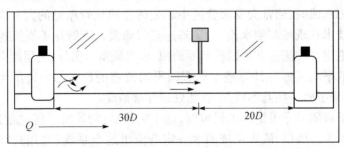

图 22.2　安装临时测试设备的 30/20 规则

(资料来源:Julian Thornton)

3. 层流

在层流状态下,水以层面或流线形式沿平行直线流动。水的流速不同。在管道内部,接近管壁的流层与管壁发生摩擦,因而流动较缓慢。在前面已阐述了摩擦系数。现在已经知道,通过测量流量和压力,可以计算管道内部的实际状况。

水管中很少发生层流,只在流速很低时才会发生。很多供水系统没有层流或者说只有紊流。有一个术语称为雷诺数(Re),用于判断水流是层流还是紊流。很多流量监测设备引用雷诺数作为该设备使用条件的上限或下限。雷诺数是流速、管直径和黏滞力的函数:

$$Re = (流速 \times 管直径) / 黏滞力$$

多数供水管线的雷诺数为数十万。雷诺数小于 2 000 则说明水流为层流状态。

4. 紊流

在紊流流态下,水流以更混合的方式汹涌流动,这是供水系统中的水流常态。图 22.3 所示为层流与紊流的差异。

图 22.3　层流与紊流的差异

尽管大多数供水系统的水流为紊流,但水始终还是向前流动的。在监测水流时,通常会发现管道中心处的流速比管壁处的大。当采用不同技术在现场监测水流时,了解这点很重要。有时用单点流速表量测管道中平均流速并乘以横截面面积,求得流量。另外,也用能沿着直径测取平均流速并计算整个横截面平均流速的设备。无论用何种方法,如果了解一些基本概念,就能处理异常情况。

了解质量守恒定律也很重要,这个定律是:物质既不能被创造,也不会消失。所以,流入系统的水一定会流出这个系统(在用户接入点或输入另一系统,或漏损),或者储存在系统内(如水箱或水池)。由于水是不可压缩的,它不能堆积在管道系统或某条管道内。这就是为什么必须在系统内安排一些水箱或水池以储存水,一般将此称为储水。质量守恒是水审计或者水平衡的基础。进入系统的水送到用户、储水设施,或者损失掉(比如漏损或者非法取水),不可能消失(不过在某些审计中,可能会有短暂出现这种情况的现象)。

但气体系统是不一样的。储存可通过"线压缩"即在管线内增加压力实现。气体是可压缩的,所以这样做是可能的。如果进行跟踪气体测量推荐这样做。也正是由于气体是可压缩的,输送气体的管线一旦破裂,引起的破坏比输水管破裂引起的破坏更大。

用图 22.4 可以表示质量守恒定律。

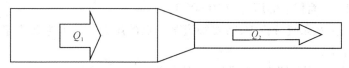

图 22.4　质量守恒,$Q_1 = Q_2$,但流速增加

(资料来源:Julian Thornton)

对特定的管道,经常需要测流速,其中一个主要原因是要确定测流处是否适合定为监测位置。流速低的地方不适合作为监测点,这是因为设备会因此停止工作。大多数监测设备都表示有启动流速,这一流速一般为 0.3 ft/s 或 0.1 m/s。计算的流速低于这一值时,应采用工厂误差曲线和校准文件仔细检查不稳定情况和可能存在的误差。

比如,人们可能知道流出处理站或水箱的流量或流速,想要做水平衡评价系统的水损失。很明显,想减小监测设施的固有误差,应选择流速高的地方监测。在测试期间可能有些其他管道临时关闭。大直径管道内的流速一般较低,在为将来人口增长留有余地的新供水系统中尤其如此。

22.6　压力

为理解压力,要想一下放在地上的水箱。每立方英尺的水重 62.4 lb;如果用 7.4 gal/ft³ 除,可得出 8.34 lb/gal。公制单位中相应的质量和压力为 1 L = 1 kg, 1 m³ = 1 000 L,质量为 1 000 kg。

搁置在地表的这一质量在这个表面施加了力。这就是被称为压力的东西。

22.6.1　案例

1 ft^3 的水搁在地上，在 1 ft^2 地面上施加的力为 62.4 lb。如果 2 ft^3 的水搁在 1 ft^2 的面积上，压力为 124.8 lb。如果 20 ft^3 水搁在 1 ft^2 面积上，压力为 1 248 lb。在开始思考水箱储水及测量压力时，了解这一点是很重要的。

在公制单位中的情况也一样：1 m^3 水施加在 1 m^2 面积上的压力为 1 000 kg，2 m^3 水施加在 1 m^2 面积上的压力为 2 000 kg，20 m^3 水施加在 1 m^2 面积上的压力为 20 000 kg。

> 压力是单位面积上的力，即：压力 ＝ 容重 × 高度

在供水系统分析中，需要知道某一点的压力。压力主要用于如下的计算中：

(1)计算已知大小空洞的水漏失量。

(2)计算一串孔洞或裂缝的水漏失量。

(3)在测试期间，计算流过消防栓的水量。

(4)校准计算模型；

(5)检查用户的用水压力是否足够。

> 使用公制的很多系统也用 psi(lb/in^2)。

以上谈到的 62.4 lb/ft^2 的压力；但供水系统中常用磅每平方英寸，即 psi(lb/in^2)，作为默认单位。因此，要将平方英尺转换为平方英寸。1 ft^2 = 12 × 12 = 144(in^2)，因此压力为 62.4 / 144 = 0.433 psi，每英尺高度(水头)的压力为 0.433 psi。很多人对多少英尺水头产生 1 psi 的压力是记反了的，故重新进行了计算：

$$1/ 0.433 = 2.31 （ft）$$

用公制单位计算高度和重量(压力)一般容易一些，这是因为重量即压力是用水柱的米数表示的。因此，如果 1 m^2 面积上的水柱高度为 20 m，压力水头为 20 m。有时用巴(bar)表示。1 bar 为 10 m 水头，故在本例中 20 m 水头为 2 bar。公制系统很容易用，这是因为乘数和除数都为 10 的系数(比如，1 m 水头 =1.42 psi；1 bar = 14.2 psi)。

静系统水压为测点以上的水深；该压力与水管或水箱的尺寸无关。水箱高度相同但形状不同时，产生的水压是相同的，见图 22.5。配水

系统内的静系统水压测量方法为,取水箱高度加上系统测点与水箱底部之间的高差。只有系统内流量很小时才出现静系统水压,这种情况通常发生在晚上。有些供水系统内需水量很大,从未达到过静水压。如本章前述,管道内的水流有摩擦损失或水头损失。当系统内水流状态改变时,这些水头损失也会变化。

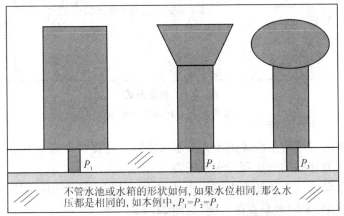

图22.5 相同高度的水箱尽管形状不同但水压相同

(资料来源:Julian Thornton)

22.6.2 自流系统

供水系统一般依靠水箱静水头运行,水自流进入配水系统。水从地表水池泵入水箱,发生抽水费用;或者在山区城市,水从高处天然水库或泉水引入,见图22.6。第二种类型供水系统在理论上运行费用最低,并有最高的免费水位。高免费水位一般会使用户产生这样一种心态,因为水很便宜,位于高处的水库提供水压,运行中不检查,或者只是草草做些校准工作。但是,这样的供水系统在处理大量流经供水站的水量时,常遇到麻烦,因此水处理费用高。

在很多情况下,在没有增压泵站的自流供水山区的社区,取得费用合理的损失控制工程的唯一方式是为配水系统延迟使用基本建设费。

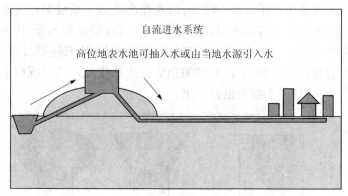

图 22.6　自流系统

（资料来源：Julian Thornton）

22.6.3　抽水系统

水泵也可为系统提供压力。水泵实际上是提供水头。采用与测量静水压力相同的方法测量水泵压力。

水泵常用于从地表水库或水井提水到水池、配水管或水塔。但有些系统中，采用水泵直送系统，见图 22.7。

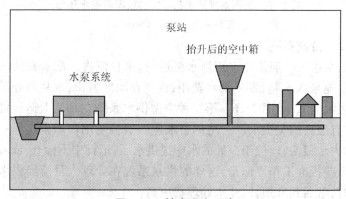

图 22.7　抽水进水系统

（资料来源：Julian Thornton）

22.6.4　压力测量

很多方法可以测量压力。较普遍使用的设备如下：

（1）测压管。

(2)压力计。

(3)压力记录器。

大多数供水系统采用压力计测量压力,其测量值为某一压力与大气压的差值。绝对压力是包括大气压的压力读数。这类读数可能会用到,比如在气象站中可能用到。所有压力测量都是采用压力计。

22.6.5　压力效应

水锤或水击是压力的瞬时增加,在动力(运动)水系统中,由于水流突然改变方向或流速,会发生这种现象。不正确地操作或调节阀门、水泵,或消防水栓常可引起水锤发生。较轻的水锤形式是涌浪。需求的自然变化引起压力波动时可能发生涌浪。

很多系统中安装有涌浪池或者涌浪感应阀(见图 22.8),这些设施可为系统减压。水池和水箱也有助于为系统泄掉不必要的压力。水池

> 水锤和涌浪常引起系统发生漏损。

储水设施常建在控制不合理而发生较大水损失的地方。多数水厂正开始安装压力控制系统,这一系统常由固定出口的泄压阀或高度阀组成(见图 22.9)。此外,水损失量大的抽水系统中安装涌浪感应阀通常是有益的。

图 22.8　涌浪感应阀

(资料来源:Watts ACV,Houston,Texas)

有些水厂也从模块化的压力控制中收益。在第 18 章中深入阐述了这一课题。

图 22.9　高度阀

（资料来源：Watts ACV，Houston，Texas）

22.7　小结

本章阐述了关于水流和压力以及水头损失效应的一些非常基本的概念。在这项研究中参阅了文后参考文献，推荐对本章内容想深入了解的读者阅读这些文献。

参考文献

[1] Hauser, B. A. , *Practical Hydraulics Handbook*, Chelsea, Mich. ： Lewis Publishers, 1991.

[2] Giles, R. V. , Evett, J. B. , and Liu, C. , *Schaum's Outline of Theory and Problems of Fluid Mechanics and Hydraulics*, 3d ed. , New York：McGraw-Hill, 1994.

水 损 失 控 制

（第二版）

（美）Julian Thornton　Reinhard Sturm　George Kunkel　著

陈 华　张 琪　周 彬　马奕仁　译

（下）

黄河水利出版社

·郑州·

Thornton, Julian

Water loss control/Julian Thornton, Reinhard Sturm, George Kunkel –2nd ed.

ISBN:978 – 0 – 07 –149918 –7

图书在版编目(CIP)数据

水损失控制:第 2 版/(美)桑顿(Thornton, J.),(美)斯图姆(Sturm, R.),(美)孔克尔(Kunkel, G.)著;黎爱华等译. —郑州:黄河水利出版社,2013.12

书名原文:Water loss control, second edition

ISBN 978 – 7 – 5509 – 0689 – 1

Ⅰ.①水… Ⅱ.①桑… ②斯… ③孔… ④黎… Ⅲ.①给水处理 –研究 Ⅳ.①TU991.2

中国版本图书馆 CIP 数据核字(2013)第 309450 号

出 版 社:黄河水利出版社
　　　　　地址:河南省郑州市顺河路黄委会综合楼 14 层　　邮政编码:450003
发行单位:黄河水利出版社
　　　　　发行部电话:0371 –66026940、66020550、66028024、66022620(传真)
　　　　　E-mail:hhslcbs@ 126. com
承印单位:河南省瑞光印务股份有限公司
开本:890 mm ×1 240 mm　1/32
印张:23.875
字数:690 千字　　　　　　　　　　印数:1—1 500
版次:2013 年 12 月第 1 版　　　　　印次:2013 年 12 月第 1 次印刷

定价(上、中、下):60.00 元

目　录

附录 A 案例研究

A.1 费城经验
（George Kunkel, P. E.）

A.1.1 费城供水——历史上的多个第一

费城在供水技术方面在美国处于领先地位已有 200 多年。1801年,这座新兴城市在年轻的美国首次用 2 台蒸汽驱动的水泵将水从 Schuylkill 河抽到位于"城市广场"的木制水箱,然后通过管道将水送给 63 户居民、4 家酒厂和 1 家炼糖厂。1815 年,一座更大和改进了的供水系统投入运行,向这座日益增长的城市供水。这个供水系统在"Fair Mount"建有沉淀水池。到 1822 年,建设了 Fairmount 水利工程,这座工程包括大坝、水轮机和希腊复兴建筑。工程所在地吸引了大量游客,普遍认为这不仅是一座令人称奇的工程,也是一处具有辉煌建筑艺术和风景美丽的地方。

这些早期系统开始的配水管道为开孔的原木,端头连接处用铁皮包裹并用麻丝堵塞。这些管道水损失严重,当时就很快意识到水损失问题。不久后,费城开始进口英国铸铁管扩建其配水系统,到 1832 年,这种水管材料成为配水系统的标准材料。铸铁管寿命长——在欧洲用了数百年,在费城也得到了印证,19 世纪 20 年代安装的数千英尺管段至今还在可靠地使用。

费城因其在美国建国期间为政府中心所在地的历史而闻名,实际上,其成为美国主要城市是在 19 世纪工业革命期间,在此期间,还成为了重要的制造中心和繁荣的港口。但到 1900 年,这座城市人口达约 130 万,其两条主要水源河 Schuykill 河和 Delaware 河,开始受到污染。费城成为美国大型城市之一后,实行了革新,建设了过滤水厂,1903～1911 年,有 5 座不同规模的水厂投入运行。那时的费城过滤系统是当时世界上最大的系统。费城不断应用新技术,采用了主干管清洗与水泥衬修复(1949),并使用模拟计算机、Mcllroy 管网分析器(Mcllroy Fluid Network Analyzer,1956),应用泵站遥测控制——现代监控和数据采集系统的先驱(1958)。近年,费城市内安装了美国最大的自动读表系统(AMR),1997～1999 年覆盖了 40 万个居民点单元,至 2007 年,差不多覆盖了 48.7 万个居民点单元。

　　费城继续迎接当今复杂的挑战,正在向挑剔的市民提供全方位的供水和废水处理服务,而同时又保持与自然环境的和谐相处。面临着提高水质和调蓄暴雨洪水,费城水务局(PWD)与水费税务局(WRB)因与用户签订合同而面临更多问题,对基础设施要求越来越高,这座城市的水损失被认为是历史上较高的。该市已编制了综合投资计划和修复计划,重点是优化其资产,并采用最好的管理方法有效运行供水系统。在新千年伊始,费城继续其首创的传统,在 20 世纪 90 年代,探索采用与时俱进的水损失管理方法和国家发展的技术,成为美国居首位的供水单位。费城水务局在美国第一个采用由国际水协会和美国供水工程协会于 2000 年公布的水审计方法。2004 年,费城水务局采用其自动读表系统在独立计量区收集夜间用户用水监测数据以协助水损失管理,成为知名的供水企业。费城水务局在推广新技术为其用户改进系统运行和服务方面继续扮演着先锋角色。

A.1.2　费城水损失

　　在美国早期的社区中,技术人员注重建设和开发工业潜力,这在这个年轻的国家十分重要。水对这些发展中的工业是十分重要的,在美国这个第一州的沿海地区有着丰富的水资源。技术人员开发这些水资源,成功建设了供水基础设施。随着社区的增加或工业的发展,对水的需求量也随之增加,为此建设了新的水井或泵站。但早在 1898 年,费城水务局局长 John C. Trautwine 根据商业或家庭管道设备而不是实际用水量评价水的变化。他对这座城市巨大的废水量十分关注,认识到安装水表是鼓励节水的最好做法。为强调公众用水量之大,作为示范,他兴建并展示了一个"Trautwine(梯形双)水箱",这个水箱容积为

250 gal,这是那时每个费城人每天的用水量。第二次世界大战后,通过为用户安装水表,再次推广了水的计量。且不论这些早期的节水示范是否明智,费城这座城市在历史上用水水平似乎不高。由于水较丰富且水价低,费城水务局的主要供水目标是为工业、居民和消防提供安全和充足的水,并且,在 200 年的时间里这座城市一直实现着这一目标。在 20 世纪 60 年代中期费城完成了其配水系统的扩展和水处理厂现代化,其基础设施每天能很轻易地提供 4 亿 gal 的高质量水量。

在 20 世纪 50 年代中期费城人口达到峰值约 210 万,1957 年为平均供水能力最大的一年,供水量达 377 mgd。此后,由于城市用水行为和人口数量有细小变化,供水能力下降。由于重工业从美国东北部主要城市迁出,工业逐步减少;加之居民向郊区搬迁,进一步减少了市区人口,2005 年市区人口普查估算的人口为 146 万。但其基础设施的规模(3 个水处理厂和 3 100 mi 的管道)仍然保持不变。年供水量中7.5% 是向系统外供水,能增加的售水量并不多,用户规模变化使供水保持在最好的平稳水平,或者说在近期一直在缓慢下降。城市向配水系统供应的水量已经下降,截至 2006 年 6 月 30 日的会计年度(FY2006),日供水量为历史记录最低,为 254 mgd。相对来讲,费城的水价并不高,据新的人口统计,城市中大部分人口贫穷,这样就带来政治压力,水价必须维持在可承受的水平。

在 1975 年和 1980 年分别进行的研究中,费城在有限范围以详细方式评估了其水损失状况。据对 1975 年的供水与计费数据的初步研究,全市"未计量"水量很大,警示该城市需要进一步关注。1980 年未计量水委员会开展了一年的综合研究,确定了城市的水损失源并提出了采取措施减少水损失和恢复收入。此后的一些年里,采取了包括主水表校准、扩大损失探测和更换水表等在内的措施。但是,无收益用水(定义为供水量与用户计费用水间的差值)在采取这些措施后仍然保持在 100 mgd 的水平。

1993 年市政府面临的水损失问题,在提出水价提高 30% 之后,受到严厉批评,最终水价仅增加 7%,于三年内实施。市政府仔细审视城市水损失情况后,组建了常设机构水计量委员会,以寻求减少水损失。在此之后的短时间内,进一步扩大了主水管更换和损失探测计划范围,收费从每季度改为每月。这些措施在将城市过大的水损失降到控制要求的水平以下起到了作用。由图 A.1.1 可知,1994 年后无收益水量明显下降。无收益水量在 1990~1994 年的平均值几乎达 126 mgd,之后稳定下降,截至 2006 年 6 月 30 日的会计年度,下降到 77 mgd。水损失减少量中包括真实损失(损失)量和表观损失量(未计费、计量误差、非法用水)。一般认为,应用几项新技术(独立计量分区、在线损失探测器)后,并通过进一步的损失探测、改进流失维修计划和水管更换(安装自动读表系统)、合理选择大水表、恢复遗漏的计费和市所属单位的用水计量与记账等综合措施,减少了水损失量。计划在 2008 年实行的新的用户计费系统将增强该市在监测用水趋势和确定水损失方面的能力。这些改进工作是有意义的,城市管理人员也知道,还有77 mgd的无收益水量和大约 10% 的基础设施水损失量,这是一笔没有解决的大水量。

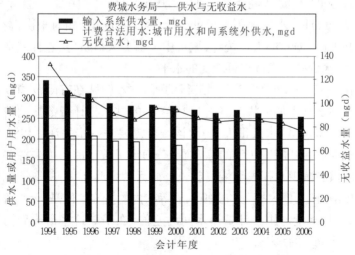

图 A.1.1　费城水务局无收益水减少趋势

(资料来源:费城水务局)

A.1.3　寻求最好的水损失控制管理

20 世纪 90 年代,费城水计量委员会倾力研究了发生在费城供水系统的大量水损失的性质。该委员会确定了当时做得最好的工业企业,并在 1995 年开始参与美国供水工程协会水损失控制(损失探测与水计量)委员会的工作。费城水计量委员会在编制水审计方案时遵循了美国供水工程协会委员会的建议,审计方式与美国供水工程协会发布的 M36《水审计与漏损探测》第一版推荐的方法接近。经过几年时间收集了详细资料后,该市第一次编制了截至 1996 年 6 月 30 日会计年度配水系统水审计方案。回顾一下,很基本的水审计工作应该提早 1 ~ 2 年做,对于首次参与水审计的审计人员,笔者推荐这样做,尤其是审计人员现在有机会使用美国供水工程协会的免费水审计软件。1999 会计年度该市继续采用改进的 M36 表格,但在 2000 年国际水协会和美国供水工程协会公布了其方法后,改为使用这一方法。

1998 ~ 2001 年,该市了解到了迅速发展的水损失控制技术和 20 世纪 90 年代国际上制定的方针政策。在这一时期,国际水协会和美国供水工程协会的一些有激情的研究人员和工程技术人员共同提出了对水损失的认识,并在北美探索应用国际水损失处理方法。国际水协会的水损失工作组于 2000 年出版了新的水审计方法。这个方法是水审计"最实用"的方法,是世界上水审计的一个里程碑。随着这些重要技术的发展,费城又展现了其应用新技术的意愿,于 2001 年与国际专家签署合同完成其损失管理评估项目。该年以来研究和开发工作一直在进行,费城在美国供水工程协会免费水审计软件(2006)开发中一直是积极主动的,有 2 个研究项目由美国供水工程协会研究基金会(AW-WARF)赞助:"水损失评价与水损失减少战略规划"(项目 2811,2007)和"漏损管理技术"(项目 2928,2007)。

A.1.4　年度水审计的重要性

作为水损失管理评估项目工作的一部分,咨询人员指导费城水务局将其水审计方式改为采用国际水协会和美国供水工程协会的方式,使其成为美国第一个应用这一方法的水务单位。该市最近的水审计报告中的水审计情况汇总于表 A.1.1。

表 A.1.1　费城年水审计情况汇总

（采用国际水协会和美国供水工程协会的水审计方法及会计
年度 2006（2005 年 7 月 1 日至 2006 年 6 月 30 日）供水系统水损失特性指标）

（1）水作为资源使用的无效率（%）＝ 真实损失量除以系统输入水量

$\qquad$ ＝ 2 161 950 万 gal ÷ 8 566 580 万 gal × 100% ＝ 25.2%

（2）运行特性指标

	水损失量 （万 gal）	日均损失量 （mgd）
水损失	2 713 950	74.4
表观损失	552 000	15.1
真实损失	2 161 950	59.2
不可避免年真实损失	218 520	6.0（计算见下页）
正常真实损失	107.3 gal/（供水连接·d）	
正常表观损失	27.4 gal/（供水连接·d）	

基础设施损失水指标 ＝ 真实损失除以不可避免年真实损失

$\qquad$ ＝ 2 161 950 万 gal ÷ 218 520 万 gal ＝ 9.9

（3）无收益水会计年度特性指标

无收益水 ＝ 未计费合法用水 ＋ 表观损失 ＋ 真实损失

$\qquad$ ＝30 ＋ 89 250 ＋ 552 000 ＋ 2 161 950

$\qquad$ ＝2 803 230 万 gal

无收益水 ＝ 76.8 mgd

无收益水量占比 ＝ 无收益水量 ÷ 供水量

$\qquad$ ＝ 2 803 230 万 gal ÷ 8 566 580 万 gal × 100% ＝ 32.7%

无收益水成本率 ＝ 无收益水年成本 ÷ 供水系统年运行费（以%计）

无收益水成本	$ 1 176	非计费计量
	$ 191 084	非计费未计量（合法用水）
	$ 20 276 611	表观水损失
	$ 4 228 646	真实水损失
	$ 24 697 517	总计

无收益水成本率 ＝ $ 24 697 517 ÷ $ 190 162 000 × 100% ＝ 13.0%

续表 A.1.1

供水	水量 （万 gal）	平均水量 （mgd）	年均成本 （$/a）	
（4）系统输入水量	9 293 150	254.6	$ 4 791	每万 gal 表观损失——小水表账户（5/8″& 3/4″）
减去源表误差修正量	29 420	0.8	$ 4 143	每万 gal 表观损失——大水表账户（1″或更大 ）
（5）修正后系统输入量	9 263 730	253.8	$ 4 070	城市物业账户每万 gal 表观损失
减去输出量	697 150	19.1		
供水(仅城市)	8 566 580	234.7	$ 4 500	每万 gal 表观损失——全部平均用户成本
（6）合法用水				
计费计量	5 763 350	157.9	$ 160.48	真实损失——万 gal 边际成本
计费未计量	0	0	$ 759 198	真实损失赔付成本——加到全部真实损失中
无计费计量	30	0	$ 1 176	190 162 000 2006 会计年度供水运行成本
无计费未计量	89 250	2.4	$ 191 084	
	5 852 630	160.3	$ 192 260	2006 会计年度基础设施数据
（7）水损失	2 713 950	74.4	13 137	大水表账户数为 1″或更大
（8）表观损失			458 043	小水表账户数为（5/8″& 3/4″）（也含一些大水表账户）
用户水表不精确	11 460	0.3	$ 520 206	

续表 A.1.1

非法用水	157 900	4.3	$ 3 139 437		
系统数据处理误差	382 640	10.5	$ 16 616 968	80 779	非计费账户实际供水连接管数
(9)表观损失合计	552 000	15.1	$ 20 276 611		
真实损失				3 014	输水与配水管线英里数
水箱满溢/操作误差	0	0	$ 0		
报告和未报告损失 *				25 199	消防水栓数
输水主管损失/破裂	570	0	$ 916	12	供水连接管平均长度:连接点至用户水表,以 ft 计
配水主管损失/破裂	92 750	2.5	$ 148 850	14.7	消防管平均长度(ft)
用户供水管线损失	900 350	24.7	$ 1 444 858	55	平均运行水压(psi)
水栓与阀门损失	47 400	1.3	$ 76 065		
测量的损失(独立计量区)	109 430	3.0	$ 175 606		
背景损失	1 011 450	27.7	$ 1 623 154		
损失责任成本			$ 759 198		
水损失合计成本	2 161 950	59.2	$ 4 228 646		
真实损失合计	2 713 950	74.3	$ 24 505 257		

* 损失类型的划分是初步的,不应照字面理解,因为这些组成部分中大多数是估计的,而非是根据测量的夜间流量得到的。但可以认为,损失量的总体估算结果可代表系统平均状况

续表 A.1.1

不可避免年真实损失量计算方法(国际水协会和美国供水工程协会):

不可避免年真实损失量是计算供水管网性能指标的参考值,它不是测量数,是国际水协会和美国供水工程协会根据管网系统的特征,基于所有防漏措施均已实施的条件计算出的最小漏水量,其权威性已公认。

国际水协会和美国供水工程协会的不可避免年真实损失量是由用水户数、用户水表至户外管之间的管长、平均水压确定的,这些都是影响漏水量的关键因素。

设施名	数量	年基本损失量	平均压力(psi)	不可避免年真实损失量(万 gal)	折算为日水量(mgd)
总管长(mi)	3 048	5.4 gal/(mi·d)	55	33 430	0.916
分水点数	551 959	0.15 gal/(点数·d)	55	166 210	4.554
水表到分水点的距离	551 959×12 ft/(5 280 ft·mi)	7.5 gal/(mi·d·psi)	55	18 890	0.517
不可避免年真实损失量				218 520	6.0

资料来源:费城水务局。

费城水务局强烈支持由水务公司进行系统水审计,一是作为标准的商业运作,二是作为管理机构评价供水效率的一种手段。水审计最好每年编制一次,以公历年或财务年为周期都是可以的。费城水务局以会计(财务)年度为周期编制其水审计,水审计报告与其另外的业务年度报告的周期一致。

费城水务局在水工业中发挥了重要作用,倡导将国际水协会和美国供水工程协会水审计方法作为水务公司评价供水效率所必须采用的方法,推行更好地控制大量的水损失和收入损失,这些损失相信在饮用水供水企业中均存在。

A.1.5　评价和控制真实损失

现在费城还在运行着美国最古老的配水系统之一。其管线约有60%是1880～1930年安装的未衬护铸铁管,最常见的主管直径为6 in。该市3 100 mi 的配水水管覆盖面积129 mi²,供水用户约49万户。在过去30年里,该市平均每年报告的水管破裂、爆裂等事故840起,其中每年一般的水管破裂发生在当年12月至次年2月的寒冷季节。此外,在2006会计年度,该市记录到4 301处漏水,其中3 621处(占总漏水处的84%)发生在供水进户连接管处。随着40年的居住人口减少,越来越多的私人住宅被废弃。在这些废弃的住宅留下未维护和损坏的进户连接管,加重了该市入户连接管的水损失。在费城,用户负责安排维护和全部供水连接管道的损失维修。就水损失控制而言,这是一种效率极低的政策,现在正在研究纠正此政策缺陷的途径。大多数配水系统的水压力为40～70 psi,全市水压力平均值为55 psi。城市中少部分区域水压超过100 psi,有些地区还有改进水压管理的潜力。

自1980年以来,费城水务局一直在执行集中损失探测和维修计划。水损失探测小组大约有20人,这些人员中有人不分昼夜地探测"未报告的水损失"。损失探测进度一般按每年探测的系统管线里程数量计量。年探测目标是1 300 mi管线,也就是每年大约完成1/3的管线探测,或者说整个配水系统每3年完成一次探测。损失探测小组在解决确定"报告的损失"地点和维修方面有问题时,也会咨询维修人员。损失探测小组使用损失相关仪、损失噪声记录器以及其他损失噪声设备探测损失地点。然后,将所有怀疑的损失交给维修人员。每年维持20人的损失探测小组的费用约为100万美元,这些费用包括人工费、车辆、设备和培训。费城水务局另外雇用了100多人从事配水系统日常损失维修。雇用这些人员每年的费用约500万美元,不过他们的工作中仅部分是损失维修,他们也负责一般的维护和替换阀门与消防水栓,安装新的供水连接以及一些后勤工作。

每年除有大量员工维修数千处主干管破裂和损失外,费城水务局为更换基础设施制订了大量投资计划,年更换目标是25 mi管线,其中一些管线超过100年使用期。每年更换长度大约为该市全部管线的

0.8%。更换管段的首要标准是近来破裂或爆裂的管线,不过这一标准是可以细化的,可考虑损失与环境数据。

2001 年完成了费城市损失管理评估项目,成功地将费城水审计转化到了国际水协会和美国供水工程协会的审计形式,并评估费城水务局损失和配水系统资产管理。该项目实际工作时间为 3 个月,咨询费用 6 万美元,费城水务局活动费用 3 万美元。损失管理评估的首要目的是收集资料和根据全世界水行业损失管理工作做得最好的实例来评价该市的损失管理状况。其次是让该市人员有一个了解国际上所采用的损失管理方法进步的机会。项目执行的主要步骤如下:

(1)将费城水审计转化为国际水协会和美国供水工程协会的形式。

(2)在几个独立计量区现场测试水流量和水压力,用于分析夜间流量。

(3)为费城利益相关者做 2 场有关损失管理进展的报告并进行研讨。

(4)评价费城水务局损失控制和配水系统管理实际情况,并对需要改进的地方提出建议。

根据各种配水系统特性,为测流和研究选择了 4 个临时独立计量区。据研究,费城的水损失并不是均匀地发生在全系统,而是集中在某些区域。损失管理评估认为,应用独立计量区方法在费城继续进行损失监测和夜间流量分析是可行的。由此,费城水务局决定,自 2005 年开始,作为 2928 号美国供水工程协会水务研究基金项目的组成部分,开展全范围、永久性的独立计量区试点。

损失探测记录评估也是费城主动损失控制情况评价的一部分。损失管理评估项目咨询人员分析确定了地点并进行维修的探测(未报告)损失的覆盖率和记录,用于确定费城水务局所采用的损失探测频次是否为最好。但是,据对费城水务局维修跟踪系统的评估,日常工作量与维修人员数量存在差距,这就有一种可能,那就是在损失探测期间确定的部分疑似损失不能及时维修,或者根本没有维修。损失维修时间也受到城市弱势政策的影响,这一政策规定了供水连接管损失维修责任归用户/所有者。

　　咨询组对细化费城水务局的配水系统修复资金计划策略也提出了建议。改进方案包括更换全部供水连接管而不只是一部分管段;细化压力管理,降低平均压力减少主干管破裂;拆除过渡管段,废弃不必要的管道以减少配水系统管道长度。最后,费城水务局可将"非开挖铺管技术"方法与其基础设施管理工具相结合,使其有限的资金更好地发挥杠杆作用。

　　损失管理评估项目向费城水务局说明与世界最好的情况相比其水损失状况是非常成功的。这个项目为主动管理损失、减少损失量也提供了的新的方法和技术。

　　自完成损失管理评估项目以来,费城水务局在几项工作中继续应用新的漏损控制技术。最明显的是,费城水务局是参与美国供水工程协会研究基金项目"漏损管理技术"(2928 号项目)的 10 家自来水企业之一,这个项目于 2007 年完成。这些水企业中,有一半将全范围损失控制应用到其现有配水系统,费城水务局是其中之一。费城水务局在该市邻近的德国镇(Germantown)创建了其第一个独立计量区,标记为 DMA5。德国镇(Germantown)是一个基础设施较陈旧的区域,水压高,漏失量大。这项工作的主要意图是,展示美国自来水业开展全范围独立计量区监测以及应用先进的压力管理技术的可行性。图 A.1.2 ~ 图 A.1.4 为包括管道、减压阀和室内水表在内的供水设备。测流是独立计量区在规划阶段就确定的项目,通过测流,由最高小时流量发现了很大的漏失量。如图 A.1.5 所示,高漏失流量为 1.29 mgd,即每条供水连接管每天漏失 639 gal。漏失评估中还发现,在独立计量区 5 号区大约一半的现有漏失为背景漏失,这表明基础设施状况不良。背景漏失不能由声波探测,但可通过压力管理和(或者)管线修复减少。为独立计量区 5 号区设计的先进的压力管理功能的长期效果将能细致地观测,以评估其性能对减少该地区较高背景漏失的影响。尽管费城水务局组织了损失探测人员寻找未报告的漏失,但全市供水区的探测频次大约为每 3 年一次。独立计量区 5 号区未发现的初始高漏失流量就发生在损失探测轮回之间。在建立独立计量区并连续监测流量后,现

图 A.1.2　费城独立计量区 5 号区减压阀安装与阀门室
（资料来源：费城水务局）

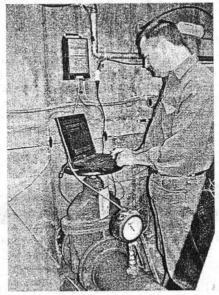

图 A.1.3　Julian Thornton 校准费城独立计量区
5 号区电子控制仪器（资料来源：费城水务局）

图 A.1.4 费城独立计量区 5 号区主要主干管上的减压阀

（资料来源：费城水务局）

（费城水务局—5 号独立计量区损失探测和压力管理干预前用水
与损失组成，资料收集于 2005 年 4 月 5 日）

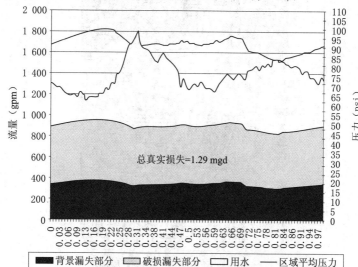

**图 A.1.5 费城水务局在独立计量区 5 号区进行漏
失探测和压力管理干预前的用水与损失组成情况**

（资料收集于 2005 年 4 月 5 日，来源于费城水务局）

在的高夜间流量读数能提示漏失探测人员立即进行探测。在独立计量区设备安装并进行了标准漏失探测后,已确定并维修了超过10处未报告的漏失,有些地方的漏失量还很大。图 A.1.6为通过损失减少工作减少的损失流量曲线;从图中可以看到,漏失量为0.23 mgd,即每条供水连接管每天漏失量为114 gal。从这时起,夜间最小流量保持在图 A.1.6所示的较低水平。进一步减少漏失量的工作还在继续进行,这些工作包括增加探测、管理压力和选择替换基础设施。

（费城水务局—独立计量区 5 号区 2006 年 10 月 19 日,漏失探测、维修和压力管理后,压力减少 30 psi,用户用水与漏水量组成）

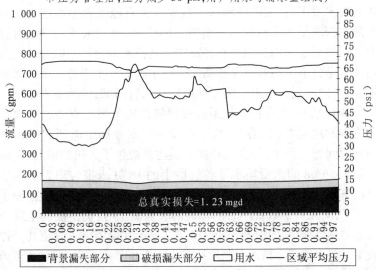

图 A.1.6　2006 年 10 月 19 日费城水务局独立计量区 5 号区损失探测、维修和压力管理后压力（减少 30 psi）、用户用水与漏失组成情况

（资料来源:费城水务局）

图 A.1.6 中也标示了落实压力管理后的状况。图中采用的是固定常出水压力方案。最近已确定采用流量调节压力控制是最合适的方案(见第18章压力管理)。流量调节方案的优点是在一天的需水高峰期(如早晨高峰期)可稍稍提高压力。或许更重要的是,此方案在一天的需水低谷期(比如最小夜间流量时段,用户用水量低,漏失水量占独

立计量区输入水量的比例最大)采用低水压。在独立计量区 5 号区有望进一步细化流量调节方案下的压力设置,并观察到减少背景漏失和主干管破裂的长期效果。费城水务局也设想在 5 号区示范固定管网自动读表系统技术,在几年后将其成果用于整个供水区全范围固定管网自动读表系统的转化(有关固定管网自动读表系统情况详见第 13章)。在着力控制水损失量方面,独立计量区 5 号区或许是费城水务局系统内最先采用新技术的地区。目前已证明在费城配水系统中采用这一技术是可行的,该系统运行几年后,就可发现其最终的效益。

费城水务局漏失探测技术除用于示范独立计量区外,还开始运用在管线输水主干管,实践证明这一技术在大直径水管很难进入的管段进行漏失探测是非常精确和实用的。2007 年,费城水务局与压力管道探测公司签署了采用其综合孔径高空雷达技术的合同。综合孔径高空雷达技术是将电子声音感应器插入运行中的输水主干管。感应器由水流推动,并发出漏失噪声。由于感应器在水管内部,管外噪声很小。加之其他各种原因,大直径管线地面过渡管段较他侧小直径的配水系统主管更难发现漏失(见第 16 章),以及费城水务局也遇到此类水管中常遇到的问题。但是,综合孔径高空雷达系统作了 3 轮扫描后,就确定了总长 13.6 mi 的重要输水管各管段上的 18 处未报告损失。穿过州际公路下的直径 48 in 钢管上的 2 处大的漏失很快被确定。此前做了大量探测工作,耗费了数百小时的标准漏失探测工时,仍不能确定这一怀疑漏失的具体地点;但综合孔径高空雷达系统在设备插入管道几分钟内就确定了漏失地点。该地点照片见图 A.1.7 和图 A.1.8。费城水务局希望继续使用综合孔径高空雷达系统,以清楚地掌握其输水管线的状态。

1949 年至 20 世纪 80 年代,费城水务局的配水系统修复方法是主动清理和管线水泥衬砌,20 世纪 60 年代更换了一些主水管。费城水务局了解了近年发展的一些“非开挖技术”后,扩展了其修复方法。“非开挖技术”具有修复费城水务局大型输水管的潜力。第一个项目计划于 2008 年开始执行,在一段已腐蚀的 30 in 钢管上采用超级环氧树脂(neopoxy)安装加固结构。还希望研究其他非开挖方法的加固结构。这些技术应具有在难以进入地点修复大型管线的优势,并对地面交通、街道和私人财产的影响最小。

图 A.1.7 穿过费城州际高速公路下的直径 48 in 主输水钢管上发现的漏失

（资料来源：费城水务局）

图 A.1.8 穿过费城州际高速公路下的直径 48 in 主输水钢

管上安装综合孔径高空雷达的在线漏失探测设备

（资料来源：费城水务局）

从长期来看,费城水务局从改进用户供水管线漏失管理中,在减少漏失方面获得的效益最大。目前管理中,正在全力安排用户水管漏失维修,由于这种维修工作持续时间大约为 4 周,被认为效率低下。很多供水企业已将平均维修时间减少到 2 ~ 3 d,减少了很多已知并确定了损失地点的漏失水量。改变管理方式需要取得共识和良好的沟通,因此在这方面作出实质性改进是需要时间的。

费城水务局也从细化跟踪漏失事件工作程序中获益。费城水务局现在正试点新的工作程序管理系统,有望提高漏失跟踪精度和可靠性。费城水务局将继续提高其整体能力,在美国最古老的配水系统运行中消除漏失。

A.1.6　处理表观损失

费城水务局与水费税务局(WRB)联合工作,已成功在美国建立了最大的供水企业自动读表系统,是首个实施供水企业收入保护计划的单位之一。2008 年,该市在负责创建新的计算机用户计费系统方面又前进了一大步。

据费城 2006 会计年度水审计,该市的表观损失量为 79.05 亿 gal(日均表观损失量为 21.7 mgd)。这一表观损失量超过其真实损失量 224.64 亿 gal(日均真实损失量为 61.5 mgd)的 1/3。很明显,与主要由于生产成本超支引起的 510 万美元的真实损失影响相比,表观损失对该市每年由于潜在收入减少造成的影响很大,为 3 080 万美元。存在这样的差异是因为表观损失费是以收取用户的零售水价计算的,零售水价比用于评价真实损失费使用的可变生产成本要高得多。费城水务局与水费税务局在该市水审计中采用的可变生产成本和零售水价见表 A.1.1。表观损失是没有收入回报的供水,消除这样的水损失的效益费用比通常高得多,这是因为水损失发生在用户水表、水表读数、记账和计费等的日常操作之中。

1997 年前,该市在可靠评估表观损失方面受到极大的阻碍。尽管用水户基本都装上了水表,由于人工读取水表计量常常不准确,该市的用户计费用水量存在大量可疑的错误。费城大多数账户中,用户水表安装在室内。现代生活方式决定了在工作时间内,当要去人工读表时,住宅区内往往没有人。到 20 世纪 90 年代中期,水费税务局的读表成功率约为 60%,住宅区读表成功率约为 30%。每季度读表一次,每月收费一次,公布的水费只有 1/7 是根据实际用户读表数据计算的。估算水费除累计用户用水数据精度外,还导致经常性调整水费,用户抱怨声暴增。

1997～1999 年,该市及其承包商成功安装了美国最大的供水企业自动读表系统。在连续为所有类型用户安装自动读表系统后,现在费城水务局供水区已安装有 487 000 套自动读表系统。现在可以移动模式读表,通过远程无线传输到在例行巡逻路线上的面包车中。这个项目包括雇用管道承包商安装由 Badger Meter 公司制造的用户水表和读表设备,并由 Itron 公司提供服务。在开始 2 年的设备安装阶段和设备安装后的一段短时期内,在以前多年未进入过的许多住宅内安装了自动读表系统后,发生了大量水费调整。由于增加了水费调整,在开始过渡到自动读表系统的初始阶段,计费用水量实际上稍有跌落。因此,在超过 98% 的用户中均安装了自动读表系统,加之其较高的读表精度使用户计费数据可信度大增。自动读表系统也具有阻塞探测的能力,这对阻止用户非法用水具有极大的帮助。

在采用自动读表系统后,由于人工读表工作量大量减少,仅在很难进入的少量住宅中需要人工读表,费城水务局和水费税务局重组了其计量与读表小组,现在注意力均集中在用户调查和水表替换与维修方面。现在投入大量人力调查大量怀疑账户。这些账户包括长期零用水量账户和没有水费的账户。后者是由于某种管理原因造成的停止计费账户。20 世纪 90 年代没有严密的监测,非计费账户数量增加。这些疑似无用水账户中,很多账户实际上是用了水的,但没有水表计量或计费。对那些多次显示零用水量的账户进行了调查,在每年调查的账户中,多达 45% 的账户是由于用户阻塞了水表,使水表读数为零。在进行大量调查的过程中,启动了收入保护计划,发现在该市的许可量、记账量和计费量等数据处理程序中存在一些差距,并进行了修正。这样的差距造成许多账户实际上有用水时始终维持在不合理的非计费状态。

市属建筑物内用水计量不严格也是一个问题。有时低估了其计量的重要性,因为这些账户并不对该市产生净收入,很多城市建筑物内没有水表,没有水表维护,也不读表。很多建筑物在城市计费系统中消除了账户,避免产生任何用水痕迹。该市最大的水处理厂和最大的用水群体,涉及的水量超过 2 mgd,已多年未监测,但为此建立了计量与计费账户。在其他几个水厂和抽水设施中也发现缺少水表、计量器,或者两者都存在。收入保护计划确保所有用户都有计费账户、水表和自动读表。自动读表系统的线路和计费程序正在改进,以确保对所有用户进行有效监测。在开始运行的 8 年时间里,该市的收入保护计划挽回的资金总量达 1 400 万美元。这一计划成功后,已有人建议推广其应用范围。

费城水务局还成功处理了一处使美国较老的城市中心瘫痪的水损失异常情况:滥用消防水栓。地面消防水栓和室内人口众多,在炎热的夏天,这些消防水栓常非法用于消暑。这种危险的用水方式导致的后果,除水损失外,还降低了配水系统为消防和防止回流设定的供水压力。费城水务局已通过在大多数水栓安装中心压力锁(CCL),成功查出了这种情况。这种设备要求用专门连接器挤压内圈才能打开水栓。而且连接器要一直放在水栓上才能保持水栓在开启状态。取走连接器后水栓关闭。尽管个别地方有反制中心压力锁的方法,但只能在某一时间打开一个水栓,而且在用完水后通常会帮费城水务局关闭水栓(拿走他们自己的自制连接器)。在此之后,水损失比安装中心压力锁前大为减少。安装中心压力锁前,一把扳手就能打开无数水栓,而且在费城水务局人员到达现场关闭水栓前一直长时间保持放水。

费城水务局和水费税务局希望 2008 年在全城范围实施新的用户计费系统。通过与 Oracl 签订城市合同,采用了预言国际控股有限公司(Prophecy International Holdings, Ltd.)编制的计费软件包——Basis2,以期达到最大限度提高现有数据系统功能的目的。费城水务局与供水服务单位(WSO)签订咨询合同,进行现有计费系统数据收集整理与分析,确定计费用水年水量中不良计费及其他计费误差的调整范围。这一工作针对 2003~2006 会计年度的计费数据,对象是过时的计费系统结构的一些缺陷。一旦 Basis2 计费系统与正常运行情况整合,就有能力解决以前计费系统存在的很多缺陷问题。实施 Basis2 用户计费系统是一项长期的任务。与 1999 年开始实施自动计量系统的情况一样,预计费城水务局和水费税务局在计费能力方面取得同样的飞跃。

减少表观损失对能取得高经济回报,是很有吸引力的。用这样的方式,能为以前损失的资金"创造"来源,供水企业可在所有用户中大量摊销成本,从而延迟水费涨价速度。尽管费城市在减少表观损失方面已取得很大进步,但对超过 3 000 万美元的无收益水,还有很多工作要做。

A.1.7　供水行业水损失控制工作的进展

费城水务局在一些供水行业贸易组织与管理机构参与者中是积极主动的。费城水务局人员在有关领域中发挥了带头作用,对水资源管理新政策制定与法规建设具有影响力。费城水务局直接参与了近年美国供水工程协会研究基金两项水损失项目,并协助美国水务协会开发了"免费水审计软件"。费城水务局在几项法规制定中参与咨询,其中包括得克萨斯州的法规,该法规要求供水企业提供定期水审计报告。其他几个州,如加利福尼亚州、新墨西哥州和佐治亚州等,也做了类似的工作。费城水务局将在其运营中继续参与新技术和方法的发展和在水行业的推广应用,使其在水行业中发挥真正作用。

A.1.8　费城水损失控制工作的未来

费城水务局和水费税务局在其供水系统实施水损失控制计划方面,以及在所有供水行业提高供水效率方面,已被全国认可为领头羊。尽管历经 15 年的努力改进水问责制度已取得很大成功,但仍有大量工作要做。该市主要重点工作如下:

(1)2008 年开始建立 Basis2 用户计费系统。

(2)在独立计量区 5 号区推行固定配水网自动读表系统,作为该市下一代自动计量的示范。

(3)扩大收入保护计划。

(4)管网改造工程需要弄清漏水的分布情况。

(5)持续监测独立计量区 5 号区和进一步制定损失控制细则,为费城水务局配水系统确定可能漏失的最低可达水平。

（6）推进关于用户供水连接管漏失维修管理的改进。

费城水务局在响应上述建议方面有些已走在了前面。除主要减少长期损失水方面的工作外，该市将减少表观损失并挽回损失的收入。自 2000 年以来，由减少真实损失和表观损失一起取得的效益，比开展这些控制工作花去的成本要高。这说明，换回水损失是一项高效益费用比的工作。费城在采取积极行动向其用户提供较高的服务水平方面有着悠久的历史。其在水损失方面所做的工作在水损失控制史上也是一个重要的篇章，对北美较深入地理解水损失及对其进行控制的必要性有着重要影响。

A.2　哈利法克斯市减少供水管网损失水量的措施

Carl D. Yates（加拿大哈利法克斯市供水公司总经理）

Graham MacDonald（哈利法克斯自来水公司）

Tom Gorman（哈利法克斯自来水公司）

A.2.1　简介

哈利法克斯市是北美首个采用了国际水协会和美国供水工程协会）的方法减少自来水管网漏失率的城市。截至 2006 年 3 月 31 日，哈利法克斯市的达特默斯水厂日均漏失总水量已从 5 900 万 L 下降到 4 300 万 L。全市日均减少的漏失水量达到 3 400 万 L，相当于年节约投资 55 万美元。漏失水量的减少，有利于防止水污染，降低漏水造成的财产损失。

A.2.2　背景

1996 年，哈利法克斯市政局（HRM）组建了供水委员会（HRWC），当时面临着新建达特默斯水厂的挑战和机遇。该工程于 1998 年建成，耗资 6 000 万美元，工期与投资均在预计范围内。自此，哈利法克斯市供水公司开始了不间断的设备更新改造历程。更新改造的重点是扼制日趋严重的管网漏失水量。达特默斯水厂的损失率一度高达 35%，新水厂加压费用很高，造成了区域的最高水价。减少漏失水量，就能减少水厂未来升级改造的费用。为此，成立了一个跨部门的小组研究控制水量损失的措施。开始,大家专注于研究减少"不知去向的水",这是北美供水行业及哈利法克斯市供水公司原来的思路。后来发现国际水协会与美国供水工程协会推荐了一种新的方法,此方法重视全局,并将措施提前到供水系统的建设阶段,它基于"弄清水的去向"的理念。哈利法克斯市供水公司 1999 年偿试这一方法,2000 年 4 月将其定为最佳方法。

A.2.3　方法及其优点

国际水协会及美国供水工程协会的方法认为损失水量的去向是可以弄清的,但降低损失水量应采取综合措施。首先要摈弃难以弄清的损失水量去向的观念,"物各有其位,物各在其位"。

国际水协会及美国供水工程协会的方法有 4 项关键措施,分别是主动探漏、压力管理、快速响应和高质量抢修、设备维护。

哈利法克斯市供水公司每年两次采用声学仪和数字噪声过滤技术查找漏水点,并从市政水管理的"监控与数据采集系统"中获得资料,该系统将供水系统划分为若干"计量区"。一旦漏水发生,管网图上就会显示出漏水点。

压力管理措施是在满足用户供水前提下,将管网中的水压调整到使漏水最小的措施。"固定和变动面积流量"概念和"爆管和背景损失估算"分析,都清楚地说明了水压与漏水之间的关系。在这方面哈利法克斯供水公司已经走在了前面,它根据夜间用水少、漏水多的情况,推行晚间对管网减压的措施。该公司在美国供水工程协会研究基金2928 号项目中的调压控制系统已取得初步成效(见"漏水管理技术")。

快速响应和高质量抢修是减少漏水的中心环节。快速响应不仅仅要求堵漏快速,还意味着敏锐察觉漏水事件、准确定位漏水点、确定实际的抢修时间。对于那些两年才排查一次漏水的供水系统,平均的漏水时间为一年,小漏水点的漏水时间可能累积超过一年。

设备维护是减漏的一项非常重要的长期措施。除设备更新费外,还应建立日常堵漏基金。哈利法克斯市市政局供水委员会从折旧与供水收入中提取这些费用和基金。根据安大略省"175 法案",折旧似乎是一种由自身服务筹集运行费的最好方法。除管网外,另一重要设备是计量装置。哈利法克斯市市政局供水委员会的各用水户均安装了流量计,每一个独立计量区还安装了一个总流量计。

上述措施构成了减漏的总体方案,其中特别重要的是独立计量区分区管理与监控和数据采集系统的重要性。哈利法克斯供水公司的供水范围划分成 65 个计量分区,与监控和数据采集系统一起承担夜间漏水分析,确定系统的基准供水流量。图 A.2.1 给出了一个典型的计量分区管理的示意图,它拥有 30 km 长的管道、2 500 个用户节点。当高程边界可以准确划定时,独立计量区中还可以分细成"带"。如果不划分独立计量区,那么查找漏水点如同大海捞针。独立计量区还可将"大海"划分成小块,然后使用监控和数据采集系统寻找"针"——漏水点。

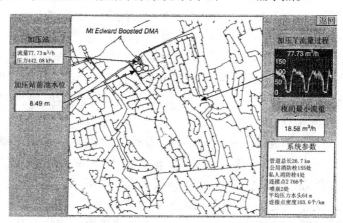

图 A.2.1　新斯科舍省达特默斯市爱德华计量区

(资料来源:哈利法克斯市市政局供水委员会)

夜间水流分析对于降低漏水损失是很重要的。技术人员将夜间居民入户水量及商业、企业用水量与监控和数据采集系统量测的管道流量进行比对,就可以探明漏水情况。一旦堵漏带来明显的经济效益时,堵漏工作将立即开始,这就是"物有所值"原则。控制漏水的费用是否值得,与找回的水量及其价值有关。对于管网系统中的一个带区,这一评价结果将确定是否增加或减少漏水探测的活动。

国际水协会和美国供水工程协会对管网堵漏效果的判别指标是堵

漏率(ILI),它等于真实损失量与估算损失量之比。实际损失量由标准的水量平衡公式求得,估算损失水量则是一个经验数,与管道长、节头密度、常水压有关。显然,节头密度大、水压高,则估算水量损失值大。采用堵漏率的好处是每一个自来水系统的堵漏效果都可以与其他系统的效果进行比较。而原先的指标是基于计算"不知去向的水量",它缺乏可比性,且含义不清。2003 年,也就是哈利法克斯供水公司采用国际水协会和美国供水工程协会计算方法后的第 3 年,美国供水工程协会与加拿大市政协会、加拿大基础设施研究院确认国际水协会和美国供水工程协会减少管网损失的方法是最好的方法。

A.2.4　建设、结果及经验

采用国际水协会和美国供水工程协会的减漏法源于哈利法克斯供水公司要建成世界一流供水管网的愿望。一开始,就由管网运行部、工程师、水厂运行部、财务部、用水户代表组成了领导委员会。这种跨部门的合作有时是双刃剑,但在项目起步阶段往往会取得重大突破,哈利法克斯供水公司的这个项目就是如此。

由运行部担当领导角色,在高级经理的支持下,技术人员开始搜集国际上控制损失水量的最好方法。他们找到了国际水协会的水量损失控制处,该处受托专门开发最先进的减小损失水量的方法和措施。2000 年形成了完整的水量平衡方法与措施。

哈利法克斯市市政供水委员会于 1999 年聘请了国际水协会和美国供水工程协会中与控制损失水量项目有关的国际专家指导实施减漏措施和水量平衡工作。50 多位哈利法克斯市市政局供水委员会的工作人员接受了为期一年最先进的前沿技术的培训。工程处协助运行部绘制了管网噪声图,并在区域计量区分区设计中增加了 GIS,按分区规则将数个区域转换到计量分区中。

哈利法克斯供水公司还采用监控和数据采集系统实时监测大用水户的取水量。从这一方面可以了解漏水增加的情况,另一方面可以不必派人员到现场查漏。哈利法克斯供水公司负责报告用水户漏水增加情况,用水户负责雇人维修。

　　减漏已取得了成功,堵漏率(基于 4 项监测数据计算)已由 1998 年的 9 下降到 2006 年 3 月 31 日的 3(见图 A.2.2)。哈利法克斯供水公司的漏水损失从 1.68 亿 L/d 减至 1.34 亿 L/d,年节约资金 55 万美元。

HRWC 分区	ILI 1997/ 1998	ILI 1999/ 2000	ILI 2000/ 2001	ILI 2001/ 2002	ILI 2002/ 2003	ILI 2003/ 2004	ILI 2004/ 2005	ILI 2005/ 2006
中部区	NA	1.6	1.2	1.0	1.0	1.5	1.1	1.0
东部区	NA	4.4	4.5	2.9	3.1	2.4	2.4	2.0
本部区	NA	11.7	11.7	11.5	9.2	7.3	6.9	5.3
联合区	9.0	6.4	6.3	5.5	4.7	4.0	3.8	3.0

图 A.2.2　　哈利法克斯市市政局供水委员会分区的 ILI 指标

(正式采用国际水协会和美国供水工程协会的方法)

　　理论上堵漏率可以降到 1,但实际这在经济上不划算,即此时的投入大于所减少的漏水损失。哈利法克斯供水公司减漏项目是按美国供水工程协会水务基金的咨询意见进行的,它十分接近于经济漏水量。

　　除配水管网方面的直接经济效益外,还可以减少水厂的投资成本。管网与水厂是高耗能企业,因此减少损失还能降低温室效应。现在提倡节水的时代已经到来,只要这套系统的堵漏效果好,用户是能够接受的。

　　国际水协会和美国供水工程协会方法的采用可以早期发现大量的漏水点,使其在可控的条件下进行维修,从而发生爆管最少,对周围财产的破坏也最小。因此,社会效益很大。采用国际水协会和美国供水工程协会的方法可以大大减少供水系统的破坏概率,是一种减少漏水的最好措施。

　　自来水设施直接影响公众的健康,若管网破损,水就极易受到污染,因为供水管与污水管常常铺设在同一条地沟里。

A.2.5　可持续性及其框架

哈利法克斯供水公司减少漏水的行动与其主管部门——哈利法克斯市市政局的可持续发展目标是一致的。哈利法克斯供水公司的经营活动由主管部门打分,考评的重点是环保,关键指标就是与国际水协会和美国供水工程协会的方法密切关联的堵漏率。

哈利法克斯市市政局通过其打分体系推行可持续发展目标。对哈利法克斯供水公司,打分的主要项目之一是对堵漏率指标的评测。哈利法克斯供水公司推行国际水协会和美国供水工程协会的方法减少了供水系统使用的化学品和消耗的能源,从而支持了哈利法克斯市市政局降低温室效应的总目标。

管网堵漏就如同洗衣,永远不会结束。从这个意义上讲,哈利法克斯供水公司按国际水协会和美国供水工程协会的方法堵漏是长期的,且会不断取得进步。其目标是提高堵漏的经济性,使堵漏率达到2.5,这相当于日均再减少的漏水量达200万L/d。

哈利法克斯供水公司的各部门都参与了推行国际水协会和美国供水工程协会方法的行动,并已取得了突破性进展。这些突破是跨部门总体解决重大问题的结果,它使部门间的关系更为紧密。国际水协会和美国供水工程协会堵漏法还可保护水质,这对哈利法克斯供水公司是至关重要的。

哈利法克斯供水公司的堵漏效果已得到国际公认,并在2006年6月获得加拿大联邦城市部颁发的可持续性发展奖。2005年9月,哈利法克斯供水公司举办了国际水协会的堵截管网漏水的年会,并参与了美国供水工程协会研究基金会和加拿大国家研究院的开发项目。

A.3　美国田纳西州纳什维尔市供水系统的漏水控制

Lean B. Scott, P. E(市政供水局)

Paul V. Johnson P. E.

A.3.1　背景

2002年度开始时,纳什维尔市政供水局(MWS)与供水服务单位

（WSO）签订了 3 年的合作协议。之前,纳什维尔市政供水局尝试了多种漏水检测方式,有室内的,有委托性的,取得了一定的成果。几次关于纳什维尔市政供水局私有化的讨论会,形成了显著减少自来水管网损失水量的重大决定。2002 年,纳什维尔市政供水局认识到国际水协会和美国供水工程协会的方法是从未采用过的精确估计与控制漏水的方法,既可以用来分析纳什维尔市政供水局的系统,更可用作堵截漏水的实际措施。

　　纳什维尔市政供水局的供水系统的特征如下。

　　供水范围:田纳西州纳什维尔市、Davidson 县

系统日均输入水量（mgd）:	92
Omohundro 水厂、Harrington 水厂:	全部取地表水
主管长（mi）:	2 888
供水家庭数（户）:	157 006
商业用水户（户）:	16 421
消防栓（个）:	19 511
阀门（个）:	60 040
水库（座）:	44
总库容（万 gal）:	9 350
平均水压力（psi）:	74.8
边际成本水价（美元/1 000 gal）:	0.277
零售价（美元/1 000 gal）:	6.39
总用水人口（人）:	500 000 +

　　地表水取自 Cumberland 河,两座水厂的处理能力、供水状况较好。即使近 3 年纳什维尔市经历了干旱,供水也是正常的。计量供水和减漏的动因是提高管网的使用效率。

　　国际水协会和美国供水工程协会的检测法应用广泛,经过连续数年的验证,确认了其有效性。表 A.3.1 是连续 3 年检测的漏水指标。

表 A.3.1 漏水指标

项目	第1年	第2年	第3年
不可避免年真实损失(mgd)	2.877	2.878	3.620
真实损失(mgd)	15.058	18.785	22.792
堵漏率	5.23	6.53	6.30
无收益水*占输入水量比例(%)	26.3	32.6	28

注: *为%或系统输入量。

资料来源:纳什维尔市市政供水局。

以下将详细说明3年来漏水检测的情况、结果及决策情况。

A.3.2 漏水检测

首次漏水检测比较粗放,侧重于水平衡和漏水的总体分布情况,对测流的精度没有把握,因而漏水检测结果的可信度也不高。即便如此,对于管网系统的设计与施工进行漏水检测仍有商业上的需求。低置信度是由敏感性分析得出的。敏感性分析要确认基于现有漏水检测结果作出的决策,在漏水检测精度提高后在经济上仍是合理的。目前,漏水损失已很大,必须开展漏水探测工作。

表 A.3.2 系统改进后的水量损失

2003 年	计算真实损失量	±68.4%
2004 年	计算真实损失量	±9.1%
2005 年	计算真实损失量	±4.9%

第二次检测紧随第一次检测后进行,通过重点校正管网各输入水量计量器的精度以提高结果的可靠性,并确定纳什维尔市政供水局管网的经济漏水量。在实地检测中,划分了旨在进行最小夜间流量分析的独立计量区。进一步完善了水量损失分析的方法。

第三次漏水检测重在调校小流量计,以进一步提高漏水量估算的可行性。对 1 500 个家庭水表的测试数据进行了分析,这些测试的目的是检查水表的精度及其工作状态。工作状态是反映水表是否停止计量,从而导致水量损失。

表 A.3.2 显示,过去 3 年来,供水系统的操作指标(Pls)在恶化。实际上,那些进行了漏水检测后的点,其数据的可靠性得到明显改善。第 3 年的损失水量估算值为 79.1 亿 ~ 87.3 亿 gal,误差范围 ±4.9% ,而第 1 年的估算值为 21.67 亿 ~ 115.47 亿 gal,误差范围 ±68.4% 。显然,按第 3 年的检测结果进行决策,要可靠得多。

A.3.3 改进

首次水量平衡后,纳什维尔市市政供水局决定进行漏水检测,即便当时的精度并不理想。第 2、第 3 年的检测进一步说明了检测的必要性。检测方式也在不断改进,现在的检测模式如下:

(1)入户检测。

(2)噪声分析。

(3)每年进行一次全系统检测。

入户检测需要增加额外的设备费与培训费;噪声分析是由专家决策,而不是全部依赖仪器做决断,且这种决策是综合性的,而不仅仅限于检查。

虽然认识到每年进行一次全系统检测对于减少漏水损失是最佳的,但其经济性需要由之前的检测经历加以确定。原来每年只对一半的管网进行检测,具体范围根据需要决定。截至目前,已进行了 5 年的检测,其中 3 年是在本书写成前进行的。

A.3.4 漏水处理

纳什维尔市市政供水局漏水检测项目是独立计量区分区的测量项目与减漏项目的合并。纳什维尔市有 73 个小区属先前的皮托管(Pitot)测量项目。小区按自然边界划分,或者按分水阀划分。测量时关闭排水阀,测量分水阀的流量。

在第 1 年的查漏中,纳什维尔市市政供水局按照以往漏水检修的经验,将各小区进行排序。31 个工作人员对 50 个小区进行了检漏,其中 13 个小区到第 2 年才完成。据检漏,6 个小区漏水较少,实施堵漏不划算。在所检测的 878.32 mi 长的主管道中(其中 65.2 mi 为连接管),发现 260 处漏水点,大于 50 gal/min 的有 60 处。总漏水量约 4 367 gal/min,即 6.29 mgd。对所有的水厂及管道先进行筛查,然后对疑似漏点进行重点检查。

原计划对每个小区进行检漏、堵截漏、再检测,以便确定堵漏的效果,但实施时,由于纳什维尔市市政供水局的检修进度滞后,使计划不能如期完成,不得不取消了再检测程序。

第 2 年检测了 48 个小区,其中 23 个是首次检测,25 个是上年检测过的。45 个小区进行重点勘察,其中 13 个属上年未完成检测的,有 16 个区的漏水量很小,不需堵漏。第 2 年共检查了 1 352 mi 的主管(其中 50.7 mi 为连接管),查出漏点 2 361 处,漏水流量大于 50 gal/min 的点 28 处。漏水点日均总流量为 528 万 gal/d。

第 3 年检测了 51 个小区,重点勘察了 36 个小区。共检查了 1 302.18 mi 的主管(没有连接管),查出漏点 622 处,总漏水流量中有 8 341 gal/min(约合 12.01 mgd)是不可回收的。大于 50 gal/min 的漏点有 36 处。

第 3 年测出的漏水长度较前两年增加了 300 多 m,主要集中在 3 个刚更换成自动流量计的小区。在不可回收的无收益水量中,有 4 000 gal/min 发生在 6 处管道修理中,管道修理共有 18 处。虽然这些漏水不是技术性的,但如果该市市政供水局/供水服务单位不进行查漏,也不会发现得如此迅速。

不定期检测对于最大化"堵漏的效益、费用比"是很有效的。

A.3.5　小结

纳什维尔市市政供水局和供水服务单位认识到该供水局不断有新的漏水点产生,因此漏水检测是一项长期的工作。有些小区虽进行了 3 次重点漏水勘察,但每次的漏水量总基本相同。此外,每年发现的主管破裂的数量也差不多,这说明漏水点修复后,还会发生新的漏水点。

分区检漏对于确定实施堵漏工程的先后顺序是很有效的,它还能及时发现管道被打开所引发的漏水事件。

分区检测的一个重要作用是确定小区的夜间用水户(ENU)。供水局原设计不具备确定夜间用水户的功能,供水服务单位服务的小区正力图弄清这些用户,并提高计量分区检测数据的实用性。通过处理全部的供水局数据,并在小区中安置大流量计,就可以掌握夜间用户的用水情况。

A.4 意大利 IWA WLTF 方法的使用情况

Marco Fantozzi Eng,Gussago(BS),意大利(Italy)

A.4.1 概述

在意大利,自来水系统的输水损失(无收益水)占总输入水量的15%~60%。漏水控制往往是被动的,且供水系统缺乏必要的维修与更新。减少水损失成为意大利供水管网面临的主要问题。本节介绍意大利在采用国际先进的漏水控制与检测方法所取得的初步进展,特别是工业领域的进展及水损失组织的情况。笔者在控制漏水方面的经验以及意大利工业同行的经验均以案例的形式收纳在本节中。意大利水损失组织 18 个月来所取得的进展,表明意大利在控制水损失方面有诸多可行的方法。

A.4.2 一般进展情况

意大利自来水系统的损失率为 42%(ISTAT 2003)。某些欧洲国家,如英国、马尔他均有完整、连续的夜间测流措施,并经常性地进行漏水点查找工作。但在意大利,供水单位只修理被发现的漏水点,不发生严重干旱是不进行定期堵漏和压力检测的。

为减少漏水损失,意大利政府根据水平衡要求于 1997 年 1 月 8 日公布了《99/97 法令》,要求各自来水公司进行供水平衡分析,并上报结果。

《99/97 法令》要求进行水压与流量检测,但没有给出控制无收益水损失的总体安排,也没有提出影响漏水量各因素的分析方法。水的损失情况仍以损失量占系统总输入量的百分比来反映。由于此指标与用水密切相关,因而其反映出的系统运行管理情况是不可靠的。25 年前,英国水理事会(UK National Water Council)就指出了这个问题,德国的 DVGW 于 1986 年也有类似结论。近年来,美国供水工程协会及一些国家组织、世界银行不再推荐使用此指标。

根据国际水协会的意见[1],最好采用每天损失水量和设备漏水率(损失量与总损失量之比)两个指标。国际水协会的"水损失控制与技术报告"指出,意大利所使用的"每公里干管每天损失水量"指标是不合适的。

A.4.3　意大利水损失控制正在起步

作为一个发达国家,意大利的供水损失量非常大,减小损失成为当务之急。为此,立法机关正在寻求法律途径强制性要求自来水公司报告他们的水量损失情况。随着这方面工作的推进,越来越急迫地要求水管理部门汇总信息,并提供相应的技术手段。

为了推行国际上控制供水损失的先进方法,并改善意大利自来水业漏水情况,成立了"供水损失组织"(GOA),隶属于"自来水、公共卫生"组织。供水损失组织包括了 400 家自来水、天然气公司,供水范围覆盖了意大利 3 600 万人口。2004 年 10 月 25 日,来自自来水公司、科研机构与水行政部门的 80 名代表于意大利的热那亚港口城市(Genoa)举行了"减少管网水量损失"学术研讨会,主要议题如下:

(1)提高对控制水压力、减少爆管与漏水的重要性及经济性的认识。

(2)推动国际水协会与意大利自来水行业的合作。

(3)向用户传授国际水协会的方法,并获取反馈信息。

(4)进行用户间减少漏水损失的方法和技术交流。

关键是要让各方接受这些方法。为此,在意大利热那亚港口城市供水损失组织举行了一系列培训研讨班,目前已培训了来自于意大利各地的技术人员 180 人。

意大利各供水企业非常认可国际水协会的方法。Emilia Romagna 区还编制了新的水量平衡计算手册,引入了若干国际水协会的关键技术和指标。其中,堵漏率显示了当前供水压力下的真实损失量情况,因而受到特别关注。

　　许多自来水公司开始使用国际水协会的水量平衡方法,并利用专门开发的软件去达到《99/97 法令》的要求。该软件可以将意大利原先进行水量平衡的数据导入国际水协会的水量平衡系统,是"供水损失组织"基于 PIFastCalcs 开发出来的,而 PIFastCalcs 是标准的水平衡程序,采用的是国际水协会推荐的指标体系。所有的指标将与 1999 年12 月的论文[2]《AQUA》中的数据进行比较。还与欧洲的指标进行比较。PIFastCalcs 是 LEAKS 软件包的一部分,后者是"国际水协会供水损失组织"推荐的、使用效果优异的一个软件。

　　大多数意大利供水公司并不主动实施漏水控制措施,既没有经费支持,也不明白控制那些不明漏水点的漏水量对于减小总损失水量的重大意义。经过培训,在知道夜间测流对于主动控漏的作用后,一些公司成功采用新的方法安排他们的堵漏周期,计算相应的经费及经济漏水量[4]。

　　意大利的自来水企业开始认识到,管网系统的压力控制是漏水控制的基础。2004 年 10 月,AMGA 年会上报告的 Torino 市供水管网压力控制是一个很好的实例。该市通过在适当地点增设加压站,能使主城区夜间水压降低 10%,从而可减少 50% 的年维修费和漏水量。年会上,还提出了另外两项报告:爆管频率关系及国际上减压供水降低爆管的情况。另外还报道了另 3 家自来水公司控制管网压力的情况。上述成果在 2005 年 4 月热那亚港口城市(Genoa)的年会上再度进行了报导。有了这些成功实例和"国际水协会供水损失组织"专家的支持,在意大利有关技术组织的努力下,目前很高的漏水损失可有望大幅度削减。

　　水的计量对于自来水公司的运营至关重要。意大利已实现了用水户的计量,但如同大多数国家一样,对于维护计量装置的有效性并未给予充分的关注。绝大多数供水公司并不是从经济角度考虑水表的置换,也不关注计量装置性能随时间推移而下降的情况。

A.4.4　意大利的一些案例

　　以下的实例证明,引进新技术提高管网的效率不但可行,而且其经验也可鼓励其他国家采用这些技术。

1. Emilia 的独立计量区分区管理

Emilia 是 Emilia Romagna 地区的供水公共服务公司,在漏水控制方面走在前列。该公司控制漏水的举措是完善小区水独立计量区分区管理以及进行区域水压力管理(见图 A.4.1)。

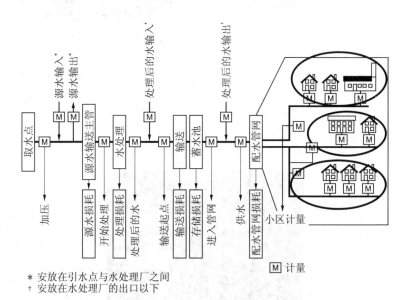

* 安放在引水点与水处理厂之间
+ 安放在水处理厂的出口以下

图 A.4.1　独立计量区示意图

(资料来源:意大利推广应用国际水协会水损失控制特别工作组方法的结果报告)

截至目前,3 254 km 的管道已实施了减少漏水的措施,占管道总长的 75% 。所有用水户均并入约 100 个独立计量区分区中,每个计量分区的供水压力可减小 20% ,40 ~ 50 m 水头。整个系统在意大利是较新的,被公认为适用且有效。

独立计量区分工可以在短期内有效减少漏水量,也可以是长期掌握、控制漏水情况的有效方法。

每一个计量分区的入口永久性地安装测流计,记录流量和压力过程,并由全球移动通信系统(GSM)传送给 Enia 中心的计算机(见图 A.4.2 ~ 图 A.4.4),达到监控每一个计量分区的目的。

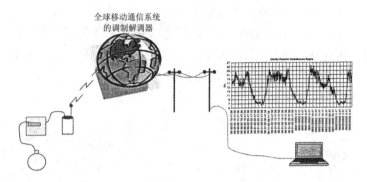

图 A.4.2　监测系统(资料来源:意大利推广应用国际水协会
水损失控制特别工作组方法的结果报告)

图 A.4.3　监测点(资料来源:意大利推广应用国际水协会
水损失控制特别工作组方法的结果报告)

　　分析每一个计量分区的流量过程线,可得到夜间最小流量及平均
压力点、临界压力点(CP)处的压力过程线,从而判断在哪里堵漏是经

图 A.4.4　监测点(资料来源:意大利推广应用国际水协会
水损失控制特别工作组方法的结果报告)

济合理的。据此,Enia 的工程师对漏水区域进行排序,并定量分析堵
漏实施过程的经济效益。

　　弄清了漏水区域和漏水量后,再使用声波探测仪(漏水噪声相关
仪、地音探听器、噪声记录仪)对漏水点进行定位。漏水情况查清后,
可以画出漏水量与压力的关系线,从而掌握漏水发展趋势。

　　Enia 中心选择分析夜间最小流量,并比较由夜间流量计算出的漏
水量和由水量平衡计算出的漏水量的差异。Marco Fantozzi 公司使用
了专用软件"StiperzEnia"来完成这项工作。该软件由 Allan Lambert 开
发,并转换为意大利语。图 A.4.5 给出了上述两种漏水量的变化、最
优估计、Enia 中心的计量分区不可避免年真实损失量。从中可以看
出,夜间漏水量从 93 m^3/d 下降到 45 m^3/d。

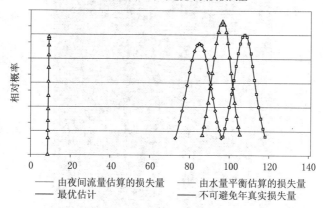

2004年:夜间流量损失量、水量平衡损失量、
最优估计、不可避免年真实损失量

—— 由夜间流量估算的损失量　　　　—— 由水量平衡估算的损失量
—— 最优估计　　　　　　　　　　　—— 不可避免年真实损失量

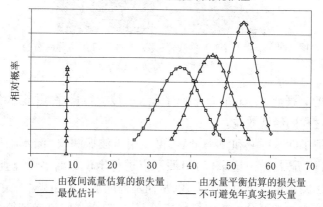

2005年:夜间流量损失量、水量平衡损失量、
最优估计、不可避免年真实损失量

—— 由夜间流量估算的损失量　　　　—— 由水量平衡估算的损失量
—— 最优估计　　　　　　　　　　　—— 不可避免年真实损失量

图 A.4.5　2004 年与 2005 年用 StiperzEnia 软件计算的两种损失量的对比
(资料来源:意大利推广应用国际水协会水损失控制特别工作组方法的结果报告)

由图 A.4.6、图 A.4.7 可看出,2001～2005 年的 4 年中,通过降低压力,每人每天供水量的漏水损失下降了 13%,维修次数减少了 28%。

人均供水量

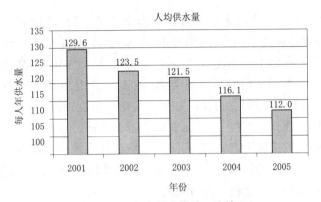

图 A.4.6 每人供水量的下降情况

爆管次数(次)

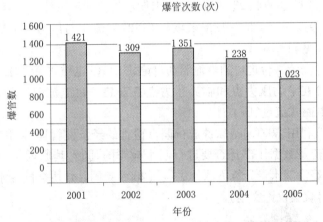

图 A.4.7 **爆管数下降情况**(资料来源:意大利推广应用国际水协会水损失控制特别工作组方法的结果报告)

2. 北意大利小型供水管网堵漏的最佳频次

以下介绍一种采用声波探漏技术确定参数的简单方法,它所确定的参数的致信度达 95%,已经收入计算经济漏水量的软件 ALCCalcs 中。该软件已在澳大利亚、加拿大、克罗地亚、塞浦路斯、英国、美国等国家得到广泛应用。

漏水控制的关键是寻找一种快捷、实用的计算经济查漏周期和经济漏水水平的方法。

显然,对于一个特定的管网系统,除非弄清了漏水管理的全部四类指标(修理的速度和质量、压力控制、漏水控制、恢复),才能计算出经济漏水量。实际中并不这么做,马尔他供水公司(MWSC)和加拿大哈利法克斯供水局采用的是使四类指标中的一类达到最优效益费用比(或最短成本回收期)的方法。如果此类指标不能再提高了,可认为经济漏水量已找到。当然,经济漏水量是随时间而变化的。

与经济股票理论类似,当剔除维修费后的系统检查成本与未发现的漏水量所造成的损失相等时,这时就需要进行查漏了。相应地,可以计算出两次系统全面检查的时间间隔[7]。

北部意大利的 Montirone 镇有一个小型供水管网系统,向 1 300 个用水户供水,主管长 23.2 km,进口未设永久性的流量计[6]。有选择性地在一些点安装了带有数据采集与 GPRS 的流量与压力测量装置,具体如下(见图 A.4.8):

(1)安装一台进口的电池驱动自记式 GPRS 电磁式流量、压力计。

(2)在平均压力点和临界压力点各安装一台电池驱动的自记式 GPRS 电磁式流量、压力计。

(3)利用 WIZCalcs 软件进行漏点检查的经济性管理,它利用实测的夜间流量数据作出是否要进行漏水检查的判断,其原理见《经济查漏期与经济漏水量计算方法的进展》(2005 年国际水协会国际水经济、统计、财政会议论文集)。

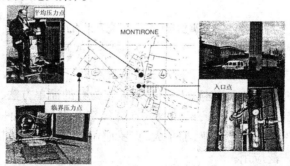

图 A.4.8 Montirone 供水管网及数据采集点(资料来源:意大利推广应用国际水协会水损失控制特别工作组方法的结果报告)

图 A.4.9 描述了 Montirone 供水管网数据流过程,每天实测数据由电子邮件传到电脑中,WIZCalcs 软件读取这些数据,并分析管网中的流量和压力。

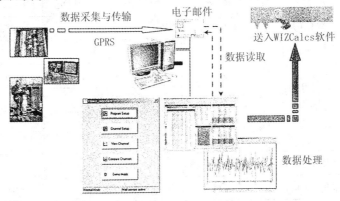

图 A.4.9　Montirone 供水管网的漏水检测系统(资料来源:意大利推广
应用国际水协会水损失控制特别工作组方法的结果报告)

图 A.4.10 给出了 2003 年实施堵漏的最小夜间流量变化和 2006 年 4 月的最小夜间流量。从中可知,由于 2003 年之后没有再实施新的堵漏维修,因此原未发现的漏点和曾经维修过的漏点,都在使夜间流量逐渐上升。

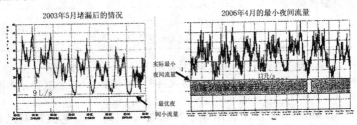

图 A.4.10　夜间流量对比(资料来源:意大利
推广应用国际水协会水损失控制特别工作组方法的结果报告)

图 A.4.11 是 WIZCalcs 的计算结果。需要输入 3 个参数:漏水量增加率、水价、堵漏的年费用。

输入	填色区为计算值			
软件	输入许可文件名	国家	意大利	
管网名	Montirone	货币	欧元	
用水户数量(户)	1 300			1%
主管长(km)	23.2			2%
接收报告(CRR)漏水量增长量及比例	232	$m^3/(d \cdot a)$		
	178.8	$L/(户 \cdot d)$		20%
	10	$m^3/$ (km主管线 $\cdot$ d)		
漏水程度		很高		
水价 CV	0.114	欧元$/m^3$		10%
全管网堵漏费用 CI	5 000	欧元		5%
经济堵漏周期	12	月		2
上次堵漏时间	34	个月以前		
堵漏年费用	4.9	千欧元/a		0
经济漏水量	43	km^3/a		7
	91	$L/(户 \cdot d)$		15
	5.09	$m^3/$ (km主管线 $\cdot$ d)		0.83

图 A.4.11　WIZCalcs 软件应用于 Montirone 供水管网

(资料来源:意大利推广应用国际水协会水损失控制特别工作组方法的结果报告)

　　由于 Montirone 供水管网漏水量增加率很高且离上次查漏已过去了 34 个月,因此 WIZCalcs 软件计算结果表明,2006 年 4 月已过了新一轮查漏期,同时给出了相应的年费用和经济漏水量,以及本次堵漏的夜间最小流量目标。

A.4.5　结论

　　(1)过去的 10 年,估算、管理供水管网漏水的方法已经发展成熟。

（2）这些方法被越来越多的国家采用,并由国际水协会水损失控制特别工作组在全世界推广。

（3）欧洲的一些自来水公司（马尔他供水公司、塞浦路斯的 Lemesos 自来水厂等）很快就采用了这些方法,并取得了良好结果。有些欧洲国家政府对此也很感兴趣。

（4）目前,意大利在利用新方法方面达到高潮,意大利供水工程协会举办了大量培训班,许多自来水公司纷纷开始使用新的方法。

（5）本文介绍的意大利对新方法的总体应用情况,其核心在于估算独立计量区分区漏水量、改进了方法的管理方式,计算经济堵漏周期。

A.4.6　致谢

Allan Lambert 对新方法在意大利的推广应用做出了巨大贡献,Nicola Bazzurro、Francesco Calza（Enia）及其他意大利漏水控制组织的成员大力支持和参与了本项工作,在此表示深切的感谢。

参考文献

[1] Alegre, H. , W. Himer, and J. Baptista, et al. "Performance Indicators for Water Supply Services." Manuals of Best Practice: IWA Publishing, ISBN 1 900222 272.

[2] Lambert A. , T. G. Brown, and M. Takizawa, et al. "A Review of Performance Indicators for Real Losses from Water Supply Systems." AQUA, Dec 1999. ISSN 0003-7214.

[3] Alegre, H. , W. Hirner, and J. Baptista, (in press). "Performance Indicators for Water Supply Services." Manuals of Best Practice 2d ed:. IWA Publishing, ISBN 1843390515.

[4] Lambert A. "Water Science and Technology: Water Supply" *International Report on Water Loss Management and Techniques*, vol 2, no. 4,2002, pp. 1-20.

[5] WIZCalcs. International software to calculate IWA Water Balance and Performance Indicators with 95% confidence limits. Contact ILMSS Ltd and Studio Fantozzi for details.

[6] StiperzEnia, (2006). International software to compare Real Losses calculated from Night Flows and Water Balance with 95% confidence limits. Contact ILMSS Ltd and Studio Fantozzi for details.

[7] Lambert A., Fantozzi, M. "Recent advances in calculating Economic Intervention Frequency for Active Leakage Control, and implications for calculation of Economic Leakage Levels," IWA International Conference on Water Economics, Statistics and Finance, Rethymno (Greece), 2005.

[8] Calza F.. *StiPerZEnia*: *Experiences in in-depth management of DMAs in ENIA Group*, Leakage 2006 Conference, Ferrara (Italy). Available: www. leakage. it, 2006.

[9] Guazzord R. *Leakage control by use of Flowiz electromagnetic fiow meter*, Leakage 2006 Conference, Ferrara (Italy). Available: www. leakage. it, 2006.

A. 5　巴西圣保罗市供水管网漏水控制项目

Francisco Paracampos(供水与污水处理公司)
Paulo Massato Yoshimoto(供水与污水处理公司)

A.5.1　简介

圣保罗市有 1 900 万人口,面积 800 km^2,海拔 730 ~ 850 m。该市供水与污水处理公司(SABESP)拥有 29 500 km 长的主管道,用水户达 360 万户,分为 6 个供水城区。供水实现了全部计量,每个用水户都有自己的贮水罐。

过去 3 年中,平均供水流量稳定在 65.5 m^3/s,但每年要增加 10 万户新用水户。2006 年,漏水量达 502 L/(户·d)。

A.5.2　漏水控制计划

首要的是将管网系统划分为若干小区,再按照国际水协会和美国供水工程协会的标准检查每个计量区漏水量,并确定最佳堵漏方式。这中间使用了一些高级统计、分析工具,制订出了长期和短期的堵漏计划。

A.5.3　关键行动

(1)划分小区。

(2)优化管网压力。

(3)大规模查找漏水点。

(4)更新最薄弱的进户管道。

(5)改善计量装置,特别是大用水户的计量仪。

(6)减少查漏差错。

(7)改善信息存储与交流。

1. 划分小区

按照国际水协会的方法,将圣保罗市划分为 120 个小区。对于那些漏水情况严重的小区,深入分析其漏水量、进行 $N1$ 级的现场测试和入户设施测试,然后确定堵漏的优先排序以及堵漏的方法。

2. 优化管网压力

圣保罗市的供水是自流式的,管网陈旧,约30%已使用了40年以上。数十年来,城市工业规模不断扩大。近年来,规模扩大速度减慢,但每年仍要增加 10 万户新用水户。

目前,老管道断面太小,管内流速很大,高峰期水头损失很大,因此优化管道并进行压力控制已成为十分迫切的任务。

此外,圣保罗自来水系统的调蓄能力很小,仅 150 万 m^3。居民屋顶设置了水箱,一定程度上缓解了高峰期供水矛盾。

目前,管网依靠减压阀和调整分区以降压。大范围使用减压阀时,并不关注具体区域所减小的最大压力。据圣保罗市供水及污水处理公司发现,即使减小的压力幅度不大,漏水量和漏水频次都会明显下降。这驱使该公司寻求全管网减少漏水的调压措施。但传统的减压阀方式只能解决小范围的减压问题,对于圣保罗市,只有那些漏水很大的点才采用这一方式。

据测算,圣保罗供水系统管网安装了 954 处减压阀后,节水流量达 3.1 m^3/s。

3. 探查漏水点

计划每年进行一次全管网漏水点检测,在此基础上,对漏水量大的计量区,进行 2~3 次检测。

4. 更新最薄弱的进户管道

圣保罗市自来水管网最薄弱的部分是老管网。每年有 10 万户老旧用水户管道要更新,相应地需更新1%的干管。

由图 A.5.1 可见,采用 HDPE 管材后,破坏的概率明显下降。

圣保罗自来水供水范围
2000年上半年维修了685处
漏水点后的情况

每一街区供水管
有问题的点数
0~2
3~4
5~12

圣保罗自来水供水范围
2007年下半年修理了98处
漏水点后的情况

图 A.5.1　经过大规模管网翻新后的漏水情况

(资料来源:圣保罗市供水与污水处理公司)

5.改善计量装置

每年更换45万个流量计,每月约可从每户居民找回$2.2\ m^3$的水量。对于大的流量计,根据用水类型更换尺寸,并将使用年限定为2年。

6.减少查漏差错

利用长系列资料(5年)拟合标准参数,并用不同来源的资料进行校准,这些方法均取得了成功。

此外,对员工和承包商进行了深入的室内、现场培训,让他们掌握诸如微型照相机、声纳等现代化设备。这些措施每年可找回$3\ 800\ m^3$的水量损失。

7.改善信息存储与交流

过去 3 年来,大力建设了商业数据库。该数据库可对用户用水量排序,标注每一用户的地址、用水类型(生活、商业、商业内容、每天用水时间)。以后,数据库还要记录用户水表的工作状况。相应地,还开发了专用软件,对用水情况进行统计分析。

A.5.4　小结

圣保罗市供水与污水处理公司持续利用规范的评价、估计、测量、后评估的方法解决自来水管网的水量损失问题。计划到 2012 年,每户每天的水量损失为 250 L(约为当前的一半)。自手册(第一版)发布以来,已进行了大规模用户端管道更新,节水效果明显。

A.6　水表的合适尺寸

John P. Sulliuvan, Jr, P. E.(波士顿市供水与污水处理公司总工程师)

Elisa M. Speranza(波士顿市供水与污水处理公司特别项目经理)

A.6.1　背景

每年,自来水业有数十亿加仑的水损失了。据美国供水工程协会水务基金估计,全国每年水损失量价值达 1.58 亿~8 亿美元。数十项研究报告、专著对此进行了研究,基本结论如下:

(1)卖出的水未到达目的地。

(2)零售商没有按水量交费。

波士顿市供水与污水处理公司(BWSC)为波士顿市 100 余万人提供水和污水处理服务,同时它又是马萨诸塞州水资源局(MWRA)最大的用水户,该局为 60 个社区提供全面的供水与污水处理服务。

波士顿市供水与污水处理公司从马萨诸塞州水资源局购买总用水量的 40%。由于漏水量大,因此需要大力进行漏水检测和维修,以减少购买的源水量与分到用户的水量,从而解决漏水造成的巨大经济损失和引起的环境问题。

在过去的几年中,波士顿的大水源——康莱蒂卡特引水工程的供水量较为稳定。在"需求控制"规划中,马萨诸塞州水资源局的日需水量由 1976 年的 317. 2 亿 gal 到 1990 年已削减到 2. 9 亿 gal,已能满足不超过供水系统的设计能力(3 亿 gal 水量)的要求,这导致康莱蒂卡特引水工程的供水量成为不确定因素。

此外,未交的水费是波士顿市供水与污水处理公司损失的收入。该公司需要向纳税人保证所有用水户公平分担费用,需要提高收入以应对日益增长的供水费用和污水处理费用。

由图 A. 6. 1 可见,波士顿的日供水量由 1976 年的 1. 5 亿 gal 降为 1990 年的 1. 102 亿 gal,下降了 26% ,其中 1988 ~ 1990 年下降 9. 3% 。之所以如此,就在于波士顿市供水与污水处理公司采取了强有力的查漏、堵漏及节水措施。未计费的水量(马萨诸塞州水资源局购买的水量与用水户交费水量之差)由 33% 降为 27% 。

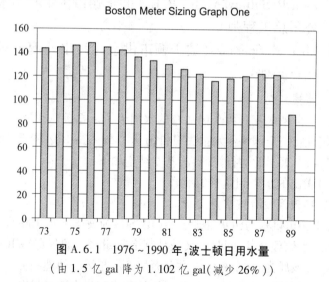

Boston Meter Sizing Graph One

图 A. 6. 1　1976 ~ 1990 年,波士顿日用水量
(由 1. 5 亿 gal 降为 1. 102 亿 gal(减少 26%))

A. 6. 2　未计费水量

波士顿市的用水量虽在下降,但未计费水量仍然过高。据研究,20% ~ 30% 的未计费水量对于老管网来说是不寻常的,但马萨诸塞州水资源局相信,通过各机构的努力,城市老管网的未计费水量是可以大

幅减少的。

为此,1990 年 3 月,波士顿市供水及污水处理公司组建了"未计费水量工作组",以研究这部分水量的去处和应对措施。工作组由政府各部门、供水公司现场服务部、计量仪安装厂家、收费处、运行部、规划部等人员和工程师组成。

早在 1987 年 5 月,坎普(Camp)、德雷瑟(Dresser)、迈基(Mckee)编写了"波士顿市供水和污水处理公司供水管网研究报告",对未计费水量进行深入分析。按 1985 年数据计算,未计费水量达到 32%。该报告认为,自 1977 年波士顿市供水和污水处理公司成立以来,未计费水量呈下降趋势;此外,报告还分析了查漏、堵漏在减少购买原水、增加计费水量方面的作用。

另外,报告还认为产生未计费水量的主要原因是:计量与收费不全,存在不计量的用水户,以及未修复的漏水点。因此,一定比例的未计费水量是合理的,全部水量都收费是不可能的。

那时,未计费水量约日均 3 810 万 gal,其中主要是可修复渗漏的漏水量,约为 1 850 万 gal,占 49%,占总原水量(1.19 亿 gal)的 16%。

1990 年 12 月,工作组公布了第 1 份报告,建议校验水表、加强水费收取、改善水账测算、继续实施漏水点探测工作。报告在涉及水的计量时,论述了水表合适尺寸、读数、计量值下降、维护与更换等问题。本节对水表合适尺寸问题进行了专门探讨。

A.6.3 以往的计量实践

波士顿供水及污水处理公司拥有 86 000 个水表,10% 的尺寸大于 1.5 in。以往认为水表尺寸应与水管直径匹配,即 1 in 水表安装在 1 in 直径的管道上,2 in 水表安装在 2 in 直径的管道上,等等。而管道直径是根据供水量和最大允许水头损失,从铅管产品目录上查得的。

这种由厂家提供的极端保守算法通常导致水表尺寸比实际需要的大。老旧的用水设备通常较现代同类设备耗水量高,因而城市总用水量也会高。

由于水价很低,因此一般不太关注水表在小流量下少计的水量,而对水流经过水表的水头损失却很在乎。3 in 以上的水表通常是组合式的,这是一种可以测量高、中、低流量的复杂的机械装置。5/8～3 in 的水表与 3～8 in 的涡轮水表结合使用,可以量测总流量。

　　组合式水表工作情况良好,但难以维修。到 1974 年,多数组合式水表出现故障或完全失效。经过对涡轮式水表与组合式水表维修记录、价格的比较,波士顿供水及污水处理公司决定将 3 in 及以上尺寸的水表全部更换为新式的涡轮水表。新涡轮水表结构简单,便于维修,但 3 in 水表流量小于 5 gal/min,4 in 水表流量小于 10 gal/min,6 in 水表流量小于 20 gal/min 时,精度较差。对于较大的水表,要求运行中出现的绝大多数流量应落在有效量程内。小流量时的过水量难以确定,并不会对水表尺寸的选择产生大的影响。

　　波士顿 1976 年供水与污水处理的总费用为 1.02 美元/1 000 gal,1991 年则增加到 5.4 美元/1 000 gal。其间 1985 年,马萨诸塞州水资源局结束了供水与污水处理的紧张时期,费用出现大幅提高。投资 70 亿美元的波士顿港治理工程和海水淡化厂将会在未来 10 年中促使水费上升。据波士顿供水和污水处理公司预计,到 2000 年波士顿的水费将达到 14.4 美元/1 000 gal,平均每个家庭年水费开支将达到 1 000 美元。那时水表尺寸将成为各方极为关注的因素。

　　1988 年,波士顿供水和污水处理公司就开始了减小水表尺寸可能性的研究。要求新增的用水户安装新水表,这种水表的尺寸较管道直径小,而且要用户估算未来的用水量。虽然组合式水表能完成各个流量级别的量测,但根据经验,简单的水表也能满足要求。由于难以弄清现有水表是否适合于未来的情况,波士顿供水和污水处理公司启动了水表置换项目。

A.6.4　项目措施

　　"未计费水量工作组"建议加强对小流量供水的计量,对此,波士顿供水和污水处理公司所面临的问题是小流量水表还要兼顾大流量测量。解决的基本原则是:①小流量时因测不准所导致的水量损失,足以弥补增加量测手段所增加的费用;②用户用水量不会达到先前设定的值。

　　1.项目实施团队

　　波士顿供水和污水处理公司为"未计费水量工作组"配备了一个

减小水表尺寸项目的实施团队,团队成员来自工程部、现场服务部、水表安装部、水表读取处。

自 1990 年 8 月以来,团队每周一上午碰头,针对现场情况商讨确定具体用水户的水表尺寸。项目团队要进行用水户需水情况分析,研究可能产生的问题,根据水表的工作量程确定用户水表尺寸。

与老式涡轮水表相比,新的 2 in 盘式水表可以量测小至 2 gal/min 的流量,精度达到 95%。置换水表考虑的基本因素是:2 in 水表最大工作流量为 160 gal/min,3 in 水表最大工作流量为 350 gal/min;2 in 水表每分钟过水 160 gal 时的水头损失为 10 psi,3 in 水表每分钟过水 160 gal 时的水头损失为 1 psi。

2. 数据库

项目团队首先要建立用户水表测试、安装、记录,主要关注 1.5 in 以上的水表。这部分水表只占总水表数的 10%,但其供水量占 63%。最重要的是对新转换的水表效果进行评估。这些水表安装简单,具有阀的功能,波士顿供水和污水处理公司要对这些用户进行回访,因此需要随时掌握其准确的用水信息。

第二类数据是大用水户日最小用水量(ADU)。此外,经营管理信息处理系统(MIS)部要进行 3 in 水表日供水量 300 ft^3 的用水户的日最少用水量数据记录。

第三类数据来自于客户服务机构、承包商、大水表测试与更换记录。

3. 现场勘察

项目团队的工作人员要进行现场勘察,收集用水量和类别、房屋形式、楼层与单元、是否有中央空调和泵加压等资料。还要读取现有水表的数值,对每节管进行漏水测量。勘察人员按要求将所有收集的数据集中存储,以免丢失,并提供给团队以正确选择水表尺寸参考。

4. 流量测试

据项目团队发现,要确定合适的水表尺寸,必须更加准确地测定流量。但固定的测试设备和其他方法均达不到要求,只好使用流量检测仪。

由于计算机在测流方面的使用还是一个相对新的领域,波士顿供水和污水处理公司对能制造精度满足要求的测流设备的厂家进行了搜索。找到了 F. S. 布仁纳达公司和施拉姆伯格工业公司,他们分别生产主流量计和流量探测仪。两家公司在项目实施过程中,为水表测试提供了运行良好的设备和计算机软件。

主流量计与流量探测仪的工作原理都基于磁脉冲信号,从而省去了涡轮水表和盘式水表的转动部分。磁脉冲反映了所通过的水体积,其量值关系由软件确定。即先将磁脉冲数据输入计算机,再由软件将全时程的磁脉冲信号转换成流量。主流量计可以与绝大多数水表共同工作,它用一个探头与水表信号最强的部位相连。

流量探测仪与内丘恩水表结合使用,先移开水表顶部自动记录仪,放上收集磁脉冲信号的传感器,再将自动记录仪装回原处。

波士顿供水和污水处理公司一般在用水高峰季节测流,通常历时3 d,有时一周,有时在整个周末。由于无法进行太长时间的测流,因此水表尺寸的确定还要依赖工程师的经验。到目前为止,已对 400 个大水表进行了改小置换,只有 1 个因压力问题而改装回原来的尺寸。

近来,波士顿供水和污水处理公司又购进了 3 台主流量计和 3 台流量探测仪,用于对大水表进行更换前的测试。还预订了 6 台以上的流量探测仪,因为它还可以用来跟踪用水量的变化。

5. 后续跟踪

为了跟踪项目进展情况、评估丢失水量减少的效果,建立了专门的数据库。它记录用水户账号、地址、原水表尺寸、新水表尺寸、每天用水量。用户水表改装后,波士顿供水和污水处理公司根据 30 d、60 d、90 d的记录计算用水户日最小流量。

开始,由于用户数据库不完备与估计式读数法,很难准确评估水表计量效果。项目团队决定同时跟踪用水量变化以及由所交水费反算出的用水量变化。结果,实际用水量的差值与由水费数反算出的水量差值非常接近。

对于差值特别大的水表,进行现场测试,确保输入数据的正确性,并解释产生差异的原因。

波士顿供水和污水处理公司计划水表转换后进行一年的跟踪读数,以获取用水季节性变化特征。

A.6.5 结果

在确定水表尺寸改造顺序时,项目团队对用水户进行了分类。虽然改小水表并不总是合适的,且也并不总是会使用水量增加,但根据项目执行结果,只要水表尺寸改小,未计费水量立刻就会变化。

以下的案例来自政府公租房、公寓、学校、商业、工业、公共机构、市政设施,是项目团队认为最需要进行水表改装的场所。

1. 政府公租房

波士顿公租房管理局(BHA)是波士顿供水及污水处理公司的最大客户,每年交水费600余万美元。"未计费水量工作组"确定将该管理局作为解决未计费供水问题的典型。

在对公租房用水进行考察时,要考虑如下因素:

(1)一般没有洗碗机、中央空调、户内厕所。

(2)一般低于4层楼,可不考虑水压问题。

(3)许多公租房在进行翻修,并安装了新的节水器具。

绝大多数公租房的水表是3 in和4 in的。基于上述因素和先前的水表测试工作,"未计费水量工作组"认为这些住房的水表可以改为2 in水表。项目团队进行了几处公租房水表改造,结果计量水量明显增加,据此,团队编制了公租房水表改造建议书。

对于具有50~124间房的公租房来说,改装2 in水表后,计价水量要增加数千加仑。

如在邦克尔西尔,用一个主流量计系统监测一座具有119间房的公租房的供水流量,该建筑新置换成2 in水表。在剔除了计账系统的问题后,15户人家的日最小水量(ADU)由水表改造前10.9万 gal/d增加到水表改造后12.7万 gal/d,增加了17%。

在政府公租房菲德立尔(Fidelia)公租房中,将2个4 in的涡轮水表(量程为10~450 gal/min)改为2 in的位移式水表(量程为2.5~160 gal/min)。测试结果,更换前的一个水表整夜通过的流量都小于量程的下限;午夜至清晨6点,水表更换前的供水量是13 039 gal,更换后达到 18 477 gal,增加了 42%;而夜晚 10 点至清晨 6 点,更换前的供水量是 21 866 gal,更换后达到 28 667 gal,增加了 31%。

2. 公寓

将公寓、豪华住宅与政府公租房分开研究的原因如下:

(1)公寓住房(含私宅)与公租房住户的生活方式不同,因而用水量也不同。公寓住房有洗碗机、洗衣机和集中空调。

(2)公寓通常是高层楼,由泵加压供水,对水压的要求不高,因此更可减小水表尺寸。

(3)新近装修的公寓,使用的是铅水管和节水器具,对用水会产生影响。

南波士顿新装修的福方矩公寓,将 3 in 涡轮水表改为 2 in 水表。之前,1988 年 6 月至 1990 年 3 月所记录的水量每天仅 1 728 gal,更换水表后则达到 2 304 gal,增加了 33%。

在康茫威尔士(Commonwealth)65 街,一座有 16 套房的公寓,4 in 水表改为 2 in 水表后,用水户日最小用水量由 419 gal/d 增加到 3 456 gal/d。在康茫威尔士 12 街,57 号房间的 4 in 水表改为 1.5 in 水表后,用水户日最小用水量由 6 006 gal/d 增加到 6 193 gal/d。

3. 学校

项目团队分析了若干公立和私立学校的用水器具与用水量需求后,认为学校的水表尺寸太大。

如圣特金教会学校,有 16 个水池、24 个厕所、5 个小便池,每天用水量为 1 668 gal,安装的是 3 in 水表;彼索文中学有 25 个厕所、25 个小便池,用水户日最小用水量为 785 gal,安装的是 3 in 水表;波士顿高中有 80 个厕所、24 个水池、1 个澡堂,由水泵加压供水,安装的是 4 in 水表,该学校每天用水量为 1 242 gal。根据所检测的结果,计划将水表全改为 1.5 in 水表。

4. 商业

商业用水的类型繁多,用水量波动大,但仍可将水表改小。

林肯街 109 号为写字楼和车库,将 4 in 水表改为 2 in 后,日最小用水量从 3 104 gal 增加到 4 421 gal,增长 42%;最大流量是 33 gal/min,

正好在 2 in 水表的最佳测量范围内,或许降为 1 in 水表也合适。

40 柯特街上的写字楼,3 in 涡轮水表改为 1.5 in 后,最大流量仅为 35 gal/min。

项目团队发现,洗衣店虽然大流量用水,但只在高峰期,应安装较大的水表。

5. 公共机构

波士顿最大的用水户是公共机构,如大学、医院、博物馆,项目团队决定将其作为一类用户处理。用水户类型非常多,但大学城很特别,它不同于教学楼,因此对水表尺寸的要求也不一样。

东北大学是不愿意减小水表尺寸的,但据测试,多数水表尺寸减小后供水仍是安全的。位于福斯 139 街的瑞德学院安装的是 3 in 水表,原最大流量仅 25 gal/min,最小流量是 0。更换为 1.5 in 水表后,最小流量为 2 gal/min。

东北大学享廷顿 370 街的楼房中,3 in 水表测得的最大流量为 21 gal/min,最小流量为 0。改装成 1.5 in 水表后,夜间流量为 0.5 gal/min。

上述两处水表更换后的 30 d 观测记录显示,用水户的最小水量由每天 9 993 gal 增加到 24 624 gal,增长 146%。享廷顿 550 街的文特沃斯学院,3 in 涡轮水表改为 2 in 盘式水表后,原来每天 3 231 gal 的用水量增加到 7 286 gal,增长 126%。

6. 市政

市政为第二大用水户,用水类型很广,有市政办公楼、消防、警察局、公园及其他旅游设施等用水。

最大的旅游设施是詹姆士米切尔柯利中心。据检测,那里安装的 6 in 水表可以安全地更换为 2 in 水表。改换水表后,用水户日最小水量由每天 9 784 gal 增加到 13 240 gal,增长 35%。由于夜间流量保持恒定(常数),这表明存在漏水点,同时也说明原有水表尺寸太大,很难测到小流量。

位于 125 街的消防处安装的是 3 in 水表,所记录的最大流量为 20 gal/min,一般在 4 gal/min 以下。计划将此水表更换为 1 in 水表。

柯梯尔市政大厅 4 in 水表最大计量流量为 8 gal/min,最小为 0,据此将水表尺寸改为 1.5 in。改装后,最小流量成为一常数。

A.6.6　结论

1. 减小水表尺寸

波士顿供水及污水处理公司已经对水表尺寸进行了广泛、成功的减小改造。到 1991 年 5 月 17 日,大于 1.5 in 的 400 个水表改小后,每天找回 42.9 万 gal 的水量,相当于一年找回 1.57 亿 gal 的水量,按现在的含污水处理费的水费计算,相当于年收入 70 万美元。

政府公租房、学校水表改装后会立刻有明显效果,而其他的旧水表尺寸都是偏大的。

项目团队根据测流数据分析,确定了合适的水表尺寸标准。垂蒙特 216 街上的 9 层政府办公楼,日用水量 1 838 gal,为 3 in 水表。按此标准,该建筑物应安装 1.5 in 的水表。

柯特 40 街的 12 层办公楼原有的 3 in 水表最大日供水量 3 256 gal,安装 1.5 in 的水表已经足够了。

康茫威尔士 12 街、65 街过去安装的 3 in、4 in 的水表,现已按照测量结果改装成 1.5 in 的水表。

波士顿供水及污水处理公司正在更换的水表略小于美国供水工程协会的标准,这会使记账水量增加。然而,据大型水表检测结果,它们通过的流量在水表精确工作的范围内。但这不影响减小水表尺寸项目的成果。

2. 确定水表尺寸应考虑的因素

(1)泵加压。在分析 5 楼以上建筑物的水表尺寸时,必须知道供水时是否使用水泵加压。若没有泵加压,则水表过小会对供水压力有影响;若有泵加压,则可以选择较小的水表。

(2)空调。集中空调每分钟需要 3~10 gal 水用于蒸发,具体数随空调的大小而变化。冬季测得的用水量不准,应在夏季用水多时测量。

(3)冲水阀。冲水阀在使用的 15 s 内,流量为 35 gal/min,且需要足够的工作压力,因此水表尺寸不能减小太多。

(4)空间要求。有时空间太狭小,难以进行水表的更换。如毕可姆 632 街上的波士顿大学楼,其水表为 3 in,要换为 2 in 前须更换整节水管。萨马 425 街上的波士顿供水及污水处理公司总部大楼也发生了类似问题。这时,换水表的工作既复杂又费时。

(5)节水设备。如前所述,在安装了节水设备(小流量淋浴、水龙头曝气机、抽水马桶水箱挡板、节水马桶)后,选择水表尺寸时应谨慎。

3. 减小水表尺寸数据带来的其他效益

(1)减小了投资。小尺寸水表花的钱较少。

(2)发现漏水点。在进行现场测试时,可以发现许多漏水点。前述发现詹姆士米切尔柯利中心夜间有稳定的 3 gal/min 的流量就是例证。另外,波士顿供水及污水处理公司还收到洛克斯贝瑞男孩女孩俱乐部的感谢信,因为现场测流表明他们的漏水流量达到 6 gal/min。虽然减小水表尺寸会产生费用,但对与客户的关系的影响还是正面的。

(3)节水。波士顿供水及污水处理公司认为水表尺寸减小会增加水头损失,这如同流量限制器,这在不增加别的节水设备的情况下,也能促进节约用水。

(4)数据采集。在为更换水表所进行的测试中,有机会更新用水户的数据库。以前很长时间未读数的水表通过测试重新将其找回,并定期读数。而且还发现了非法连接的用户,对此进行注册登记,避免了盗窃水的行为。总之,减小水表的项目使波士顿供水及污水处理公司更多地了解其供水系统和用水户的耗水情况,这些都会对大幅减少未计量供水、增加收入很有帮助。

A.7　加拿大哈利法克斯市减少供水损失的措施——大用水户取水管理

Carl D. Yates(哈利法克斯市自来水公司总经理)

Graham MacDonald(哈利法克斯市自来水公司)

Tom Gorman(哈利法克斯市自来水公司)

A.7.1　简介

2002 年,哈利法克斯自来水公司一改过去用消防栓向大用水户供水的做法,改由 6 处集中供水站采用充值卡供水,从而实现了完全计量、全程控制与计价。供水方式的改变有助于改善水质、减少偷水量、提高系统的安全性。

A.7.2 背景

哈利法克斯自来水公司属市政财产,供水人口 325 000 人,约 77 000 户。自来水公司拥有两座自来水厂,输水主管长 1 250 km。

1999 年,哈利法克斯自来水公司开始实施全面减少供水损失的项目,主要措施是采用国际水协会的计算方法,该方法于 2000 年 4 月被评为最佳方法。

项目的关键组成部分是减少大批量售水的损失水量。当时,哈利法克斯自来水公司采取指定若干的消防栓销售大批量的水。这些水用于建筑工地、清扫街道、居民家庭、河湖、草坪灌溉。批量供水采用水车输送。这些水车经哈利法克斯自来水公司检测并认证,之后便可在全市指定的任一消防栓处取水。车主只需报告取水的时间,估计取水量,然后每月结一次账。这种依赖诚信的自我报告方式难以准确计量。

送水车常常不到指定的消防栓取水,而是哪里方便就在哪里取。比如为居民区的草坪浇水,水车常在小区的消防栓取水,导致生活供水中断并影响环境,引起居民的抱怨,哈利法克斯自来水公司不得不出面调解并对现场进行清理。一些消防栓由于经常与送水车连接而出故障,甚至因开、关速度过快而导致主管爆裂。

哈利法克斯自来水公司减少供水损失的措施之一就是划分独立计量区,采用了高性能水表记录用水量及监控和数据采集系统进行监控。独立计量分区的采用明显改善了计量精度和对供水系统的监控效率,提高了数据采集程度。计量分区辅以水表改进,可使大批量供水的统计量较原先由送水车司机自报的量大增,同时还能发现是否在未经批准的消防栓取水(盗水)的情况。

A.7.3 大批量供水站

原来的批量供水管理方式是有问题的,那是一种依赖送水车的赔钱服务。从防止供水损失,增加年收入,保持环境、安全的角度考虑,急需对此进行改进。2001 年,哈利法克斯自来水公司开始研究应对措施。

2002 年,哈利法克斯自来水公司决定在中心城区修建 6 处批量供水站,取消原来指定的批量供水消防栓。新建供水站采用全自动充值卡管理,取多少水由用户确定(类似加油站),一周 7 d 均 24 h 营业。原来指定的消防栓每天取水时间和哪些季节可取水是受到限制的。供水站的服务较之前有明显改善。

供水站的水价等于基本水费加供水站的折旧费。而投资回收年限是根据以往送水车司机自报的总用水量及相应的水费计算出来的。

自动供水站得到送水司机的广泛接受。经过 1 年运行,批量供水自记水量比过去自报的数有大幅增加。2001 年全年自报的批量供水量为 84 000 m^3,总水费 36 287.83 美元(包括送水车的检测费)。2003 年采用自动供水站供水后,批量供水总计达 99 778 m^3。5 年来,批量供水量不断增长,2006~2007 会计年度,总量达到 120 616 m^3,水费达 212 977.6 美元。新系统启用以来,每年均有正收益。

如前所述,原有的消防栓取水方式被认定为存在安全隐患问题,但有些用户习惯了那种方式而不愿意去自动供水站取水。对此,哈利法克斯自来水公司修改了规章,规定除消防部门和公司设备维护员工外,其他人从消防栓取水都是非法的。公司还大力提高公众对保护供水设施安全性的认识,鼓励大家对违法使用消防栓的行为进行举报。哈利法克斯自来水公司成功发现并处罚了多起违章使用消防栓取水的行为。

对大批量用水户实行供水站集中供水是一项正在取得成功的措施。配合相应的法规,哈利法克斯自来水公司供水损失水量和未收费水量正在明显减少,现在授权运水车已被纳入精确的计量系统,非法使用消防栓取水的行为已被杜绝,管网系统更加安全。

A.8 气体示踪技术测试管网漏水的过程与方法
Dave Southern(加拿大安大略省伦敦市自来水公司运行部)

A.8.1 简介
在发现有漏水情况时,将氦气通入埋在地下的供水管网中,查找具体的漏水点,这就是气体示踪技术。当新建管道测试中压力很难提高时,常使用该项技术查找漏点。管道在规定的时间内不能保持住压力,称为"不起压"。

只有当其他方法均不能确定漏点时,才使用氦气示踪法。它有一套烦琐的程序和严格的安全要求。它要求将管道内的水排干,并在管道覆土上打孔,进行氦气的背景含量测试。再次强调,在采用氦气示踪技术前,必须首先使用其他的方法寻找漏点,而不是一开始就使用该技术。

A.8.2　设备与材料

1. 盖索风仪

盖索风仪是一种手提式地下管道查漏仪器,实际是一台电池驱动的高灵敏气体探测仪。它根据气体与大气的比重不同检测出气体,可以探测多种气体,如轻的、重的、易燃的、不易燃的。它有 3 段放大刻度的量程,可以检测到浓度很低的气体。但该仪器不能测出示踪气体的浓度。比大气重或者轻的气体,最适宜用这种仪器进行探测。氦无氧化性、呈惰性,属第二轻的气体,比重仅 0.137。盖索风仪很容易在管道填土的 0.5 in 直径的孔中查到浓度很低的这种气体。

2. 操作原理

声音在大气中的传播速度是 330 m/s。某种气体比大气重,则声音在其中的传播速度就大于此值,反之则小于此值。盖索风仪内有两个管,一个装取样的气体,一个装标准的大气。管的一端为声波发射器,另一端为接收器。泵将待测气体输入试管中。两管中的音速差与比重、样本气体中的示踪气体量成比例。声速差由电子装置测量,表示为以 m 为单位的差值。待测气体越重或越轻,则灵敏度越高。

3. 探棒

探棒用于在土中形成一个 0.5 in 直径的孔,最大孔深为 3 ft。

4. 氦计量与三通管

采用标准气体调节器(L - Tec R76 - 150 - 580),其工作范围为:入口端气压 0~5 000 psi,出口端气压 0~100 psi。用一条 0.5 in 胶管将其接入三通管的进口,三通管的另一进口连接压缩机。三通管的出口连接到气体要注入的点。

5. 压缩机

可采用任何 175 ft³/min 压缩机,如英格索尔 – 兰德(Ingersoll-Rand)175。

6. 风钻

采用 30~60 lb、1 in 钻杆的风钻均可。

7. 氦气罐

工业上焊接用的氦气罐便可。

A.8.3　先决条件

虽然这种方法一般能找到漏点,但不能绝对保证。为了提高成功率,需要获得如下资料。

1. 管材、直径、长度

在确定测试压力时需要知道管材(聚氯乙烯(PVC)、金属);需要知道管线布置;对于聚氯乙烯管,了解是否有导线架;为了计算体积和氦气需要量,须知道管径和长度。

2. 静水压测试结果

居民供水主管要求能维持住 150 psi 的压力 1 h。美国供水工程协会的 C600 – 82 标准给出了允许的压力损失值。若有漏点存在,需要测试加多少水才能让压力恢复到 150 psi,据此可以计算出漏水量的大小。测试中,无论压力是下降到接入管的压力,还是下降到某一压力值,或是下降到大气压力,都表明关闭时水阀的密封不好,或是接头在一定压力下发生漏水。这时,氦探测压力就要大于静水试验时的最小压力,但不能超过管材的压力极限。

3. 主管埋深及填土

主管埋深与填土资料用于确定气体泄漏需要的时间及在土壤中扩散的形式。如果回填土不均匀,则沿主管布置的测试孔孔距就须调整。如果回填的是本地土,土中有机物腐烂后会释放出甲烷气体。甲烷比大气轻得多,仪器可能将其误判为氦气。对此,在充入氦气前,先要对探测孔进行测试,确定氦气的背景含量。

4. 管道埋深及轴线位置

管道埋深及轴线位置用以确定管道的转弯和分叉点。当有转弯和分叉时,可能需要设多处排气孔。当埋深发生变化时,水可能集聚在低处。这部分水如果不能被吸出来,则要将此段管挖出,并开孔排水。否则,当漏点正好位于集水段时,示踪法就查不出这些漏点。此外,需要充水推动氦气从漏点逸出,这需要花费一定的时间,特别是在管径较大的情况下。

5. 地下设施定位

在布设检测孔时,需要掌握其他地下设施的布置情况。如果打检测孔打坏了别的管道,如天然气管,就非常危险,造成的损失也非常大。

6. 空气压缩机

对于大口径水管或很长的水管,需要压缩空气做载体将氦气注入管中。此外,当管道埋于沥青、混凝土、冻土层下时,也需要用压缩空气驱动的风钻打检测孔。

7. 人工

测试工作的承包商必须安排足够多的人员打孔、控制阀门。在道路上施工时,还要有人指挥车辆通行。

8. 天气条件

示踪气体查漏工作非常依赖天气情况。大雨会使土壤饱和,或者灌入检测孔内,导致检测无法进行。在冻土厚度超过孔深的情况下,漏点溢出的气体会阻隔在冻土层以下,导致不能发现漏点。

A.8.4 现场操作

上述资料具备后,就可以按以下程序进行现场测试。

1. 清理管道

(1)待测管须事先清空。位于高处的进气阀和低处的排水阀均打开,同时排水和进气。支管路上的阀也同时打开。注意,当水排干并打入气体后,管道已是一个高压空气系统,不是液体系统了,所有与高压空气相关的危险都可能出现。

液体是不可压缩的,即使在 150 psi 的静水压力下爆管或接头破裂,也只可能有少量水外泄,持续时间很短、危害不大。而气体是可压缩的,一旦管道爆裂,强大的压力会使尖锐的碎片向各个方向飞散。在一次事故中,8 in 的水管碎片可飞出 50 ft,水阀的帽子、路缘石均有可能被翻起。

(2)将空气压缩机连接到主管道,关闭排气阀,开始加压。到一定的压力时,从最靠近压缩机开始,开启排气阀,压缩机不关。此过程主要为吹干管道中的剩余水,要反复进行多次。

2. 打探测孔

一般地下设施埋深在 5 ft 以上,天然气管埋设深度较浅,这意味着管道漏出的氦气到达检测孔时会被别的气体冲淡很多。此外,天然气泄漏时间比氦气泄漏时间长得多。基于这些原因,布设 0.5 in 直径、深 18 in 的探测孔,收集管道漏出的氦气,并防止其被大气冲淡。此外,还要按以下步骤检测探测孔氦气的背景值。

(1)打孔前,所有地下设施均应进行标示。用风钻在填土上打 0.5 in 直径的孔,等孔距,孔深相同。孔距由填土厚度和土料性质确定,一般为 10 ft,也可根据准确的接头位置,加大间距。若是砂土,则间距应缩小。孔深应达到 18 in,或大于冻土深。

(2)当管道埋于混凝土下、沥青下、冻土下时,上述程序都要进行,当然孔要用岩石钻机施工,而且要仔细考虑测试完工后怎么封孔。

(3)所有孔要编号(编号有利于记录和定位),但标示时须注意不要靠近孔口,因为油漆中的化学气体会影响测试结果。

3. 背景值测试

先要探测每个孔内是否有比大气轻的气体存在,探测的计数刻度为"10",这是灵敏度最高的计数。经过此程序,可以确定测试孔中气体比重与大气比重的比值。可以采用莱克斯探针进行,其直径为 0.25 in,长 3 ft,底端以上 6 in 处有侧面孔。该仪器信号强且清晰,并可发现孔内的积水。先期探测主要完成如下检测:

(1)读数无漂移。这是理想的情况,即孔内气体与大气的比重相同,这一般只会出现在新建管道的现场。

(2)读数向轻的方向漂移。通常比大气比重小的气体还包括:

①甲烷(CH_4)。当回填土中有机物较多时,会产生甲烷气,应尽可能消除此种气体。若无法做到,则探测计数不应超过 10,且压入管中氦和空气混合物的计数应达到 100。

②天然气。附近天然气管道泄漏的气体含大量甲烷,比重也与甲烷非常接近,不同的是这种气体是有压的,可以传播很远的距离。一旦发生这种情况,公共安全会受到威胁,天然气公司应立即进行处置,只有当天然气泄漏处置完成并待土壤中的天然气散尽后,才能进行氦探测作业。

(3)读数向重的方向漂移。这意味着土壤中存在比大气重的气体,通常是:

①碳氢化合物。即汽油产品,一般在油料仓库附近出现。一旦出现这种情况,有关政府部门(燃料安全处)应立刻介入。只有当含油汽的土壤清除或经处理后,方可进行氦探测作业。

②二氧化碳。一般出现在管沟使用清洁的本地土回填的情况下,它是有机物氧化的结果。当采用较大气轻的气体示踪时,重气体的存在会与示踪气体掺和混杂在一起,形成重度与大气相同的气体,使漏出的气体检测不到。为此,可采取让样本气体通过氧化钙或增加氦浓度的方式解决此问题。

③水汽。只要水汽不是多得能在仪器中积聚成水,就可以进行氦探测作业。也可在探头上贴滤水纸解决水进入仪器的问题。

4.向水管注入氦和空气的混合气体

(1)将压缩机连接到注入点。若连接点是消防龙头或控制阀,则在探漏过程中,这些阀要始终处于开的状态,因为关闭时会造成氦气从这些阀的排水机构处泄漏。关闭三通管上的空压机阀,打开排气阀,则压力归零。压力表装在氦气瓶上,将瓶连接到三通管上的另一进气管上,打开氦气阀,先充入一定量的纯氦气,直到压力表由 2 500 lb 下降到 2 000 lb。这些氦气将与管沟中的空气混合,并要保证在排气口检测到氦。

(2)加压过程中,一定要区分充气压力和空压机最大输出压力。

①最大输出压力。一般空压机在压力为 100~120 psi 时送气量为 176 ft^3/min,之后会渐渐进入空转状态,具体可关闭出气阀,待空压机空转时,记下该压力值。此值在测漏要求更高压力时是有用的。比如,空压机最大压力为 110 psi,而测漏则需要 120 psi,那么可以关闭出气

阀,打开氦气瓶阀,将压力提高到 120 psi。

②充气压力。在管道排气阀打开的情况下,直到用盖索风检测到氦气时,空压机运行的压力约 30 psi,此即为充气压力。若测漏管中气压超过此值很多时,空压机就会停止工作。那么,不工作的压力取决于管道的直径、长度和限制条件。排气阀关闭,充气管的压力上升,达到最大输出压力时,空压机就会空转。

(3)充入水管的气体氦浓度约 10%。充气时,空压机工作运行,调节氦气瓶上的阀,使其压力比空压机的压力大 5 psi。只要关闭氦气瓶上的阀,随时可测定充气压力。

(4)在盖索风仪侦测到示踪气体前,排气阀都不要关闭。此工序由离充气点最近的排气孔开始。当排气孔氦浓度达到一定值时关闭送气孔,所需的时间与充气量、氦气瓶的体积有关。

(5)所有排气孔关闭后,管网中的压力开始上升。当空压机达到充气压力后,调节氦气瓶上的阀,使其压力高于空压机的压力约 5 psi,可使充入管道气体中的氦含量达到 10%。

(6)当管道压力达到预期值后,关闭空压机阀和氦气瓶阀,氦气管上的压力计可测量管道的气压。因为各种原因,氦气要在土壤中扩散,故至少 1 h 后才可对检测孔进行测试。不过,在压力下降很快时(2~5 psi),不受此限制。

5. 检测土壤中的示踪气体

用盖索风仪检测孔中的氦气,由充气口向排气口方向进行。孔中的气体被吸入盖索风仪中分析,分析结果保存下来并与先前该孔的检测结果进行对比。如果未检测到氦气,则再按间隔相同的时间再测,直至检测到为止。重复检测的顺序依然是由近及远。等时间距可以弄清氦到达管道某断面的时间,这在长管、大量测试孔的情况下是非常重要的信息。假定测漏管段长 0.25 mi,每 10 ft 设一探测孔,则共计 132 个孔。若工作人员到达末端测试孔后按原路返回检测每个孔,当漏点靠近充气点时,由于大量漏出的氦已在土壤中扩散,给精确定位漏点造成很大困难。

6. 漏点定位

精确定位漏点是为了开挖维修,是否成功取决于许多因素。氦气是无毒、不可燃的惰性气体,比重只有大气的1/10。它的分子非常小,稍有闪失就会漏出可以检测到的量。漏出的氦气靠挤占土壤孔隙的方式扩散开去,漏气量大小取决于土孔隙中原有气体对氦气的阻力。由于氦气比土壤中原有气体轻得多,故它具有向上升至地表的趋势。当受到很大阻隔时,氦气会寻找最小阻力方向扩散,影响因素如下:

(1)线性关系。管中压力越大,则氦到达地面就越快。

(2)漏洞大小。漏洞越大,则漏气越多,且在土中的扩散越广。

(3)覆土深。管道埋得越深,则氦扩散越广,到达地面的时间越长。扩散的形态如同一个倒置的圆锥。

(4)覆土性质。

①轻土壤。如砂砾,孔隙多,阻力小,如果没有冻土层或硬地表壳的限制,氦气扩散形状如同一个小圆柱,侧向扩散很少。因此,测试孔宜布置较密。特别地,当管道压力因漏气而下降时,利用风箱式探针就可以在地表取到气体样本。这种情况下,泄漏气体可能从一个测试孔跑到另一孔中去。

②中重土壤。肥沃的土壤比重适中,孔隙少,对气流的阻力大,如漏气在地表形成的出溢面较大,因此布设探测孔间距10 ft是足够的。

③密实土。黏性很强的土对气流的阻力很大,所形成的地表出溢面积也很大。氦气可能不在漏点上方溢出,甚至不在邻孔溢出。强大的阻力迫使氦气从裂隙、裂沟、孔隙处溢出地表,此时需要增加探测孔数量。

(5)高地下水位。若地下水占据了覆土的孔隙,将对氦气流形成阻塞,但一般不会引起麻烦。漏点外泄的氦气会在探测孔的水面形成气泡,可照常进行取样分析,但这只说明管道有漏点,不能确定其他内容。

(6)地下设施。有时像一口井汇集氦气,如天然气井、通信设施井、泵站、污水系统、排涝系统等。处理措施就是弄清这些设施的位置,并在其中取样。管道的阀门井就是一个探测孔,须精确地加以标示,特别要说明阀门井是否位于管道的靠街一侧。井中测得的氦气可能是阀门漏出的,也可能是邻近漏点泄漏后沿管道传过来的。有时可以在附近打探测孔进行区分。如果是阀漏气,则会直接进入阀门井内,邻近的探测孔中会检测不到氡气,或检测到的量极微小。

(7)冻土。它犹如马路的表面衬砌,可以促使氡气大范围地扩散。冻土厚与土壤含水量、土的类型、温度、覆盖物(雪、草皮)密切相关。马路衬砌隔热差,冻土深较大。不同的土壤含水量和地表覆盖物,形成不规则的冻土层。非冻土中能扩散的氡气,在冻土带中会受到阻挡。与黏土层一样,氡气会寻找冻土层中的裂隙、缝隙等溢出,而不在探测孔中积聚,即冻土层厚如果大于探测孔深,氡气只能在冻层以下扩散,探测孔中测不到氡气,本方法就会失效。

当测到示踪气体时,根据盖索风仪所测得的氡在各探测孔的数据便可确定氡含量最高的点。如果有多个孔的氡含量相近,或按假定埋深确定的孔距过大以至于影响到维修工作,则需加密探测孔。如果有两个孔的检测值相同,就用泵清孔,根据氡气浓度归零的时间可以判断哪个孔距漏点近。通常只有一个孔是可以清零的。

在挖出漏点后,不要进行多次的示踪气体测试,因为管道系统可能存在多处漏点。在查出第一个漏点后,离开现场前,还要花 1 h 对其他孔进行测试,这通常能保证没有丢掉其他漏点。在某些情况下,维修完成后,还需要进行氡探测检测。

7.开挖、找漏点、修理

开挖前必须完成两件事。首先,逆时针方向旋松调节器上的手柄,减压,移走注入氡的三通管及压力计。其次,维修前,所有管道都要减压。

有可能开挖后找不到氡气漏点。由于开挖边坡的土体中还遗留有氡,只要打水平探测孔进行氡检测,应能确定漏点的方向。在漏点挖出来后,就可以用盖索风直接找到漏点。修补好漏点后,需要充水做静水加压测试。

A.9　雷达探测管道漏水点

Rodney Briar(罗德利布瑞尔)

A.9.1　发展回顾

地下探测雷达与许多技术一样,是由美国军方在越南战场上为寻找敌人的地道和地下工事而开发的技术。之后,这些技术在商业上找到应用价值。最早利用这一技术的是地质勘探系统公司,他们开发的地下探测雷达可以探测地下 16 ft 深的地层情况,其产品称为"浅表地层地下探测雷达"。它通过地下探测雷达的反射波形成地层图像,可以识别土和水、土和岩石、岩石和空气等边界。该雷达发射天线与接收天线装在一个盒子里,在地表拖行。

　　南非的海尔顿·怀特(Dr. Hylton)博士 20 世纪 80 年代于美国接触到地下探测雷达,回国后先在南非矿产部工作,后去了一家公司。该公司是 1990 年度美国地质勘探系统公司在南非的代理商。当时,约翰内斯堡正在对其中心城区(CBD)的自来水主管进行改造。这项工程涉及 70% 的管道和 170 个街区。项目公布后,吸引了怀特博士的注意。

　　约翰内斯堡的管道主要是钢管,6 in 及以下的管道均埋于人行道下。为了方便铺设预制的混凝土人行道砖,管道上要铺一层细沙,这些沙是淘金后留下的、成堆的矿沙,并残留着少量淘金使用过的酸物质。

　　约翰内斯堡是世界著名的暴雨之都。雨水将淘金沙中的酸性物质带出,渗入地下,腐蚀自来水管道。

　　楼房均有几层深的地下室,水漏入地下室成为一个严重的问题。各种探漏的方法都使用了,但受其他城市地下设施的影响和矿沙中酸性物质的影响,找到管道漏水点的概率较低。约翰内斯堡坐落在岩石高原的边缘,水会潜入地下或流入古老的矿井中,因此从地表上很难发现管道的漏水点。为了避开城市噪声影响,水管查漏工作只能在清晨 1~5 点进行,因为噪声会影响声波探漏仪的正常工作,特别是当声波信号传送距离很长时更是如此。对于没有阀的直管,声音最长传送 230 ft。约翰内斯堡位于国际航线上,飞机也是一个噪声源。靠近水管的电缆及变压器也会产生噪声干扰。这些均是影响大城市声波探漏成功的重要因素。

　　地下探测雷达只受架空的高压线影响,但在中心城区是没有高压线的。即使有高压线,也只会在查漏设备的屏幕上产生一个特别信号。

A.9.2　地下探测雷达的应用情况

　　采用地下探测雷达技术意味着地下室漏水点查找工作可以全天候

进行。如果进户管中没有发现漏水点,可以查道路下的主管,但不能采用声波法,因为主管与进户管的声学特性完全不同。

对于讨厌的漏水,当市政部门其他的查找方法失效时,越来越多地采用地下探测雷达查漏,它是最后的手段。如约翰内斯堡股票交易所的地下室发生漏水,花了一年的时间也没有找到漏水点。采用地下探测雷达探查了邻近的主管,也没有找到漏水点,但在探查交易所大楼周边时,发现水是由电话电缆沟渗入地下室的,而交易大楼的电缆沟中的水则是从 5 000 ft 外的中心商业区进入的。由于沟底未夯实,渗水沿电缆沟长途移动到股票交易大楼的地下室漏出。

20 世纪 80 年代,约翰内斯堡自来水管网的水量损失率达 35%,市政当局希望将其降到一个可以接受的水平。1993 年,市政当局开始寻找措施。为了找到合适的方法,他们分别邀请地下探测雷达生产商和欧洲声波探测仪制造商在约翰内斯堡郊外进行了查漏试验。结果他们都精确地找到了 11 处水管漏水点。约翰内斯堡 375 mi 长的自来水管道的查漏合同正式签订。进一步的试验证明,对于钢管,声波探测在南非一次最大的探测距离为 985 ft、最大管径为 12 in。而对于混凝土管、聚氯乙烯管,探测距离和管径都要减小。据此,合同规定,6 in 以下的管漏点探测由声波探测仪完成,大于 6 in 的管漏点探测由地下探测雷达完成。

笔者是该项目的经理。项目取得了巨大的成功,声波探测仪完成了 280 mi 管道的检测,发现了 30 个漏水点,地下探测雷达检测了 93 mi 管道,发现了 5 个漏水点。之所以地下探测雷达单位管长上发现的漏水点数不及声波探测仪,原因在于主管的建设标准高于支管,施工管理也较好。而且主管不接用水户,支管上的漏水点一半是用水户的连接管引起的。

市政局根据每处漏水点的漏水量进行了评估,按当时水价计算,项目一年的回报率达到 5.5:1。

20 世纪 80 年代,南非是干旱时期;20 世纪 90 年代则为多水时期。由于雨水丰富,且莱索托高原引水工程于 1997 年通水,市政当局减少漏水损失的计划被弱化。地下探测雷达被用到别的需要探查地下情况的项目中。

　　然而,声波法探漏继续进行,目的是堵住讨厌的渗水。地下探测雷达只在约翰内斯堡和开普敦有小规模的应用,总长仅 62 mi。之后,声波探测在支管探漏方面有了改进,采用一根声波接收棒伸入到要查漏的管中,解决了要求空间较大的问题,在价格方面加大了优惠,而受效率限制的地下探测雷达技术在支管探漏方面却没有什么进展。然而,每当声波探测仪遇到多噪声干扰时,就要运用地下探测雷达帮忙。此外,每当对探查出的漏点有疑问且开挖的费用又很高时(如商业区的街道),也采用地下探测雷达进行核准。

　　南非标准局有一个 44 mi 长管道的查漏项目。该局官员对地下探测雷达在索韦托供水支管查漏中取代声波探测仪的情况有深刻的印象。这个地区查漏非常困难,因为水表均在私人家庭里,狭窄而充满噪声,夜间工作由于抢劫而一向危险,罪犯常将水阀井改装成陷阱。在南非标准局的项目中使用的探地技术已写入了新版本的《漏水控制应用规程》。到 20 世纪 90 年代末,地下探测雷达已成为南非一项成熟的探漏方式,并在其他领域得到广泛应用。

A.9.3　对地下探测雷达的评价

　　20 世纪 90 年代多雨且实现了从莱索托高原引水。当前,南非正在作出巨大的努力,使数百万人能告别井泉取水而用上自来水。自来水管网的建设,大大改善了南非穷苦人的状况。但缺乏技术和资金进行用户端设备的维护,户用储水塔常四处漫溢。这些造成了水资源惊人的浪费,并造成了水资源供给的巨大压力,以至于要讨论莱索托高原引水工程是否要扩建的问题。市政当局不得不向中央政府报告每年自来水管网的缺失水量,这些水收不到水费。

　　上述问题迫使市政当局重新启动大规模的水管查漏工作,2000 年签署了 2 100 mi 管道检测合同,涉及 50% 的主管道。合同将 500 mi 长支管的探漏交给地下探测雷达进行。迫于水资源紧缺的压力,南非各大城市将在 21 世纪之前,进行自来水管网的查漏工作。

A.9.4　地下探测雷达的实施方法

20 世纪 90 年开始在南非用于水管查漏的地下探测雷达设备是地质勘探系统公司(新罕布什尔州)生产的,型号为 S. I. R. 3,带有彩色显示屏,可适时显示探测结果。高品质磁带记录仪将检测结果记录下来,以备分析、打印之用。用户很愿意能直接看到漏水点。接收天线可沿地面移动,并用 100 ft 长的电缆连接到小货车上的设备。至少需要 3 个人操作,1 个司机兼屏幕监控员,1 个天线接收机操控员,1 个电缆看护员。设备电源电压为 12 V、电流 50 ~ 100 A/h,由一个可充电电瓶供电。一次充电可用 1 d。之所以不直接用汽车电瓶,是为了避免充电时电压不稳定问题。

更现代的设备可以只由一个人携带操作,他既可以监视显示屏,又可以同时拖动接收天线。出于安全、汇率等原因考虑,还要一年才能引进这种新设备。现有的地下探测雷达设备工作可靠,但每十年须送到英国地质联合会进行一次维修。

地下探测雷达与彩色显示结合,具有极大的发展潜力。一旦使用过一次就还想继续使用。原先使用的是黑白显示,水、钢铁、混凝土块、岩石都以强烈的白色信号出现在显示屏上,司机可以清楚地看到。

必须过滤掉假的漏水点信号。这由地音探测器完成,它读入 9 种信号,绘制出曲线。如果最大噪声与地下探测雷达一致,则判断有漏点。地音接收器能听到漏水特有的噪声,从而解决了困扰使用者多年的难题。

本节不可能详细介绍地下探测雷达的使用细节,产品、型号非常多,需仔细阅读具体产品的说明书。本文重点说明地下探测雷达的优缺点,读者应意识到漏点检测需要综合使用多种探测技术才能保证可靠性,而大多数公司的设备都只具有某单项技术。现在,查漏方法在地球物理学的各个分支中都有研究,且产生的方法也不断在查漏中得以应用。但采用两种方法查漏要花较长时间,因为查漏一般都是小公司承担,他们没有雄厚的资金去购买多种设备。

地下探测雷达探漏方式的适用范围:

开发地下探测雷达是为了解决声学探漏所受到的干扰问题。它几乎可以在任何地方使用,并可很快得到结果。也可以利用更大、更清晰的显示器对检测数据进行再分析。唯一困难是地面不平整时(很长的草地、灌木林、乱石区、陡坎),接收天线难以平顺移动,地下探测雷达就很难使用了。手提式地下探测雷达有助于解决这些问题。对于埋在农村地下的管道,可以用直升机载着地下探测雷达进行飞越探测,这必须仔细进行成本核算。

地下探测雷达与地音探测结合效果非常好,但小尺寸管道上使用声学探测更划算,效率一样。地下探测雷达适用于 6 in 以上直径的管道,管材可以是钢、纤维混凝土、聚氯乙烯等。当声学探漏不可靠或费用很高时,就可以使用地下探测雷达的探漏方法。在管道附近有噪声声源(如剧场)时,就不可能使用声学探漏法。在线减压阀、区域性大水表、管线附近的变压器,它们都会产生很大的噪声,要么淹没漏水的声音,要么干扰声学接收器,这时必须使用地下探测雷达设备。

有些不规则的管道,比如转弯太多,会产生假的漏水噪声,或者给出的漏水点定位不准。开挖后没有漏水点,严重干扰了城市的正常活动。这时可以采用地下探测雷达对声学探测到的漏点进行确认。用两种方法验证总是好的,特别是当要影响城市交通时更是如此。试想,自来水管网的管理单位接到报告称管道漏水进入电话电缆沟,造成通信设备损坏,而声学探测法又找不到漏点,这时采用地下探测雷达就可能判断出是地下水引起的问题,还是过度灌水引起的问题,从而确定不是管道漏水引发的问题。地下探测雷达虽不能绝对有把握地确定漏水点,但对于管道定位、寻找失踪的水阀(绘图错误、施工不当、道路改造引起的)是很有帮助的。在寻找那些很难发现的漏水点时,上述功能是非常有用的。

地下探测雷达在自来水主管探漏的应用前景广阔。

随着现代电子技术的应用,地下探测雷达变得更小巧、反应更快、更加专业、更加容易使用。小巧最为关键,目前尺寸已达到手提箱大小,图像可以在目镜中观看,锂电池可以使用一天。

地下探测雷达查漏的速度在公路上已达 30 mi/h,路面可以是混凝土预制块铺砌的。

多数地下探测雷达都是用于探查地下的,未来将会对功能进行细化,针对某一特定功能如查漏,进行设备简化。如探矿的地下探测雷达是需要防火的,但其数据处理系统不需要具有其他领域的功能。专用的地下探测雷达使用起来更容易。

A.10　塞弗恩特伦特公司漏水处理过程
Martin Kane

A.10.1　简介

塞弗恩特伦特(ST)是英国一个很大的用水及污水处理公司。本文用该公司的实践经验,说明查漏新技术的应用及取得的成效。该公司成功的关键是采用了智能漏水噪声分析仪(Permalog)。该仪器可以与维修工作紧密配合。其在查漏中并不能包医百病,但其总的效果是不错的。

A.10.2　塞弗恩特伦特公司

塞弗恩特伦特公司为中英格兰 $8\,000\,\text{mi}^2$ 的流域、800 万人口供水。该流域有英国第二大城市伯明翰及 10 个工业城市,是英格兰主要的工业基地。该公司高度重视自来水管网的漏水问题,设有一位专职漏水处理的经理。

A.10.3　背景

塞弗恩特伦特公司成立于 1874 年,是英格兰自来水行业的龙头老大。20 世纪 80 年代前,处于被动的堵漏状态,损失水量逐年增加。起初,漏水问题还不突出,政府未予重视。到了 1983 年,漏水量达到 5.7 亿 L/d,损失率约 30%。这时,政府出台了损失水量控制政策。1986 年,塞弗恩特伦特公司建立了广泛的自来水计量小区,共计 2 200 个。计量分区一启动,就实施了供水压力控制,1989 年的损失水量减为 5.3 亿 L/d。之后,塞弗恩特伦特公司实行私有化,漏水量回升,1994 年达到 6.7 亿 L/d,占总供水量的 32%。

1995 年,英国发生干旱,自来水公司纷纷实行限量供水。媒体开始呼吁国家应重视漏水问题和水资源问题。塞弗恩特伦特公司制订了一项自来水主管改造计划和增加水源点以应对最干旱情况的规划,提出到 2000 年将漏水量减少一半的目标,即到 2000 年,漏水量减少至 3.4亿 L/d。

A.10.4　塞弗恩特伦特公司的减漏策略

减少管网漏水的主要策略如下:

(1)准确确定计量分区的供水情况。

(2)完善水阀操作程序,实施统一调度。

(3)优化减压阀,对水压进行调控。

(4)定期维护水表。

(5)引入 IT 系统分析漏水检测数据,提高效率。

(6)规定漏水响应时间。

(7)购置新型声学探漏设备和 Aqualog 声学分析记录仪。

(8)进行漏点探测培训,检验新方法。

上述措施实行以来的 3 年,漏水量由 6.7 亿 L/d 降为 4 亿 L/d。当然,费用也很高,尤其是劳动力费用。漏水点修理成本变化不大,但随着漏水量的减少,查漏的单位成本呈指数趋势增长。

1. 经济漏水量

英国政府、媒体、民众对自来水公司提出的合理漏水量存有异议,产生了究竟多少漏水量是合适的问题。每个公司需要根据他们的生产过程、源水取水量与进用户水量差、水价来进行判断。

允许损失水量是按最低水价和未来 30 年的需水量计算的,当然要满足政府和立法机构的要求。

根据塞弗恩特伦特公司的研究结果得出一条损失水量与费用的曲线,由此得出 2002 年度合理损失水量为 3.3 亿 L/d,损失率为 18%。这条曲线表明,进一步减小损失水量,会引起费用的快速上升,主要原因是漏水点探测的费用增加很快。

虽然,塞弗恩特伦特公司的水量损失控制在经济最优范围内,但根据英国水控制办公室或水机构(OFWAT)的要求,2000 年 4 月 1 日,自来水管网损失率要降为 14%,这对于塞弗恩特伦特公司来说,采用传统的探漏方法是无法达到的。

2.传统漏水点探测方法

过去 20 年,英国采用如下 3 种方法探漏:

(1)入户水阀监测。这是目前正大量使用的方法,但效率低。

(2)夜间测流 。主要用于查找主管大漏水点,需要在夜间进行,且有潜在的水质问题。

(3)声学探测。这是近年来引进的效率高、投资效益好的方法。

这些方法主要由人力完成,故费用较高。当前,自来水公司需要在低成本的前提下,降低损失率,需要提高供水保证程度及事故响应速度。

市场上的声学探漏仪可以发现哪儿有疑似漏水点,似乎显得很智能,需要软件协助,价钱也很贵。要用便携计算机将现场探测的数据下载,然后由内业分析哪儿可能有漏水点。短期内还不能将处理时间缩短到成本控制要求的范围内。

A.10.5 帕尔默(Permalog)智能声学探测仪

1998 年,塞弗恩特伦特公司公司与帕尔默环境公司共同开发了一种新的智能声学探漏仪,即 Permalog,正如名字所表明,它是 Aqualog 的发展。

为降低数据下载的成本,新设备自身带有一个处理器,并能捕捉特定的声波图形,一旦监听到异常声音就发出警报。

新设备在现场通过手提的"巡逻者"就可以接收数据。"巡逻者"放在探测车上,自动接收、解译、分析探测信号,并将结果告之操作者。

无论有无漏水的噪声,探测信号都将数据发往"巡逻者"。很明显,若两个相邻的点上都接收到漏水噪声,就说明此两点间存在漏水点,一个二人小分队可利用标准的方法进一步精确确定漏水点的位置。

1.1999 年初帕尔默智能声学探测仪的试运行

1999 年第一季度,塞弗恩特伦特公司引入了帕尔默智能声学探测仪(Permalog)系统,目的在于考察其实际性能和经济性。选取了几个典型的计量小区进行这项工作。

达宁顿堡是塞弗恩特伦特公司东部的一个计量小区,布置了 173 台帕尔默智能声学探测仪(Permalog),立即发现多处疑似漏水区。经分析,确定了 13 处漏水点。修复工作完成后,进行了复查,又发现 5 处漏水点。每一次查漏用时 2 ~ 3 h。

2. 1999 年 7 月伍斯特郡的全面试用

1999 年 7 月, 塞弗恩特伦特公司购买了 14 500 台帕尔默智能声学探测仪, 其中 10 000 台布置在伍斯特郡, 该区面积 1 981 km², 人口 616 900 人, 用水户 250 000 户, 日耗水量 17 万 m³, 干管长 4 610 km, 配水池 59 个, 300 个计量分区。

经过 8 个月运行, 塞弗恩特伦特公司在世界上达到使用这项技术的先进水平。水量损失率由 27% 降为 15%, 相当于每天节水 2.1 万 m³。

伯明翰人口有百余万, 使用帕尔默智能声学探测后, 漏水情况明显减少。伍斯特郡在使用这项技术时, 强调管网控制人员与现场维护人员的合作, 而且更重视现场维护人员的意见, 并将减压供水与优化调度结合, 形成了塞弗恩特伦特公司普遍采用的的一种模式。

3. 效益

传统的检漏方法是选定目标区, 然后组成若干小分队采用声学方法查漏。随着漏水点的减少, 漏点确定与维护的成本会直线上升。新的技术将查漏与堵漏结合, 将探漏仪器固定在管网上, 采用计算机采集、处理所检测的信息, 使漏水探测工作变得十分容易。一旦漏水量达到临界状态, 立刻安排堵漏维修。

总漏水量取决于漏水点数目与漏水时间长短。新的查漏、堵漏程序大大减少了漏水点和漏水时间。一旦某个计量小区的漏水量降到允许程度并稳定下来, 仪器的安装密度与检测频率就可以降低。允许漏水量与管网状况、可使用的经费、漏水控制要求有关。帕尔默智能声学探测仪的价值就在于它能将查漏与堵漏安排紧密结合。

4. 效果

自 1996 年开始采用新的技术以来到 2000 年, 每天的漏水量已从 6.7 亿 L 降为 3.4 亿 L。根据英国政府的要求, 塞弗恩特伦特公司在 2002 年的日漏水量要降到 3.3 亿 L。

2000 年, 塞弗恩特伦特公司管网单位长度的漏水量在英国达到第二低的水平, 并成为英国漏水量少、耗水量低的典范。

日总需水量也由 1995 年的 21 亿 L 降为现在的 18.8 亿 L。目前每年花在减漏方面的开支约 1600 万英镑,已达到漏水控制的临界点。

英国水控制办公室认可塞弗恩特伦特公司允许漏水量的计算结果,但强烈要求按每年两次检漏的方式再计算允许漏水量。塞弗恩特伦特公司所取得的成果,以及所采用的减压供水、帕尔默、堵漏技术已得以推广,进一步降低允许漏水量还是有可能的。

A.10.6　结论

帕尔默使塞弗恩特伦特公司的漏水控制达到先进水平,但要强调的是新技术并不是万能的。至今,帕尔默已成为占统治地位的检漏方式,但漏水控制仍以是否能产生经济效益为判断准则。

A.11　每年节水减少 2 400 万美元的损失
Tim Brown(荒地顾问)

美国田纳西州 1991 年 1 月以来实施了一项最大的节能、节水项目,每年投入 278 万美元,节约的资源价值 2 440 万美元,平均每天节约 91 398 美元,投入产出比达 1:9.5。

该项目是由经济社会处、能源处出资并实施的自来水计量项目,涉及 400 余家供水公司。项目由州政府批准,并向联邦政府能源处申报奖励。联邦政府官员、科学技术人员等对此进行了评估,并批准授予国家奖。

"田纳西基层供水联合会"代表州政府组织该项目的实施,委托咨询公司进行供水系统评估、水表测试、查漏并定位等工作。共为分两个阶段:

第 Ⅰ 阶段,分析能源、水损失的原因,提出应对措施。

第 Ⅱ 阶段,对管网进行查漏、定位工作。

第 Ⅱ 阶段要在益本比分析的基础上确定是否进行。

1988 年 1 月,田纳西经济社会局的能源处聘请健康咨询机构开展能源、水损失两阶段控制工作。

第 Ⅰ 阶段要对自来水生产、销售、运行成本、加压费用、设备维护等进行详细地研究。所有 2 in 及以上管道的水表均要进行精度测试,这是实施水计量的最重要的工作。

第 I 阶段还要摸清未收费的水量,并按水的生产、输送成本测算水价,称为"可避免成本"。对应的可避免总能量损失(BTUs)和经济损失是经济分析的基础数据。

项目开始前,预计会节省大量的能源、水、资金,但能达到什么程度并不清楚。第 I 阶段完成后,形成了 119 份报告,表明每年能减少可避免成本 9 010 224 美元(其中节能价值 1 496 860 美元,水表读数不准确挽回损失 342 909 美元),而投入 409 132 美元,即 16.6 d 就可以收回成本。

对 77 个供水系统进行了查漏,确定了每年漏水 41.8 亿 gal,价值 479.3 万美元,而费用仅 51.2 万美元。余下的事就是开挖出漏水点,进行堵漏修复即可。

此项目集创新、转让、节能、增加收益于一身,它帮助田纳西州所有的自来水系统发现并修补缺陷,使运行更具效率。项目的资金来源于"燃油超额基金"。许多管理人员从未如此深入地探察其供水系统的各个方面。由"第三方"实施的对本项目的调查与监督,使本项目成为一个大众参与的项目。

项目的"转让"体现在专家将其知识与经验应用于自来水系统的管理中,并传交给室内工作人员。比如,管理人员了解了水表的校验过程,并知道了为什么和怎样进行水表校正,以及这项工作在控制供水损失中的重要性。一些管理者开始安排自己的员工从事水表的校验工作。

当必须实施漏水探测时,咨询专家常要求自来水公司雇用专业查漏的技术员。在这一过程中,自来水公司的雇员也学会了管网查漏及定位工作。管理者须明白,各种原因引起的大量漏水不会反映到地表面来。他们中的许多人已知道不能等到漏水已发展到引起很大危害时才去处理,而是要走出去,及时发现那些还未暴露的漏水点。这些经验是慢慢积累起来的。查漏工作完成后,就要根据修复计划进行堵漏。

本项目的节能是因漏水减少后,泵站加压工作减少而取得的。

节水、节能就产生了本项目的经济收益,它体现在具体的自来水公司内。一些公司的效率提高了,一些公司供水的质量提高了且价格更合理了,还有一些公司可以自筹资金从事查漏、堵漏工作。今后,自来水公司的支出中应包含漏水控制的费用。饮用水保护与节能必将惠及产业与社会的发展。

A.12　根据水温预测管道维护的高峰期

Scott Potter

美国肯塔基州的路易斯维尔自来水公司(LWC)创立于 1854 年,是联邦政府用以展示自来水技术与管理的示范公司,它是供水安全组织的成员,并获得了美国供水工程协会的 QualServe 首批认证。路易斯维尔自来水公司率先执行"饮用水法",并长期努力探索适应未来供水要求的技术措施。该公司每年花费 1 000 万美元更换 45 mi 长的主管道,约占总长的 1.5%。

了解管道破裂情况是确定更换哪些主管的依据,而影响漏水点数量的最为关键的因素是水温,即临界水温(FWT)。路易斯维尔自来水公司所使用的铸铁管年龄长的超过 130 年,年龄短的是才更换的;可承受的压力 40 ~ 100 psi;有埋在黏土中的,也有埋在砂中的。这些对漏水点数量的影响均不及水温。

A.12.1　运行经验的确认

有些运行人员提出漏水情况与水温密切相关,他们认为当水温降到 4.4 ℃ (40 ℉)以下时,漏水点会增加,路易斯维尔自来水公司决定对此进行专门研究。

路易斯维尔自来水公司供水的水温变化很大,因为取自俄亥俄河的源水水温年变幅达到 0.5 ~ 29.4 ℃ (33 ~ 85 ℉)。向高地供水的河岸水井对临界水温(FWT)的影响较小,本文主要讨论那些从河道取水的主水厂的影响。据分析,极端的高温和低温,都会引起超常的管道破裂。

根据 1998 年 12 月 25 日至 2000 年 3 月 8 日的观测数据,破裂点数量与临界水温密切相关。当水温两次降到 3.9 ℃ (39 ℉)时,主管破裂点数量均大幅增加,当水温升至 32.2 ℃ (90 ℉)时,主管破裂点数量也有增加(见图 A.12.1)。

第一个低温期发生在 1999 年 1 月的前 20 天,温度降到 3.9 ℃ (39 ℉)以下,市政工作人员 3 周内修复了 163 处破裂点,平均每天修理 7.76 处。1 月 21 日累积平均水温达到 4.4 ℃ (40 ℉),并连续在下一月中升

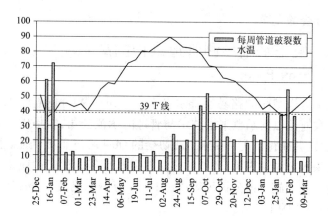

图 A. 12. 1　累积水温与管道破裂点数量的关系(资料来源:水温维护预期计划)

至 6. 6 ℃(44 ℉),管道破裂数量明显减少。该年 1 月 24 日至 3 月 13 日,修复了 56 处破裂点,平均每天修复 1. 17 处,比低温期减少 85%。

第二次低温期出现在 2000 年 1 月 21 日至 2 月 11 日,温度达 3. 9 ℃ (39 ℉)共发生 134 次主管破裂,日均 6. 38 次。1999 年 12 月 3 日至 2000 年 1 月 14 日共发生 99 次水管破裂,原因是水温急剧下降并发生干旱。

有时,水温并未降至 3. 9 ℃(39 ℉)以下,但降温幅度大,水的密度增加。同时土壤干燥脱水,也会导致水管破裂显著增加。

A. 12. 2　年过程分析

1999 年,路易斯维尔自来水公司的管道共发生 967 起破裂事故,平均每天 2. 65 起。集中发生爆管的两个时段,累积水温均低于 3. 9 ℃(39 ℉),且伴有持续干旱发生。干旱时,土壤干裂使水管错位,且需水量增加又使管道工作负荷增加,因此爆管事故较平常明显增加。累积水温低于 3. 9 ℃(39 ℉)时,管道破裂点数量较平时高出 70%。

根据实际资料,累积水温低于 3. 9 ℃(39 ℉),漏水点就会大幅度增加,其原因还不十分清楚。较多的人认为是因为在这个温度附近时水的密度最大所造成的。路易斯维尔自来水公司的管道多为铸铁管,对累积水温快速降至 3. 9 ℃(39 ℉)的反应更敏感,因而漏水点数量会明显增加。

根据路易斯维尔自来水公司管网维护部测量的地温资料,1999 ~ 2000 年的冬季,地面 3 ft 以下的温度均在 45 ℉以上,因此土壤会对管网加温。

此外,当土壤条件很差时,累积水温过高,也会使漏水点明显增加。

A.12.3 结论

累积水温是一个很好的漏水预警指标,路易斯维尔自来水公司根据此指标制订了冬季应急计划。例如当长期天气预报有极端低温且累积水温快速向3.9 ℃(39 ℉)降低或已低于此水温时,就意味着漏水点会快速增加,这时就要提醒维修承包商、政府相关部门采取必要的措施,如增加维修工作的密度。

路易斯维尔自来水公司还对俄亥俄河岸边水井取水的累积水温进行了分析,其水温没有与俄亥俄河的水温一起变化,表现很稳定。该公司还对土壤温度进行了长期持续的观测。这些都是为了保障用水户的生活用水安全。

A.13 巴西圣塔那港口城市——圣保罗市控制漏水的成功经验

Mario Alba

Milene Agiar

圣塔那港口城市位于圣保罗市北部,由坎塔瑞(Cantareira)水厂供水,供水流量为700 L/s,用水人口174 000 人。干管长320 km,有44 000个分水点。表 A.13.1 显示了示范及关键系统参数。

供水区共分两个片区:高压片区,需泵站加压;低压片区,自流。图A.13.1 为该区图片。

表 A.13.1 示范区关键系统参数

系统	Cantareira
流量	700 L/s
分水入户点数	44 000
人口	174 000
主管长	320 km
居民用户	68 514
商业用户	6 310
工业用户	601
公共场所用户	83

图 A.13.1 圣塔那港口城市
（资料来源：Mario Alba 和 Milene Aguiar）

泵站地下前池容积 12 000 m^3，由主管充水。主管同时向低压片供水。主管压力与前池压力由数据采集和监控系统控制。泵站有 5 台机组，由水塔上的水位传感器控制。原有系统布置见图 A.13.2。

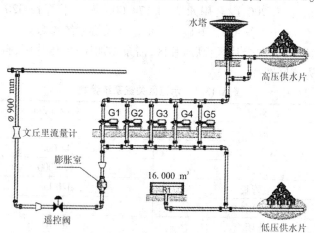

图 A.13.2 原有供水系统示意图
（资料来源：Mario Alba 和 Milene Aguiar）

由于低压片区只需要水头 5 m 的压力,故泵站前池进口的压力水头要由 25 m 降为 5 m,这意味着泵站加压水头要增加 1 倍,见图 A.13.3。

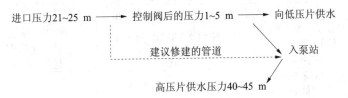

进口压力21~25 m ⟶ 控制阀后的压力1~5 m ⟶ 向低压片供水

建议修建的管道 ⟶ 入泵站

高压片供水压力40~45 m

图 A.13.3 供水系统改造示意图

(资料来源:Mario Alba 和 Milene Aguiar)

建议方案:将低压片区与高压片区的供水主管分离,如此,泵站压力水头明显减少,夜间可不加压,水泵可改为小泵。原来为2×200 HP + 3×100 HP(大功率)机组,现可改为 4×100 HP(HP—大功率)机组,一台备用。

改造后的供水系统示意图见图 A.13.4,效益指标见表 A.13.2。

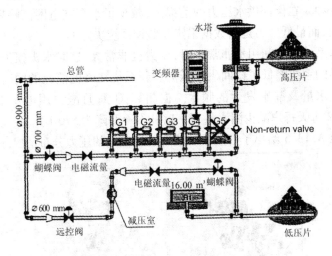

图 A.13.4 改造后的水力示意图

(资料来源:Mario Alba 和 Milene Aguiar)

表 A.13.2　　系统改造前后的指标对照

改造前	改造后	优势
水源情况较差	水源情况好	水的计量得以提高
使用 ϕ 900 mm 的文丘里管	使用 2 500 mm 电磁流量计	
使用 2 200 HP + 3 100 HP 加压泵	使用 4 100 HP 加压泵	泵的性能提高 且便于维护
定速泵	可调速变频泵	优化的性能
最大负荷 500 kW （电网低谷期）	最大负荷 270 kW	节能
最小负荷 480 kW （电网高峰期）	最低负荷 180 kW	
1 台备用泵	1 台备用泵	
高压片由泵站供水	高压片区白天由泵站加压 供水,晚间自流供水	夜间流量和峰值供水 流量减小

结论：

改用变频泵(VFD)后可以根据供水流量决定是否开机,而不需要将所有供水量都送到水塔。

变频泵在保证供水压力的前提下,减少了水泵在电网高峰期的运行时间,而最低压力是由数据采集及监控系统决定的。

原系统在夜间用水非常小时,压力也非常大,这时水头损失很小。改造后的系统降低了夜间供水压力。新系统在降低能耗的同时,还减少了漏水量及漏水发生的频次。据测算:①每月减少用电量 10 000 kWh;②每天每户减少漏水量 283 L(由 850 L 降为 570 L)。

图 A.13.5 给出了管网系统改造前后夜间的压力分布情况。

图 A.13.5　　改造前后夜间压力分布情况

图 A.13.6 给出了管网系统改造前后供水下降的过程情况，图 A.13.7为夜间最小流量变化情况。

粗略的投资效益分析如下：

改造工程总投资 1 000 000 R(雷亚尔)；月节能 28 600 R；月减少漏水量价值 253 333 R；总计节省资金 2 819 333 R；投资回收期 4 个月。

计算投资回收期时，只考虑了节能和节水。实际上，爆管数量也减少了。巴西圣保罗市供水与污水处理公司目前的研究看重的就是降低管网压力和爆管频率，一旦有结果，将另行报告。

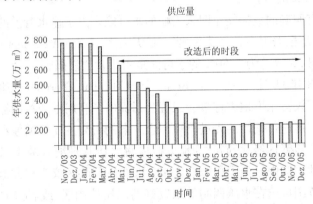

图 A.13.6　管网改造前后供水量变化情况

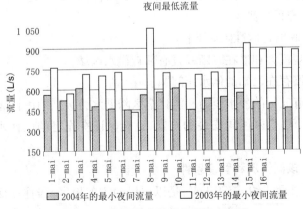

A.13.7　管网改造前后夜间最小流量

A.14 贝利亚-亚力山大公园供水区先进的水压管理[1]

Allen Young

A.14.1 背景

　　大约堡行政区议会东方地方理事会(GJMC)在 1999 年计算指出,有占获取供水总体积 18.6% 的水损失,超出了蓄水和配水系统中预期允许的 12% 的水损失。

　　没有明确的数据能说明未入账的水可能是由于输水管道的渗漏造成的,但是根据观察比较贝利亚-亚历山大(Berea-Alexander)公园区夜间流量,大致认为有 50% 的水可能是由于管道渗漏。

　　1998 年 11 月,巴西 BBL/Restor 公司的 Julian Thornton 先生向大约堡行政区议会东方地方理事会工程公司提出了利用电子控制器配备减压阀对水压进行调控的先进管理理念。案例研究主要依据他在巴西圣保罗的水压管理经验,同时为地方政府将水压管理纳入减少未知水耗的战略性方案中起到了积极的作用。大约堡行政区议会东方地方理事会项目范围可选在水压调制效果较好的水压控制区,或者选取适合于引进水压管理的地区。后者成果将更好,因而贝利亚-亚历山大公园供水区被选为最具潜力、成功完成先进水压管理的地区之一。

A.14.2 选区准则

　　受青睐的选区准则如下:

　　(1)规模大和潜在隔断并且有邻近供水区域。

　　(2)不存在已知的低水压问题。

　　(3)有充足的静水压力和能让全区降低水力级别的优越地形。

　　(4)有适合降压阀安装的位置,且能保证有充足的工作水头进行压力控制。

A.14.3 该区情况和管道条件

　　该区总面积约 1 370 hm²,是以居民为主的地区,居住区面积大小

---

[1]本文经约翰内斯堡大都市议会许可。

$0.06 \sim 0.15$ hm^2 不等。居民区中有商业中心,主要由成群的商店和小型综合商店构成。该区的东边有咖啡公园和旅店,并拥有 4 个体育俱乐部和 Kensington 高尔夫球场,这里也可能成为灌溉的用水大户。

供水区的其他人口情况详见表 A.14.1。

表 A.14.1　贝利亚 – 亚历山大公园供水区情况统计

用户管接头数:	8 577	
人口:	30 230	
用户类型		
居民:	占 95%	
商业:	占 5%	
主管长		
主要主管:	管径 $200 \sim 750$ mm,长 34 km	
次要主管:	管径 $20 \sim 160$ mm,长 136 km	
管材	占全长的比例	平均使用年限
钢	71%	45 年
高密度聚乙烯	10%	13 年
硬聚氯乙烯	18%	14 年
纤维水泥	1%	52 年

资料来源:大约堡行政区议会东方地方理事会(GJMC)。

区内由两个相互连接的水库供水。水库位于该区的西边,这两个水库的最高水位几乎相同,向区内最低部位供水的最高静水压为 12 bar,而向区最高点供水的最小静水压在 4.9 bar,区内原来没有减压阀。

区内较老的供水总管是卷制钢管,壁厚为 6 mm,管道接头采用承插嵌填方式。管道内外壁都有沥青涂层,老管道外壁上虽然完好无损,但内壁上的涂层失去黏结性,涂层与管壁间残存水泡,涂层下面出现先期锈蚀空穴,沥青涂层也发现有剥落现象。外露的管道嵌缝处在正常的管理内部条件下出现滴漏现象,该漏水现象很有可能发生在那些占整个配水系统大约 15% 的老旧的总管区域。

几乎没有关于管径较小的管道和供水支管管接头的的情况,但区域中较老的管道(使用超过 45 年以上的)可以证明腐蚀的家用管接头可能是漏水的主要原因。

A.14.4　装配前的考察及初步水压管理计划

经过桌面研究,确定某个可能作为推行水压管理的候选区之后,为了编制该区的水压管理规划,需要进行装配前的考察。现场考察内容如下:

(1)收集区内底层结构和人口统计资料。

(2)检查建议减压阀安装现场及关键高地的用水户类型。

(3)检查本区与相邻供水区之间的切断阀正常关闭情况。

(4)测量供水点的流量和水压,在关键高点和其他任选的点,用方格纸记录下水压(所使用的是便携式电磁和涡轮插入式流量计作为经济方法测量瞬变流)。

(5)利用统计模型对所提出的日调制水压分布曲线,分析数据,并估算减少的漏水量。

(6)估算减压阀安装的费用,并利用绩效的效益分析来测试建议的可行性。

该水压管理规划,是在两个水库向该区供水处安装两座新的减压阀站,水压调制将全区平均降低 1~2 bar,在非供水高峰期最大减压 2 bar,根据水压指标在最高点减压 3 bar。

打算利用技术自动减压阀控制设备调制水压。理论上说,为两个减压阀提供的水压调制曲线的启始点为一个点,两个减压阀之间的相互作用就是水头在方格网状上的损失函数,并要求在现场观察。水压控制曲线必须根据经验设定,保证一旦减压阀安装完成,水压所起的作用、供水点处和关键点处的流量都能观测到。在固定的出口处可配置一台新的减压阀(应设在较低高程),这台减压阀除在用水高峰期,都将保持关闭状态,区中的水压调制将只会通过另一台减压阀控制。

水压力控制站的实际位置,要考虑以下几点:

(1)减压阀应该布置在上游最大工作水头处,同时考虑通过减压阀的预期水头损失。

(2)区内有效控制减压阀的要求点数最小。

(3)压力控制站的现场地址与原有管道安装配接很方便。

(4)在将要修建的减压站出入很方便。

(5)站址的环境容许性。

在建议的减压安装现场和区内关键的最高点和平均压力点现场测量了流量和水压，使用移动式电磁插入式流量计获得临时流量。

现场数据已用在统计软件模型上，以估算调制水压对降低背景漏水和管路系统破裂漏水的作用，考虑降低了的水压有关的耗水。

现场数据更广泛地用于水压控制站选择减压阀和水表的尺寸型号。

计算了预期节省的水，利用统计模型预测减少漏水每年可节省795 816 ZAR❶。费用效益分析计算得出偿还期约为 8 个月，坚定了水压管理计划的经济生命力，并且已决定继续完成水压管理计划。

A.14.5　最终设计

每座减压阀站包括一个 250 mm 的棒状(Claval)减压阀、一个上游侧装配有滤网的罐和一只型号为 Meinecke 流量计，布置在减压阀下游距离 5 倍直径的位置。一根管径为 250 mm 的旁通支路绕着减压阀和流量计安装，以方便日后的维修。

若干个钢筋混凝土洞室已修建，其中一个洞室部分布置在道路下面。这个洞室被扩大，并且部分重新布置，从路旁开辟一个通道——这是一个为安全和方便进出以及日常的数据下载和设备检查的重要考虑。

A.14.6　结果

两座减压阀站交付使用后，两个减压阀都设在最大固定出口。结果显示当萝特秀街(Montagne Street)的减压阀保持着关闭(进口水压7.5 bar\出口水压6 bar)，而在贝利亚路(Berea Road)的减压阀继续向区内供水没有任何问题(进口水压 5 bar/出口水压 4 bar)。

夜间观测的流量从 350 m³/h 变小到 110 m³/h。

在贝利亚路的减压阀出口，水压白天从 3.2 bar 下降到夜里2.2 bar(这可能表明有少量的未受控的水进入该地区，可能在区内高处能保持水压，这要求进一步调查)，在平均压力区水压每降低 1 bar，水压没有出现波动，表明全区的漏水已经降低，管网中压力很小。

---

❶ZAR：兰特，南非货币单位。

　　除减少夜间水流外,在供水高峰期耗水量明显降低,一部分原因是减少了漏水,另一部分原因是降低了水压,它与耗水量有关。例如公园中的喷洒浇灌。

　　计算了耗水总量(漏水和用水),对正常耗水量最小的时段 21:00至次日 05:00 按减少的最小漏水量进行估算,数据详见表 A.14.2和表 A.14.3。

表 A.14.2　　降低耗水总量

水体积:	2 259 m³
时段:	23.75 h
每天节水:	2 283 m³
每年节水:	833 141 m³
兰特值:	1 749 595

资料来源:大约堡行政区议会东方地方理事会。

表 A.14.3　　减少夜间漏水量(时间:21:00 至次日 05:00)

水体积:	1 110 m³
时段:	6 h
每天节水:	1 110 m³
每年节水:	405 223 m³
兰特值:	850 968

资料来源:大约堡行政区议会东方地方理事会。

　　两个现场的总费用包括专业和建设费用为 850 000 ZAR,达到了现实的 6~9 个月的偿还期。

A.15　在巴尔干西部国际水协会水损失控制特别工作组对水压管理的事例分析

A.15.1　简介

　　本章的目的是介绍国际水协会水损失控制特别工作组在推动和实施水损失控制进程中,在解决巴尔干西部地区配水管网,关于水损失问题至今获得的成果。

巴尔干西部地区水损失状况很严重,无收益水量达50%以上,全体水务公司都必须考虑实施适当的限量耗水的计划和降低水损失的策略。

在项目计划中最重要的一步就是选择合适的方法。在国际水协会水损失控制特别工作组成立之前,由于采用很多不同的方法计算水平衡和不同的性能指标,所以不可能有可靠的检查标准和评估。以前那些方法往往不成功而且费用昂贵,很难降低水的损失量,没有继续采用的动力。在巴尔干地区,水的损耗仍然用无收益表示,有些单个的水利公司现在也开始使用国际水协会的专用名词(或相似),但往往有些例外和修改,致使有时会产生更多的困惑。

作者的用意是介绍他们在实施国际水协会的专门名词及其水损失控制特别工作组的方法经验,激励其他人去跟随,帮助每个人对水损失问题感兴趣。为此他们翻译了一种简单的国际软件,用于计算国际水协会的水平衡和基本性能指标(Check-Calcs)。该软件是免费的,可以成为用于定量水损失的最优佳工具,并且还为水务公司制定了最可靠的标准,Check-Calcs 软件帮助理解他们真实的处境,按照先后缓急着手介绍所需的主要办法和简单的有关系统中水压降低的效益计算。他们的目的是开始实行国际水协会水损失控制特别工作组的办法。通过个别的水务公司,并促进国家接受以上方法。这将使以上国家和公司更好地理解和更快地改进结果,最终达到对大家都很重要的节水目的。

1. 巴尔干西区配水系统真实损失分析成果报告

巴尔干西区所有水务部门都是公共公司,由市政当局或镇政府所拥有,这意味着水务公司数量众多,规模十分小,财务实力薄弱,而且缺乏有资质、训练有素的职员(例如,克罗地亚总人口为430万人,有116个公共水公司),配水系统中的水损失问题长期不被重视,反而更加重视解决人口增长所需的安全饮用水问题,往往同样是供水公司都负责阴沟排污等事宜,有时还负责其他社区的活动,例如废物收集、维护公园、墓园等。

近两年来许多大型水务公司投资采购漏水探测和管路检查设备

（地声放大器、漏水相关器、移动式流量计和水压表），但往往没根据水压管理办法开发降低水损的计划，或控制实际漏水，或寻找未发现的漏水位置。有些中型和小型的供水公司收到了各种国际援助（例如，波斯尼亚、黑塞哥维那、塞尔维亚、黑山、克罗地亚）的一些设备，但大多数情况下所采购的设备没有很好挑选，往往又没有适当的人员培训。

区内有关"地区测量面积"的常识逐渐被更多的人接受，但仍没有被充分利用。原因是旧的一套系统开发带有许多与紧急供水和水质有关的目的，然而漏水最小的供水设备采用分区供水系统，安装有控制水表。

系统中安装水压控制设备的很少，也许是因为缺乏关于水压对漏水率的影响，以及水压对水管破裂频率作用的认识。有这样的事例：在那些因为水压很高而安装了减压阀的地方，由于得不到维护减压阀均失灵了，结果造成了水损失，且经常引起管道破裂。

最近，也有一些正面的例子，有些供水公司安装并运行了减压阀或其他水压控制措施漏水量极低。

必须列出供水公司中严重的问题：缺乏合格的经过培训的积极主动的职员，有的问题是负责探测漏水和检查管道的技术员未经训练或酬金偏低。更常发生的是，经理不了解管理漏水的重要性，缺乏实际有效的方法，或者轻率地用其他任务占满时间；因此，有时得出不正确的结论，认为只需更换旧管道，水损失才能有效地减小。

根据经验，大多数情况下供水公司要求职员成功地实施减少水损失的计划，职员们虽做了工作，但不恰当。

从2005年初，IMGD股份有限公司开始利用国际水协会命名的公式计算水平衡的所有组成部分，包括实际水损耗。国际水协会水损失控制特别工作组推动的其他概念，现在已成为项目的一部分（爆管和背景估算和固定和变动流面积流量理论），主动漏水控制，水压管理及其他等。

重要的进展是引进了基础设施漏水失指标——堵漏率，它是目前年真实损失对不可避免年真实最小损失的比值。这对供水公司而言，是前进了一大步,第一次能够根据供水系统的不同情况,考虑当地的特点(供水总管长度,供水支管接头数,水表位置、水压),估算不可避免的年实际水损失。

　　在克罗地亚(见图 A.15.1)人们传统地认为无收益水量占比低于 25%,就算是运行性能良好,但并没有考虑不同系统的特性(目前 2005 年的平均无收益水量占比达 40%)。

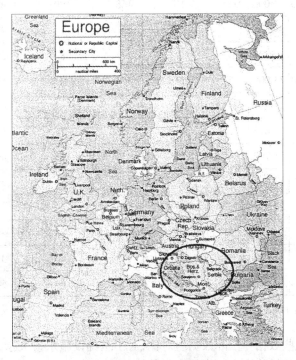

图 A.15.1　巴尔干西部地区

　　在表 A.15.1 中%是无收益水量;堵漏率是对克罗地亚 12 个供水系统和波斯尼亚及黑塞哥维那 1 个供水系统进行计算的结果。须注意的是有些数据是根据用户取得的近似数据,因此有些错误是不可避免的(未支付的耗水,未授权的耗水,平均水压),但作为同类的初步比较,假设其可信度还是可以接受的。将来随着更丰富的经验和更新的方法,其精确度会更高。

表 A.15.1　3个配水系统特性参数和性能指标对比

配水系统	管道长度(km)	供水分接头数	无收益水量(%WS)	现年真实损失(%WS)	现年真实损失量(L/conn/d)	不可避免年真实损失量(L/conn/d)	平均压力水头(m)	堵漏率
1	142	6 310	33	31	111	73	55	1,5
2	1 500	42 000	27	25	168	99	60	1,7
3	259	4 834	39	35	259	96	45	2,7
4	991	30 375	42	39	277	82	50	3,4
5	1 500	23 000	54	50	451	122	60	3,7
6	338	9 000	37	33	290	82	60	3,7
7	713	33 073	24	19	302	73	65	3,7
8	550	21 700	41	35	230	55	40	4,2
9	435	12 000	38	34	464	80	50	5,8
10	265	13 995	52	46	346	47	40	7,4
11	97	4 535	53	49	486	73	45	7,5
12	117	9 184	49	43	345	40	35	8,7
13	769	42 308	70	65	1 069	63	50	1,7

资料来源:IMGD 股份有限公司,Jurica Kovac。

　　当这些数据与国际数据组对比,对于基础设施水损失指标为438,表明在配水系统中实际水损失的数据与世界级系统的值相似。

　　要重点强调的是无收益水量所占百分比并非充分评价管理实际水损性能的标准(见图 A.15.3)。例如,系统3 和系统9 中无收益水量占比分别为39%和38%。但基础设施水损失指标给出了关于实际水损管理性能方面更有意义的信息。因为每个系统都有各自的不同特点和不同的不可避免的年实际损耗,从基础设施水损失指标堵漏率可见,系统3 的实际水损管理(ILI =2,7)比系统9(ILI =5,8)要好2 倍。

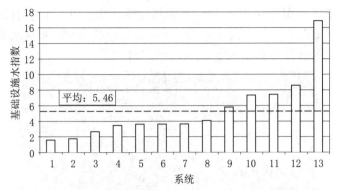

图 A.15.2 在克罗地亚和波斯尼亚、黑塞哥维那的 13 个配水系统的
水损失指标(资料来源:IMGD 股份有限公司,Jurica Kovac)

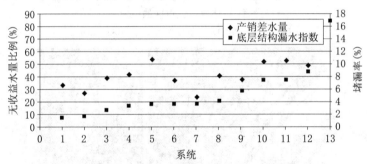

图 A.15.3 克罗地亚和波斯尼亚、黑塞哥维那的 13 个配水系统的
无收益水损失和基础设施水损失指标(堵漏率)

(资料来源:IMGD 股份有限公司,Jurica Kovac)

下面一些事例分析用来说明如何贯彻执行国际水协会水损失控制
特别工作组的方法,诸如划分区域、水压控制等,可以起作用。此处将
简单地介绍最重要的步骤和获得的成果。

2. 事例分析 1:克罗地亚、萨格勒布的试点工程

通过水压控制减少漏水——开发及获得的成果:

在克罗地亚首都萨格勒布市,是选择区最大的市(管道长 2 900
km,用水管接头 100 000 个以上,供水人口约 80 万人)。2005 年 10
月,开始进行旨在减少漏水的水压控制试点工程。选择区(见图 A.15.4、

图 A.15.5 和图 A.15.7),是一个多层建筑(平均 10 层)的居民区,水压高、疑似漏水严重。该区有 13.5 km 铸铁总管和 653 个供水管接头(铸铁管镀锌铁管和高密度聚乙烯塑料管)。

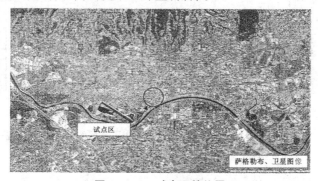

图 A.15.4　试点区的位置

(资料来源:IMGD 股份有限公司,Jurica Kovac)

图 A.15.5　水压控制洞室

(资料来源:IMGD 股份有限公司,Jurica Kovac)

第一步是对区内初步测量流量和水压(全部边界上的阀关闭后测量)。IMGD 公司选定减压阀的安装位置,并对阀室内有关的细节作了规定(减压阀型号 PRV DN250,Woltmann 型流量计,阀门控制器和远方大气环流模型(GSM)监测器,见图 A.15.5)。

公司还建立了 3 个选定的位置作为区内水压监测(采用大气环流模型数据传送器),见图 A.15.6。

实施该工程获得以下成果:初步数据:最小流量:44 L/s (160 m³/h);起始进口水压:6.5 bar(白天)上升到 7.10 bar(夜间)。

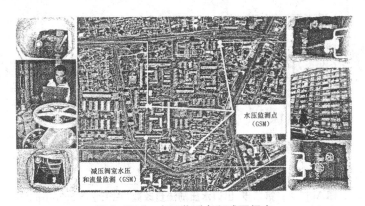

图 A.15.6　水压监测点和减压阀室

（资料来源：IMGD 股份有限公司，Jurica Kovac）

调节的第一步，固定出口水压（5.70 bar），详见图 A.15.7，夜间流量降低 24%（24 h 入流量共减少了 11%）。

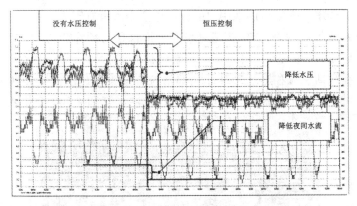

图 A.15.7　调节的第一步：固定出口水压（5.70 bar）

（资料来源：IMGD 股份有限公司，Jurica Kovac）

调节的第二步，出口水压随流量变化（白天水压 5.70 bar；夜间水压降到 4.80 bar），详见图 A.15.8。夜间流量减少 39%（24 h 入流量总共减少 14%）。

24 h 入流量总计从 6 300 m³ 减少到 5 400 m³（节省 900 m³）。

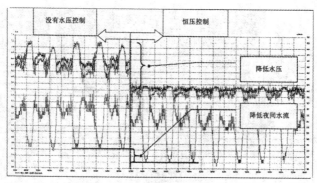

图 A. 15. 8　第二步：出口水压随流量改变（白天水压 5. 70 bar，
夜间水压降低到 4. 8 bar）

（资料来源：IMGD 股份有限公司，Jurica Kovac）

　　详细计算在进行中——利用固定和变动面积流量方法和下部基础设施情况系统计算。

　　这些水压降低对供水用户的标准生活用水没有影响。

3. 事例分析 2：波斯尼亚、黑塞哥维那的格拉查尼察工程

　　1）水压：爆裂频率关系——研制和获得成果

　　在波斯尼亚和黑塞哥维那北部格拉查尼察镇（见图 A. 15. 9），靠重力供水的配水系统长达 70 km，长的总供水管和 4 500 个供水管接

图 A. 15. 9　格拉查尼察镇

（资料来源：IMGD 股份有限公司，Jurica Kovac）

头,主要是私人两层楼住房,人口约 15 000 人,有着多年用水短缺的经历,特别是夏天缺水严重。2005 年上半年,对配水系统进行了分析,得出这是短时间受益的最好办法的结论。主要的目标是减小当前的漏水,但也希望探索出降低水压和管道爆裂频率之间的关系。

第一步,初步测量流量和水压并把该水系统分为 6 个区。该水系统已经根据地面高程划分为 3 个地区。

水系统划分为 6 个区是为了履行更详细的流量和水压控制(介绍了分区测量面积和坡道区(Grad)细分为 3 个小区(见图 A.15.10 和图 A.15.11))。

区号	1	2	3	4	5	6
名称	Grad 北	Grad 中心	Grad 南	Č iriš 北	Čiriš 南	Mejdanić

图 A.15.10　各分区名

(资料来源:IMGD 股份有限公司,Jurica Kovac)

在坡道区(在新的分区中该区包括 1、2、3 三个区,见图 A.15.11)实施水压控制时水压降低 20%,IMGD 股份有限公司选定了阀室安装

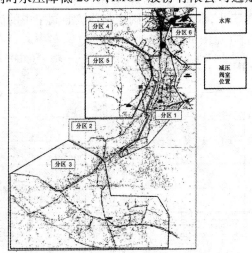

图 A.15.11　分区位置和它们的边界

(资料来源:IMGD 股份有限公司,Jurica Kovac)

位置,并规定了有关阀室的全部细节(两台公称直径为 DN150 的减压阀,Woltmann 型的流量计,阀控制器和遥测仪大气环流模型(见图 A. 15. 12)。

图 A. 15. 12　水压控制室

(资料来源:IMGD 股份有限公司,Jurica Kovac)

未实施水压控制前水压为 4. 80 ~ 5. 30 bar(平均 5. 00 bar),经过水压降低和控制后,分两步测试水压:第一步在减压出口处测试,恒压为 4. 00 bar;第二步,水压由减压阀控制器按照阀室中的流量计现时记录到的流量调制(见图 A. 15. 13)。

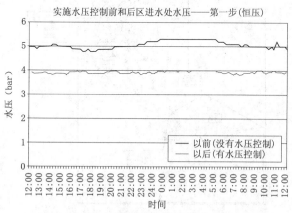

图 A. 15. 13　实施水压控制前、后的区进水水压

(资料来源:IMGD 股份有限公司,Jurica Kovac)

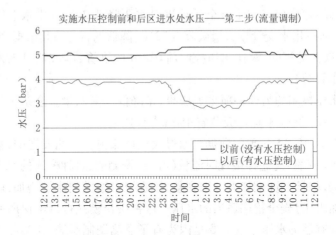

续图 A.15.13

图 A.15.4 清楚地显示水压的存在:爆破频率关系。随着水压降低和控制,爆破的数目急剧下降。须说明的是:图 A.15.14 所展示的爆破是整个配水系统,但是实施水压控制是在 1、2、3 三个区,1、2、3 区成果计算仍在进行中。

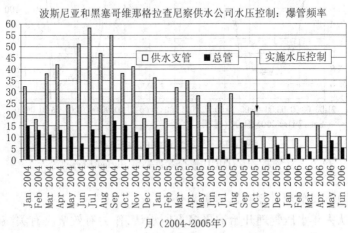

图 A.15.14 实施水压管理前和后管道爆破频率

(资料来源:IMGD 股份有限公司,Jurica Kovac)

在坡道区(1、2、3 区)全系统进口水压降低 20%。供水总管爆破降低 59%;用水支管接头爆破降低 72%(降低的百分数是依据 Pressure Calcs 软件计算的,对比水压控制前 638 d 的爆管数与 272 d 有水压控制的爆管数)。

水压控制的另外一项重要成果,是降低了漏水量。全系统每天入流量降低 12%(平均每天节省 450 m³ 水)。

图 A.15.15 呈现的数据是通过大气环流模型遥测发送的,数据表明水压(蓝线)是怎样被现时流量(红线)调制的,这种模式的水压控制是根据现时流量(例如万一遇到救火,系统中察觉到流量增加,就自动地增加水压)安全担保适当的水压。这种操作模式可以确保所有用水户永远有足够水压。这主要是因为有了遥测调制系统,新的漏水点和管道爆破也会发生流量上升和进口水压升高现象,如果没得到用户的水压低和无水申诉,这类事件可能不被注意。

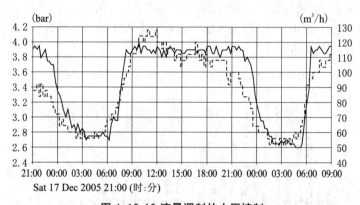

图 A.15.15 流量调制的水压控制

(资料来源:IMGD 股份有限公司,Jurica Kovac)

2)水压管理计划在区的实施情况

从去年水压管理开始被更多人所承认,作为有效解决有关减少漏水和减少管道爆破的办法,有两个项目正在 IMGD 公司领导下进行着。这两个项目的位置详见图 A.15.16,正处于准备或正在实施阶段。

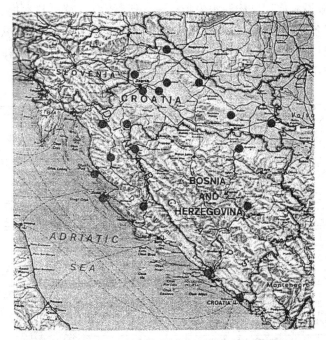

图 A.15.16　水压管理项目的位置(在准备或在实施阶段)

(资料来源:IMGD 股份有限公司,Jurica Kovac)

4.在格拉查尼察地区推广国际水协会水损失控制特别工作组的研究成果

书中所列举事例和来自世界各地的许多事例,都是可从中获得收益的好例子,希望越来越多的人采用这些研究成果。在大多数情况下,实施国际水协会水损失控制特别工作组研究成果,是一种在短时间内行之有效的方法,因此建议越早开始效果越好。

首先是要熟悉国际水协会损失控制特别工作组的研究方法和专门名词。为此目的,他们开发了不同的计算机软件,免费的 Check Calcs 软件是 ILMSS 公司 Allan Lambert 开发的,作为"漏水"软件的配套软件(见图 A.15.17)。有了这种软件,供水公司可以快捷简易地根据旧的(无收益水所占比例(%))和现行年真实损失量、不可避免年真实损失量、基础设施底层结构漏水失指标——堵漏率）计算出基本指数，与来自世界各地和区内其他同行相比确定他们自己的标准。这种软件使用世界银行推荐的分级评估。软件会解释全部基本术语，并解释如何进一步使用更先进的 LEAKS 配套软件。

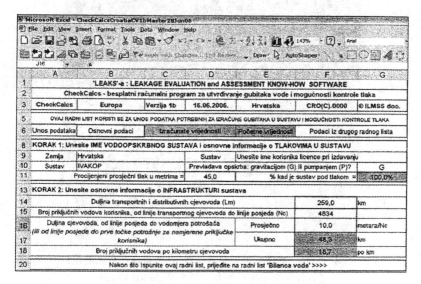

图 A.15.17　Check Calcs 软件

（资料来源：IMGD 股份有限公司，Jurica Kovac）

Check Calcs 软件的目的是帮助每个人对国际水协会水损失控制特别工作组的研究方法提高兴趣。Check Calcs 软件已被翻译成克罗地亚文，其他文字的版本在区内正在翻译中，Check Calcs 软件可以在 IMCD 公司免费获得（只供已登记要求的使用者），因为该软件放在微软优越试算表中，可以被广泛使用。

IMGD 公司除通过免费软件推动外，还承担区内其他的任务。

第一，是与政府代理机构克罗地亚水公司合作，共同推动国际水协会水损失控制特别工作组在克罗地亚的活动，目的是在国家级的层面上，整合这种方法，并对传统已存在的办法作出改进，传统的办法用无收益水所占比例（%）作为主要性能指标。

第二,是通过在水电公司的服务工作传递知识。

第三,通过参加其他国家和地区的会议和培训班进行宣传与推广。作者们也已开始与联合国发展计划署(UNDP),在克罗地亚办公室开展关于水损失管理问题紧密合作。

起初该计划在克罗地亚实施,联合国发展计划署的代表希望在克罗地亚实施之后,该办法能被广泛认同,并推广到其他国家和地区。

参考文献

[1] Lambert, A. and R. Meckenzie. "Best Practice performance indicators: practical approach." *Water* 21. 43-45, 2004.

[2] Lambert, A. CheckCalcs, Western Balkan version, software manual, Leaks Suite of Softwares, 2006.

[3] Kovac, J. "Case Studies in Applying the IWA WLTF Approach in the West Balkan Region: Results Obtained," International conference on Water loss management, telemetry and SCADA systems in water distribution systems, Skopje, Macedonia, 2006.

A.16 拉马拉、巴勒斯坦的艾雅拉宗难民营供水管网减少漏水事例分析
Nidal Khalil(耶路撒冷供水局)

A.16.1 背景

耶路撒冷供水局(JWU)位于西海岸中部、在耶路撒冷以北 16 km 处,向拉马拉和艾比勒两座城市管辖区的大多数人口中心提供饮用水。

该局管辖区包括一个主要居民区、两座城市(拉马拉和艾比勒),以及大约 100 个村庄、市政府当局和难民营。

从耶路撒冷供水局获得饮用水的区是人口稠密的地区,1999 年其人口已达约 205 000 人;它拥有 2 座大城市——拉马拉和艾比勒市,它们形成了管辖区的政治、经济和文化中心,还有 4 个镇:Betunia、Beit

Hanina、Bir Zeit Dier Dibwan 和 Silwad,都分布在距该区中心 15 km 半径之内的东北部和西部,也包括约 40 个村庄和 4 个难民营。

耶路撒冷供水局是自给自足的,属有自治权的非营利的国营事业单位,成立于 1966 年。该局由董事会管理,在为社区需要工作中效果好、责任心强,而享有很高的信誉。该局负责规划、设计、维护供水区内供水工程的全面管理。

A.16.2　简介

艾雅拉宗难民营在 1948 年阿拉伯—以色列战后建立。它位于拉马拉市以北 6 km 处一块约为 $0.85\ km^2$ 的土地上,居住着 6 400 名居民,直到 1980 年前,难民营中还没有配水管网和像样的污水收集系统。

1980 年难民营才安装自来水管网,网管用内径为 2 in 及以下的镀锌管和内径大于 2 in 的钢管,内部涂水泥,外部涂沥青。开敞式的污水收集系统情况很差,导致土壤的腐蚀度增加和管网的毁坏加速。

A.16.3　问题的明确意义

难民营中拥挤的条件,地面高度的巨大变化,管网进水口水压很高,污水收集系统的恶劣条件等,造成以下结果:

(1)50% 以上的管网水压范围在 10 ~ 16 bar 变化。

(2)60% 以上的镀锌管网和家用管接头严重腐蚀。

(3)平均每日入账单的水量($322\ m^3$)和进水口接头处记录的水量($520\ m^3$)差别很大,表示存在严重问题,需要尽快解决。

(4)由于管道腐蚀发生的爆炸的报告数目很大(1998 年内有 20 起),相对于管网长度(6.56 km)是太多了。

A.16.4　调查

耶路撒冷供水局利用爆管和背景估算软件指挥调查了管网中漏水的总量,包括在进水口接头的流量和水压以及在该点的夜间平均水压和目标点 24 h 水压,所有数据都写入爆管和背景估算软件中,求出预期的漏水总量、用水总量、总进水量,结果详见表 A.16.1,在降低水压前在不同流量(用水量、损失水量、总流量)水压和流量的关系详见图 A.16.1。

表 A.16.1 控制前的水压和流量

时间（时）	按小时的平均压力水头（m）	平均入流水位（m）	阶段入流点水位（m）	平均区水压点（L/s）	目标测量（m³/h）	水损失（m³/h）	用水量（m³/h）
00～01	158.0	135.0	108.0	3.9	14.0	5.46	8.54
01～02	160.0	139.0	111.0	2.8	10.0	5.63	4.38
02～03	162.0	139.0	110.0	2.2	8.0	5.63	2.38
03～04	162.0	139.0	111.0	2.2	8.0	5.63	2.38
04～05	163.0	139.0	111.0	1.9	7.0	5.63	1.38
05～06	157.0	130.0	100.0	2.5	9.0	5.26	3.74
06～07	145.0	124.0	92.0	3.6	13.0	5.02	7.98
07～08	131.0	102.0	75.0	4.4	16.0	4.13	11.87
08～09	115.0	86.0	58.0	6.4	23.0	3.48	19.52
09～10	112.0	81.0	51.0	7.5	27.0	3.28	23.72
10～11	108.0	78.0	44.0	11.4	41.0	3.16	37.84
11～12	110.0	80.0	48.0	9.7	35.0	3.24	31.76
12～13	116.0	88.0	50.0	8.6	31.0	3.56	27.44
13～14	120.0	85.0	55.0	8.3	30.0	3.44	26.56
14～15	125.0	95.0	65.0	8.6	31.0	3.84	27.16
15～16	133.0	102.0	73.0	6.9	25.0	4.13	20.87
16～17	126.0	98.0	68.0	7.5	27.0	3.97	23.03
17～18	115.0	82.0	55.0	7.5	27.0	3.32	23.68
18～19	104.0	75.0	46.0	6.4	23.0	3.04	19.96
19～20	115.0	82.0	50.0	8.6	31.0	3.32	27.68
20～21	130.0	102.0	61.0	7.5	27.0	4.13	22.87
21～22	140.0	115.0	85.0	6.7	24.0	4.65	19.35

续表 A.16.1

时间(h)	按小时的平均压力水头(m)	平均入流水位(m)	阶段入流点水位(m)	平均区水压点(L/s)	目标测量(m³/h)	水损失(m³/h)	用水量(m³/h)
22~23	149.0	124.0	95.0	4.7	17.0	5.02	11.98
23~24	155.0	129.0	100.0	4.4	16.0	5.22	10.78
平均	133.79	106.21	75.92	6.02	21.67	4.30	17.37
最大	163.00	139.00	111.00	11.39	41.00	5.63	37.84
最小	104.00	75.00	44.00	1.94	7.00	3.04	1.38
每天总量(m³/d)		520.0	103.2	416.8			
水损率(%)			19.8%				

资料来源:耶路撒冷供水局。

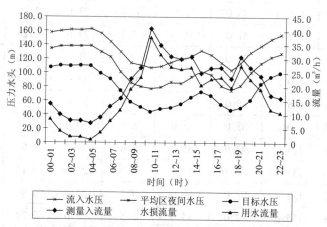

图 A.16.1　控制前的水压和流量

(资料来源:耶路撒冷供水局)

除耶路撒冷供水局调查外,从报告中获得的爆管报告样品得知,造成的原因主要是腐蚀或其他因素,并发现大多数样品表明管网已严重腐蚀,需要更换。图 A.16.2 是旧管和新管样品图片对比。

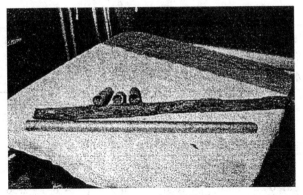

图 A.16.2 腐蚀的管道

(资料来源:耶路撒冷供水局)

A.16.5 调查结果

据调查,进入系统的总水量与估算的用水量相差 103.2 m³。从理论上推测,该水量主要是从管网中损失的。

为了解决这个问题,在进水口处将水压降低(利用水压控制阀)到 23 m 水位。另外一组读数在同一测点测得水压和流量,减压的结果是水损失量减少了,漏水量从 103.2 m³/d 减到 85.8 m³/d,因此在保持相同用水量的条件下实现了每天节水 17.4 m³,减压结果详见表 A.16.2 和图 A.16.3。

表 A.16.2 控制后的水压和流量

时间(时)	按小时的平均压力水头(m)	平均入流水位(m)	阶段入流点水位(m)	平均区水压点每秒流速(L/s)	每小时流量(m³/h)	水损失量(m³/h)	用水量(m³/h)
00~01	135.0	115.0	84.0	3.9	14.0	5.44	8.56
01~02	135.0	115.0	87.0	2.8	10.0	5.44	4.56
02~03	142.0	120.0	91.0	1.9	7.0	5.67	1.33
03~04	140.0	119.0	89.0	2.2	8.0	5.63	2.38
04~05	139.0	119.0	90.0	1.4	5.0	5.63	−0.63

续表 A.16.2

时间（时）	按小时的平均压力水头（m）	平均入流水位（m）	阶段入流点水位（m）	平均区水压点每秒流速（L/s）	每小时流量（m³/h）	水损失量（m³/h）	用水量（m³/h）
05～06	131.0	106.0	79.0	1.9	7.0	5.01	1.99
06～07	124.0	90.0	64.0	3.1	11.0	4.25	6.75
07～08	103.0	70.0	46.0	4.7	17.0	3.31	13.69
08～09	90.0	60.0	32.0	5.3	19.0	2.84	16.16
09～10	81.0	50.0	20.0	6.7	24.0	2.36	21.64
10～11	75.0	40.0	7.0	9.4	34.0	1.89	32.11
11～12	85.0	42.0	14.0	8.3	30.0	1.99	28.01
12～13	87.0	45.0	20.0	10.0	36.0	2.13	33.87
13～14	95.0	57.0	27.0	8.6	31.0	2.69	28.31
14～15	92.0	55.0	28.0	8.1	29.0	2.60	26.40
15～16	100.0	70.0	41.0	8.1	29.0	3.31	25.69
16～17	90.0	54.0	33.0	6.7	24.0	2.55	21.45
17～18	87.0	51.0	25.0	6.7	24.0	2.41	21.59
18～19	76.0	49.0	17.0	7.2	26.0	2.32	23.68
19～20	86.0	49.0	16.0	6.1	22.0	2.32	19.68
20～21	95.0	68.0	35.0	8.3	30.0	3.21	26.79
21～22	111.0	80.0	51.0	6.4	23.0	3.78	19.22
22～23	117.0	91.0	63.0	5.8	21.0	4.30	16.70
23～24	125.0	100.0	72.0	5.8	21.0	4.73	16.27
平均	105.88	75.63	47.13	5.81	20.92	3.57	17.34
最大	142.0	119.00	91.00	10.00	36.00	5.67	33.87
最小	75.00	40.00	7.00	1.39	5.00	1.89	-0.63
每天总量（m³/d）		502.0	85.8	416.2			
水损失率（%）			17.1				

资料来源：耶路撒冷供水局。

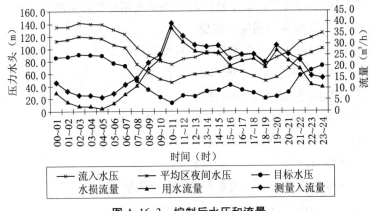

图 A.16.3　控制后水压和流量

（资料来源：耶路撒冷供水局）

A.16.6　建议的处理办法

鉴于在进水口管接头处，合理地降低水压，可以达到节水的目的，而不需要实际的水压管理系统，建议按下面的办法去做：

（1）在进水口管接头处安装永久的压力控制阀，把压力水头降低到 130 m（否则水达不到目的点，所建议的装置总费用为 6 200.00 美元。

（2）把难民营划分为两个区，以降低低点和高点的高程差。

（3）更换供水管网，考虑已存在的污水收集系统在内，做一套全系统的新设计，并估算管路更换费用为 336 336 美元。

A.16.7　为处理办法筹措资金

耶路撒冷供水事业是个非营利的公共事业，没有必需的经费资助，如此巨大的更换工程，仍依赖外部捐赠资助。艾雅拉宗管网更换工程（及其他工程）被提议，由若干个单位捐赠费用，不幸的是，目前尚未成功地拿到需要的经费。

然而，有关安装水压控制装置的费用是合理的，而且在耶路撒冷供水局力所能及的范围之内。

A.16.8　处理办法的实施情况

所提出的水压控制系统已安装完毕，并按设计发挥了作用。

管网中有些管子已被更换。敞开的活水系统没有解决。

A.16.9　实施结果和损失水减少

在进水口接头处安装水压控制系统的结果如下:

1 年内节省水:$17.4 \times 365 = 6\ 351(m^3)$

$1\ m^3$ 的最低水费:0.684(美元)

每年节省水的价值:$365 \times 0.684 = 4\ 344$(美元)

材料和人工费:6 200(美元)

偿还期:1.4 年

上述节省应被理解为没有对管网做重大更换。

A.17　使用在杂散电流环境中的球墨铸铁管

R W Bonds, P.E.(球墨铸铁管研究学会)

Birmingham

Alabama

A.17.1　简介

杂散电流附着于地下管道,是一种直流电,从一个与管道无关的源头,受感应后流向地球。当这些杂散电流聚积在金属管道或结构上,会引起金属或合金腐蚀。杂散电流的源头包括阴极保护,系统、直流电力机车或街车,电弧焊接设备、直流输电系统和电气设备接地系统。

杂散电流要造成腐蚀必须从一个地方流入管道表面,沿着管道流动到其他地方,在那些可以离开管道的地方离开(同时造成腐蚀),重新进入地球并完成电流旅程,到达最终点。金属因腐蚀失去的金属量与受感应有关,并与管道放电量成正比[1]。

幸运的是,在大多数情况下,在管道上流动的腐蚀电流只有千分之几安培,电偶腐蚀时电流放电分布面积很广,急剧地降低了局部的腐蚀率;杂散电流腐蚀,从另一方面而言是局限在少数小点上放电,有时电流穿透是在相对短的时间发生。

考虑到美国正在运行的埋设铁管数量,杂散电流腐蚀问题,很少采用灰铁管和球墨铸铁管来阻止电流连续。当遇到此问题时,有两种主要技术用来控制杂散电流对地下管道的电解腐蚀作用。一种是采用绝缘或屏蔽方法,把管道和杂散电流源头隔开;另一种是用连接管道,把集中起来的电流引到杂散电流源的负极或者安装接地电池组[2]。

作者向球墨铸铁管研究协会咨询,他们表示杂散电流有不同的源头,以前提到过,外加电流阴极保护系统对裸铁管和对聚乙烯包封着的铁管的作用。杂散电流对铁管的作用原因、调查和缓解办法是本章研究的重点。

A.17.2　球墨铸铁管是不能连续通电的

将球墨铸铁管制造成 18 ft 和 24 ft 长,并用橡胶充气接头连接系统。虽然有好几种型式的接头,推式连接的接头用得最为普遍,也有少量采用机械接头。

这股充气接头的电阻可以从几分之一欧姆变化到几欧姆,足以使得球墨铸铁管成为非连续通电导体。因此,一条 18 ~ 20 ft 长的球墨铸铁管路导体在电性能上能够相互独立分开。由于连接头是不连续导电的,因此整根管路显示出纵向增加电阻,而不吸引杂散直流电。任何聚积静电都是典型的微不足道的受限短电单元。

曾经做过无数次接头电阻现场测试,并在供水系统运行时也进行过测试。球墨铸铁管研究协会对 45 个管接头做过试验。杂散电流试验现场是在得克萨斯州新布劳恩费尔斯供水系统运行时进行试验的。试验的球墨铸铁管长 830 ft,管径 12 in,推式连接接头,发现有 9 个接头长度缩短了。这些接头缩短的主要原因可能是插端与承接口之间的连接变形达到极限,致使金属物之间发生接触。但由于接触面的氧化物,缩短后的接头仍能产生足够的电阻,对于杂散电流而言,仍可看作是长期非连接通电。

非连续通电性能的球墨铸铁管阻止杂散电流的能力在密苏里州堪萨斯市运行的水系统中得到了证实,在该系统中用的球墨铸铁管管径为 16 in,安装在距外加电流的阳极约 100 ft 处,管段长度为 481 ft,管段安装使研究人员可以将所有接头搭接起来,也可以变两个搭接为一个,测量管段的电流时,当所有接头都搭接上,此时的电流比每两个接头搭接一个时的电流大 5.5 倍。

在实验室的试验也显示了管接头搭接对杂散电流聚积作用的影响。管道采用搭接安装,方便研究人员进行研究组合搭接接头、非搭接接头、聚乙烯包裹的管和裸管的试验。试验发现搭接接头的管收集的电流比非搭接接头的管收集的电流多 3 倍(见 图 A.17.1),还有,暴露在同样环境下,裸管收集的电流比有外包管的(0.008 in 8 mi)厚的聚乙烯管收集的电流多 1 100 倍[3]。

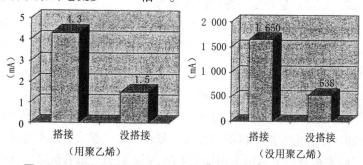

图 A.17.1　接头搭接的效果——实验室安装输出 8 A 的整流器

(资料来源:球墨铸铁管研究协会)

A.17.3　阴极保护装置

阴极保护,是防腐装置,它把整根管道变成了腐蚀电池的阴极,被广泛地用在油、气工业的钢管上。有两种形式的阴极保护装置,即电池产生的阴极保护装置和感应电流形成的保护。

电池阴极保护装置利用电池的阳极,也叫"损耗"阳极,它比被保护的结构物在电子方面更加活跃。这些阳极安装在相对的靠近结构物之处,电流是由结构物发生通过金属连接件通到阳极。电流从阳极排放,通过电解质(大多数情况下是土壤),并进入到被保护的结构物。这种保护装置建立起一套不同于金属腐蚀电池、强大到足以抵消已有的腐蚀电流(见图 A.17.2);电池阴极保护装置通常含有极高的局部电流,量很小,所以对于其他地下结构而言,它们一般不属于杂散电流。

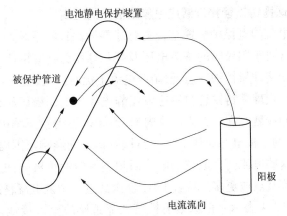

图 A.17.2　电池静电保护装置

（资料来源：球墨铸铁管研究协会）

　　杂散电流腐蚀损坏是最普遍地，与感应电流阴极保护装置、利用整流器和阳极床相连通。整流器把交流电转变成直流电，该直流电通过阳极床强加在阴极保护回路上。整流器的输出电压可以小于 10 V 或大于 100 V，电流小于 10 A 到数百安，感应电流从接地极流穿地球到达设计的管道，以保护电流经金属连接器流回整流器中（见图 A.17.3）。与电池静电保护装置不同，一个感应接地床通常保护 1 mi 的管道。

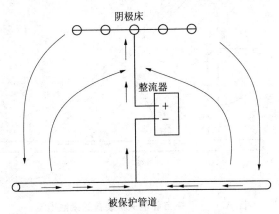

图 A.17.3　感应电流静电保护装置

（资料来源：球墨铸铁管研究协会）

A.17.4　球墨铸铁管接近感应电流阳极床的距离

感应电流静电保护装置是否会对球墨铸铁管路系统产生问题,很大程度上取决于阳极床的感应电压及其与球墨铸铁管的距离,一般的说阳极床距离球墨铸铁管愈远,杂散电流干扰的可能性愈小。

如果一根球墨铸铁管与感应电流静电保护的阳极床靠得很近,杂散电流的问题就存在。在阳极床周围(影响范围内),土壤中的电流密度高,地球的正极电势会强迫球墨铸铁管拾取受影响范围内点上的电流。因为这些电流要完成它的电路回到整流器的负极端,电流必须在球墨铸铁管某点或更多的位置上离开,因此造成杂散电流腐蚀。

图 A.17.4 表示一根球墨铸铁管在靠近感应电流接地床通过,随后在较远的位置交叉穿过被保护管。如果这里的电流密度足够高,在靠近阳极床附件的球墨铸铁管上会有电流通过,然后顺着管道,跳跃过接头向着交叉处流动。然后电流离开球墨铸铁管,受保护的管道电流形成整个电路,回到整流器负极端。电流离开球墨铸铁管的位置,通常在管道交叉点上,或者在土壤电阻小的地方产生杂散电流腐。

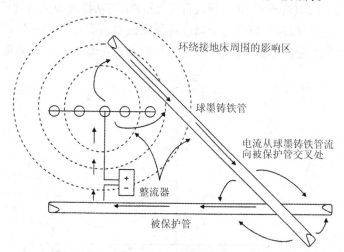

图 A.17.4　来自静电保护装置的杂散电流

(资料来源:球墨铸铁管研究协会)

图 A.17.5 表示一根球墨铸铁管平行于受静电保护的管,并经过靠近感应电流的阳极床。假如电流密度足够高,该球墨铸铁管会在极床附件形成电流,然后电流沿着球墨铸铁管两端的方向流动,离开并在很远的地方回到被保护的管道。这样会造成球墨铸铁管上多处电流放电,通常在土壤电阻低的地方放电,而不像前面的例子集中在交叉点上。

通常非连续通电的球墨铸铁管表面不会形成杂散电流,除非它靠近电流密度高的阳极床。

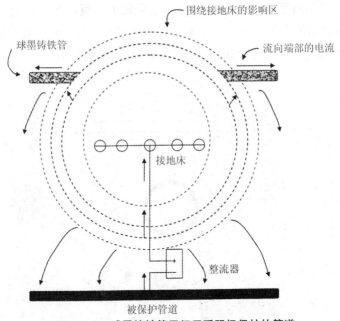

图 A.17.5　球墨铸铁管平行于受阴极保护的管道
并靠近感应电流阳极床

(资料来源:球墨铸铁管研究协会)

A.17.5　管路交叉远离感应电流阳极床

通常杂散电流问题不会出现在球墨铸铁管与受到阴极保护的管道交叉处,它的阳极床一般不在附近。由于电流从地面远处流向管路,所以电位梯度区是围绕受阴极保护的管路。被保护管周围影响区内电位强度是单位面积流向管路的电流的函数。如果邻近一根管与受阴极保护的管交叉并穿过电位梯度区,它相对于附近的地面趋向于变成正极。从理论上讲,管和地面之间的电位差(又称电压),可以强迫邻近的管路形成阴极保护电流,并在与受保护的管道交叉处放电,造成邻近管道杂散电流腐蚀(见图 A.17.6)。因为受保护管道周围电位梯度的强度很小,对于包裹良好的管子而言可忽略不计,也因为球墨铸铁管具有非连续通电的特性——如果感应电流阳极床远离受保护的管道,对于球墨铸铁管与阴极保护的管交叉时,发生杂散电流腐蚀是罕见的。在交叉的位置,球墨铸铁管可以用聚乙烯(perANSI/AWWA C105/A21.5)在交叉处两侧中任何一侧(包括 20 ft 处)作为预防目的。

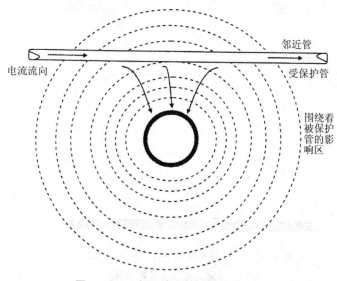

图 A.17.6 邻近管道通过被保护的管

(资料来源:球墨铸铁管研究协会)

A.17.6 安装前管道路线的调查

在设计阶段,对管道路线是否有杂散电流源的可能性进行检验是很重要的。如果对杂散电流问题有疑问,可以在系统中采用缓解措施,管线可以重新改线,或者阳极床可以重新定位。

如果在目测检查期间,在建议的管线周围遇到感应电流阴极保护整流后的阳极床,一种调查杂散电流潜在的可能性方法是沿着建议的管线在阳极床区测量土壤中的电位差。为此可以实施一次地面电位梯度检查,方法是利用 2 个相匹配的半电池电极(通常用铜—铜硫酸盐半电池),联同高阻抗电压表一起调查。当半电池隔开几英尺与地接触,并与高阻抗电压表串联,可以探测到地电流,记录下电位差。土壤中的电位梯度与电流密度成线性比例关系,可以通过记录的电位差除以两个半电池隔开的距离来计算土壤中的电位梯度。

实施地表电位梯度调查时,一个半电池可以指定为"固定"放置在建议管线上,另一个半电池指定为"可移动性的"(见图 A.17.7),因此半电池可沿着建议的管道线路移动,得出各个电位差读数。一张沿着建议的管道线的电位与距离关系曲线图则可绘制完成。正常情况下,根据接地床几何图形及受阴极保护的管道和相邻管道的位置,会在最靠近阳极床处找到最高电流密度。通常电流密度越高,建议的管路上造成杂散电流腐蚀问题的可能性越大。

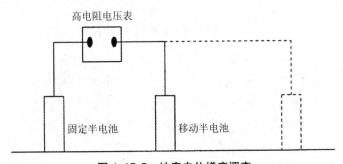

图 A.17.7 地表电位梯度调查

(资料来源:球墨铸铁管研究协会)

球墨铸铁管的安装通常不会明显地改变地面的电位曲线。这样工程师可以根据管道安装前实施的地表电位梯度调查结果作出后推荐。

图 A.17.18 和图 A.17.19 分别是在得克萨斯州新布劳恩费尔斯和圣安东尼奥杂散电流试验现场,实施地表电位梯度调查所得的电位曲线。它对比了铸铁管安装前后电流密度的差别,可见安装前、后两根曲线电流密度差很小,显示了梯度和边界。在许多其他安装现场都是一个样。

管路安装可以根据地形、土壤电阻、地下水位、管道直径、管道涂层、整流器输出等情况,然而如果在安装之前知道了电位梯度,不论所建议的管线是否会受到杂散电流腐蚀,工程师都可以利用保守的值进行预测。

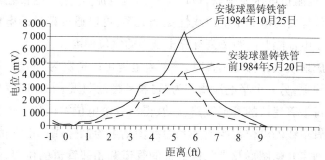

图 A.17.8　得克萨斯州新布劳恩费尔斯安装球墨铸铁管前后电位曲线对比情况(调查时间为 1984 年 5 月 20 日和该年 10 月 25 日)

（资料来源:球墨铸铁管研究协会）

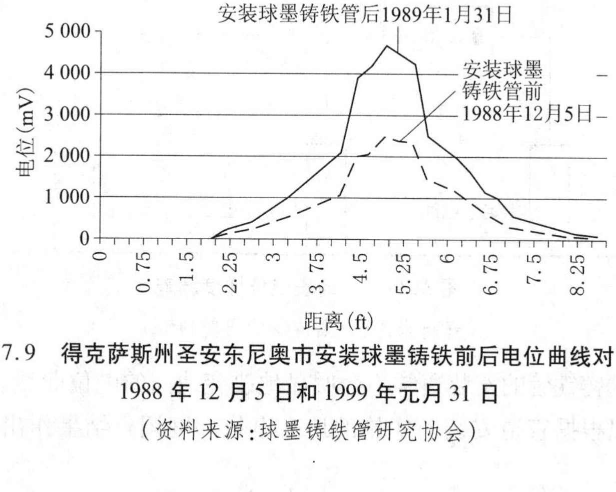

图 A.17.9　得克萨斯州圣安东尼奥市安装球墨铸铁前后电位曲线对比情况

1988 年 12 月 5 日和 1999 年元月 31 日

（资料来源:球墨铸铁管研究协会）

A.17.7 调节杂散电流

电流顺着地球上电阻最小的路径流动。因此,邻近管道具有电阻愈大、遭受杂散电流影响愈小的可能性,球墨铸铁管每 18～20 ft 则其橡胶承插接头电阻较大,对杂散电流形成巨大的阻力。接头的作用使电子非连续性积聚,再加上涂抹未绝缘的聚乙烯,更加提高了涂层的防护作用。包扎管道外罩的电绝缘聚乙烯材料及施工方法应按 ANSI/AWWA C105/A21.5 标准执行。

球墨铸铁管的非连续导电性具有防电荷积聚的屏蔽作用,可有效地抑制杂散电流的累积,这对于大多数有杂散电流的环境是必要的,包括在任何受静电保护的管道交叉处,或球墨铸铁管平行于受静电保护管。在这些位置电位梯度保护电流流向受保护管,通常该电流都很小。

也有个别特殊的事件,在非连续性电流的接头和聚乙烯保护层,都不足以保护管道,例如,球墨铸铁管穿过,或者非常靠近感应电流静电保护的阳极床,当遭遇到这种情况时,就要重新考虑改变管道走向,或者重新改变阳极床的位置。如果这两种选择方案都不可行,就要规定高密度杂散电流的电位区(要实施一次地表电位梯度的调查),在这一部位的球墨铸铁管,应该采用电结合,同时要将邻近管与电器隔离开;应该在整个规定部位,并向两侧延伸至少 40 ft,安装聚乙烯外罩,按 ANSI/AWWA C105/A21.5 要求标准,适当地安装试验铝片和"吸极电流",典型的安装如图 A.17.10 所示。

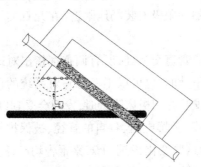

图 A.17.10 代表性的安装

(资料来源:球墨铸造管研究协会)

在规定部位,球墨铸铁管很大可能会收集杂散电流,这一部位需要将邻近管道与电器隔离开,那样就能收集杂散电流。一种成功达到此目的的方法是安装绝缘耦合连接,把接头连接起来确保在这一部位的接头不会发生腐蚀。

管道指定部位的聚乙烯保护罩极大地降低了杂散电流收集量,这有助于控制影响区,也减小了阴极保护装置的电能消耗。聚乙烯保护罩在所说的部位,向两侧延伸的屏蔽管道收集杂散电流。

在正常情况下为了监测用的试验铝片安装在绝缘子的每侧以及在交叉位置,只要有交叉就装。在绝缘子两侧由于有试验铝片,它们对电的绝缘性是有效性的,已得到确定,绝缘子内的试验铝片也可以用来检验连接段是否有效,是否传导电流。

被收集到的电流必须有效地返回到阴极保护装置。为此须安装一个电阻连接到受影响部位的球墨铸铁管至受保护的管或到整流器的负极。该电阻可以调节到球墨铸铁管所需要的电位,并且减小了阴极保护装置的电流消耗。另外一种收集到的电流杂散方法是设计和安装接地电池。这些接地电池通常由阳极组成,设置在电流放电处。

A.17.8　小结

球墨铸铁管研究协会对正在运行的水系统球墨铸铁管组织实施过数目众多的调查研究,那里管路穿越受静电保护的煤气管和石油管。调查还包括整流器和阳极安装场地附近(在几百英尺的交叉位置),也有在远处交叉的。

当阳极床远离管道交叉处,所有调查都指出对球墨铸铁管的影响程序是可以忽略不计的,也可以不考虑它对系统的预期寿命会有有害的作用。当管道安装在阳极床附近时,发现会受到以下因素的影响:例如整流器输出功率、土壤电阻、各自的管径、被保护管道的外表涂层情况,等等。尽管有这些变化,若干个观察报告均已证实实验室训练的发现。最明显的是橡胶承插接头和聚乙烯外罩,有抗杂散电流侵扰球墨铸铁管的功效。

成千上万的球墨铸铁管和灰铁管与阴极保护管交叉情况遍及整个美国,至今仍没有实际因杂散电流干扰而损坏的报告。这也是一个强有力的证据,证明杂散电流腐蚀很少成为非电连接性球墨铸铁管的重要问题。管接头的连接和使用电蚀阳极或放电连接,也许会是一种解决杂散电流在电流高密度区干扰的办法。但是这种装置必须小心维护和监测。如果阳极接地电池耗尽作废,或者放电连接破坏后,被连接的球墨铸铁管将会更易受杂散电流的破坏,比安装好的管道没有连接但有接头时更易受破坏。因此,这种办法只有在不可避免的杂散电流干扰情况下采用。在大多数情况下,采用被动式的保护措施,比如聚乙烯外罩更为理想。

参考文献

[1] Peabody, A. W. *Control of Pipeline Corrosion*, National Association of Corrosion Engineers, Houston, Texas, 1967.

[2] Wagner, E. F. "Loose Plastic Film Wrap as Cast-Iron Protection," Presented September 17, 1963, at AWWA North-Central Section Meeting, *Journal AWWA*. 56 (3):361-368, March 1964.

[3] Stroud, T. F. "Corrosion Control Measures for Ductile Iron Pipe," National Association of Corrosion Engineers Conference, 1989.

[4] Smith, W. H. *Corrosion Management in Water Supply Systems*. New York: Van Nostrand Reinhold, 1989.

A. 18　漏水量——能降到多低? 契德尔水务工程——唯一达到最低漏水量的机会

Ian Elliott(塞文特兰水公司工程部主任)

John Foster(塞文特兰水公司主任工程师)

本案例包括修复配水工程的下层结构,该配水系统是向英国一个人口约 8 000 人的小镇供水。

工程包括更换 32 km 长的配水总管，管径为 50～350 mm，管材为 MDPE（中密度聚乙烯）管，采用免挖沟槽技术。全部客户的服务设施全更新了包括在许多情况下客户拥有的供水管。在全部用水设施上安装了无线电读数的水表。

结果成为唯一的机会判为"最低实际漏水水平"并获得详细的理解系统的劣化与时俱进。

A.18.1　背景

1. 英国的塞文特兰水公司介绍

（1）英国的塞文特兰水公司是英国主要提供供水和排水服务的公司。

（2）塞文特兰水公司是塞文特兰集团的一部分，拥有市场资本总额 65 亿美元。

（3）该公司向横跨不列颠中心和美国 15 个州的社区 800 万人民提供用水和排污水服务。

（4）自从 1989 年私有化以来，已经有 64 亿美元花在总供水管的升级、配水支管的更换和服务项目上。

（5）塞文特兰水公司的平均水费在英格兰和威尔士是最低的。

（6）塞文特兰水的整体质量在英国是最好的，达到了 99.9% 英国和欧洲饮用水标准——世界上最严格的标准。

（7）该公司的污水处理水平是国内最高的。

2. 水费

英国国内供水曾经按"比率价值"系统收费，根据顾客的财产而不考虑用水量多少。

1989 年水务事业私有化后采用对所有新用具强制测量保证实事求是的按用水量收费。通常已有的用具保留原样，但用户可以安装水表按用水量付费。

塞文特兰引用了强制测量用水量大的设备，例如游泳池、花园喷洒器并提供免费安装水表，给那些想要按不同的方法付费者使用。

3. 供水支管

从用水设备连接到总管网通常有共同分担的所有权。供水公司负责把管接到用户设备边界,此后这根管就成为业主单独负责,导致产生两方面的问题。漏水在用户方面,而用水设备潜在的问题是经过共享的管子供水的。

A.18.2　契德尔水务工程公司(CWW)

私营的契德尔水务公司成立于 19 世纪初,向英格兰内陆北部的一个小镇契德尔斯塔福德供水。该镇完全坐落在塞文特兰供水区内,拥有约 3 800 户不同年代的房地产,农村房地产分布在镇部,主要工业用户在 JCB。

1997 年统计记录平均需水量为 2.5 ~ 3 ML/d,如果接受所建议的每人需水指标,应该约为 1.25 ML/d。

该公司的资产处于非常贫困的条件,主要有以下两种情况:

(1)20 km 长的非常陈旧未涂覆的铁管。

(2)2 座非常旧的正在漏水的水库(建于 1830 ~ 1935 年)。

契德尔水务公司的有限资源和陈旧配水系统已经导致该镇边缘的新开发区由塞文特兰水公司供水。

契德尔水务公司已经不能有效地满足现在的用水需求,又没有足够的财政资源来满足小镇边缘新开发区日益增长的资金投资要求。正在考虑大规模增加资金以改进资源,但取代这一办法的是塞文特兰水公司用了很少的总金额接管了契德尔水务公司。

塞文特兰水公司明白巨大的修复计划需要设立一个工程董事会来管理融入的契德尔水务公司。

A.18.3　工程的组织机构

工程董事会建立于 1997 年初,包括从事所有学科的代表。董事会总的任务是协调工程各个方面的活动,包括总水管和配水支管的更新、表计安装、钻孔和水库。各项活动的工程师定期向董事会汇报,以便全面协调控制计划的进行。

整个工程分为 3 个阶段:

(1)建立实实在在的按管状况。

(2)收集资料并在短期内解决安全供水,改进供水服务水平。

（3）明确并完成长期的策略性目标使旧的契德尔系统成为塞文特兰系统。

1. 问题

该公司遭受了多年来严重缺乏资金投入的痛苦,使得造成了下面的问题:

（1）继续禁止向花园浇水,此事已经发生多年。

（2）水质变化不稳定。

（3）水费政策不一致、不合理。

（4）配水管网不适宜。

（5）估计的漏水量大约占供水量的50%。

（6）某些关键地区的水压不足。

（7）几乎没有可操作的阀门,无法将配水管网分区。

（8）管网中没有水表,无法监测流量。

（9）只有最低限度的加氯办法,安全措施不足。

（10）用户供水箱漏水,安全措施不足。

（11）不能操作的旋塞龙头,甚至许多地方根本就没有龙头。

2. 资料和信息

对总供水管网调查,由于没有足够的记录图纸,显得复杂混乱。只有20世纪20年代的总管平面布置图。

从最关键的总管横断面大样图可确认该系统管径偏小,而且状况很差,表现出的问题是漏水和外表有结壳现象。

对原有的管不能作出任何保证,结论是对旧管逐件地试验,修复是不现实的也是不经济的,决定把整套配水系统管网更新。

管网的设计任务委托出去了,建立了Stoner模型用来决定总配水系统的要求。这些工作已在1997年11月完成,表明新的总管要求至少27 km。

3. 优先要做的工作

当前关心的事是保证供水到该地区使得花园浇水的禁令得以解除。办法是提供一段新的短总管连接到邻近塞文特兰供水区提升原有的支持者。此项工作在 1997 年夏季完成。

契德尔水公司退出了正常供水,整个镇从邻近供水系统的支管接入,这对通过漏水造成的水损失有巨大的影响,这意味着长期的花园浇水禁令可以解除了。

短期的目标是坚定了发展计划的进程,更详细的发展计划开始了。

A.18.4　契德尔工程项目

1. 建议提纲

基本项目包括更换配水系统和建设一座新水库连同修缮井源和水处理系统的设备。

此外,公司决定扩大项目,向每家用水户提供新的各户分开的供水管和水表,只要是新安装的都这样做。这样将会创造一个独特的区域,在这个区域里每户都提供全套新的管道系统和水表,这套系统可以通过计算机从远离 60 mi 外的莱斯特的办公室遥测读出水表的读数。

这给公司提供了下面有关宝贵信息:

(1)经过翻新后的新的配水系统的漏水水平。

(2)漏水侦查和定位。

(3)用水方式。

(4)完整的新配水系统可以被监测一年以上的时段,可以提供关于漏水方式的发展信息,协助决定漏水的经济水平。

施工和安装工作划分为以下 3 个主要部分:

(1)总管和供水支管安装。

(2)水库和井源重新施工修建。

(3)水表和无线电读数设备安装。

2. 供水总管和供水支管安装

这项工作包括更换全部供水总管网和单独的供水支管并尽可能一直分支到每一单独用户的支管。

在投标签合同关于设计和施工基本要求时,时间表成为主要要素——设计和施工周期缩短了 3~4 个月。

投标人提供管网设计,同时指明管径尺寸和长度,文件中还说明投标人有权选择施工方法。标书中不言而喻地暗示承包商还应对具体的用户的用水支管供货质量负责监督。

供水公司的意图也是尽可能多地更换供水支管,包括通往私人住宅的墙上。这项工作只能在户主的允许和同意下才能做,因为没有任何记录资料,包括完整的所有住户的勘查资料,无法判定管道的走向。

在调查期间用户被问到是否愿意把他们自己的管更换掉,最初表示接受的几乎达到90%,可是后来被一根共用的支管问题弄复杂了,有些用户提出必须满足某些条件之后,工作才可继续进行。

3. 集体配合工作

工程项目的独特性和来自单个的用户与城镇双方面的强度冲击,导致形成独一无二的集体配合工作方法进行设计和施工。

供水总管和供水支管项目队包括来自以下各集团的代表:

(1)工程管理:整个项目管理,合同细节及顾客交谈,质量和技术规范遵守施工监督。

(2)承包商:供水管的检验,设计细节,施工方法,管理和顾客联络。

(3)操作人员:最终设计细节的确认和原有管网运行的建议和忠告。

(4)顾客关系:附加接触点,除解决一般的顾客的问题外,还对个别的具体问题提供支持。

(5)公路管理机构:继续联络公路运输计划和交通工具质量等问题。

(6)销售部:一般的公共关系和与媒体接触。

4. 施工方法

在该镇内的限制条件下意味着最符合费用效果的方法就是低挖技术(条件允许),最终采用的方法是总承包人 D. J. Ryan 决定的。

所采用的方法如下(见图 A.18.1):

(1)管道尺寸范围:供水支管管径 25 mm,配水总管管径 350 mm,所有管道材料用中密度聚乙烯管(MDPE)。

（2）承包商采用非常开放的集体配合的工作方法,随时与当地的公路局密切联络,也定期安排会议检查施工标准和对交通的影响。

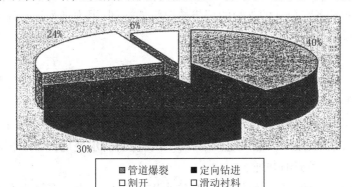

图 A18.1 施工方法

（资料来源:塞文特兰水公司）

5. 具体问题提出

（1）交通管理。

（2）施工操作强度。

（3）地面条件。

（4）工作期间供水的维护。

（5）原有供水系统的致命弱点。

（6）在修复期间因高速度而并生的质量问题。

（7）解决用户的问题。

（8）用户的选择。

工程项目的独特性要求根据国内顾客合作结果发展选项的等级差别。用户有以下的选择方案:

（1）水表安装在内部或是在外部(在水龙头箱体范围内)。

（2）供水支管可以更换到用户的墙上(得到用户的同意)。

（3）水费的支付方法可以按用户的要求,或者按水表读数,或者按可估价计费系统计费。

这样使用户有较大的选择范围,使他们能够找到最适合自己的条件和环境的方案。

虽然全部用户最终是通过一个水表供水,但是各用户有自己的水表读数和各自分开的支管的理想情况没能达到,因为进入用户还有共用的供水支管。

6. 水库和井源

众所周知,原有的水库已陈旧不堪,因为结构和漏水问题,只有25%的总容量可以利用。

尽管水源地点本身所在的位置很不利,但由于在该地区内对其他水源有限制,结果只能决定修缮井源并提供新的水处理设备和蓄水设施,而不是抛弃旧井址。

施工中的主要问题围绕着不对外开放的井区,坐落在城中心的山顶上,而且还有一条非常难进出的路,既狭窄又连续的蜿蜒曲折,与一些古老建筑靠得很近。

有两座井源在原井址上,井深达 70 m。闭路电子监测发现它们的总体情况良好,水质样品也很好。抽水试验证明 1 号井源每天能够生产 2.5 ML 水。

该工程现场施工始于 1998 年 9 月。

7. 水表

1) 塞文特兰水务公司现行的测量水量政策

塞文特兰水务公司出于对用户的利益考虑,正在推广内部测量水量的做法,但是识别远方读表方法的费用效益还存在着评估的困难。

目前塞文特兰水务公司的政策是安装 Fusion System Equity 水表搭配 Talisman Touch Pad 远方读表装置。

2) 契德尔项目的水量测量办法

契德尔地区答应提供给管网系统范围内的人口高密度水表的机会,几乎全部是新的。新的管网改善顾客的服务还可以附加提供扩大顾客的利益,给公司提供了获得关于系统漏水和一般用水的非常准确的信息。

要确定的目的如下:

（1）监测契德尔独立计量区系统内所有入口和出口。

（2）使公司能够根据入口的总数与出口的总数自动计算漏水水量。

（3）使公司能从单个表计或成组的表计中临时安排读表，提供用户关于他们自己最新的用水量信息。

（4）能够自动收集夜间当用水量达到最小难以确定流动状态下的表计读数。

（5）为了收费目的支持未来自动读表的可能。

3）无线电读表系统设计

该系统的设计是为水表服务的，它可以安装在用户住家内或者在住家外的水龙头箱的边界内。安在屋内的水表是 System Equity 电子流量计，安装在水龙头箱范围的水表是 Kent 译码流量计。

每种表计都与 Genesis Meter Module（GMM）相连，由 Itron 提供的无线电转发器经过防水电缆连接 Fusion 表计，与供水公司的表计及远方的设备一同使用。

整个镇划分为由 15 个无线电区，每个区包括复述器、存储器和主接收器。这些都安装在街灯标准杆和电线杆上，当然事先应取得有关单位的批准。然后信号经过中继传达，通过广阔的沃达丰（Vodafone 跨国性的移动电话）连接到遥远的计算机。这套系统已研制成能在网络内对每个水表读数进行信息收集，每 15 min 读一遍表，在每天凌晨 01:00 到 03:00 为读表时间，包括 6 个主配水管的水表和用水表计，表计数超过 3 500。

网络设计包括指定重叠区。复述器、存储器和主接收器的安装位置是至关重要的，允许能在这些地区重叠并且允许更改路线。系统最大的能力依赖于该地区的自然地形。

8. 曾遇到的困难

1）后勤工作和时间调整

后勤运行的复杂性主要表现在：管道修复工作一开始就有了对物质的需求。施工运作需要机动灵活性，而交通管理要求会导致改变计划安排，使得很难制订准确的计划。

2）高水位

镇内地势较低的地方地下水位开始升高,因为井源已终止吸水。

3）用户的问题

用户有权选择在屋内或屋外安装水表。起初调查数字表明屋内与屋外分别为80%和20%,第一台安装起来后,比值变为50:50,但是随着时间的推移,比值升到70:30。消息传开,内部安装的水表和演示运行受到顾客较多的关注。

A.18.5 进展到1999年7月

1. 主管和供水支管

（1）超过32 km的主管已被更换、大多数的旧管已被丢弃。

（2）超过3 150户"公司"的支管被更换和大约2 200户"顾客"的支管已被翻新。

（3）主管和支管工作事实上在3月底已完成。

2. 水库和井源

（1）新水库已修建好,最终测试仍在进行中。

（2）新的井源头部已建成,新的消毒和控制设备正在投入运行。

（3）预期在1999年8月底竣工。

3. 水表和无线电读表器的安装

（1）大约3 537户已装配了水表。

（2）超过2 600户的水表现在可以单个或成组实现远程读表,或是以临时安排读表或是自动读表的方式。

（3）在夜间01:00点到03:00时段内每个水表可以读数9次。

（4）自动读表系统仍在继续安装和投入试运行中,预期在8月底完工。具体详见图A.18.2和表A.18.1。

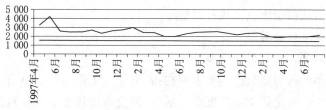

图 A18.2 水的供应

（资料来源:塞文特兰水公司）

表 A.18.1 费用

内容	主要承包商	预测最终费用(百万美元)
安全提供物资		0.29
主管和支管	D J Ryan & Sons	6.72
水库和井源	Mowlem Construction	2.05
水表和无线电读表器安装	Kennedy Iron Ltd	2.25
其他		0.16
总计		11.47

资料来源:塞文特兰水公司。

A.18.6 工程计划的益处

1. 顾客的益处

主要益处认同如下:

(1)极大地改善了供水达到现代化水处理标准,提供安全水源。

(2)取消了花园浇水禁令。

(3)监测用水量的选项(因而潜在费用)可直接通过表计而不必切换到可评价计费系统。

(4)可以探测到发生在顾客管道上的漏水。

(5)电话接触给顾客一个机会讨论他们单独处境选择切换到最低计费方法。

2. 塞文特兰水公司的益处

从这套供水系统中得到的主要益处如下:

(1)几乎 4 000 户新顾客装上了新的器材并接通了安全井源。

(2)明显减小了泄漏的水损失。

(3)为将来提供了准确的用水量和漏水量计算。

(4)能够监测漏水量的变化和用水量的历时数据(包括准确评估私人一侧的漏水)。

（5）有了按日和按季度用水量变化的信息。

（6）有能力对新管网随时间变化进行长期评估。

（7）水表高度集中对通常用水的影响，评估指出漏水量是"实际最低"的。

A.18.7　概要及结论

塞文特兰水公司开始翻新底层基础结构并建立一套完整的测量系统用于监测用水量和减少漏水，利用了一种无线电读表装置。该项目已于 8 月底全面投入运行，成为一种新模式的装置提供在线检测漏水。

（1）这种类型的工程项目还是第一次出现，综合提供几乎全新的装置，包括更换顾客拥有的管道和利用智能表计测量。

（2）工作在很短的时间内进行完毕，工作进程中克服了一些重大的难题。

（3）对顾客改善了服务，初步效益是很明显的，供水更加可靠，水的质量始终如一保持稳定，限制花园浇水的规定取消了。

（4）更为长期的效益从漏水和用水的信息上仍未能数量化，但数据的收集将会对塞文特兰水公司和水工业整体提供效益。

A.18.8　致谢

作者衷心感谢塞文特兰水公司同意发表本文。

A.19　以性能为依据减少无收益水合同

R. Liemberger(emberger ξartners, Klagenfurt，奥地利)

D. Kingdom(世界银行，华盛顿)

P. Marin(世界银行，华盛顿)

发展中国家减少无收益水的挑战——私营部门是怎样帮忙的；看一看以性能为依据的服务合同。WSS 部门董事会讨论文章 8[#]、世界银行 2006 年由 William D. Kingdom. Roland Liemberger 和 Philippe Marin 提示。

A.19.1　简介

世界上发展中国家的水务部门面临的巨大的挑战就是严重的水损失，或者是通过自然的流失（泄漏），或者是从水系统中偷水，或者从尚未适当地付水费的用水者获得水。投入到配水管中的水量和用水者付了款的水量,二者中的差别就是所谓的"无收益水"(也称"产销水量差"——译者注)。

全世界水务部门因无收益水造成的总损失保守地估算每年可达150亿美元。占世界发展中地区的1/3以上,大约每天从配水管网中通过漏水损失450万 m^3 水——足够供2亿人用水。相似地,每天将近3 000万 m^3 的水向顾客提供,但是并非全部都有发票,因为诸如行窃,雇员的贪污腐败,以及测量等因素。种种的难题严重地影响了财政的活力,使水务部门失去收入,失去水源,增加了运行费用,减小了他们资助需要扩大服务范围的能力,特别是为贫困大众服务的能力。

> ### A.19.1　无收益水的3个构成要素
>
> (1)自然(实际)流失。包括从水系统中漏水和供水公司的蓄水桶中溢流。都是因为运行和维护水平低,不适当的漏水控制和埋入地下的设备质量低劣造成的。
>
> (2)商务(显然的)损失。是由于顾客的水表漏记或少记和数据处理错误,以及用各种方式偷窃水造成的。
>
> (3)得到授权不需付费的耗水者。包括供水公司为了运行操作目的用水,消防用水和向某个集团免费供水。

无收益水占比重大通常标示水务部门运作很差,缺乏管理,没有自治权,缺乏责任感。技术性的和熟练的管理需要提供可靠的服务。私有部门通过良好的管理,以运行性能为依据的服务合同,能帮助水务部门从技术上和管理水平上有效地执行减少无收益水的计划。

减少无收益水的事例:

国际研究机构帮助我们了解由于无收益水造成的损失的真实大小。自从水务部门负责水损失证实,不是不愿意就是不提供这方面的信息。世界银行关于水的利用性能数据库,众所周知的有 IB-Net (www.ib-net.org),包括来自900多个水务公司、44个发展中国家的数据。在发展中国家被 IB-Net 收集到的资料中,无收益水所占的平均水平约为 35%(见表 A.19.1)——折合约 58 亿美元(见表 A.19.2)。

表 A.19.1　全世界无收益水容积估算(10 亿 m³/a)

				无收益水的估算				
				比值(%)		体积(亿 m³/a)		
	2002 年供水人口(百万)	按人口平均计划系统输入(L/d)	无收益水系统输入	自然损失	商务损失	自然损失	商务损失	无收益水总计
发达国家	744.8	300	15	80	20	9.8	24	122
欧亚大陆	178.0	500	30	70	30	6.8	29	97
发展中国家	837.2	250	35	60	40	16.1	106	267
				总计	32.7	15.9	486	

资料来源:世界卫生组织 IB-Net 及作者估算。根据总人口查阅了 19.027 亿人的安全供水资料与其中的 44% 的家庭单独联系。

表 A.19.2　无收益水及其组成要素价值估算

	水的边缘价格(美元/m³)	平均费率(美元/m³)	自然流失价值	商务损失导致欠收	无收益水的总费用
			估算的价值(亿美元/a)		
发达国家	0.30	1.00	29	24	53
欧亚大陆	0.30	0.50	20	15	35
发展中国家	0.20	0.25	32	26	58
		总计	81	65	146

资料来源:作者的计算。

(1)无收益水的来源和成本是什么? 最主要的要素是漏水和未付费的水消耗。

(2)漏水。全世界每年有 330 亿 m³ 的处理过的水从市内供水系统中自然的漏掉,同时有 160 亿 m³ 提供给不收费的顾客。一半的水损失在发展中国家,在那些地方公共水务部门遭受附加收费的痛苦,为了扩大服务提供资金,那些地方最能连接到饱受断断续续供水、水质很差的顾客。据估算,全世界每年有 150 亿美元损失在水务部门,其中有 1/3 以上在发展中国家。问题的严重性是明显的,不能忽视。

(3)商务损失。即指发展中国家每年水损失的价值。通过商务损失(水实际上发送出去了,但没有开发票)估算达到 26 亿美元。这大约占世界发展中国家的饮用水基础建设年总投资的 1/4。这也比世界银行等国际金融机构中最大的水务出资人每年借贷给发展中国家的水务工程贷款总数还多。

虽然需要更多的分析,商务损失的相当大的部分已经清楚,很有可能来自欺骗活动和腐败——例如非法联系,欺骗性的表计读数,或者窜改水表。这些原因关系到发展中国家的政府和捐赠社会团体等。

减少无收益水的益处是清楚的(见 A.19.2 框)。

A.19.2　从减少无收益水中得到的清楚的益处

在发展中国家只要减少无收益水到目前的一半就会得到如下的益处:

(1)每年有 80 亿 m^3 经过处理的水供给顾客。

(2)9 000 万以上的人可以获得水而不需增加用水需求而危及水源。

(3)水务管理当局可以获得附加的 29 亿美元自发的资金流动,相当于目前正要在世界发展地区投资到水的基础建设资金总数的 1/4 以上,而这不会对那些国家以任何方式影响他们的债务能力。

(4)用户间的的公平性应当提倡,要采取行动反对非法联系,反对那些在水表读数上搞道德败坏的行为。

(5)消费者将会从更有效和持久的水务管理部门得到改进了的服务。

(6)由于减少无收益水行动,将会创造新的商机,创造出上千个职位来支持劳动密集型的减少漏水行动。

A.19.2　为什么供水部门要与无收益水作斗争——私营企业怎样帮忙

减少无收益水实行起来并非简单的事,它说明为什么这么多的供水部门未能有效地解决,必须采用新的技术方法和有效安排已建立的管理和公共机构环境——经常注意公用事业部门中一些基本难题。

不了解无收益水的数量多少、来源何方和价值,这是世界各地减少无收益水工作努力不充足的主要理由之一,只有确定了无收益水及其主要要素的数量,计算恰当的性能指数,并且能把失水量的体积转换成货币价值,才可能把无收益水的状况完全弄清楚并提出要采取的行动。其他有关水务部门内在的问题全世界发展中国家都一样。

(1)经常在管理和财务能力薄弱的框架中工作,和管理部门经理一起面对多种政治和经济限制。

(2)利用日益退化的基础建设,按每日的标准向顾客提供必须的服务。

(3)经常缺少恰当的激励和特别的管理以及必需的技术专业去有效地完成无收益水计划。

(4)在激励不足的体制下处理事务。

因为发展中国家的水务管理部门通常缺乏实施减小无收益水计划的能力、激情或管理。他们需要外部帮助。

私营企业参予的潜力如下。

帮助的潜在资源是私营企业,加入的形式可以采用多种,包括长期公私合伙(PPP)为合同服务或为某项任务的分合同服务。这取决于私营企业所能选的项目。

(1)有效地利用新技术和窍门。

(2)更好的激励项目性能。

(3)为设计和实施计划创造解决办法。

(4)挑选合格的人力资源。

(5)灵活地进行现场工作(例如采用夜班工人)。

(6)在一定条件下投资。

关键的信息一次也不能忽视,即无收益水一定不要被认为在真空中,而是在公共事业改革的宽阔的背景中。任何有关无收益水计划的设计需要重视激励对计划中的经理和职员公开,以及与计划有牵连的其他团体。任何计划都应尽可能确保奖励与开发的目的一致,与有效率、起作用、满足消费者需求的水行业部门一致。

这里摘录的文章与"以性能为依据的服务合同"(PBSC)一文交流,是相对新的和灵活的解决无收益水难题的办法。在以性能为依据的服务合同下,一家私有公司执行减少无收益水计划。这是有偿服务并有奖励,以满足合同强制要求的操作性能的措施。由于有政府的监督和私营部门的主动性二者的结合,以性能为依据的服务合同提供有利的环境和激励措施去减少无收益水,立即操作即可获得经济效益,但这并不代替执行更替的制度改革,只是促进私营企业的可持续性。

实际上,以性能为依据的服务合同对减少无收益水计划的适应性取决于私营企业愿意承担或能够承担的风险程度。以性能为依据的服务在世界发展中国家水务部门是相对新的概念,它日益成为其他部门苦思冥想作为一种改进效率的方法和私营合同的可计量性。这是第一个完整的研究为了减少无收益水而签订的以性能为依据的服务合同,它考虑的关键问题是合同的设计、管理实践、外购选项、技术协助、风险管理及其他经验教训。

A.19.3 减少水损和增加收入

到目前为止只有为数不多的大型合同已经签了约,而几乎没有信息公开发表。然而,作者曾研究 4 个有重要意义的不同项目。在马来西亚雪兰莪州一份为了降低自然水损和商务水损的大型合同在 1998年已安排就绪,签约双方为水务公共事业(当时是国营的),为吉隆坡及其周边供水和由马来人领导的一个财团。在泰国,大都会水务局(MWA)负责向曼谷供水,把一份减少自然水损合同外包给私营承包商。在巴西,向圣保罗大都会区供水的水务局(SABESP)为了减少商务水损与私营企业经历了不同的签约方法。在爱尔兰,都柏林市水务局于 1997 年与国际经营商签订了为减少自然水损为期两年的执行合同。评价这些合同,可利用以下 6 个要素:

(1)目标和范围:私人承包商承担什么角色,减少无收益水的指标是哪些。

(2)激励:合同的以性能为基础的元素是怎样的结构。

(3)灵活性:合同允许私营企业在设计和实施减少无收益水活动中灵活到何种程度。

(4)性能提示器和测量:怎样测量减少无收益水。

(5)获得/选择:私营承包商是怎样被挑选的。

(6)可持续性:以性能为依据的服务合同执行完毕后发生了哪些变化,合同中有没有包含专门条文保证把专门技能转移给公共事业公司。

1.马来西亚雪兰莪州:迄今最大的减少无收益水的合同介绍

1997 年,马来西亚雪兰莪州(和吉隆坡的联邦领地)的人民经历了一场因厄尔尼诺天气现象造成的严重的水危机。这场危机给政府提供契机,开始对付严重无收益水,它困扰水务部门多年。据估计,所生产的水中有40%没开发票,漏水估计25%,或者说约 50 万 m^3/d。把自然漏水量减一半就能足以向 150 万人提供用水,从而免除吉隆坡用水短缺的问题。

面对着这场危机,州水务局接受当地一家公司领导的财团主动提供的建议,与国际经营者组成合资企业。承包人承诺在给定的时间内。把无收益水降低到事先同意的规定数量,承包人全面负责设计和实施减少无收益水的活动,用承包人自己的职工,总金额一次付清。

为达到目标采用的激励包括:①没履行合同者惩罚合同总额的5%;②合同金额的 10% 作为履约保证金。合同总额包括全部必须的活动,如:建立独立计量区,水压管理,漏水探测和修理,鉴定非法管接头和顾客的表计更换,以及提供所有设备和材料。承包商可以在管网内自由选择实施减少无收益水活动。

合同的第一阶段显示观念产生了效果:某家私营公司可以签约有效地降低无收益水水平到明确的目标上,假如能灵活地组织控制无收益水活动以及付费安排包括全部需要的工作和材料。本案例中的一项技术创新是减压阀的广泛用途(即使在非常低的压力状况下),不仅只是降低漏水(通过降低超高的水压),而且能保护已经修理过的测量区来自上游水压波动。第一阶段的性能确实超过了目标(18 540 m^3/d),实现节省水 20 898 m^3/d(大约相当于商务损水量和自然损水量之间),29 个测量区已建立,平均每个测量区每天减少损水 400 m^3。还有约15 000 m支管已被更换,州水务局的费用相当于 215 美元/($m^3 \cdot d$)。

第二阶段合同有些缺点,但工程规模大,承包商仍承诺宏伟的目标:每天减少无收益水 200 000 m^3 左右。这在公私合营运行时是绝对做不到的。

该项目的长期可持续性如何尚不清楚。第一阶段合同包括顾客员工的培训,自我保养训练。但被证明培训是不充分的,顾客仍不能保养改进的设备,而第一阶段的分区被转交到合同中,由第二阶段去操作,很显然,任何无收益水策略都必须说清楚合同结束后还需要做些什么。

2. 曼谷:堵漏

曼谷的自来水是由公共水务部门大都会水务局提供的,像东南亚大多数城市水务部门运行情况一样,大都会水务局也曾经因为人口快速增长为解决供水需求作斗争。投入过大量资金为了增加水量生产,1980~1990年生产量从170万 m^3/d 上升到300万 m^3/d。看起来似乎无收益水也降了,从1980年的50%降到了1990年的约30%,但这个百分数的降低主要是因为生产量大量增长的结果,尽管也做了重大努力,无收益水的水量仍保持在很高的值,约为90万 m^3/d。

在20世纪90年代的10年间,系统的供水量从300万 m^3/d 被扩大到450万 m^3/d,无收益水也急剧上升,无论是相对百分数还是绝对量都上升了,1997年达到了顶峰(190万 m^3/d,或42%)。据推测,原因是提供了改善后的设备和水压升高。然后系统的进水量再次降到低于400万 m^3/d,而无收益水终于在1999年也降到稳定的较高的值150万 m^3/d。

后来的努力导致即使系统入水量增加到420万 m^3/d 时,无收益水也降低了20万 m^3/d(达到130万 m^3/d,或30%)。具有重大意义的降低无收益水部分可以跟踪性能合同,为此在2000年大都会水务局决定给私营承包人颁奖。合同的目标是降低曼谷14个供水支管中的3个支管的自然水损(每根支管代表约10万个顾客),合同的执行期限为4年。当时是竞争性招标,但只有两家公司被预审并提交了建议书,两家都签订了合同。

这些合同的设计与雪兰莪的合同有显著差别,没有减少水损的固定指标,而支付的费用根据经过减少水损实际实现的节水量。每个承包商自由执行减少水损的措施(例如探测,管道修理,主管更换,水力设备的安装),这些工作基于补偿的方式(按成本加管理费、税收)由当地企业来做,而不是像在雪兰莪采用的一次性付款的方式。合同的补偿酬金包含 3 个组成部分:①以性能为依据的经常管理费,利润和外国专家职员;②固定的费用实质上包括当地的劳力;③工程项目中最大的费用,补偿所有外购服务、工作、材料和现场的工作。

就技术性能而言这些合同可以被认为是成功的,但是这 3 个合同的成本效益差别很大(246 美元对每天减少 518 m³ 的水损)。在 3 个地区的自然水损每天减少 16.5 万 m³。给人们提供透视事物的感觉,所省下的水量相当于可供 50 万额外居民的用水需求。

下面可以把曼谷的 3 个合同与雪兰莪合同进行对比。

曼谷合同的优点:没有随意的目标也没有整笔的酬金,而是真实的以性能为依据的要素,根据实际节省的无收益水的体积。此外,两个不同的承包商之间还可供作一些有用的对比。

曼谷合同的缺点:可补偿的比率很高,大量的风险从私营方转移给公方出面合伙人,基本的活动,比如漏水探测应该包含在实施费中。

在可持续性发展方面,承包商似乎没有把正确的控制和管理系统安排就绪,以便让大都会水务局职员以后可以继续使用。总之,大都会水务局已意识到这个问题,最近在为先进的管网监测建立测量区招标。

3. 圣保罗:支付酬金与收集未付款的发票及坏账

圣保罗水务公司是一家向圣保罗大都会区供水的公用公司,是世界上最大的供水公司之一(用水人口 2 500 万)。该公司采取预先行动的办法在当地私营企业的协助下减少水损,减少漏水作为例行公事来进行通过一系列的漏水探测合同,按配水管路探测长度付款,每年被探测的管路约占 40%,管路全长 26 000 km。

然而,对顾客读表计费,包括辨认和更换统计读数偏低的水表等工作,一直以来传统地交给室内工作人员去做。在 2004 年,据估计圣保罗水务公司遭受到每日收入损失相当于 100 万 m³,面对这种情况,圣保罗水务公司决定和私营企业尝试实行以性能为依据的计划安排。讨论了其中的一个合同,对付减少坏账的问题(严格地说它不是无收益水的部分,只不过对水利部的财务平衡有相似的负面影响);其他集中讨论水表更换的问题。

第一个合同的总印象是与当地一家私营企业商讨关于尚未付款的发票和收集约定金额,合同的目标范围限制在国内和商务顾客。圣保罗水务公司仍然是以公共机构受到惠顾。有若干合同签给圣保罗水务公司的分支机构。最初的一份合同在 1999 年开始实行,期限为 2 年,承包者的酬金从收集到的坏账中按一定的百分数发给。该百分数是承包商在投标时提出的。最低百分数者中标。

圣保罗大都会区是巴西的工业心脏地带,也是工业、大型商顾客和大型公寓建筑所在地,占了圣保罗水务公司的收入的主要部分。实际上28%计量付费的用水和总收入的34%只是来自圣保罗水务公司顾客的2%。因为水表被怀疑数比实际消耗的偏低,第二次合同把测量系统升级和优化。

圣保罗水务公司提出一项创新的解决这个问题的方案,投标一系列的交钥匙合同为了更换表计。该项目的目标是更换 27 000 个水表。由圣保罗水务公司重视鉴别。已有 5 份为期 36 个月的合同已安排就绪,承包商负责分析、工程、设计、供货和安装新水表。

没有提前付款,而承包者必须预先筹备整个项目的资金。承包者被授予一个奇特名称:根据付费水容积平均增长经过复杂公式算得的费用。

这种工作性能付费,不同于仅仅为了供货和安装而付费,对设备的选型和流量计的流量分布曲线的选择是合同中最重要的活动。假如给定一个日耗水量巨大的客户,正确的调整率定可能会在表计读数上、收费单据上有很大的增加,把付费和改进付费水容积联系起来,圣保罗水务公司确信承包者会把注意力集中在这个重要问题上。

合同执行结果很出色,经过 3 年合同时间,测量得的用水量总体积增加约 4 500 万 m^3,同时收入增加了 7 200 万美元,其中 1 800 万美元付给承包者,圣保罗水务公司获得净效益 5 400 万美元。

就可持续性发展而言,合同为了降低坏账已成为圣保罗水务公司的标准实践,现在由于有新的型号恰当的商务顾客表计的安装,圣保罗水务公司很容易维持这些表计的准确度,因而可以保持对这类顾客更高的付费供水容积。

4. 都柏林：陈旧供水系统的升级

1994 年元月,都柏林市必须对付因为几十年来在配水管网上投资不足,再加上没有水损控制的联合作用下造成的严重供水短缺,使得自然水损达到非常严重的程度。都柏林若干地区只能断断续续地用水。

第一个反应是寻求资金来建一座新的水处理厂,扩大原有的处理厂。但是资金一直没有落实。因为水损很严重,经过综合研究后,第一次认清了水量损失每天约 17 500 万 L,相当于原有的水处理厂的生产率的 40% 以上,估计是通过配水管网漏掉的。欧洲委员会探讨并请求共筹资金都柏林区水利工程被批准,主要目标集中在减少自然水损。

工程项目的目标非常宏大:要求经过 2 年把 40% 的漏水降低到 20%(以容积来看:从 175 000 m^3/d 降到 87 000 m^3/d)。鉴于指定的减少漏水计划太激进,别无选择地只能聘用有经验的承包者。

1996 年 11 月邀请了 8 个联营公司或财团提交标书,合同时间限定为 2 年,着重点放在减少自然水损上,合同负责在整个供水管网上建立测量区,找出漏水位置并进行修理,安装减压阀,部分管网进行修复,培训都柏林水务局的员工。该合同设计成以目标为根本,以货币形式表示。它包括奖惩机制,提供一些性能方面的激励,以复杂的方法结合实际项目开支,很少的费用用在自然水损上。

该合同被英国的水务公司以质量/成本为基础赢得,重要的细节留待合同谈判时解决,承包者的酬金在颁发中标书上包括管理费、技术工人费用和全部漏水探测设备费用。标书上不包括漏水修理,修理材料或管网的修复,这些工作通过附近的分包者实施,分开作为可补偿的,放在所谓"补偿事件"中。该合同完成得很好。

共建成了 500 个小测量区(每个区不足 1 000 个管接头),涵盖整个配水管网,大约 15 000 个漏水点修理好和约 20 km 长的主供水管更换好。总漏水量从 175 000 m^3/d 降低到约 125 000 m^3/d。虽然 20% 的漏水目标没有实现,该项目仍被认为是成功的(舆论广泛地认为原来 20% 的漏水目标是不现实的,合同给定的时间短)。省下的水已足够结束这场水危机。

就可持续性而言,培训和生产能力的建设是合同的主要要素,双方都很严肃地对待,重要的技术转移在实践中体现了,都柏林水务现在把控制漏水量的工作作为每日常规的事来做。

A.19.4　经验教训

在水务部门,是不可能完全消除无收益水的,但在发展中国家目前漏水水平上减少一半是现实的目标。这一数据即使是根据估算而得,也足以吸引慈善家和发展中国家政府的注意。实际上减少无收益水的好的计划获得良好的回报是可能的。因此,如果没有更好的项目,无收益水减少的确会创造商机,尽管每项活动都必须以它特殊的费用效益比来评价。

以性能为依据的服务合同表现在减少无收益水上的活力,然而项目成功地贯彻实施要求两个重要的和相关的要素:编写好合同和设定实现目标的底线。

事例分析表现出编写合同的质量水平差别很大;底线的设定不一样导致项目的效果也不一样。合同设计必须清楚表明水务公司从承包商中希望得到什么,以及想象中的成功是什么。所有减少无收益水合同应该包括关于风险转移的基本指导方针,提出漏水指标和让水利局管理员有效监督的条款,合同应该设立有活力的目标和允许机动灵活回应挑战和机遇的能力。

事例分析表明,要成功需要好的准备工作。一开始就要编制一份基于对资源和无收益水的大小有充分合理评估的策划。这份策划需要考虑短期实现减少漏水,也要考虑长期保持较低的无收益水水平。在编制策划过程中,与私营企业集体工作的时候一定会认识到,政策制定者必须制定激励机制,鼓励私营企业者以最优的费用效益方式,安排对双方都适宜的风险。

参考文献

[1] Baietti, A. , W. Kingdom, and M. Van Ginneken, "Characteristics of Well-Performing Public Water Utilities," Water Supply and Sanitation Working Notes 9. Washington, DC: The World Bank, February 2006.

[2] Brocklehurst, C. and J. Janssens, "Innovative Contracts, Sound Relationships: Urban Water Sector Reform in Senegal," Water Supply and Sanitation Sector Board Discussion Paper 1. Washington, DC: The World Bank, January 2004.

[3] Brook, P., and S. Smith, "Contracting for Public Services: Output-Based Aid and its Applications," Private Sector Advisory Services. Washington, DC: The World Bank, http://rru. worldbank. org/Features/OBABook. aspx.

[4] Kingdom, B., Liemberger, R., and Marin, P. "The Challenge of Reducing Non-Revenue Water (NRW) in Developing Countries—How the Private Sector Can Help: A Look at Performance-Based Service Contracting", WSS Sector Board Discussion Paper No. 8. Washington, DC: The World Bank, 2006, http://siteresources. worldbank. org/ INTWSS /Resources/ WSS8fin4. pdf

[5] Liemberger, R. "Competitive Tendering of Performance Based NRW Reduction Projects," IWA Conference on Efficient Management of Urban Water Supply, Tenerife, April 2003.

[6] Liemberger, R. "Outsourcing of Water Loss Reduction Activities—the Malaysia Experience" New Orleans: AWWA ACE June 2002.

[7] Liemberger, R. Performance Target Based NRW Reduction Contracts—A new Concept Successfully Implemented in Southeast Asia. Berlin: IWA 2nd World Water Congress, October 2001.

[8] Marin, P "Output-Based Aid (OBA): Possible Applications for the Design of Water Concessions," Private Sector Advisory Services. The World Bank. http://rru. worldbank. org/Documents/PapersLinks/OBA%20Water%20Concessions%20PhM. pdf

[9] Ringskog, K. M-E Hammond, and A. Locussol. "The Impact from Management and Lease/Affermage Contracts," PPIAF, 2006.

附录 B　设备与技术

流量测量、水压测验、水压控制及漏水探测

B.1　绪言

当着手对某项水利设施的损失进行估算时,利用从现场获得的精确有效的数据是极其重要的。要做到这一点可以采用移动式或临时设备,也可以安装新的永久设备(或修复旧的设备)旁边的记录数据的设备,以便收集数据随时间变化的趋势。这样就能分析实际的动态情况。

> 没有代用品可取代良好、准确和说明问题的现场资料

一旦精确地确定水损容积流量(按第 7 章叙述的核算方法),在该实际损失实例中的桥测设备就可以在个别的精确位置上使用。

该附录概括地提出了一些当前市场上的测量设备型号和测量方法等,而且还论及处理现场干扰等方法。

B.2　移动式测量设备

现在市场上可以买到许多不同型号的流量测量设备,比如漏水探测设备。运行人员无论决定采用何种测量设备,都必须到附近去接受培训和技术支持、学习使用和保养,使测量设备处于良好的工作状态。工作人员还必须对自己使用的设备精确度及在不同情况下的可靠性深信不疑。当运行人员在使用测试设备时对设备的可信度失去信心,一定会导致混乱。往往测量流量的理由是想验明为什么发生了新事件;

本章作者:Reinhard Sturm; Julian Thornton; George Kunkel。

为什么主仪表读数超常；如果有漏水，为什么，以及类似的问题。这些问题对运行人员而言都是司空见惯的，如果不加入不确定性误差，测量设备本身是很难解决的。

接下来的内容着重研究现场测量使用的计算方法，而不是推荐哪个计算方法优于另外一个，或者某家制造厂优于另一家制造厂。

B.2.1　移动插入式流量计

移动式流量计中最普通的一种是插入式流量计。有许多不同的制造厂家生产各种型号的插入式流量计。插入式流量计最常用的工作原理是电磁传感器、叶轮传感器的差压传感器。每种型号的测量设备都有其优点和缺点，然而现在市面上提供的大多数测量仪表能提供优良的技术支持、性能率定和保养，都能满足工作要求。

最普通的一些插入式流量计如下：

（1）比托测杆（差压传感器）（见图B.1）。

（2）叶轮插入式流量计（见图B.2）。

（3）电磁插入式流量计（见图B.3）。

图 B.1　比托测杆安装

（资料来源：BBL 有限责任公司）

图 B.2　叶轮插入式流量计和计数器

（资料来源：Reinhard Sturm）

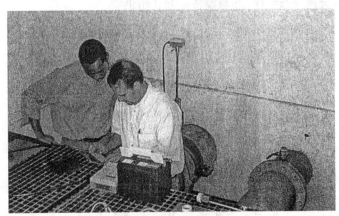

图 B.3　电磁插入式流量计安装

（资料来源：Restor 有限责任公司）

这些仪表通常的原理实际上是单点流速测量。所选的测点或选在管中被认为是平均值的点上，或选在管中心，使用时提供一个系数，考虑流量计对水流的堵塞作用，也考虑管中心流速与平均流速的差值。一旦平均流速计算出来或者记录下来，再乘以水流管道的有效面积就可求得流量。

上述流量计中,差压(DP)流量计和有些电磁插入式流量计具有求平均值的功能。这些测量设备在预先确定的点上测流速,运行中自动提供流速平均值,并且还给出流量单位。假如移动测量设备可以在不同管径上进行测量,这就是说单点测量仪将可以让使用人员能在实际工作中任何管径上使用,而不需订购不同尺寸的测量杆。

为了计算平均流速点,或者理论上的平均流速和中心线上的流速之间的系数,需要演算流速分布图。流速分布图是一系列通过管道直径断面上测得的流速值,所取的测量断面有时相互成90°和180°,详细方法见 ISO 7145—1982E,图 B.4 为一个样图。图 B.5 为流速分布测量图,图 B.6 是流速分布展开图的样本用于计算。如同许多水工项目,利用简单的流速分布展开图可以省时省力,可以减少重复计算。制造厂家提供的系数应编入流速分布展开图供测量仪表使用。有些制造厂提供流速分布程序,并与设备一起装箱供货。

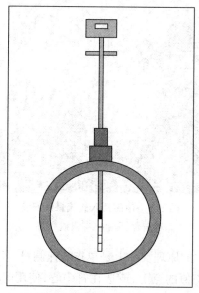

图 B.4 流速分布测量

(资料来源:Julian Thornton)

图 B.5 利用涡轮插入式流量计测量流速分布

(资料来源:Reinhard Sturm)

另外,有许多流量计制造厂家提供近似点或系数以用于不同管径的实例计算,表 B.1 就是例子。可见,当管道直径加大时,系数也增大,这是流量计对管道断面的堵塞作用减小的结果。

表 B.1 供流速分布曲线绘制用的系数

管径(mm)	中心线	管径(mm)	中心线
150	0.658	400	0.847
200	0.753	600	0.863
250	0.798	800	0.867
300	0.823	1 000	0.869

采用流速分布型或采用工业标准近似数据型设备的最终决定是设备精度。这是运行人员希望从测量设备获得的,这将是一项非常特殊的任务。

例如,若运行人员正在对总流量计进行试验,精度要求为 ±0.5% ,那么他一定会采用流速分布型测量设备,操作量很小。可是,若运行人员为了探寻流量变化大小的数量级以确定哪些区域有夜间漏水,或者利用测流计选定某个阀门的型号大小,该阀门对流态模式没有要求,很明显他不会花费时间和精力用于流速分布图,宁愿采用工业标准数据(采用这种决定须在核算和数据收集的评论栏中注明)。

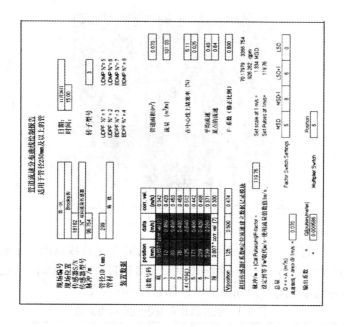

水流纵剖面流速分布曲线(水流廓线)

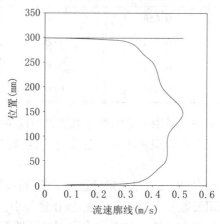

图 B.6　流速分布(流速廓线)展开图

(资料来源:Julian Thornton)

1. 热分接头

插入式流量计往往通过热分接头或三通与管子安装联结(见图 B.1)。

安装热分接头的操作步骤相对简单,往往是在管内有压情况下利用钻孔机来完成的(见图 B.7)。要小心确保分接头孔径足够大,好让测量杆穿过阀门时不会损坏。例如,测量杆的外径为 1 in 时或内径为 25 mm,那么必须小心选择阀门或分接头的内孔最小为 1 in 或 25 mm。

图 B.7　在有压情况下钻孔

(资料来源:Restor 有限责任公司)

值得注意的是,有些阀门没有详细的内径资料,还必须考虑管道的材料。

如果管道壁是金属材料,则热分接头往往直接钻在管中,但有些水务部门喜欢使用焊接分接头(见图 B.8)或分接头套筒(见图 B.9)。在任何情况下,当管道材料为非金属时必须采用套管式分接头。另外,钢钎很锋利,别把管道凿裂,特别是石棉水泥管或水泥管。

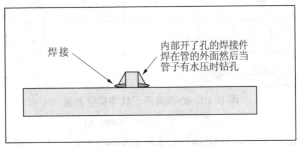

图 B.8　金属管上可以用焊接堵头

(资料来源:Julian Thornton)

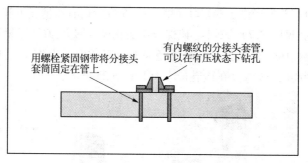

图 B.9　分接头套管

（资料来源：Julian Thornton）

2. 安装步骤

第一步，也是最重要的一步，就是选择一处合适的测量位置，要求离开其他安装装备以及水流的率流区，例如闸阀、测量表和减压阀等。

大多数制造厂为了测量精确，指明需要干扰物距上游和下游的管道直径的倍数。如果没有这些资料，根据经验，上游距干扰物 30 倍管径，下游距干扰物 20 倍管径（见图 B.10）。可以更靠近干扰物测量，但会造成流速读数不稳定，或者流速分布不稳定，均有可能因此造成误差（如果这是唯一的选择，那么将在第 5 章的测量说明中连同估算误差一起注明，并将成为审核的踪迹）。

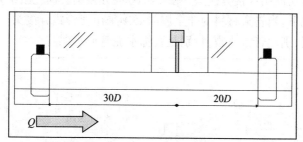

图 B.10　必须离开干扰物实行测量

（资料来源：Julian Thornton）

热分接头一旦安装完毕，测量管道的确切内径时必须保证测量的精确性，图 B.11 为测径规，可用来测量。

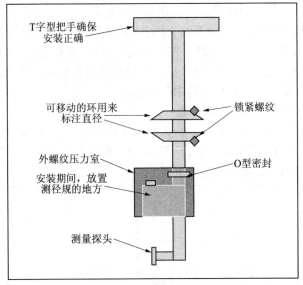

图 B.11 测量管内径的测径规

（资料来源：Julian Thornton）

3.绘制流速分布图

经过测量管道直径之后，必须决定是否测量纵剖面上的流速分布。单点插入式流量计是通过测量管中某个点的流速来估算流量的。因此，流速分布上如有点变形都会明显影响所测得的流量精确度。所以，作者强烈地推荐单点插入式流量计每次安装之后都要进行纵剖面流速分布测量。只有颁布纵剖面流速测量结果，才能为运行人员提供全部所需信息，从而使其获得想要的准确测量结果。

如果要进行流速分布曲线测试，必须在流态稳定状态下进行。根据管径大小，选定若干个测点位置；安装流量计要注意在开启阀门之前拧紧压力配件，然后运行人员在预先确定的测点位置测量并记录流速，并将所测数据输入程序或流速分布展开图中。在每一测点上取若干个读数是明智的，由于在稳定条件下均匀的速度会趋向于变化，为了附加的精确性，分布流速都应收集，使用时只用一个平均值。计算程序上或流速分布图的展开图上给出的或是带有系数的准备用于中心上的流速值,或是管中某一预计点上的流速为平均流速。一旦流速分布曲线已取得并决定不使用流速分布法,运行人员必须考虑是否将测速计固定在管中心,并将上述讨论的参数作为流速系数,或者定出平均流速点,使用原始测量数。往往运行人员在流速很低时会把流量计固定在中心点,允许流量计在其最低流速限制内运行。

4. 定位和安装数据记录器

测量位置调整到位后,运行人员应该锁紧螺丝,保证流量计已正确地落在沿管道轴线上的位置,见图 B.12。大多数流量计在该位置十分敏感,如果不小心就会发生测量误差。

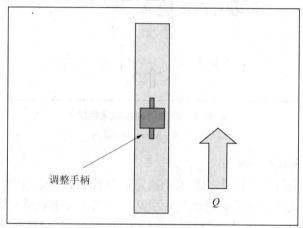

调整手柄

图 B.12　为了准确测量适当的微调中心很重要
(资料来源:Julian Thornton)

此时运行人员必须安装数据记录器,当利用单点流速传感器测流时,要注意以下重要问题:

(1)在设备安装期间,始终记录所有数据,清楚地标记曾经作出的假设。

(2)制造厂说明的准确性是传感器的准确性和可重复性。本图在设立程序期间不允许人为误差。

(3)直径测量不正确会严重影响流量的准确性。

(4)在流速分布图内传感器的安装位置定位不准确会影响流量计算的准确性。

（5）中心线上的流速系数不正确也会严重地影响流量计算结果。

（6）轴位置不正确会影响准确度。

（7）安装流量计时要握紧流量计头部，保证在开启阀门插入流量计时不致于弯曲受损。

（8）确信流量计完全从管道上拆卸下来之后再关闭阀门，此时流量计试验已结束；否则会严重损毁传感器，并且还要关闭整个系统以便搬走损坏的传感器。

（9）确保测杆长度和周围的有效空间是相容的。

（10）弄清蓄电池的使用寿命和监测期间需要的耗电量，确保备用电池在需要时可以替换使用。

（11）始终保存原始数据以防在设立期间发生错误时对数据进行处理。

缺乏经验的运行人员觉得插入式流量计测量是处理潜在差错的工作。但是若使用小心和很好地实践，插入式测流计可以给出很好的运行特性曲线。它们是插入式的而且还有一个进口点，这些有时可能成为绊脚石，但这种测量方法确实是准确地测量管道内径的好办法，并非所有的工程情况对管道要求都那么严格，非插入式测量方法、插入式流量计目前均广泛地被水务公司和咨询单位采用，以对重要的流量计进行现场校验（例如系统输入流量计、排出口流量计、区域流量计等），还用以对各种目标进行临时流量测量（例如对水力模型的率定、对离散的供水区的漏水量测量等）。就每件测量设备而言，单点插入式流量计的优点和缺点分述如下：

（1）优点。

①费用相对较低；

②插入式流量计可以用在不同管径上（如果管道很长，相对地与管径无关）；

③供货时不需要停水关闭；

④大多数插入式传感器不需要供电电源；

⑤会造成微小的水头损失。

（2）缺点。

①水流在剖面上分布的改变对测量准确度影响很大；

②要求管道外有足够的直线长度,还要求下游没有干扰水流剖面的流速分布;

③操作人员必须是有经验的、能熟练使用流量计的专家;

④要求安装热分接头。

B.2.2　移动式超声波流量计

移动式超声波流量计问世以来大约有 25 年了,是目前已十分高级且能准确计量的仪器。有些运行人员不喜欢超声波流量计,然而只要在安装时细心关照,这些仪器都能提供很准确的数据。在有些情况下,运行人员可能只要求流量变化的概念,在此场合使用超声波流量计是完美的,因为它完全没有插入物,也不要求管道安装热分接头或设置进口点。

市面上有各种不同型号的超声波流量计,但最普通的有以下两类:

(1)超声波多普勒流量计。

(2)超声波传播时间(有时指飞行时间)流量计。

超声波多普勒流量计通常用来测量液体(其中含有颗粒或渗入空气)。多普勒流量计的工作原理是当超声波信号被运动的悬浮颗粒或气泡反射(见图 B.13)时,利用声波被流动的液体不连续反射时的声波频率会改变的物理现象。超声波多普勒流量计发射超声波进入管中随液体而流动,并把频率稍微不同的超声波不连续地反射出去,频率的差别是与流体的流率成正比的。因此,多普勒流量计往往不在清水中使用。

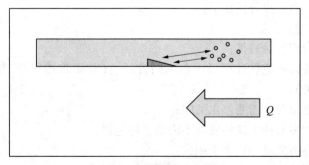

图 B.13　多普勒效应传感器

(资料来源:Julian Thornton)

　　超声波传播时间的测量工作是从一个传感器发射信号而由另一个传感器接收信号,详见图 B.14 和图 B.15。图 B.16 表示典型的传感器在反射模式的安装情况,传感器安装在管道的同一侧。在此情况下信号跳离管壁,回到第二个传感器。图 B.15 表示另一种安装方法,信号直接从第二个传感器发射。

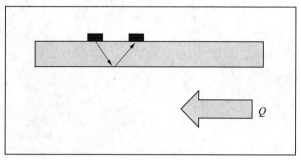

图 B.14　传播时间反射图像

（资料来源:Julian Thornton）

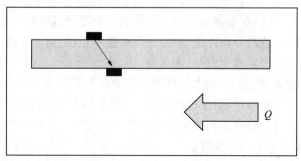

图 B.15　传播时间测量

（资料来源:Julian Thornton）

　　当管中的流速改变时,超声波从一个传感器传播到另一个传感器所需的时间也改变。这在法拉第定律中已阐明。

　　管道的材料影响信号的传输,大多数有经验的超声波流量计使用者都知道腐蚀的铸铁管有时很难得到良好的信号,因为腐蚀会使超声波束变形。

图 B.16　夹紧超声波流量计

（资料来源：Reinhard Sturm）

　　当管道材料和管道直径改变时，波束角度也会改变。声波传输通过管道材料，所以在编制测量单元程序前如知道管道材料十分重要，这样可以指导传感器分布位置，如果分布位置不正确，第二个传感器接收到的信号可能很弱或无信号；测量管壁厚度也很重要，这项工作很难做，即使用超声波测厚计，对于已经衬砌或腐蚀的管道也很难测得管的厚度。因此，必须进行估算和测算。

> 在旧的腐蚀管道上往往很难测量到准确的流量。

　　1. 流量计的安装

　　插入式流量计的安装位置需选择有足够直和长的管段且流量计前后都要离开其他管道装配件。

　　管壁材料应经过辨识，管道内外经过测量，如果不能用超声波测厚计测量，但有时又要测量管壁厚，因而不得不使用测厚计。但这些测厚计大多数情况下不测量腐蚀管或有衬砌管壁的层厚，在这种情况下必须进行估算。最好有一组管道连同设备一起的表格，以防万一不能测

量内部时,至少可以根据所提供
的表格进行良好的估算。

　　管道外部应经常清扫,腐蚀
或油脂及污物会影响信号的强
度,因此对于流量计的效果是至
关重要的。

> 如果没有其他专门规定,按流量
> 计前30倍直径,流量计后20倍
> 直径的规则来布置超声波流量
> 计就能满足要求。

　　管道信息应根据制造厂的指导编入流量计程序中,测量装置在大
多数情况下能让运行人员辨别清楚传感器是反射模式还是直接发送
模式。

　　安装传感器之前应在管上清楚标志传感器的安装位置。传感器位
置布置恰当及对中良好是十分重要的,否则会造成信号差的结果。

　　将传感器固定在管壁前应涂上传导油脂,以让传感器与管黏结牢
固(见图 B.17),传导油脂使信号直接输入管内而不反射到管外。要小
心别涂太多油脂。管道上过多油脂,特别是管径小的管子,会发生信号
直接从一个传感器传播到另一个传感器的情况(在较小的管子上传感
器趋向于布置距离更近)。

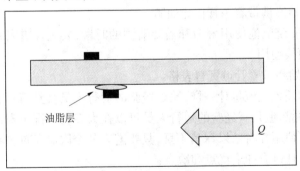

图 B.17　传导油脂有助于信号穿过管壁

(资料来源:Julian Thornton)

　　一旦传感器安装到位,最好检查信号强度,方法是缓慢地移动传感
器,围绕着其安装位置周围移动,一旦出现信号强度最高时,就是传感
器的正确位置,应将传感器紧固在管壁上,大多数传感器制造厂均提供
固定铜带和电磁铁,以适用于紧固传感器。

2. 流量测量

传感器安全地用固定钢带固定后就可以开始测量流量,平常如有可能,建议进行零流量率定。允许在现场对机组率定。流量应暂时全关,机组发出流量为零。之后流量再回到开启位置。系统中操作开和关时要注意缓慢操作,因为若不小心操作阀门会产生水锤,它会产生附加漏水,并且对系统有损坏。

到此步骤可以安装数据记录器,记录流量和时间比值。目前大多数机组将会装配内部数据存储器,有些甚至还在 LCD 上显示实时图像。

3. 超声波传播时间计时表读数

当利用超声波传播时间计时表测量流量时要记住的重要事情如下:

(1)坏数据入、坏数据出、不正确的管道材料或管壁厚度数据会导致流量错误。

(2)扰动水流会造成测量流量差错或不规则读数。

(3)旧的腐蚀管很难用这种设备测量。

(4)始终携带着一管传导油脂。

(5)知晓电池使用寿命和需要监测的时段,要确保有备用电池在需要时更换使用。

(6)始终带着管道资料表格。

正如插入式流量计一样,缺乏经验的运行人员会觉得存在错误的数字不可靠,但是有经验的运行人员可以在大多数情况下对超声波流量计有效使用并对结果深信不疑,只要遵守各个限制条件。移动式超声波流量计也有如下优点和缺点:

(1)优点。

①费用相对低廉;

②可以用在不同管径的管道上;

③供货时不要求关机;

④不造成水头损失;

⑤安装多台机组联合流量计并进行数据记录。

（2）缺点。

①流量分布变化时准确度也随之每天敏感变化；

②要求管外有充裕的直线长度、下游没有扰动的水流分布；

③操作人员必须是熟练的有使用流量计经验的专家；

④长期测量要求供电电源。

4. 选择移动式设备

当选择移动式设备时须考虑的若干问题如下：

（1）所讨论的两种移动式测量设备都很灵活，在某些限制条件满足的情况下可以获得管中理想的流量或流速值。可以使用在原来没有永久设备的地方。

（2）两种设备都有电池操作或用主电源格式，有些测量设备可以比其他的设备运行得更长久，可以利用内部电池，而有些安装有备用电池，比其他设备使用起来更方便。

（3）有些工程项目的情况要求双向水流记录，目前市场上可买到的设备可以双向水流记录，但是，如果要求双向流，操作时应该格外小心。

（4）在许多情况下使用设备时可以检查永久测量设备的准确性，只要输入所设置的标准数据是正确的，运行就会合理和准确。但是，检查永久的测量设备的准确性，更应该优先进行容积校核试验，虽然并非总是可能的。

（5）当地技术支援是非常宝贵的。

5. 代表性的应用

这种型号的设备的代表性应用如下：

（1）区域流量分析。

（2）漏水容积监测。

（3）永久测流设备的准确性比较试验。

（4）C 系数测试。

（5）需水量分析。

（6）水力模型数据采集。

（7）阀门尺寸选择。

（8）水泵试验。

　　当然还有其他特种工程也使用这类设备。

B.2.3　移动式水龙头流量计

　　这种类型的流量计用以检查消防水量、C 系数以及一般来说当运行人员需要将已知流量送入某个系统，也许是为了校核原有的流量计。移动式水龙头流量计有两个主要型号，叶轮型和差压式。图 B.18 表示叶轮型流量计在工作中。

图 B.18　叶轮型消防栓测量仪

（资料来源：Julian Thornton）

1. 差压式水龙头流量计

　　差压式流量计使用简单，通常不是手提式就是拧紧在消防水龙头出口上。测量装置安装在管口，慢慢地打开水流，如果使用的是手提式设备，传感器应该保持在水流中稳定，螺纹上紧的方式就是自动定位正确。然后就是简单地读出表计中的压力和流动压力所对应的体积流量，通常利用制造厂提供的曲线图查流量，这种型式的流量计正常情况下没有活动部分或电子部件，是自动装置，容易使用也容易保养。

　　如果试验区内是旧的无衬砌铸铁总管，消防龙头需要试验，则试验前后应进行冲洗，然后再试验。这样做是确保管中的泥屑污物不进入并损毁流量计，试验完毕不会发生因污水而提出申诉。

　　凡是利用消防水龙头流量计都要小心保证周围地区不受损坏，从消防龙头流出的水流力量往往足以在草坪上冲出一个大坑，往往冲掉或损坏沥清路或铺面盖板。

为了避免对周围地区物体的损坏,建议使用消防龙头扩散器。消防龙头扩散器是一锥形体,里面有各种消力板,往往用粗壮的网制造。在使用手提式差压式流量计的情况下,其扩散器用螺纹直接连接在消防龙头上,或者连接在叶片型流量计的下游端部。扩散器制造简单,大多数金属板加工厂均可制造,扩散器内消力板的数量须根据消防龙头内流出水量与潜在水压而定。

2. 检查内容清单

(1)要确保准备进行测试的消防龙头周围,用必需的锥形警戒信号圈起来警告交通和行人,因为将有大量的排水。

(2)如果水流和水压很大,要保护水流将流到的地方,用塑料布可以减少冲击和毁坏。

(3)在那些潜在毁坏或可能发生大流量的地方使用水流扩散器。

(4)如果使用手提差压式流量计,一定要握紧流量计水流的中间。

(5)为了减小负水压冲击,要缓慢操作消防水龙头。

(6)需要保证有足够的排水措施把水排走,否则将会有大量的排水。

(7)在具有地下室的地区进行试验时,要保证水不能回流进入地下室。

(8)安装流量计前,要彻底冲洗消防水龙头,保证不会发生因铁锈和蚀块流入流量计而损坏的现象。

(9)试验完毕再次彻底冲洗消防水龙头,保证没有污水申诉事件发生。

B.2.4　流量记录器

流量记录器是一种特殊的数据记录器,它能直接地从任意的流量计真实驱动的电磁中获得脉冲,并转变成电子信号,记录流量(见图 B.19)。

流量记录器用于以下几个方面:

(1)准确性比较试验。

(2)供水需求分析。

（3）从体积流量计中记录流量。

（4）从区域流量分析研究中进行漏水探测。

（5）从区域流量分析中进行漏水探测。

（6）水力模型数据收集。

（7）其他各种工程要求流量数据收集。

流量记录器安装起来相对容易，只要遵守制造厂的指示，并输入数据，例如流量单位、脉冲显著程度和想要记录的时间。

要想获得良好的流量记录，传感器的安装、定位正确很重要。安装、定位准确则能获得最佳的脉冲强度，如采用流量记录器，可参见图B.19，显然失去了脉冲就等于失败或不准确的流量记录。图B.20表示有各种不同流量计型号的传感器布置例子。

图 B.19　主流量计流量记录器

（资料来源：F.S. Brainard 及其有限责任公司）

有些流量计围绕着表计头部电磁铁有保护环，这样做是想办法在驱动电磁铁或靠近它放置电磁铁以干扰流量计的正常运行。这样做当然也干扰了流量记录器获取从电磁铁发射脉冲的能力。高灵敏度的记录器即使在这种情况下也能获取脉冲，这往往都是一些专门的事件。如果使用高灵敏度的记录器，特别要注意确保所有获取到的脉冲都是实实在在的从流量计旋转发出的，而不是外部干扰造成的。如果运行人员觉得外部影响可能会干扰良好的记录成果，可以用烧烤用的铝箔

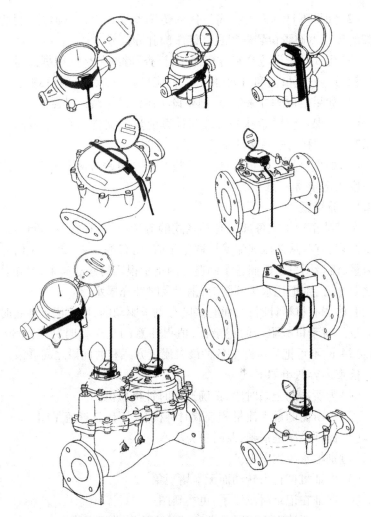

图 B.20　不同型号流量计的传感器安装位置

（资料来源:F. S. Brainard 及其有限责任公司）

将记录器包裹起来。铝箔具有屏蔽外部信号的作用,只让记录器获取流量计的脉冲。

检查内容清单:

(1)识别被记录的流量计型号,从流量计制造厂获得脉冲系数。

(2)如果不打算人工找出最优的传感器安置点,要确保从制造厂推荐的传感器布置位置获得良好健康的脉冲信号。

(3)到现场记录流量和容积样品,检查脉冲明显性,根据流量记录器比较通过的流量值和时间,估算近似流量并与记录器的值对比。

(4)如果拾取到外来信号,则要设法用铝箔屏蔽记录器。

(5)要保证将原始脉冲文件和计算流量的文件保存好,以防万一出错时,可以利用原始文件重算合适的流量。

(6)如果流量计要进行试验,要进行安全电磁屏蔽,一定要使用高灵敏度的记录器。

B.2.5　流量图

在某些情况下水务部门有较老式的流量图表,存在着不同形式的流量图表,有些从差压式流量计取差压值,而有些取 4 ~ 20 mA 信号代表流量,流量图只要遵照各个制造厂的指示很容易建立起来,但是总而言之要小心,别把让水泼到图上,钢笔及时补充墨水。

有些图有机械计时钟,而有些则有电子驱动的、可让记录器超时记录流量。对于机械驱动的记录器,值得注意的是选择时钟应选 30 d、7 d 或 24 h,不可把流量图上各种最大流量方案和时间段之间混淆。

检查内容清单如下:

(1)为所需的记录时段,正确选择时钟机械机制。

(2)为所需的最大流量和装调时钟机制,正确选择流量图。

(3)保证绘图笔清晰,及时补充墨水。

(4)别把水泼到图上。

(5)保证机械自由转动而无卡堵现象。

(6)保证在记录时段终了,更换新图。

(7)图上要清晰地记录日期和试验实质以供日后分析。

(8)保证笔尖调整到指在流量为 0 处,往往换纸时笔杆被压弯。

B.2.6　分阶试验

在第 16 章我们讨论了分阶试验作为一种将主要漏水区分隔试验的办法,识别水量损失,安排琐碎的修复计划。

分阶试验已经实行很多年,老式的分阶试验工作原理是摆动闸门

原理。当流量越大时闸门摆动
越远,闸门带动在图表上的钢
笔,图表上有一计时钟,时钟带
动图表作圆周转动,起到计时的

> 第一次采购高新技术设备应考
> 虑得到本机制造厂的技术支持
> 是很重要的。

用处。这样流量与时间的关系图表就被记录下了。当流量下降时,反
应漏水关闭,图表显示流量不同。

目前,大多数运行人员使用简单的数据记录器和流量计。有些分
阶试验的数据记录器具有自动分析漏水容积,并且有些还有无线电收
音机的功能,运行人员可以在远方的车辆上工作。

B.3　永久测量设备

本附件的前面部分曾讨论过各种型号的临时测量设备,那些设备
是在现场试验期间常常使用的。现在我们将讨论永久的设备,开始进
行现场工作之前必须进行测量,最好检查永久流量计,可能用于测量的
目的。流量计应进行试验确保良好的准确度,还应正确选择尺寸大小,
以便适用于现场测流。

除适当校准和选定规格外,还有了解正在使用何种型号的流量计
很重要,它的工作原理以及如何传播数据,这是必要的,这样才可以选
到相互兼容的记录和存储设备,或者如果没有可选方案可以安排人工
读数,第 B.3.1 部分表示一些工业标准的流量计型号及一些图、安装
建议和流量限制图。

每家制造厂都有自己的流量计和技术规范,因此必须得到不同制
造厂流量计个别的资料。但是,在美国所有制造厂都生产他们自己的
流量计,其质量等于或优于美国供水工程协会的技术规范,世界其他地
方的制造厂会执行等于或优于 ISO 技术规范,它与美国供水工程协会
的规范不同,美国供水工程协会和 ISO 技术规范可以从有关的机构获
得,通常可以通过上网订购。

B.3.1　流量计型号

(1)水轮机和涡轮机流量计(见图 B.21、图 B.22 和表 B.2)。

(2)螺旋桨流量计(见图 B.23 和表 B.3)。

(3)复合式流量计(见图 B.24 和图 B.25 及表 B.4)。

（4）活塞驻留式流量计（见图 B.26）。

（5）流速驻留式流量计（见图 B.27）。

（6）磁力流量计（见图 B.28）。

（7）超声波流量计。

（8）差压式流量计。

（9）涡流泄水式流量计。

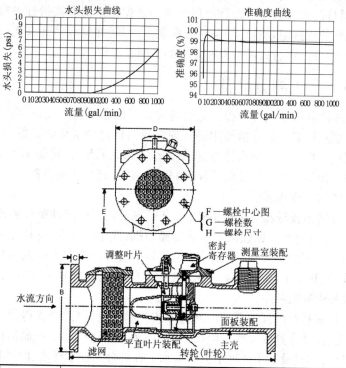

流量计和管尺寸	正常运行范围（gal/min）		尺 寸								净重	运输重
	最小	最大	联系方式	A	B	C	D	E	F	G	H		
4″ DN 100 mm	15 3.4 m³/h	1 000① 225 m³/h	法兰连接	23″ 584 mm	10 – 7/8″ 227 mm	7/8″ 22 mm	9″ 229 mm	4 – 3/4″ 121 mm	7 – 1/2″ 191 mm	8 8	5/8″ 16 mm	77 lbs. 35 kg	85 lbs. 39 kg

图 B.21　水轮机和涡轮机流量计技术规范
（资料来源：Invensys 测量系统（以前的 Sensus 技术））

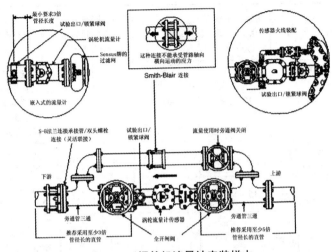

图 B.22 涡轮机流量计安装样本

(资料来源:Invensys 测量系统(以前的 Sensus 技术))

表 B.2 叶轮流量计流量数据

尺寸 (in)	型号	主壳	正常流量限制 (100%#1.5%) (gal/min)	增大流量单位 (间歇流动)	低流量 (95%) (gal/min)	最大流量时水头损失	末端连接
1 ~ 1/2	W - 120 DR	青铜	4 ~ 120	160	3	13.5	1 ~ 1/2 in size two bolloral, AWWA 125 - pound class
1 ~ 1/2	W - 1200RS	青铜	4 ~ 120	160	3	15.4	1 ~ 1/2 in size two bolloral, AWWA 123 - pound class
2	W - 160 DR	青铜	4 ~ 160	200	3	5.6	2 in size. Boll siot oral, AWWA 125 pound class optional 2 - 11 - 1/2 in MPI, intemal threads

续表 B.2

尺寸 （in）	型号	主壳	正常流量限制 （100%#1.5%） （gal/min）	增大流量单位 （间歇流动）	低流量 （95%） （gal/min）	最大流量时水 头损失	末端连接
3	125WDR	铸铝	10 ~ 350	400	10	8	2 - 1/2 - 7 - 1/2 in NSI 国家消防软管标准连接螺纹（除非有特殊要求）
3	W - 350DR	青铜	5 ~ 350	450	4	5.0	3 in size, round ANSI 125 - lb class
4	W - 1000DR	青铜	15 ~ 1 000	1 250	10	3.6	4 in size, round ANSI 125 - lb class
4	W - 1000 DRFS	青铜	15 ~ 1 000	1 250	10	6.3	4 in size, round ANSI 125 - lb class
6	W - 2000 DRS	青铜	30 ~ 2 000	2 500	20	6.2	6 in size, round ANSI 125 - lb class
6	W - 2000 DRSL	青铜	30 ~ 2 000	2 500	20	3.0	6 in size, flat lace, 125 - lb class
6	W - 2000 DRFS	青铜	30 ~ 2 000	2 500	20	6.7	6 in size, round ANSI 125 - lb class
8	W - 3500DR	青铜	30 ~ 3 500	4 400	30	8.3	8 in size, round ANSI 125 - lb class
8	W - 3500 DRFS	青铜	35 ~ 3 500	4 400	30	8.5	8 in size, round ANSI 125 - lb class
10	W - 5500 DRFS	青铜	55 ~ 5 500	7 000	35	6.1	10 in size, round ANSI 125 - lb class

续表 B.2

尺寸 （in）	型号	主壳	正常流量限制 （100%#1.5%） （gal/min）	增大流量单位 （间歇流动）	低流量 （95%） （gal/min）	最大流 量时水 头损失	末端连接
10	W-5500 DRFS	青铜	55~5 500	7 000	35	6.0	10 in size, round ANSI 125-lb class
16	W-10000 DR	铸铁	250~10 000	12 500	200	5.3	16 in size, round ANSI 125-lb class

资料来源:提供者为 Invensys 测量系统(以前的 Sensus 技术)。

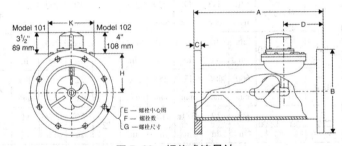

图 B.23 螺旋式流量计

(资料来源:Invensys 测量系统(以前的 Sensus 技术))

表 B.3 螺桨式流量计的流量数据

流量计 尺寸	低流量 （m³/h）	正常流量 （m³/h）	尺寸									装运质 量(lbs 或 kg)
			A	B	C	D	E	F	G	H	K	
3 in	80	100~250 gpm	16 in	7.5 in	3/4 in	6.5 in	6 in	4	5/8 in	3.375 in	5 in	70 lbs
DN 80 mm	18.2	23~57 m³/h	406 mm	190 mm	19 mm	165 mm	152 mm		16 mm	86 mm	127 mm	32 kg
4 in	82	125~500	18 in	8 in	5/5 in	7.5 in	1.5 in	8	5/8 in	3.875 in	7.5 in	85 lbs

续表 B.3

流量计尺寸	低流量(m³/h)	正常流量(m³/h)	尺寸									装运重量(lbs或kg)
			A	B	C	D	E	F	G	H	K	
ND 100 mm	18.6	28~114	457 mm	228 mm	16 mm	190 mm	190 mm		16 mm	99 mm	190 mm	39 kg
6 in	160	220~1 200	22 in	11 in	11/16 in	9 in	9.5 in	8	0.75 in	5 in	9 in	115 lbs
DN150 mm	36.3	30~273	550 mm	279 mm	17 mm	229 mm	241 mm		19 mm	127 mm	229 mm	52 kg
8 in	100	250~1 650	24 in	13.5 in	11/16 in	9 in	11.75 in	8	0.75 in	6 in	9 in	150 lbs
ND 200 mm	43.2	57~375	610 mm	343 mm	17 mm	229 mm	208 mm		19 mm	152 mm	229 mm	68 kg
10 in	260	330~2 500	26 in	16 in	11/16 in	10 in	14.25 in	12	7/8 in	7.5 in	11 in	200 lbs
DN 250 mm	50.0	75~568	660 mm	406 mm	17 mm	254 mm	362 mm		22 mm	187 mm	279 mm	91 kg
12 in	275	350~3 500	28 in	19 in	13/16 in	10 in	17 in	12	7/8 in	8.375 in	11 in	290 lbs
DN 300 mm	62.4	80~795	711 mm	483 mm	21 mm	254 mm	432 mm		22 mm	21.3 mm	279 mm	132 kg
14 in	350	450~4 500	42 in	21 in	1.375 in	12 in	18.75 in	12	1 in	9.25 in	13.5 in	450 lbs
DN 350 mm	79.5	102~1 022	1 067 mm	533 mm	35 mm	305 mm	476 mm		25 mm	235 mm	343 mm	204 kg
16 in	450	550~5 500	48 in	23.5 in	1.437 5 in	12 in	21.25 in	16	1 in	10.25 in	13.5 in	550 lbs
DN 400 mm	102.2	125~1 249	1 210 mm	597 mm	37 mm	305 mm	504 mm		26 mm	260 mm	343 mm	249 kg
18 in	550	572~7 250	54 in	25 in	14 375 in	15 in	22.75 in	16	1.125 in	11.625 in	13.5 in	620 lbs
DN 450 mm	124.9	164~1 647	1 372 mm	635 mm	40 mm	381 mm	570 mm		29 mm	295 mm	343 mm	281 kg

续表 B.3

流量计尺寸	低流量(m³/h)	正常流量(m³/h)	尺寸									装运重量 lbs(kg)
			A	B	C	D	E	F	G	H	K	
20 in	700	850 ~ 9 000	60 in	27.5 in	1.6875 in	15 in	25 in	20	2.125 in	12.625 in	13.5 in	820 lbs
DN 500 mm	150.0	193 ~ 2 044	1 524 mm	699 mm	43 mm	381 mm	635 mm		29 mm	321 mm	343 mm	372 kg
24 in	1 000	1 300 ~ 13 000	72 in	32 in	1.875 in	18 in	29.25 in	20	1.25 in	12.625 in	13.5 in	1 000 lbs
DN 600 mm	227.1	259 ~ 2 592	1 829 mm	813 mm	48 mm	457 mm	740 mm		32 mm	321 mm	343 mm	454 kg
30 in	1 600	2 100 ~ 18 500	84 in	38.75 in	2.125 in	18 in	36 in	28	1.25 in	12.625 in	13.5 in	1150 lbs
DN 750 mm	363.4	477 ~ 5 224	2 123 mm	984 mm	54 mm	457 mm	914 mm		32 mm	321 mm	343 mm	522 kg
36 in	2 400	3 000 ~ 24 000	96 in	46 in	2.625 in	20 in	42.75 in	32	1.5 in	12.625 in	13.5 in	1 350 lbs
DN 900 mm	454.0	681 ~ 5 450	3 436 mm	1 168 mm	67 mm	508 mm	1 086 mm		38 mm	321 mm	343 mm	613 kg

资料来源:Invensys 测量系统(以前的 Sensus 技术)。

　　每种型号的流量计都有其优点和不足之处,本书的目的不在于推荐一种或某种方法。重要的是运行人员在这一使用领域中对某种型号的流量计已经熟悉,而且运行良好。

　　1. 数据传送

　　上面提到的大多数流量计将用其中一种方法传送数据,常用的方法如下:

　　(1)人员读数及索引存储信息。

　　(2)模拟输入 4 ~ 2 mA(见图 B.28)。

　　(3)脉冲输出(见图 B.29)。

　　(4)频率输出(见图 B.30)。

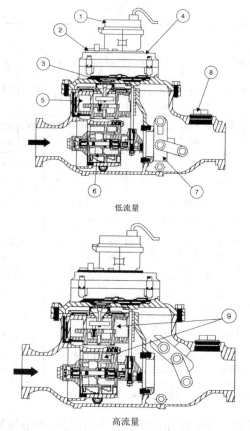

低流量

高流量

图 B.24　复合式流量计

（资料来源：Invensys 测量系统（以前的 Sensus 技术））

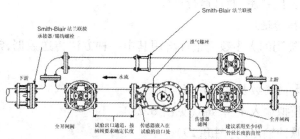

图 B.25　复合式流量计安装样本

（资料来源：Invensys 测量系统（以前的 Sensus 技术））

表 B.4　复合式流量计的流量数据

名义尺寸/ 型号	正常运行范围 （gal/min）	低流量 准确度 @95%	最大连续 流量 （gal/min）	最小断续 流量 （gal/min）	最小 精确度 %	最大断续流量 时的水头损失
2 * SRH	2 ~ 160	3/4	80	160	95	5.0
3 * SRH	4 ~ 320	1/2	160	320	95	5.3
4 * SRH	6 ~ 500	3/4	250	500	95	3.2
5 * SRH	10 ~ 1 000	3/2	500	1 000	95	13.0
8 * Manifold	16 ~ 1 600	2	800	1 600	95	13.2

资料来源：Julian Thornton。

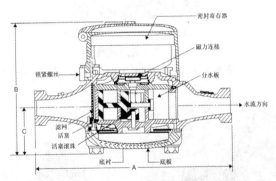

图 B.26　活塞驻留式流量计

（资料来源：Invensys 测量系统（以前的 Sensus 技术））

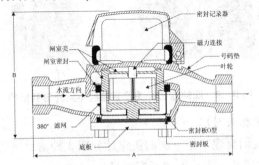

图 B.27　流速驻留式流量计

（资料来源：Invensys 测量系统（以前的 Sensus 技术））

图 B.28　磁力流量计

（资料来源：Chris Bold, Invensys 测量 RSA）

（a）　　　　　　　　　　　（b）

图 B.29　脉冲输出开关传感器的不同外形和结构

2. 输出量相关对比

大体上我们会建议把下面的流量计分成 3 种输出量的种类：

（1）人工读数方案。上述所有流量计。

（2）4～20 mA 方案。这通常是为电子型流量计备用的，例如磁力

（a）　　　　　　　　（b）

图 B.30　脉率输出光学开关不同的外形和结构

式和超声波式流量计,电子涡流屏蔽流量计和差压式流量计都有电子变换器。

　　(3)脉冲和频率输出方案。通常大多数的电子流量计,例如磁力式和超声波式流量计都有脉冲输出,往往对于水轮机、螺桨式流量计、驻留式流量计(差压式和高速射流型),虽然有时这种选择方案需在以后再提出要求。

　　为了替已安装的永久设备选择流量记录器,首先要了解该流量计是否有输出,是何种输出型号模式,然后根据现场作业需要确定正确的记录设备。

　　当永久设备已作为工程的一部分准备安装流量计和记录设备已事先选好,保证各设备之间的相互兼容匹配就容易得多。

B.3.2　测量方式(特性)

　　通过以下各段我们会明白,流量计可以与各种型式的脉冲相配,以及对水流变化的反应快慢。

　　运行人员必须学会正确选择手头上的工作所需的正常的输出型式,始终保证有足够的脉冲用于记录流量的容积,同时也要确保在试验期完成前不要让太多的脉冲扰乱了记录器或用完了存储在记录器中的数据。

> 始终要检查流量计的输出与记录器的兼容匹配,测量的范围要相似。

1.电子流量计

电子流量计通常可以选择输出脉冲值。这是通过机械开关、或者通过带有计算机或手提仪器编程的流量计来实现的,在大多数情况下输出脉冲值做起来相对简单,从设备供货商接受少许培训或阅读操作手册就行。

2.机械流量计

机械流量计有不同型式的脉冲输出,通常是以下两种型号:

(1)李德开关传感器趋向于给出一较低脉冲输出,而不是光学开关,李德开关连同流量计中的转动磁力一起作用,见图 B.29(a)、(b),有不同的外形和结构。

(2)光学开关往往与特别的刻度盘一起作用,见图 B.30(a)、(b),有不同的外形和结构。

如果测量现场准备在地下室,要考虑防水电缆和流量计上盖用防水的(往往美国用 NEMA6 标定,英国用 IP68 标定,世界其他地区有其他分类标定),像这种发展趋势会使某个地方的读数失效。大多数厂家有防水刻盘和传感器,但这只是一种可选方案而不是正常的。

B.4　输出读数

B.4.1　对脉冲记录的理解

用数据记录仪记录和计算区域内流量的首选方法是采用脉冲输出法,因为记录仪能计数完整的时间周期内被确定的脉冲数量。每个脉冲相当于通过该记录仪的测定的水量体积。如果设备设置正确,其精确度会很高,并且可以满足要求。为了设置得当,操作人员需要了解一些记录脉冲的方法。

问:脉冲与频率有何区别?

答:频率是快速的脉冲。

某些制造厂的设备用赫兹(Hz)来表示频率输出的单位。一赫兹等于每秒一个脉冲。因此,一个频率的输出也是一个脉冲的输出,尽管大多数操作人员认为一个脉冲的发生相当缓慢,比如每分钟 10 个脉冲才被认为是一个脉冲输出。但在大多数情况下,每秒 10 个脉冲会被称为 10 Hz 的频率输出。

大多数数据记录仪可以记录脉冲和频率,并可以进行计数。但在大多数情况下,它们有计数的限制。就上述而言,可将计数记录仪还原成一个采样系统,即记录仪打开一个时间窗口,计算已记录的脉冲个数后关闭,然后在另一个预设的时间周期后再次开启。在这种情况下,在记录仪实际记录时,操作员有可能在时间窗口开关之间失去宝贵的流量变化记录。这将会严重地影响到平均流量曲线,这对于以上提到的某些应用不是什么问题,但对于其他运用(如记录仪测定等)则可能出现问题。

如果打算用频率采样,建议操作员采用计算平均频率的方法,以保证时间窗口能够允许记录 10 个或更多的脉冲数。在时间窗口丢失了一个脉冲,可能会使误差达到 10% 左右。如果要求更高的准确度,则操作员应打开该时间窗口,直到丢失一个脉冲产生的误差小于容许误差。实例请见"脉冲计数记录"。

1. 脉冲计数记录

截至目前,记录流量的最好方法是采用脉冲计数,尤其是在部分流量曲线可能被用于体积分析的情况。

一旦操作员确定采用脉冲计数法,而不是采用频率采样或模拟量采样法,则必须选用如下两个数据存储模式中的一个:

(1)平均模式。

(2)事件模式。

1)采用平均模式的脉冲计数

大多数数据记录仪是允许用户自己选择数据存储形式的。

平均模式用于某一特定时间间隔的脉冲计数,并按所定义的时间间隔存储平均值。在这种情况下,记录仪并不存储每一单元脉冲(脉冲数量可能很大,取决于流量和输出单位)。利用这一点,操作员可延长记录仪的记忆,使两次下载数据时间之间的存储时间延长。当流量曲线变化在渗漏检测测量情况下是主要特征时,平均脉冲计数模式对于记录流量曲线是大有用处的。

当选择平均模式时,操作员应该认识到,最终成果是众多数据点的平均积累,这一点很重要。在明白了这一点后,便可决定采用什么样的时间窗口。更直接地说,时间窗口实际上就是操作员期望通过记录的数据得到一定级别的准确度。

例如,一个记录仪的脉冲输出非常慢,如每 5 min 一个脉冲,操作员设置一个 10 min 的时间窗口,则在该时段中该记录仪可能只记录到一两个脉冲。显然,这在假定的流量中有可能产生相当大的误差(1/2),取决于第二个脉冲是否刚好落在该时间窗口的限制以内或以外(见图 B.31)。对于这种脉冲,更好的时间窗口应选择每小时,这意味着该记录仪在时间窗口内将记录 12 个数(见图 B.32)。在这种情况下,可能的误差为 1/12。

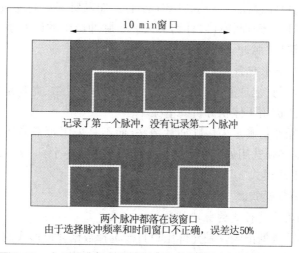

图 B.31　由于脉冲频率和时间窗口选择不正确,误差为 50%

(资料来源:Julian Thornton)

在许多情况下,操作员会想要得到比每小时一个计数更快的回应。在这种情况下,操作员应转变脉冲输出模式。

2)事件记录

事件记录的意思是,记录仪读取并存储每一个脉冲,记录下各脉冲

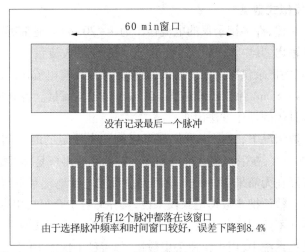

图 B.32　由于脉冲频率和时间窗口选择较好,误差下降到 8.4%

(资料来源:Julian Thornton)

间的时间并推算出流量。由于这种方法能显示出过程中真正的峰值,所以一旦记录仪的大小(容量)选定,这种方法就是一种能精确记录流量曲线的方法。

但是,采用该方法时应小心谨慎,在试验期结束之前,不能将记录仪的存储器占满。

> 事件记录是用于直接用水压给水的最好的数据收集方法。

2.状态记录

状态记录通常记录开关的状态,即该开关是开或者关。这种记录对于记录一段时间中的脉冲状态尤其有用。操作员可能希望优化脉冲记录的例行程序,但他们不能确切地知道每个泵开启和关闭的时间。在很多情况下,操作员通过记录一组脉冲的脉冲状态,并微调顺序,就可提高能耗效率。

对于没有经验的操作员来说,看上去好像信息太多,而记录仪的制造厂商通常也非常希望帮助他们解除这些困境。所以,在很多情况下他们会来到现场对操作员给予帮助。因此,建议那些没有经验的操作员在使用这些仪器设备时,能够寻求当地生产厂商的支持和帮助。

B.4.2　模拟式数据

如上所述,许多记录仪的电流输出为 4～20 mA。通常情况下称为可扩展的输出,其中 4 mA 为零流量,20 mA 为最大流量。在双向输出情况下,有些记录仪有第二个通道,有些记录仪还将电流输出进一步细分,例如,4～8 mA 用于负流量,8～20 mA 用于正流量。各制造厂商对这些都有具体的操作方法说明。

大多数情况下,数据记录仪都可以按预先设定的时间间隔,如每 5 min 唤醒一次,在采集到有价值的样本并储存后再恢复"睡眠"。这种运行方式好在无需采集每一个峰值流量就能连续地记录下每个峰值;但对于大多数便携式数据记录仪来说,其存储容量会很快用尽,因此大多情况下并不选用这种方式。这种模拟式数据记录方式通常用在监控和数据采集系统中,用于快速采集数据,如每秒 1 次或 10 次,然后传送到中心数据库。通常这些数据储存于大型计算机中。

大多数数据记录仪和记录设备都有以下两种数据存储模式:

(1)循环存储模式。从前至后使用存储器。当存储器存满后,便及时删除旧数据,使存储器总是存储最新数据。这种存储方式,适用于长期的现场记录。但必须注意,要确保每个据点数都按时间间隔记录下来,并保证整个存储器足够用;当记录设备开始覆盖早期数据时,存储器中的历史数据库能够有足够长的时间去分析数据。

(2)一次存满模式。通常用于记录规定时段内的某个特定事件或系列事件。与循环模式不同,该模式在存储器存满后便停止记录。使用这种模式时要注意,应将脉冲数量和时间分配正确关联,使在关闭记录仪之前,能记录下试验中的所有事件。

B.4.3　小结

用记录仪记录现场数据的最好方法要因地制宜,并要视所需的数据准确度而定。操作员应迅速学会这种技能,即将记录设备调配到最佳状态,再将自带的记录仪,找到可用的最佳输出匹配方式进行连接。在操作员掌握这些技巧之前,最好能得到当地熟练技术人员的支持与帮助,避免不必要的数据丢失和费用损失。

检查单

(1)检查输出类型。

(2)检查记录仪选项。

(3)当采用脉冲时,选择适合于现场应用的脉冲发生器。

(4)确定每个时间单元的脉冲数目是否正确,确保达到最佳准确度。

(5)在进行长期数据记录,以及在有大量脉冲可能干扰记录仪存储器的地方,选用数值平均法。

(6)在记录仪容量选用合适且流量曲线有实时要求的情况下,选用事件记录方式。

(7)当采用频率时,选择合适的采样速率和时间窗口。

(8)采用模拟记录方式时切记当输出值为 4～20 mA 时,应设置偏移值为 4 mA。

(9)选择合适的采样速率。

(10)根据试验型式决定选用一次存满模式还是循环存储模式。

(11)必要时确保输出和输入电缆采用防水型电缆。

B.5　校准、检测、自重测试

本节讨论测流设备的率定,并与实际体积测流量和自重测试进行对比。

任何便携式或永久式测流设备,都需要定期测试。对于永久式记录仪,测试的间隔时间很大程度上取决于经济因素(时间、体积和

> 所有永久和临时设备均应定期测试,以确保其精度。

水质、环境条件等的组合),也取决于使用和运输类型,便携式设备也是如此。

便携式设备应分别在现场采集到主要数据前后进行测试,有时在上述测试前后期间定期进行测试。无论是便携式还是永久式设备,通常从以下两种方法中任选一种方法进行测试:

(1)分别采用测流设备与试验台上率定后的有足够精度的永久式

记录仪,将两者所测流量进行对比。

（2）采用率定后的容器容积或重量,进行体积测试（见图 B.33）。

图 B.33　体积记录仪的测试

（资料来源:Chris Bold, Invensys 测量 RSA）

有时,永久式记录仪可进行现场校准。通常可选择拆去原计量阀换成最新校正的计量阀,将流至消防栓或者其他受控的流量或已知的体积流量源（如水库或水池等）的流量进行前后比较。还有一种情况是,某些记录仪商家本来就提供了与记录仪本体尺寸相同的过滤器或串联滤网（通常情况下,推荐使用串联过滤器或滤网以保护记录仪的内部部件,延长其使用寿命）。这时,可临时拆开滤网,将校正好的计量阀装入。然后将该记录仪和一个原记录仪人工进行体积测流量的对比,以及流量时间曲线记录数据的对比。一旦测试完毕,便将这个基准（校正后的）计量阀送返车间重新进行检测和校准,以确保这个参考依据准确有效。至今,这种现场测试方式仍是测试设备的最好方法,因为出现的误差并不总是由设备自身故障所引起,设备安装不正确同样也会引起误差。因此,现场测试设备是实实在在的现场测试设备,如果误差是在现场发现,而不是在率定的流量台上测试设备时发现,那么误差显然就发生在现场的临时或永久安装设备中,这时便可进行现场处理,然后再进入下一阶段的工作。

检查表：

（1）只要可能,就采用体积测试。

（2）只要可能,就采用现场测试。

（3）确保作为参考依据的计量阀在对比时已进行过校正。

（4）确保便携式设备在运输过程中没有损坏。

（5）确保便携式设备经常校正,至少在每个重要项目的前后要进行校正。

（6）确保永久型设备按某个预定的、经济的频率进行校正。

无论测流设备和数据记录设备是永久的还是临时的,对于供水部门、操作员或承包商来说,往往都是一大笔投资,所以应进行良好的维护和率定,以确保成果连续可靠。但这些设备从不进行率定,还将此种做法视为理所当然,进而导致故障或误差经常发生。当然,在很多情况下,误差也可能是由操作员缺乏培训或运用不当造成的。对于一个训练有素的操作员,只要维护得当,率定好设备,在大多数情况下,都能得到可追溯性、精确可靠的结果,这对于供水损失控制的成功解决方案是必不可少的。总而言之,如果对测流和体积测流的结果有怀疑,就应该计算出水的损失,那么这个损失量如何才能计算出来呢?

B.6　水压测量设备

除正确记录流量外,大多数供水损失控制系统都必须正确测量水压。水压也可作为水压等级的确定设备,因为水压是一切供水系统的推动力,无论是水泵抽水还是重力水。水压测量检漏能表明供水损失的自然频度和实际损失的水量,因此必须非常认真对待。

B.6.1　便携式记录仪

至今,便携式水压记录仪或水位记录仪,是收集现场水压数据并将其传送到数字媒体的一种最简便的方法。有些水压记录仪带有内部传感器（见图 B.34）,有些为外部传感器。但在使用水压记录仪之前,最重要的一件事就是要弄清楚仪器的传感器类型及使用中有哪些限制。

1. 传感器的选择

压力传感器通常是按最大的压力进行率定的,能输出 4 ~ 20 mA

图 B.34　带内部压力传感器的数据记录仪

(资料来源：Reinhard Sturm)

强度的信号或是感应压力的频率。带有内部传感器的记录仪,对于用户来说是透明的,因为接口是自动的;但是外部传感器就不同了,以下要讨论非常重要的便携式压力传感器。

了解传感器的压力限制是非常重要的,确保压力不超出压力限制而损坏,从而(在许多情况下)造成不可挽回的损失。

> 压力传感器很贵,压力过大或瞬间压力就会造成损坏。

压力传感器很昂贵,所以使用时要格外小心! 除给准备的项目选择正确的额定压力外,重要的是选择一个符合要求分辨率的传感器。传感器的分辨率是指传感器可感受到的被测量的最小变化的能力,可检测到记录仪记录到的最小压力步长。例如,一个传感器的最大额定值是 100 m,分辨率为 1%。就是说该记录仪记录的最大压力应为 100 m,步长为 ±1 m。在某些情况下,如 C 系数的检测或水位记录等,该传感器的分辨率就可能达不到,所以必须采用更高的分辨率,例如,最大压力 100 m,分辨率为 0.1 m,步长为 ±10 cm。尤其在水位记录情况下,通常测得的压力值很低,因此对分辨率的要求也高很多,如在有大量水的大型水库中分辨率为 10 cm。在这种情况下,拿一个具体例子来说,压力最大值可能是 10 m,分辨率为 0.1 m,这时的压力步长应为 10 mm,即传感器的分辨率为 0.01 m,步长为 1 mm。

　　显然,必须注意,在许多情况下会出现压力相当高的分布情形,这时不要使用那些压力较低的传感器。

　　当要为某项工作选择正确的压力传感器或压力记录仪时,切记,系统压力一天的变化是无常的,许多情况下由于夜间高峰需求的压力,水头损失会很大,尽管有标准化的固定出口减压站控制着整个系统。因此,如果确定了白天使用的设备容量,切记要增加足够的容量以应对夜间更高的压力。如果操作员希望使白天和夜间的压力达到平衡,则应仔细阅读水压管理一节中压力调节控制的内容(详见第 18 章)。

　　2. 压力与液位传感器

　　选择正确的传感器很重要,定期校准压力传感器同样重要,因为传感器的测量值随时间、使用情况而变化,有时也随温度变化,易出现误差。

　　测试通常采取两点或多个测点,第一个零点用来确认刻度底端的值,之后,至少有一点用来测量刻度最高点的值。通常会建议测量刻度顶端与底端之间的其他几个点,但有时间限制时,也并不要求都这样做。

B.6.2　自重测试仪

　　压力通常被压力静重仪影响。静重测试仪分为两种基本形式,带重量的机械形式,或通常为数字式液压形式。每种形式都有非常有效和精确的方式进行传感器测试。

　　如果没有静重测试仪,可采用经过校准的水柱,如用已知的静态(当时)水位,以测试零压和高压。同样,可在车间设一个管柱。由于考虑的水压只与高度有关,与直径无关,因此可使用直径较小的管子。

　　在比较之后,校准记录仪和传感器可以以电子方式在记录仪软件中校准或以原始格式将数据下载到电子表格中进行调整(见图 B.35)。

B.6.3　便携记录图表

　　便携记录图表是一种相当好用的较老测压方法。唯一的缺点是在大多数情况下数据点必须人工从记录图表中取出,并输入到电子表格

在重要节点处的采样压力曲线

C:\123r3\dist le\D2P.CSV
水管压力记录
工地编号：0002 390
工地名称：No 350
压力变动范围：100.0 m

宏命令ALT F3
注意：使用选择插入数据；
注意：使用观察检查数据并返回；
注意：使用CAL退回带率定曲线的数据

1992年10月19日列表数据

时间(h)	压力
18:00	30.3
18:01	30.3
18:02	30.8
18:03	30.4
18:04	30.7
18:05	31.1
18:06	31
18:07	30.5
18:08	30.8
18:09	30.3
18:10	30.6
18:11	31.1
18:12	31
18:13	30.1
18:14	30.9
18:15	30.6
18:16	30.8
18:17	30.2
18:18	30.7
18:19	30.4
18:20	31
18:21	31.2
18:22	30.9
18:23	31.9
18:24	30.5
18:25	30.2
18:26	30.5

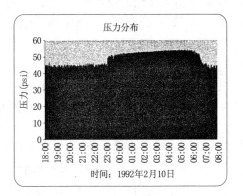

图 B.35 压力数据率定单

（资料来源：Julian Thornton）

以便分析。对于压力测量数据多、精度要求高的大项目而言，这种方法很费时间。

在绘制压力图时要注意选用正确的图表和时钟机制，与上述流量图的绘制方法类似。压力图的校准与上述记录仪和传感器的校准非常相似。

B.6.4 便携式压力传感器

在某些情况下，最好用便携式压力传感器以便于适应大量不同类型的记录仪和不同的应用场合,或者被直接用于遥测或监控和数据采集。

必须注意,要保证输出型式与记录仪输入型式兼容,传感器可由记录仪内部的蓄电池供电,这样就不会因整体电压下降而引起蓄电池电压下降,当然也可由便携蓄电池组或主电源供电。

压力传感器的测试与上述方法完全一致。

检查表:

(1)采用便携传感器时,保证输出与接收信号的输入装置匹配。

(2)保证有充足的数量和合适的电源。

(3)在所有情况下,都要检查最大压力额定值和准确度是否合适。

(4)保证所有测压装置在零点和最大压力点时进行校准,可能的话,在其他中间点也进行校准。

(5)搬运和放置传感器要格外小心,因为某些情况下它们很易碎,须防止跌落或操作不当。

(6)如果在可能有地下水的环境中使用,必须保证所用的传感器、记录仪或记录纸都是防水的。

(7)保证检测设备是随时可用的,以便定期检查。

B.6.5　传统的声学检漏设备

声学检漏设备是现场采用的最简单的一种检漏设备,但这种设备能否运用得好,主要取决于对操作人员的培训程度。

> 声学检漏很大程度上取决于操作员的技能。适当的培训是极有价值的。

重要的是,检测人员在独立进行检测之前,必须尽可能地由其他熟练操作员进行手把手的培训。能否培训到位,主要取决于操作员能否根据收到的信号进行正确的判断。本节讨论了某些与设备有关的检漏方法,更多的细节可查看第16章。

1.机械听音杆和电子听音杆

听音杆即探测杆,顾名思义,工作原理是通过一定距离接触到漏点,即隔着一定距离可听到管子产生的振动声。听音杆基本分为两类:机械听音杆和电子听音杆。

机械听音杆也许是最常用的一种最初级的漏点定位设备。最早的听音杆是用实心木棒（致密木材）制成,现在仍在使用。后来,制造厂开始制造出在声腔中装膜片的不锈钢杆,可以放大声音。

由于操作员对听音杆的性能要求越来越高,所以制造厂开始改进技术,通过放大信号和提供滤波器,使操作员能滤掉环境噪声。在使用听音杆时,噪声是一个主要问题,因为环境噪声会干扰听音杆的检测。环境噪声主要来自以下几个方面:

(1)交通。

(2)地面交通。

(3)空中交通。

(4)输气和蒸汽管道。

上述任何一种听音杆的使用都很简单。检测员先标识检测区域,然后分别与管道接头、消防栓和供水接头接触,直至找到可疑的漏声。这时,就能很简单地听到声音最响的地方。

在城区,听音杆常常在交通噪声最小的夜间操作。这样,在没有其他声源干扰的情况下,检测员便能更自如地识别漏声。在用听音杆检测之前,检测员应识别管道走线和材料,以便最大限度地估计接触点之间所需要的距离。这是必须的,因为漏声在不同的管道材料中会随传播距离发生衰减。关于检漏的更多细节,可参见第16章。

检查表:

(1)检测前,识别管道走线。

(2)检测前,识别管道材料和测试距离。

(3)如果存在交通方面的问题,则在夜间进行检测。

(4)准备好向居民标示出检测员及其用听音杆进行检测原因的文件。

(5)由于常常将听音杆作钻杆来用,如果采用机械薄膜式听音杆进行检测,则应保证薄膜处于良好状态,因为这样做会影响到听音杆与薄膜间的接触。

2.机械检波器和电子检波器

检波器是用于检查表面出漏的工具,分为两个基本类型,即机械检波器和电子检波器。

　　机械检波器已经成功地使用了多年,现仍然在全世界使用,是非常有效和坚固的设备。机械检波器通常由里面带振动薄膜的黄铜圆盘构成。两个圆盘由一根中空管连接到一个听筒,外观与医生的听诊器没有什么不同。

> 如果使用电子检波器,在开始检测前一定要检查蓄电池。

　　电子检波器的开发是为了更好地满足高性能的需求,促进检波器制造商厂研发出放大和滤波技术。关于检波器的更多细节可参见第 16 章。

　　使用检波器时,是在管线上方听取管道中水流动的声音。检测声音时,检波器通常与听音杆一起使用,注意必须要直接在管道上方听取,否则会出错（见图 B.36）。在硬质或软质表面听音时,漏声会有明显的不同。检测员必须学会识别两者的区别,在地面不传声音时,得采用听音杆。

图 B.36　采用电子检波器检漏

（资料来源:Heath 咨询有限责任公司）

检查表：

（1）检测前，识别管道走线。

（2）检测前，识别地面。

（3）在软质地面上配备听音杆。

（4）对于机械设备，应频繁地检查薄膜和管路，以保证期间没有损坏。

（5）检查电子设备的蓄电池。

3. 示踪气体设备

示踪气体设备由一个注入叉管和一个集气装置构成。叉管将气体罐连接到要测量的主水管，通常带有记录仪，以测量瓶压和主水管压力；集气装置则是用来采样，并将他们与空气密度作比较。

示踪气体设备是一种能检测到极细小部位渗漏的非常有效的方法，如能在静水测试期间找到或在 PVC 或大直径管道上找到很难发现的泄漏，因为在这种情况下，漏声传不远，致使使用常规设备难以测到。

为了弄清示踪气体设备是否有效，简易的办法是在该传感器前方，放置一只未点燃的打火机（具有气体泄漏），确保设备的指针有明显的偏移。如果没有偏移，则很可能设备的泵或过滤系统被污物堵塞或里面有水。

B.6.6　新技术检漏设备

1. 泄漏噪声信号检测仪

泄漏噪声信号检测仪最早于 20 世纪 70 年代引进商业市场，随着技术飞速发展，在过去几年中，检测仪领域中的新技术不停变化。从本质上讲，泄漏噪声信号检测仪包括 1 个接收装置、2 个带传感器和水下测声仪的无线电发射器。如果传感器在 2 点检测主水管或管道的漏水声音，则泄漏就发生在该 2 点之间。采用计算式 $D = 2l + Td \times V$（更多细节见第 16 章），则该检测仪就能识别相似的信号、测量两个信号之间的延时，采用已知的或计算的速度，以及传感器之间的实测距离，可计算漏水点的位置。

现代泄漏噪声信号检测仪有许多内嵌功能，能帮助检测员正确和精确地定位漏点。可用的某些功能如下：

（1）自动过滤选择。

（2）距离测量。

（3）速度计算。

（4）多管道特性。

（5）在管道末端,单个传感器的自动校正。

（6）线性回归。

（7）泄漏位置记忆。

（8）打印。

（9）适应不同现场情况的不同传感器类型。

泄漏噪声信号检测仪能检测较长的管道,取决于管道的材料和直径,以及抵抗干扰检漏的外界环境噪声。大多数检漏装置可检测超过500 m长的管道,某些较新的数字式检测仪在理想条件下,可检测超过3 000 m长的管道。

在采用泄漏噪声信号检测仪时,必须注意以下几点:

（1）测量传感器之间的准确距离。

（2）正确识别管道的材料。

（3）正确识别管道的直径。

（4）让渗漏点接近两个传感器的中心。

（5）测量管道断面的水流速。

（6）识别非渗漏噪声峰值并消除。

关于泄漏噪声信号检测仪的更多信息详见第16章。

许多检测员将损失的声音记录在磁带上或计算机上。将一些损失的参考声音记录下来是一个不错的主意,这样便可用于定期测试设备。大多数与设备故障相关的问题是因为误用传感器,而且传感器最怕的是跌落。同样,也需要连续检查电缆连接和蓄电池寿命,并保持在良好状态。

2. 泄漏噪声记录仪

20 世纪80 年代以来,市面上出现了各种规格的泄漏噪声记录仪。最近泄漏噪声记录仪在技术上有重大进展,因为它们不仅能在环境噪声最小的夜晚通过分析和记录噪声、识别潜在泄漏噪声区域,而且现在还能在各传感器之间建立相互间的联系。

　　3. 双表配对检测

　　识别泄漏噪声的常用方法,尤其是在输水主管上,可采用双表配对检测仪进行水体体积比较。将一个水表安装在另一个水表的下游(见图 B.37)。

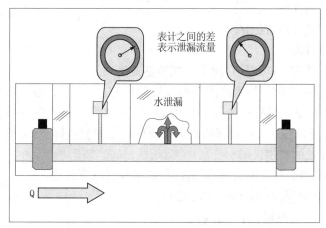

表计之间的差
表示泄漏流量

水泄漏

Q

图 B.37　采用一对表计进行水体体积比较,寻找漏点

(资料来源:Julian Thornton)

　　如果上述水表是准确度很高的永久性水表,则常常可进行水体体积平衡的计量。但如果是作为临时性的水表,则应注意识别每个水表的可能误差,并识别合理的标志准确度。如果是后种情况,最好进行夜间流量分析比较,而不是采取体积平衡方法。这一点应取决于管道和系统水力学的性质。

　　显然,该方法仅用于合理地识别大直径管线的大泄漏,但在许多情况下,也可成为检测长距离输水管的一种有效方式。

B.6.7　水表测试设备

　　水表测试设备有不同的形式,包括永久的板凳式测试设备和便携式现场测试设备。正如前面的讨论,记录仪测试可以许多方式进行,通过比较或通过体积校准,当然后者为佳。可能时应进行现场水表测试,以保证水表的整体测试和准确。

1. 居民区水表

居民区水表通常用校准过的容器进行现场测试,可从外部龙头注水(此时的水无他用)。同样,小型便携式测试仪也可并行安装,如图 B.38所示。

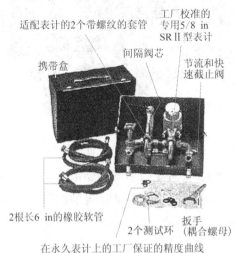

图 B.38 小型便携式测试仪

2. 工业、商业与民用机构(ICI)水表

工业、商业与民用机构通常采用大直径的水表。如果将水表取下进行测试,则应进行经核准的体积测试。当然也可采用临时的便携式水表如超声波水表或插入式水表进行测试(密切注意水表误差),或通过如图 B.39 所示拖车上的大型设备,通过与一套经校准的水表以水体体积为对象进行比较测试。

3. 大量供水水源的测试

也可用以上讨论的两种方法之一,对工业、商业和民用机构等大量供水的情况进行测试。同样,由于可能的不正确定位,如果很关注测试设备的精确度,可使用插入式水表或超声波水表,也许这种方法是有效的。

图 B.39　大型测试设备

（资料来源：Invensys 表计系统（以前的 Sensus 技术））

当测试这些水表时，重要的是不仅要识别这些测量设备自身的精度，而且还要注意将信号送回到存储设备的遥测设备的精度。有关这方面的更多信息详见第 6 章。

B.7　压力控制设备

压力控制设备有不同的形状、类型和尺寸，取决于控制性质的要求。本节将讲述与水损失控制有关的某些类型压力控制设备的应用。显然，有许多其他类型的阀门和具有其他功能的控制器。有关压力管理的更多信息请参看第 18 章。

B.7.1　阀门类型

在水损失作为关键因素的压力管理方案中，最常用的阀门类型如下：

（1）减压阀（见图 B.40）。

（2）恒压阀（见图 B.41）。

（3）水位阀（见图 B.42）。

（4）浮子控制阀（见图 B.43）。

（5）流量控制阀（见图 B.44）。

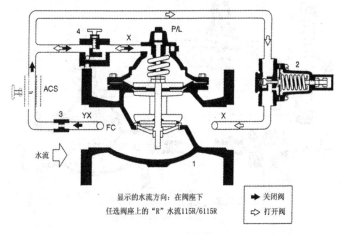

显示的水流方向：在阀座下

任选阀座上的"R"水流115R/6115R

➤ 关闭阀
▷ 打开阀

图 B.40 减压阀

（资料来源：得克萨斯州休斯敦市，自动控制阀（ACV），瓦特（Watts））

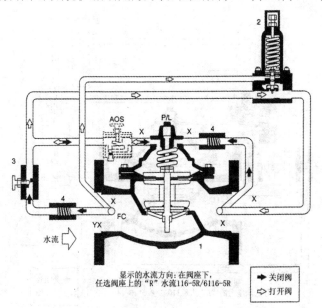

显示的水流方向：在阀座下，

任选阀座上的"R"水流116-5R/6116-5R

➤ 关闭阀
▷ 打开阀

图 B.41 恒压阀

（资料来源：得克萨斯州休斯敦市，自动控制阀（ACV），瓦特（Watts））

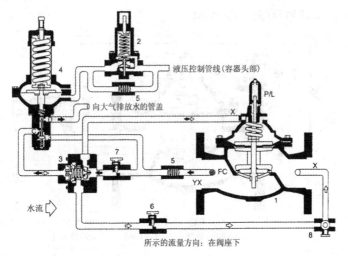

图 B.42 水位阀

（资料来源:得克萨斯州休斯敦市,自动控制阀(ACV),瓦特(Watts)）

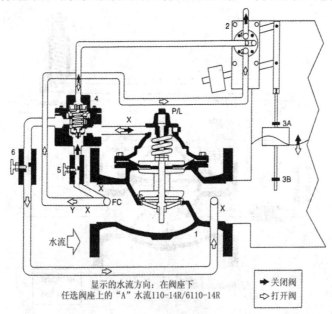

显示的水流方向:在阀座下

任选阀座上的"A"水流110-14R/6110-14R

➡ 关闭阀

⬜ 打开阀

图 B.43 浮子控制阀

（资料来源:得克萨斯州休斯敦市,自动控制阀(ACV),瓦特(Watts)）

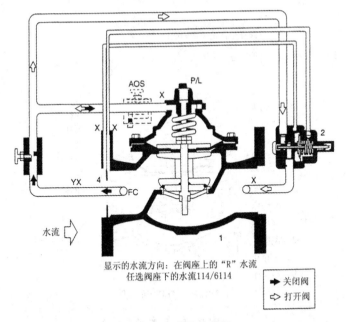

显示的水流方向：在阀座上的"R"水流
任选阀座下的水流114/6114

➡ 关闭阀
⇨ 打开阀

图 B.44　流量控制阀

（资料来源：得克萨斯州休斯敦市，自动控制阀（ACV），瓦特（Watts））

有关使用这些阀门的更多信息可参见第 18 章。压力阀门通常是选用的 3 种类型之一，但还有如下类型的阀：

（1）隔膜阀（见图 B.45）。

（2）活塞阀（见图 B.46）。

（3）套筒阀。

隔膜阀通常有如下 2 种形式：

（1）球型。包括：①直通；②转角。

（2）Y 型。

选择用于此项工作的阀门制造和阀门组件的配置，取决于阀安装性质和当地可得到的支持。大多数制造厂都能提供详细的安装信息，大多能提供初始装配和运行支持，附加费用很少。

为了使阀门在整个使用寿命期内安全地工作，所有阀门需要定期维护。大多数设施往往都是量身定做的特制产品，而且只是这样的部

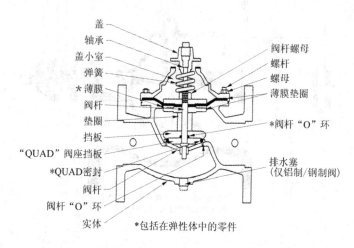

-液压操作、薄膜动作，自动控制阀；
-阀杆组件是顶部和底部导向的；
-QUAD环形密封/无边缘阀座；
-能服务，不用从线路上取下。

盖
轴承
盖小室
弹簧
*薄膜
阀杆
垫圈
挡板
"QUAD"阀座挡板
*QUAD密封
阀杆
阀杆"O"环
实体

阀杆螺母
螺杆
螺母
薄膜垫圈
*阀杆"O"环
排水塞
（仅铝制/钢制阀）

*包括在弹性体中的零件

图 B.45　隔膜阀

（资料来源：得克萨斯州休斯敦市，自动控制阀（ACV），瓦特（Watts））

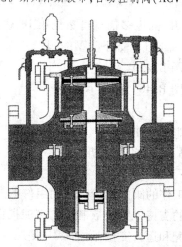

图 B.46　活塞阀

（资料来源：纽约州特洛伊 Ross 阀门制造有限责任公司）

件才有库存。如果在内部完成维修,就能减少不同制造商对这些阀门零部件库存的要求。

B.7.2　控制器类型

对于特定的压力泄漏管理,可采用 3 种常用控制器。其他控制器也可用于这种场合。3 种常用控制器如下:

(1)基于时间的控制器。

(2)基于供水需求的控制器。

(3)远端节点控制器。

1. 基于时间的控制器

基于时间的控制器按照内部定时器工作。该定时器设定使用一个与预定曲线和导杆适配器的接口,控制出口压力至各种水平,或者利用电磁阀从一个预设的导杆切换到另一个导杆。无论哪一种情况,控制器都能正常工作,但应在需水量较恒定、季节性变化或周末假期变化影响较小的区域运用。

当使用基于时间的控制器时,应注意,最低的压力设定仍然可能需要考虑紧急的消防要求。

2. 基于供水需求的控制器

基于供水需求的控制器在运行时需要设定一个出口压力,用一个导杆适配器预定流量和压力之间的关系。基于供水需求的控制器主要用于控制供水系统的水头损失,保证在低需求时水压最小,以降低系统运行时水压对漏水的影响。

基于供水需求的控制器有附加的效益,它们能用于控制压力降低到最小消防要求,因为当消防栓的运行和流量需求增加时,该控制器将自动地调整自己回到所要求的压力。如果一个基于供水需求的控制器在较低压力位置下断开时,该控制器的编程能使阀门回到较高的默认设定值,保证在紧急或高峰供水需求时有水可用。

3. 远端节点控制器

远端节点控制器通过一个远端节点将信号返回到阀门和控制器组件。该重要节点可以是一个处于最高高程的节点,因此其水压最低。同样,也可选择一个具有特定用户或大型用户的区域,或者当地水头损失特别高的一个区域。

　　远端节点配备有压力记录仪,该记录仪能利用低功率无线电传输或是手机,在预定基础上与控制器通信。该遥控记录仪向控制器发出指令,通过打开或关闭阀门,让适量的压力进入系统,以维持远端节点处稳定目标压力。

　　这种类型的控制,与基于供水需求的控制一样,适合于具有变化曲线和需要紧急响应的区域。

　　检查表

　　(1)确保所用阀门可在当地维护和得到当地的支持。

　　(2)确定控制什么类型的区域。

　　(3)在安装之前,进行详细的需求分析。

　　(4)选择正确类型的控制器,以满足该区域的要求。

　　(5)如果使用无线电或手机通信,确保该设备在得到授权的波长上运行。

　　(6)如果使用基于供水需求的控制,确保为提供脉冲而安装的记录仪容量合适,脉冲发生器适合于该控制器。

B.8　设备维护

　　在最后几节中,叙述现场测量和测试用永久和便携式设备的使用细节。如果没有这类设备的测试数据,要评估供水系统状况和改善用水损耗特性是非常困难

> 当考虑采购设备的预算时,也要考虑维护费用,因为如果没有适当的维护,该设备将毫无价值。

的。但是,这些设备需要妥善维护,以保证能不断给出精确的结果。输入错误的数据,必然就会输出错误的数据!

　　1. 正确使用和实践

　　当第一次安装永久设备或采购便携式设备时,应让使用该设备的所有检测员严格执行程序表中的所有事项。可能出现在该表中的某些事项如下:

　　(1)定期维护。

（2）定期由第三方测试。

（3）在永久设备情况下，机房环境的维护。

（4）用户记录。

2. 电缆和配件

大多数设备的薄弱环节是电缆和配件。人们通常误用电缆，使电缆承载重物、设备，用电缆吊设备入洞，因此将不必要的应力施加于连接电缆段，有时可引起不可弥补的损失。

配件应定期涂油，并用合适的轻质油清洁，以保证配件不弄脏。应定期检查水密封，发现问题必须更换。配件进水是发生故障的最常见原因。

3. 存储和运输

便携式设备最可能损坏的情况之一是在设备运输过程中，尤其是在经第三方远距离输送时。

设备应从制造厂采购，并用一个合适耐用的硬质携物箱。如果制造厂不能提供携物箱，则应由第三方采购。携物箱可能很贵，但是在长期的运行过程中，其费用总是能付清的。

B.9　小结

本附录中，在水损失控制基础上，讨论了经常要求或遇到的各类便携式和永久现场设备。本书不可能全面描述所有的设备类型和配置，所以检测员

> 大多数制造厂将提供现场培训。

开始在现场工作之前，需自己主动熟悉特定设备。在大多数情况下，制造厂愿意提供必要的工程手册和可能提供的现场帮助，让检测员更快地熟悉其设备。

本附录中包括的关于使用某些设备的更多细节可参见第 16 ～ 19 章。

附录 C　水表容量优化的需求分析

C. 1　简介

通过对专门的用户进行准确的需求分析,才能得出对需求分析有价值的用水数据。需求分析包括描述用水对时间的流量数据。这样的数据典型地直接由供水用户现有水表计量产生,使用了特定的与水表和记录的单位时间利用相匹配的流量记录(见图 C. 1 和图 C. 2)。

图 C.1　从现有水表获得数据

(资料来源:F. S. Brainard 和公司)

通过对现有水表的需求分析,为许多重要决策提供了非常重要的数据。水表(记录仪)记录的数据比其他测量更加精确,因为水表更加

本附录的提供得到 F. S. Brainard 和公司的 Brad Brainard 允许,将最终形成新的美国供水工程协会 M22 的组成部分。

图 C.2　从现有水表获得数据

(资料来源:F. S. Brainard 和公司)

精确地测量实际用水。流量记录仪不间断地记录用水,典型地,没有更换现有的水表配置。但在少数情况下,需要易于安装的适配器。

　　用户需求分析的应用可以分为如下 3 类:①水表容量选择和维护;②用水核算;③服务费用研究。虽然在此仅详细讨论了第一类应用,但要切记,以确定水表容量为目的而收集的相同数据有其他重要的应用,可有益于许多供水部门,包括分配、测量、保护、用户服务、工程和金融。在用水核算情况下,需求分析有助于保护项目、漏水检测、用户服务和水力模拟。在研究服务费用的情况下,需求分析用于获得关于住宅的、商业的、工业的和批发的用户类群体使用的易变性数据。因为相同的数据可用于支持所有这些应用,在收集数据时,重要的是要考虑数据可能在目前或将来有用的所有这些应用。例如,如果研究服务费用或水力模型只需要每小时的需求数据,你仍可能选择以 10 ~ 60 s 的时间增量存储数据,使相同的数据可用于水表容量和维护程序。

　　通常需求分析应提供高峰流量的精确数据和百分比,以及重要流量范围内使用的水量。重要流量范围至少应包括低于一个水表的特定精度范围的流量、一个多功能记录仪设定值中交叉范围处的流量和高流量。目的是恰当地确定水表容量,以达到最大的可计数性和可能的盈利规模,并按压力水平或消防流量要求不产生负面影响。同样重要的是考虑水表的维护费用。对于一个 2 271.24 L/min(600 gal/min)恒定流量的用户,15.24 cm(6 in)的涡轮流量计可能比 10.16 cm(4 in)的涡轮流量计更好,因为虽然两者都能精确地测量流量,但是,15.24 cm(6 in)的涡轮流量计不易磨损和损坏。从合适的水表容量得到的直接好处是精确的用水测量;水表与用户的使用需求程度更高、占有和记账更多的水。常常并不非常明显的是年收入利润的潜在多少与合适的水表容量有关。

Tim Edgar 在《大型水表手册》中说明了有 100 个单元的公寓大楼使用一个 10.16 cm(4 in)的涡轮流量计情况下潜在的年收入利润。实际月消耗水量为 189.27 万 L(50 万 gal),但是,许多流量处于低流量。因为当流量小于 45.42 L/min (12 gal/min)时,该涡轮流量计并不精确,在供水和排水收费中,常常 15% 的水量没有记录,也没有收取费用。导致的结果是每年收入损失 1 700.00 美元(对于供水和排水组合的费率为 3 美元/3 785.4 L(3 美元/1 000 gal)。正如 Edgar 指出的,如果一个供水公司有 100 个这样尺寸的不正确的水表,将使该供水公司在 6 年内收入损失超过 100 万美元。

例如,波士顿供水和排水委员会于 1990 年开始有减小水表容量的计划。波士顿工程部主任 John Sullivan 向美国供水工程协会报表,在 1990 年 8 月到 1992 年 4 月,该市每天已经多计数 322.24 万 L(113 784 ft³(0.8 mcd))的水。在该计划的第一年,仅仅利用减小水表容量,预见波士顿在 5 年中,从供水和下排水记账的总节约收入将达到 680 万美元(1991 年美元价)。节省的这些收入应仅仅在具有许多尺寸过大的涡轮记录仪系统中才能实现。

虽然,确定容量合适的水表最直接的好处是增加了收入和可计数性,它提供了一个分配系统,比收入增加更加宝贵。由一个供水公司作出关于水利用的任何决策,只能与水表收集的消费数据一样好。通常,需求分析为改进分配系统设计、性能和管理提供宝贵的数据。除找到增加水位和收入计数的方法外,需求分析有助于识别服务水表的尺寸要求,澄清水表维护要求、定义保护项目的水利用特性,增强用户满意度和认识,改进水力模型和建立公平公正的水费结构。此外,随着水的稀缺和费用的增加,保护已经成为一个重要的工业问题。对于许多供水公司而言,保护已经成为改进水资源可用性的成本效益措施。所有这些分配系统设计、性能和管理目标都取决于系统的水表使用中尽可能精确地计数能力,这种情况可能仅仅发生于每项应用中确定合适容量水表的结果。

C.2 记录仪设计

C.2.1 操作理论

需求过程可由电子流量记录仪生成。这里讨论的便携式流量记录仪也称为需求分析工具、需求记录仪和数据记录仪。这些装置从水表内部的驱动器磁铁或水表指针的运动检测数据,存储数据供以后下载到台式或手提电脑进行分析。这些记录仪可以轻易地从一个水表现场移动到下一个现场,用标准的水表运行,因此不需要特殊的记录仪。在理论上,磁性或光学传感器使用维可牢尼龙搭链(Velcro)或重载带捆绑到水表外面,或者集成到位于水表本体和现有磁铁之间的一个适配器(见图 C.3)。

图 C.3 传感器用维可牢尼龙搭链带捆绑到水表上

(资料来源:F.S. Brainard 和公司)

因为负面的运行条件(水表坑、温度极端、粗糙的处理、公众的接近），记录仪应是防水、耐用和安全的。为了延长在远方位置的数据存储，记录仪蓄电池的寿命也应耐久。该节说明了目前的需求分析技术。因为该领域涉及新技术，应对它们进行评价以促进该领域知识和能力的发展。

C.2.2　记录方法

使用磁性检测器的流量记录仪拾取水表内部驱动磁铁的磁耦合产生的磁场，将磁通变化转换成数字脉冲，记录到存储器中，以后下载到PC 进行分析。光学检测装置拾取到传感器下面通过的水表指针，也以数字形式存储信号，供以后下载。每个脉冲与已知水量有关。磁性检测的主要优点是利用水表磁铁的旋转速度，提高数据的准确度。在几乎所有情况下，水表内驱动磁铁的旋转比记录仪刻度盘上的长秒针（指针）快得多。在小型水表中，75.71 L/ min（20 gal/min）情况下，单位时间磁铁旋转数，可高达约 30 r/s。以这种速率，磁铁的旋转速度比长秒针的快 900 倍。在涡轮水表情况下，磁铁的转速可快速变化，变化范围从比长秒针转速快约 800 倍的转速到与长秒针转速相同。通过分离一个具有较高的转速的额外磁铁，能用的适配器可大大提高许多较慢磁铁转速记录仪记录数据的准确度。可用光学适配器和机械适配器，以能与磁铁驱动水表较老的齿轮驱动水表兼容。

C.2.3　安装磁性传感器

因为大多数水表直接在其下面有磁性耦合，为了更易于检测可靠信号，典型的是将传感器放在记录仪的旁边。

几乎没有例外，在所有 5.07 cm（2 in）和更小的正位移及多喷嘴水表的情况下，磁性耦合直接放在记录仪下面。如果磁性耦合不是直接设置在记录仪下面，典型的是它处于水流中部涡轮转子的中心。在这种情况下，必须将磁性传感器放在水表本体的侧边，以尽可能靠近驱动磁铁。正如上面所讨论的，对于某些水表，如齿轮驱动水表，需要适配器（见图 C.4）。

如果磁性耦合在记录仪下面，但是记录仪的侧面有屏蔽，该传感器必须直接设置在记录仪的顶部，以防止屏蔽。因为该记录仪的磁性传感器主要检测由水表产生的电磁噪声，否则传感器易受其他电磁噪声

图 C.4　传感器从记录仪磁铁检测脉冲

(资料来源:F. S. Brainard 和公司)

源(如电动机、发电机和报警系统)产生的检测噪声的影响。该记录仪的传感电路应设计成总能检测到水表的驱动磁铁产生的磁性信号,同时尽可能降低其他噪声源的电磁噪声。

C.2.4　记录仪的数据存储容量

重要的是,一个记录仪必须有足够的数据存储容量,以存储足够数量的数据。正如在第 C.3.3 部分中更加详细的讨论,如果要保证最大和最小流量数据的精度,必须以很小的时间增量,将流量数据记录在存储器中。在观测完全相同的流量时,最大流量的 10 s 和 60 s 存储间隔时间之差的潜在因素比率为 6∶1。在观测完全相同的流量时,最大流量的 10 s 和 300 s 存储间隔时间之差的潜在因素比率为 30∶1。换句话说,75.71 L(20 gal)单个流量使用仅仅发生 10 s,单位时间流量为 4 542.48 L/min(1 200 gal/min),而 10 s 的数据存储间隔时间可检测到该高流量 4 542.48 L/min,但 300 s(5 min)的数据存储间隔时间只观测到 151.42 L/min(40 gal/min)的最大流量,因为 757.08 L(200 gal)应按 5 min 平均,而不是在 10 s 平均。

显然,对于记录仪容量选择,该差别会有严重的分歧。当评估一个商业/工业用户的记录仪容量时,用户经常选择存储一星期的数据,以确保采集到有代表性的流量数据样本。如果一个用户存储 10 s 间隔时间的数据一星期,该记录仪至少必须能连续存储 60 480 个时间间隔的数据。对于其他应用,如服务费用研究和水力学模拟,要求的数据存储容量比水表容量要求的小。但是,如果要更加有效地使用该数据,对于高准确度数据,应提供存储容量,以便各种应用可有效地使用数据。

C.3　记录数据

C.3.1　记录长度

正如上述讨论,许多记录仪用户选择存储一星期的商业/工业现场的数据,因为某些大流量用水(如在工厂的清洁用水),发生在每周的一个特定日。重要的是,如有可能,在存储之前与用户讨论用水情况,以保证记录的时间长度足以取到有代表性的流量数据采样。在多房客民宅、旅馆或汽车旅馆情况下,24 h 的数据可能已足够,在民宅的情况下,只要收集夏季数据;在旅馆或汽车旅馆情况下,收集高入住率时的数据。重要的是,最好尽力了解用户的用水特性,以选择数据存储时期的优化长度。随着时间的推移,不同用户类型的经验也将提供不同类型用户的最佳记录长度。记录长度很重要,应按用户个案确定。

C.3.2　顾客的用水习惯

应记录用户典型的高峰、平均和最小流量时的数据,在那些时段内,足以收集到那些流量。例如,对于一所学校或工厂,取假期的记录数据是不适当的。同样,如上所述,如果有证据证明,用户在一星期的不同日子中进行不同的操作,在一个工业现场,你需记录至少一个星期的数据。重要的是要考虑每周的季节性周期。在一年的不同时期,天气可能大大改变需水模式。如果一个用户在酷暑的白天用水更多,重要的是要捕捉到峰值流量日的记录数据。

分析员应预计到需水模式潜在的变化。在开发一个居民区时,必须考虑目前在建附加单元的数目。同样,必须重新调查用户用水类型是否变化。商业租赁空间,可以有较高的周转率。用水很少的仓库或分销公司可能被一个灌瓶装水公司代替。如果水表没有重新选定容量,新的用户将是大量免费用水的受益人。

C.3.3 记录仪的数据存储间隔时间

数据存储间隔是流量记录仪计数脉冲的时间周期,此后脉冲数录入存储器。该间隔决定了原始数据文件的准确度,所有的后续图形和报表由这些文件产生。该间隔时间越短,后续图形和报表可能越详细。例如,10 s 的数据存储间隔时间允许对 10 s 或更长时期的精确数据进行分析。在记录仪进入现场之前,用户选择数据存储间隔。只要图形/报表生成软件允许调整计算最大和最小流量的时间间隔(见第 C.4.2 部分),但数据存储间隔应保持较短时间,例如 10 s。

为了提高数据准确度、精确确定最大流量,缩短数据存储间隔时间尤为重要。为了保证精确识别最大流量,数据存储间隔时间不能超过最大流量事件历时的 50%。例如,如果一个工业用户有一个每 30 min 发生一次、持续 30 s、用水 1 892.7 L(500 gal)的特定操作(3 785.4 L/min(1 000 gal/min)的需求),只要每 15 s 至少记录数据一次并存入存储器,就保证能识别 3 785.4 L/min(1 000 gal/min)的流量。如果数据存储间隔时间为 15~30 s,由于在该 30 s 事件中没有数据存储间隔的开始和结束,则增加了低报最大流量的可能性。如果数据存储间隔时间大于 30 s,肯定会低报最大流量。在这个特例中,15 s 或以下的数据存储间隔时间将显示流量为 3 785.4 L/min(1 000 gal/min)。另一方面,如果流量数据存储间隔时间为 15 min(900 s),则最大流量应只有 124.92 L/min(33 gal/min),因为在 15 min 内,共用水 1 892.7 L(500 gal),将水量除以 15 min,得最大流量等于 124.92 L/min(33 gal/min)。如果数据存储间隔为 5 min,则最大流量应为 378.54 L/min(100 gal/min)。如果 1 892.7 L(500 gal)用水量分配到 2 个 5 min 的数据存储间隔时间,则表示的最大流量较小。由此可见,如果记录数据的准确度水平没有充分捕捉到实际最大流量,则容易造成严重的记录仪容量错误。

另一个例子是,一个小型制造公司,除其他用途外,有一个定期用水 946.35 L(250 gal)、历时 10 s 的操作(相当于流量 5 678.1 L/min(1 500 gal/min))。这种情况在图 C.5~图 C.7 中用图形模拟。在每种情况下,相同的数据用于建立每个图形;唯一的差别是数据存储间隔时间不同,在此情况下,它也用于计算最大和最小流量的时间间隔。在图 C.5 中,数据存储间隔时间为 10 s,识别出真正的最大流量为 5 753.81 L/min(1 520 gal/min)。在图 C.6 中,数据存储间隔时间为 60 s,计算的最大流量下降到 1 059.91 L/min(280 gal/min)。在图 C.7 中,数据存储间隔时间为 300 s,真正的最大流量没有出现在记录数据中。

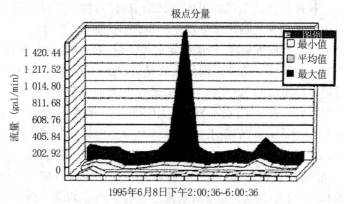

图 C.5　10 s 的数据存储间隔(水表主模型 100 程序)

(资料来源:F.S.Brainard 和公司)

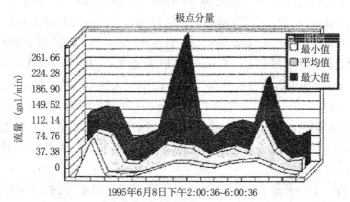

图 C.6　60 s 的数据存储间隔(水表主模型 100 程序)

(资料来源:F.S.Brainard 和公司)

虽然以上例子夸大了正常情况,但可将它们用于说明:"如果人们

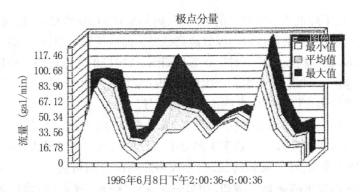

图 C.7　300 s 的数据存储间隔(5 min)(水表主模型 100 程序)
(采用该间隔,最大流量没有出现在记录数据的结果中)

(资料来源:F. S. Brainard 和公司)

忽视了数据准确度的重要性,就可能造成水表计数的差错。"

应该注意,数据存储间隔时间太短,也有缺点。间隔时间定义了下载数据文件的大小和存储器所能记录的时间长度。对于记录相同的测试数据,用 5 s 间隔时间占用的存储器空间将为用 30 s 间隔时间的 6 倍。而且,下载更大的文件,生成图形和报表,将花更多的时间。通常,10 s 的时间间隔为大多数实际应用提供足够详细和记录时间。如果你正在制作一个很长的报表,10 s 的间隔时间将在记录完成之前用完所有记录仪的存储器,因此应加大数据存储间隔时间。间隔太短会出现的另一个问题,在第 C.3.4 部分和第 C.4.2 部分中讨论。简而言之,如果水表的驱动磁铁(或者在光学传感器情况下的长秒针)转速太低,使用太短的间隔时间,有可能使最大流量和最小流量误差太大(夸大),因为数据太少,不能精确计算。记录仪的操作说明书应识别这种水表,谨慎地选取提供数据的间隔时间。通过脉冲数据的智能化解释,软件设计可改进下载数据的完整性,使夸大最大流量和最小流量的可能性最小。

C.3.4　水表的脉冲准确度

水表的脉冲准确度定义为产生等于液体测量单位的脉冲数。对于磁性检测,准确度为等于液体测量单位的水表磁极数(当磁铁旋转时）。在不降低水表可靠性的情况下,内部磁铁的旋转应尽可能快;因此,每个液体测量单位的磁极数越高越好。磁铁旋转较快,产生的脉冲数越多,数据精度较高。对于光学检测而言,同样的考虑适用于长秒针旋转速度。因此,关于水表产生的脉冲速度的某些知识很重要。流量记录仪的运行说明书应提供这方面的指导。

当确定最大流量和最小流量时,脉冲准确度（或因素）尤其重要。这些问题非常类似于第 C.3.3 部分中讨论的问题。关于最大流量,如果磁铁（或长秒针）旋转得慢,一个大而短期的使用可能发生,而没有任何其他发生的证据。例如,如果一个 15.24 cm（6 in）涡轮记录仪（水表"a"）,每 1 892.7 L（500 gal）水量只产生一个磁脉冲,而另一个 15.24 cm（6 in）涡轮水表（水表"b"）,每 7.57 L（2 gal）水量即产生一个磁脉冲,用于测量上节说明的 5 678.1 L/min 流量,用水量 946.35 L（250 gal）,水表"a"的记录仪,甚至完全没有识别,而水表"b",由于磁铁旋转快,已经向记录仪发出了 125 个脉冲。而且,如果附着于磁铁旋转慢的水表在 10 s 间隔中,检测到一个脉冲,可能错误地判断为,在该 10 s 间隔中,使用了 1 892.7 L 水量,这将等于 11 356.2 L/min（3 000 gal/min）流量,因为,如果在 10 s 间隔内记录了一个脉冲,相当于每分钟 6 个脉冲,每分钟 6 个脉冲乘以每个脉冲 1 892.7 L 水量,等于 11 356.2 L/min 流量。因此,磁铁旋转快的水表能在整个流量范围内提供连续精确的数据,磁铁旋转慢的水表不能提供准确数据。同样,对于光学传感器,长秒针旋转越快,数据越精确。但是,光学传感器必须检测长秒针每转的数字脉冲,以达到磁性传感器可达到的精度水平。

用最小流量可识别泄漏流量,和较大流量应用中影响涡轮水表对复合水表的选择。正如最大流量的情况一样,为了保证精确识别最小流量,用户必须知道哪种水表的磁铁旋转慢。例如,如果一个水表的磁铁每 75.71 L（20 gal）只发出 1 个脉冲,目前流量稳定在18.93 L/min（5 gal/min）,即每 4 min 产生一个脉冲。如果一个水表在小于 4 min 的时间增量中观测到该数据,得到的流量为从零到大于实际流量 18.93 L/min。作为一个例子,如果用 1 min 的时间间隔观测该流量,则每 4 min中有 3 个时间间隔流量为零,一个时间间隔发出一个脉冲,流量为75.71 L/min,因为当流量稳定为 18.93 L/min 时,每4 min 只出现一次等于75.71 L 的脉冲。如果以4 min 的时间间隔观测该数据,似乎流量稳定为 18.93 L/min。

图 C.8 和图 C.9 正说明了这种情况。这两个图由完全相同的数据产生,但是观测的时间增量分别为 1 min 和4 min。水表的每个脉冲等于75.71 L,它们相隔4 min(除在所示的最初间隔外)。通过评估该数据,软件设计可有助于确定原始脉冲数据应在较长的时期中平均的可能性,因为脉冲分布指示出了一个恒定的流量。

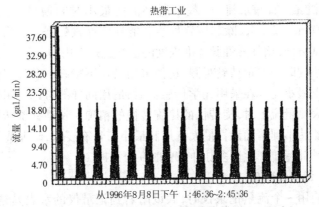

图 C.8　脉冲准确度非常重要(水表主模型 100 程序)

(资料来源:F. S. Brainard 和公司)

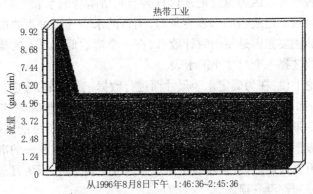

图 C.9　脉冲准确度非常重要(水表主模型 100 程序)

(资料来源:F. S. Brainard 和公司)

除非在记录仪现场盯着观测水表,否则不可能确切地知道周期性地发出 75.71 L 的脉冲,或者流量正稳定在 18.93 L/min。如果水表的每个脉冲等于较少量的水,如 3.785 4 L(1 gal),真正的图像将清楚得多。

取得精确流量数据的关键是每个时间间隔产生足够的脉冲数。在磁性脉冲情况下,所有 5.08 cm(2 in)及以下的正位移和多喷嘴记录仪均能提供很好的脉冲准确度,以致在小到 10 s 的时间增量中能合理地观测到该数据。因为某些涡轮水表所配的磁铁旋转相当慢,观测最小(最低)流量(如漏水流量)数据所必需的最小时间增量,可能长达 5 min、10 min 或更久,除非该软件能智能地解释该数据。在确定精确流量数据方面,增加磁性脉冲准确度的适配器是有用的,因为流量数据可以更小的时间增量精确观测,这使采用潜在不精确的假设解释该数据的要求最小化。在采用光学传感器时,适用同样的考虑。用带长秒针的水表测量流量时,旋转快的比旋转慢的精确。长秒针旋转慢的光学传感器达不到精确计算最大流量和最小流量有要求,除非光学传感器的长秒针每转产生许多脉冲,例如 50 个脉冲。

C.3.5　记录仪精度

当使用一个流量记录仪时,假设附着到记录仪的水表是精确的。一个流量记录仪不能确定水表精度,但是它能在多个水表现场精确地确定水表配置。因为流量记录仪只能与它所附着的水表一样精确,当采用记录仪确定适当的水表容量时,例行的水表测试是重要的。水表不准确的主要原因是使用时计数低,在一个读数低的水表的流量记录仪会导致选择一个尺寸小的水表。

理论上说,在为确定水表尺寸而进行数据记录之前,应进行水表精度测试,如果测试表明精度未达标,必须修理或重新率定。正如第 C.5.3 部分中讨论的,配合流量测试进行的需求分析可能表明,即使在整个流量范围,该水表并不准确,所有流量均发生在水表的准确范围内。如果是这样的话,该水表不需要修理或重新率定,因为目前的可计数性或盈利都没有损失。

作为水表测试项目的组成部分,应考虑流量记录仪是一个宝贵的比较工具。正如前面章节所提到的,流量记录仪可识别在低流量、中流量和高流量范围内的流量百分比。利用这个信息,测试的重点可集中于大多数用水发生的范围,有时可避免不必要的和昂贵的修理。如果流量记录指示,在一个炼油厂或酿酒厂的所有流量均发生在高流量范围内,在低流量和中流量时,水表是否精确就没有关系了。

C.4　建立报表和图表

C.4.1　数据校核精度

直接用水表而不是用替换技术(如超声装置)记录流量数据,其主要优点之一是合成的流量数据基于水表记录,并可用水表记录核对。由数据产生的图形和报表,可以加以可靠使用,因为根据假设,精度是用水表测量饮用水利用最精确和可靠的措施。但是,如果由一个流量记录仪产生的数据的精度,没有通过将由流量记录仪观测的水的总体积与数据存储期间由水表记录的水的总体积的比较进行校核,该重要优势就会丧失。

数据精度校对很重要,按以下两个步骤完成:①当下载数据时,要求用户输入水表开始和结束的读数;②通过精确较高的水表磁性脉冲因素的数据库,以便比较水表记录的总体积与流量记录仪记录的总体积。这个过程,也要求检测员在记录水表计数时,要特别注意数字的精确性,包括小数点以下数字。为了读取水表的小数点,必须读出所有转盘和画在"零"上的数字。

图 C.10 中所示的采样软件屏幕要求用户将水表记录的体积与流量记录仪观测的体积进行比较。数字应非常接近或由明显的边界区分。在这种情况下,电子记录的总体积为 4 889.88 L(1 291.774 gal),最好与同期水表记录体积 4 902.09 L(1 295 gal)相比较。通过水表结束时的记录体积减去开始时的记录体积,软件计算出记录体积。该例子是基于磁性检测;将整个记录时期内的总磁性脉冲计数乘以软件数据库中水表的磁性脉冲系数,计算记录仪的记录体积。两个总体积的显著差别应包括更换某些水表中率定用齿轮引起的变化。因为更换齿轮用于加速和减速寄存器,以匹配水表腔中下面的活动,即使水表和记录仪都能 100% 精确地发挥其功能,但记录仪的体积与寄存器的体积差别仍可达 15%。图 C.10 所示的软件屏幕包括一个自动"数据转换系数"选项,以便自动率定该记录仪记录的体积,在这些情况下,该记录仪记录的体积 100% 地匹配水表记录的体积。

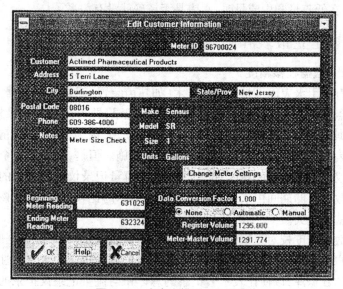

图 C.10　水表主模型 100 程序

(资料来源:F. S. Brainard 和公司)

C.4.2　数据准确度和"最大 – 最小"间隔时间

数据准确度涉及计算体积、最大流量、平均流量和最小流量的时间间隔。图 C.11 所示的实例软件屏幕以表格格式显示体积、最大流量、最小流量和平均流量数据。在这种情况下,体积间隔是由每条数据线表示的时间间隔。300 s 的体积间隔时间将提供每 5 min 测量的体积数据,以及最大流量、最小流量和平均流量。当绘制一张报表或图形时,体积间隔时间越长(越大),报表越短,图形中绘出的点越少。

为了计算流量,该软件计算首先应选择单位时间的脉冲数。例如,如果选择 10 s 的最大 – 最小间隔,将每个体积间隔时间划分为 10 s 增量,将最大和最小脉冲数的增量分别转化为每分钟最大和最小流量。

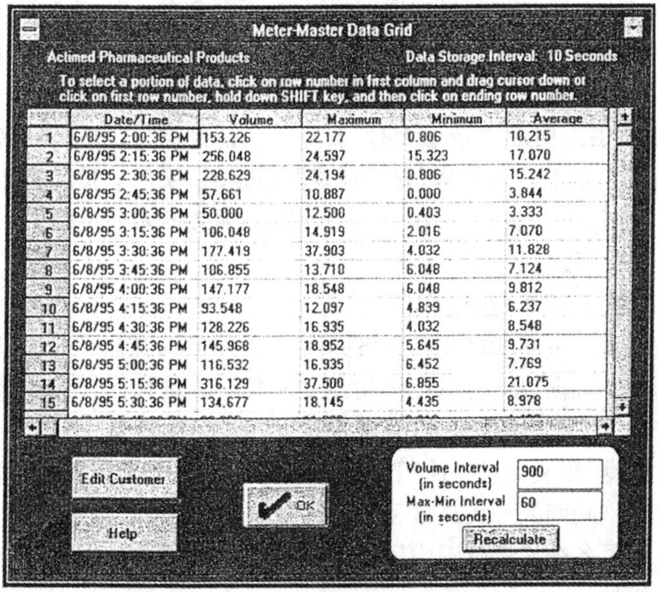

图 C.11　水表主模型 100 程序

（资料来源：F. S. Brainard 和公司）

这代表了一个广泛使用的计算流量数据的方法。选择最大－最小间隔时间的考虑与数据存储间隔时间有关的考虑相似，但是，除保证该间隔时间对精确的流量计算足够短外，还必须保证所选择的间隔时间不太短。总之，当最大－最小间隔时间变得更小时，则最大流量变得更大和更加精确，直到某一点，但在该点之后，最大流量超过了实际流量。最大流量超过实际流量的该点是水表脉冲准确度的函数。磁铁或长秒针旋转越快，最大－最小间隔时间可越小，且不扭曲流量数据。类似地，当最大－最小间隔时间变得更小时，最小流量变得更小和更加精确，直到一个点，在该点之后，最小流量变得比实际流量小。此外，水表磁铁或长秒针的旋转速度是决定因素。重要的是，记录仪的使用说明书对此有详细的指导说明。如果在用户熟悉单位时间内产生脉冲很少的水表，那么这种水表每个脉冲的体积当量，选择观测数据的适当体积和最大－最小间隔时间变得更加容易。正如前面所提到的，该软件也能设计以使最大－最小间隔时间缩短时,使测量结果偏大的可能性最小化。

观测数据选择的时间间隔部分决定于应用。正如以上的讨论,重要的是考虑各类用户产生的典型用水曲线。例如,在多个家庭居住位置使用,尤其是时间增量不大时,差别并不是很大。在早晨和傍晚,尤其是需求稳定上升和下降,允许在观测数据时,采用较长的时间间隔。另外,工业用户可能在短期内有大体积的水冲洗周期,为了精确计算最大流量,要求较短的时间间隔。

C.4.3　图表/报表提交选项

软件可以不同的格式和风格提供数据。通常,该软件应提供选项,以观测体积数据、最大流量、平均流量和最小流量数据,以及流量—体积数据。图 C.12 和图 C.13 所示图形显示了最大流量、平均流量和最小流量数据,以及流量—体积数据。最大流量、平均流量和最小流量图形用于识别瞬间的最大流量和最小流量和事件历时。因为流量—体积图形显示了各个流量范围内用水的百分比和体积,用于水表容量选择和计划维护。

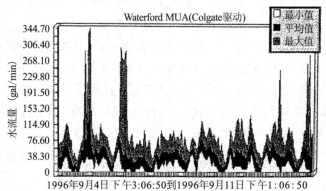

图 C.12　最大流量、平均流量、最小流量(水表主模型 100 程序)

(资料来源:F. S. Brainard 和公司)

C.5　根据需求分析确定水表容量和维修

C.5.1　水表容量效益小结

需求分析用于确定水表容量,适用于所有用户。虽然单一家庭居

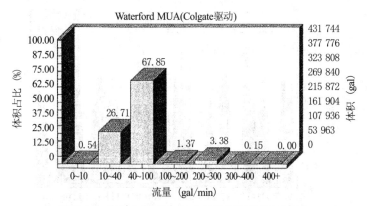

图 C. 13   流量与体积占比（水表主模型 100 程序）

（资料来源：F. S. Brainard 和公司）

民用户的特点是相对标准的水表容量和用水模式，户外居民用水可有很大的不同，要求水表容量比通常的大。对于非单一家庭居民用户，每个用户有唯一的需求曲线，并应相应确定水表容量。虽然可根据人口统计和业务类型信息为各类用户群体制定通用的需求数据，当与年收入和与最大化水表精度和水利用计数性有关的社区关系效益相比时，收集用户特定需求数据的费用是最小的。

因为确定尺寸的常规设施计数方法和出现有效的小体积设施，多家庭居民（例如公寓大楼）水表的容量和体积经常过大。图 C. 14 所示的图形取自服务于一个小型居民区的一个 20. 32 cm(8 in) 涡轮水表。虽然 20. 32 cm 涡轮水表规定流量的精度范围为 151. 42 ～ 13 248. 9 L/min(40 ～ 3 500 gal/min)，但此地的流量精度从未超过 151. 42 L/ min。因此，用户的许多用水是免费的。用尺寸和配置合适的水表更换原水表，将大大增加水表的计数和收益。通常排水费用较高，是水费的函数，提高了收入增益。虽然在某些情况下，基于水表容量的顾客附加费较低意味着，在短期内会减少供水公司的收入，但是由于较小的水表成本较低，因此社区整体水服务的成本降低。

利用其他程序，适当的水表容量有正面的溢出效应。例如，如果所有采样点的水表尺寸适当，在费率结构设计支持下，服务成本研究只能是公平和公正的。如果一个水表容量过大，检漏工作会受到损害，因为

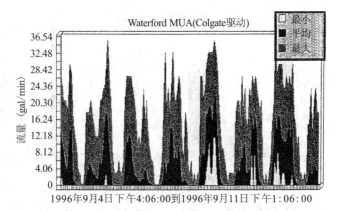

图 C.14　8 in 涡轮水表记录流量（水表主模型 100 程序）
规定精度为 40～3 500 gal/min；在此现场，流量精
度实际绝不超过 40 gal/min（资料来源：F. S. Brainard 和公司）

大水表的脉冲准确度比小水表的小，低流量检测不到，这是不合要求的。类似地，水力模型、水资源保护和其他程序均从精确的用水记录收益，取决定于适当的水表容量。

C.5.2　复合式水表与涡轮式水表的决策

许多供水公司经历了有关应用复合式水表和涡轮式水表的观念转移。复合式水表较贵，维护费用较高，但流量记录范围更宽，更精确。通过比较，涡轮式水表的采购和维护较便宜，但是精度范围较小。对于每种情况，均有一个优化的解决方案，在每种情况下，需求分析，以作出正确的决定。当安装涡轮式水表更加合适时，而却安装了一个复合式水表，可能会出现维护费用过高等问题，供水公司花冤枉钱。相反，如果当安装复合水表更加适合时，而却安装了一个涡轮式水表，将丧失记录功能，供水公司将再一次不必要地损失钱和可计量性。

如图 C.13 所示的流量—体积图能使用户确定该星期发生在复合水表设定值的交叉范围内的流量计数。在该交叉范围内，由于水表设定值，精确用水记录水平大大下降，因为复合式设定值的涡轮侧刚刚开始运动，因此通过涡轮的所有水流均低于其精度范围。如果在交叉范围内有大量水流，应考虑更换复合水表的容量或单个水表的设定值。

C.5.3　水表维修考虑

需求分析的另一个用途是水表维护程序,尤其是大型水表的维护程序。某些供水公司在决定水表测试、修理和(或)更换时,必须考虑需求过程,因为需求数据能使供水公司在个案基础上,对 3 个维护选项进行精确的成本效益分析。例如,如果一个 25.4 cm(10 in)水表在大流量范围内测试时 100% 精确,在中等流量范围内测试时 90% 精确,在小流量范围内测试时 80% 精确,传统观念是将该 3 个精度进行平均,等于 90%,并推荐修理。但是,如果需求过程表明,流量从未低于 3 785.4 L/min(1 000 gal/min),对于应用中所使用的水表精度应等于 100%,因为所有的流量均发生于大流量范围内。通过需求分析,可以避免昂贵和不必要的供水中断和修理费用,可设计出适当的维护程序。除非小侧超过规定的流量,确保涡轮侧不运动,由此也可适当地评价止回阀在一个复合水表设定中的运行。

水表像任何一个机械一样,有最优性能范围,规划的测试要求可与用户的需求过程有关。如果一个 10.16 cm(4 in)的水表经常在接近其高端性能流量下受驱动,可以预见需要更加频繁的修理。

参考文献

[1] Ed, T. *Large Water Meter Handbook*. Dillsboro, N.C.; Flow Measurement Publsh-ing, 1995, PP. 41 –42.

术语列表

本部分列出了本书所使用的大量水损失控制术语。解释保持简洁,关于方法学的细节和进一步的描述详见本书的相关章节。本术语列表按英文字母顺序编排并且以美国供水工程协会研究基金会出版的《漏损管理技术》(参考文献[1])中损失管理术语定义列表为基础。

1. **主动检漏(ALD):** 是指水务公司在决定查找暗漏时采取的一种积极政策。主动检漏包括最基本的采用音听检漏仪器或设备的音听法。

2. **年水量平衡(AWB):** 是对供水系统中供水总量、输出水量和用水量进行分量分析的结果。根据年水量平衡标准定义,每一滴输入供水系统的水都归属于某一水量平衡分量。

3. **表观损失:** 包括各类与水表计量有关的不准确以及数据处理误差(读表和计费)和非法用水(偷水或非法用水)。降低表观损失不会减少物理损失但可收回失去的收入,这一点非常重要。

4. **系统有效供水量:** 注册用户、供水商和其他被隐式或显式授权者提取的用于生活、商业和工业目的的计量或非计量水量,还包括输出到供水区以外的水量。

系统有效供水量可能包括消防及其训练用水、干管及下水道冲洗、市政花园浇水、公共喷泉、防冻保护、建筑给水,等等。这些用水可能收费,也可能不收费,可能计量,也可能不计量。

5. **知道时间:** 是指从损失发生到水务公司知道存在损失的平均时间。知道时间受所采用主动检漏政策的类型影响。

6. **背景损失:** 是指为个别事件(小渗漏和渗流),其不断流出,而且流量低到用主动检漏活动难以检出,只能被偶然检出或者发展到可被检出的程度。

7. **损失的积累:** 由于没有实施主动检漏计划造成的大量暗漏长时

间积累。大多数情况下从经济学角度判断解决积累损失比较好,这也常常是定期主动损失检修的第一步。

8.**售水量**(Billed Authorized Consumption 或 Revenue Water):是指系统有效供水量中被计费并产生收益的分量(又称计量售水量),等于计量售水量与未计量售水量之和。

9.**计量售水量**:所有计费的计量售水量,包括所有用户团体,例如家庭、商业、工业或机构,以及既计量又计费的跨网调水(外卖净水)。

10.**不计量售水量**:所有根据估值或标准值计算但不计量的用水量。这一水量在整个计量系统中是很小的分量(例如在用户水表失灵期间根据估值计费),但却是没有统一计量系统的关键用水分量。这一分量也包括不计量但计费的跨区输水(输出水量)。

11.**爆管**:流量大于背景损失,可通过标准检漏技术检测出来的损失,可以看得见,也可能看不见。

12.**爆管与背景损失估算**(BABE)**概念**:此概念于1991~1993年由英国国家损失主动控制模式制定的,率先用系统方法模拟真实损失分量。此概念认识到年真实损失量由许多损失构成,其中每个损失的水量都受到流量和修复前损失时间的影响。此概念认可减少真实损失战略的合理规划、管理和操作控制。

13.**真实损失的分量分析**:确定和量化真实损失分量,计算供水系统的期望真实损失水平。爆管与背景损失估算概念是第一个分量分析模型。

14.**用水量的分量分析**:通过单类用水事件、每次用水量估值和被考虑时期里的用水次数,形成某一分量的用水总量,以此确定和量化用水量的分量(例如冲厕、洗碗机、淋浴等的用水量)。

15.**当年真实损失**(CARL):报告期内各种损失(爆管和背景损失)造成的失水量,包括暗漏和一年里已被发现并修复的损失,以及水务公司储水箱可能的损失,等于年度水量平衡表中的真实损失分量。

16.**用户水表计量误差和数据处理误差**:由于用户水表计量误差和读表与计费系统的数据处理误差引起的表观损失。

17.**供水系统**:由配水池、干管、进户连接管、阀门和各类管件构成的整个供水管网,用于将水从水务公司水厂或买入处理水的供水点输送和分配到用户供水点。供水系统包括处理水输送系统。

18. **独立计量区(DMA)**:供水系统中水压独立的部分(Hydraulically Discreet Part),通常有一个,有时有多个安装了大表的进水点。独立计量涉及对区内最小夜间流量进行永久监测。这是一种损失管理技术,旨在缩短新发生损失的知道时间,帮助检漏工作的优先排序。

19. **经济损失水平(ELL)**:经济损失水平通过确定降低真实损失的总成本和损失水量的成本都最低时的损失水平找出。

20. **经济换表频率**:水务公司的经济换表频率通过经济表观损失水平(ELAL)分析确定,通常用水表使用年数或流过水表水量表示,或二者同用。

21. **特殊夜间用水**:商业、工业或农业用户的单个夜间用水,其夜间用水流量在最小夜间流量测量期间占最小夜间流量记录的很大比例。在测量之前根据当地操作情况确定特殊夜间用水者,使其在测量期间的用水量得以记录和考虑。

22. **固定和变动面积流量(FAVAD)**:固定面积流量的损失根据供水系统压力的平方根而不同,而变动面积流量的损失根据系统压力的1.5次幂而异。由于任何供水系统都会存在二者的混合,所以损失率会随压力的幂数而变化,后者通常为 0.5~1.5。适用于大多数预测的最简单固定和变动面积流量概念形式为:

损失率 L(水量/单位时间)随压力 $N1$ 或 $L1/L0$ 的变化 $=(P1/P0)^{N1}$

$N1$ 值越高,现有损失流量随压力的变化就越敏感。固定和变动面积流量概念首先实现了准确预测真实损失由于压力变化而发生的增加或减少。

23. **暗漏**:暗漏水量代表由于目前未检出和修复的损失的失水量。

24. **供水设施条件因子(ICF)**:是指某一供水区实际背景损失与某一维护良好供水系统不可避免背景损失计算值的比值。

25. **供水设施损失指数(ILI)**:是反映一个供水管网在当前工作压力下的真实损失控制管理(维护、修复、改造)情况的性能指标,等于当年真实损失量(CARL)与不可避免年真实损失量(UARL)之比。

$$ILI = CARL/UARL$$

　　由于是一个比值,所以供水设施损失指数没有单位,这有利于使用不同计量单位(美国的公制单位或英国的英制单位)国家之间的比较。

　　26. **损失持续时间**:按照爆管与背景损失估算概念,一个爆管发生的时间长度分为 3 个独立的时段,即知道、定位和修复,各时段要分别估算和模拟;损失持续时间等于知道时间加定位时间加修复时间。

　　27. **损失管理**:分为两大类:①被动检漏;②主动检漏(ALD)。

　　28. **用户水表节点前的进户连接管漏损**:是指进户连接管从(含)分水管接头到用户用水点之间的渗漏和爆管产生的漏损。在计量供水系统中,用户用水点就是用户水表,而在未计量情况下则是建筑物内第一用水点(止水龙头)。进户连接管的渗漏可能是明漏,但主要都是些不明显且持续很长时间(通常几年)的小渗漏。

　　29. **输水和供水干管的渗漏**:是指输水和供水干管的渗漏或爆管产生的损失既可能是较小的暗漏(例如接头渗水),也可能是在报告和修复之前已渗漏很久的较大爆管。

　　30. **定位时间**:对于明漏,定位时间是指水务公司调查明漏并确定损失点位置以进行修复所用的时间。对于暗漏,根据所采用的主动检漏方法,定位时间可能是零,因为损失是在检漏调查中发现的,因此知道与定位是同时发生的。

　　31. **水务公司储水设施的损失**:是指处理水储存设施由于操作或技术问题发生渗漏而造成的损失,包括储水池渗漏、溢流、蒸发等损失。

　　N1 **因子**:在固定和变动面积流量概念中用于计算供水系统压力/损失关系。

　　损失率 L(水量/单位时间)随压力 $N1$ 或 $L1/L0$ 的变化 $= (P1/P0)^{N1}$。

　　$N1$ 值越高,现有损失流量随压力的变化就越敏感。$N1$ 因子的值一般为 0.5 ~ 1.5,偶尔达到 2.5。在混合管材的供水系统中,$N1$ 值为 1 ~ 1.5。因此,在通过 $N1$ 分段试验得到更好数据之前,假定为线性关系。

N1 分段试验：用于确定供水区域的 N1 值，继而根据 N1 值确定如何将区内的真实损失划分为爆管和背景损失。在试验中，分若干段降低进入区内的供水压力。记录输入供水区的压力减少和区内平均压力点的压力变化。然后通过数据分析确定供水区损失的"有效面积"，并将其与压力变化引起的有效面积改变进行比较。通过比较，也可能确定 N1 值和固定尺寸破损（爆管）与变动尺寸破损（背景损失）之比。在解释说明使用了塑料管材的供水系统的分段试验结果时应当谨慎，塑料管道爆管的 N1 值为 1.5，在某些情况下达到 2.5。

32. **无收益水**：供水系统供水总量中没有计费且不产生收益的用水分量，等于免费供水量加真实损失和表观损失。

33. **被动检漏**（Passive Leak Detection 或 Reactive Leak Detection）：是很多水务公司无论经济上是否可行都要实施的措施。被动检漏是对爆管或水压降低报告的响应，通常是用户报告或水务公司人员在进行其他工作时注意到的。在正常情况下，进行被动损失控制时损失总水平还会持续上升。

34. **压力管理**：是设计良好的损失管理战略中一个基本要素，最好结合分区计量进行。压力管理旨在优化供水系统压力，实现最低损失，同时保持足够的服务水平。

35. **减压阀**（PRV）：传统上被理解为在压力过高时才使用的设备，例如在海拔变化很大的供水系统。在压力管理情况下，减压阀作为一种控制设备，用于降低、调控和管理管网的工作压力。

36. **真实损失**：是指从增压供水系统及水务公司的储水池到用户用水点之间所发生的有形或物理损失。在计量系统中，用户用水点就是用户水表，而在未计量情况下则是建筑物内第一用水点。

各种渗漏、爆管和溢流造成的年损失量取决于频率、流量和每个渗漏、爆管及溢流的平均持续时间。

注意：虽然用户用水点后的物理损失未纳入真实损失的评估，但这并不意味着其对需求管理不重要或不值得重视。

37. **可回收损失**：等于暗漏或超额损失。

38. **修复时间**：水务公司在确定损失点位置后组织和影响关闭损失

点失水所用时间。

39. 明漏:是指通过公众或水务公司人员引起水务公司关注的损失。体现在表面的爆管或渗漏,不管造成淹没等危害,通常都会报告给水务公司。

40. 产生收益的售水量:是指合法用水中计量并产生收益的分量(又称为售水量)。等于计量售水量与不计量售水量之和。

41. 进户连接管:定义为"供水干管与用户端计量点或止水阀(适用时)之间的连接管"。在多个注册用户或多家住户共用一个物理连接管的地方,例如公寓式建筑,仍将视为一个进户连接管,不管用户或房屋的数量和房型如何。"进户连接管数量"(N 变量)是几个性能指标计算所需的变量。考虑供水干管与用户止水阀或建筑红线之间的进户连接管预期发生的不可避免损失时,N 变量也是计算供水系统不可避免年真实损失(UARL)要用到的。计算总的不可避免年真实损失时,还要将此变量加入到其他不可避免年真实损失分量(干管和止水阀/建筑红线与用户水表之间管道)。

42. 系统供水总量:输入到水量平衡计算所涉及的那一部分供水系统的处理水量,等于水务公司的自有水源和引进水源。

(1)自有水源:从水务公司自有水源输入供水系统的(处理)水量,考虑了已知误差(例如水源地水表不准)。应该在水务公司的水处理厂出水口进行测量。如果出水口未装水表,应根据原水输入量和水在处理过程中的损耗估算输出水量。

需要注意的是,原水输水管损失和水在处理过程中的损耗不属于年度水量平衡的计算范围。

(2)外调水源:是指水务公司从供水区外大量调入的供水量。外调水源可以是:

①在边界水表测量调水量(如果水已经过处理);

②在水处理厂出水口测量调水量(如果调入的是原水并有专门的水处理厂);

③任何一种情况下,已知误差已纠正(例如调水水表不准);

④原水混合:如果外调水源的原水与自有水源的原水在水处理厂

进行混合,就不需要进行区分,而用这一个或几个水处理厂的总产量(输出)作为系统供水总量的基础。通常,对已知的误差已进行了修正。对于"自有水源",应注意原水输水管损失和水在处理过程中的损耗不属于年度水量平衡的计算范围。如果水务公司没有安装或使用配水输入表,而是用键盘式水表作为原水输入表,因为买入原水时就是用的这类水表,因此系统输入水量必须以原水水表为基础,而且必须考虑水处理厂的用水或失水。

43. **自上而下的用水审计**:用水审计是识别和验证水量平衡表中各种水量的过程。之所以称为自上而下是因为所有水量平衡分量都要从上面的系统供水总量开始到下面的用水量进行评估和验证。水量平衡的最终结果就是真实损失量。

44. **非法用水**:任何未经授权的用水,可能包括从消火栓非法取水(例如为了建设施工的目的)、非法连接、绕过用户水表或干扰水表等。

45. **不可避免年真实损失(UARL)**:真实损失不可能完全消除。不可避免年真实损失估算量表示一个维护和管理良好的供水系统技术上可实现的最低年真实损失。单个供水系统不可避免年真实损失计算公式由国际水协会损失特别工作组开发和检验的,考虑到了如下方面:

(1)背景损失:小渗漏,在看不见的情况下其流量对声波检漏来说太小。

(2)明漏:基于频率、典型流量、目标平均持续时间。

(3)暗漏:基于频率、典型流量、目标平均持续时间。

(4)压力/损失率关系(大多数大型供水系统假定为线性关系)。

推荐的不可避免真实损失方程式需要4个关键的系统特定因子方面的数据:

(1)干管长度。

(2)进户连接数量。

(3)用户水表在进户连接上的位置(相对于建筑红线)。

(4)平均工作压力。

46. **免费供水量**:这一用水分量是合法的和免费的,因此不产生收益。等于计量免费供水量。

47. **计量免费供水量**：因某种原因免费的计量供水量。例如，这可能包括水务公司自己的计量供水量或供给免费机构的水量，包括计量但免费的跨网调水（即输出水量）。

48. **未计量免费供水量**：是指既未计费，也未计量的合法用水量。此分量通常包括消防用水、水管及下水道冲洗、清洁街道、防冻保护等。这一分量较小，但常常被严重高估。理论上可能还包括不计量和免费的跨网调水（即输出水量）——尽管是不大可能的情况。

49. **暗漏**：是指通过检漏人员实施主动检漏计划所发现的损失。这类损失不通过某些类型的主动检漏计划是检测不出来的。

50. **用水审计**：等于自上而下的用水审计，用水审计是一个识别和验证进入水量平衡的用水量的过程。

51. **水量平衡**：等于年水量平衡，为用标准水量平衡计算格式表示的用水审计结果。

52. **供水管网损失**：供水管网系统的有效供水总量与合法用水量之差。损失可视为整个管网系统的损失总量，也可能是局部系统如输水系统或配水系统的损失总量，还可能是单个区域的损失总量。损失由真实损失和表观损失构成。

重要词语中英文对照表

95% 置信区间　　　　　　95% confidence limits

■A ------------------------

AADD(年均日需水量)　　　AADD (average annual day demand)

地面压力管理阀安装　　　above ground pressure management valve installations

绝对压力　　　　　　　　absolute pressure

AC(石棉水泥)管　　　　　AC (asbestos cement) pipes

责任　　　　　　　　　　accountability

　数据管理　　　　　　　　data management

　定义　　　　　　　　　　defined

核算　　　　　　　　　　accounting

　水量误差　　　　　　　　errors in water

　政策　　　　　　　　　　policies

准确性　　　　　　　　　accuracy

　用户表　　　　　　　　　customer meter

　数据,审计　　　　　　　data, in audits

　水源地表　　　　　　　　source meter

　　保证　　　　　　　　　ensuring

　　对用水审计和漏损控制计划的重要性　　importance to water audit and loss control program

　　综述　　　　　　　　　overview

　供水系统输入表　　　　　system input meter

　用户表检测　　　　　　　testing customer meter

　　审计　　　　　　　　　in audits

　　结果评价　　　　　　　evaluating results of

　　方法和程序　　　　　　methods and procedures

■ B ------------------------------

非法用水	unauthorized consumption by
用水量显示	water consumption displays for
循环，水	cycle，water

■ D ----------------------

日需水量。见需水量	daily demand. *See* demand
数据。参见用水量；数据转换；系统	data. *See also* consumption; data transfer;
数据处理误差	systematic data handling errors
模拟精度	accuracy of in modelling
由承包商收集	collection of by contractors
独立计量区或分区计量(DMA)	DMA
分析	analysis
监测	monitoring
处理误差	handling errors
记录	logging
压力	pressure
漏损管理系统质量	quality of leak management system
自上而下水量平衡验证	validation in top-down water balances
数据校正表	data calibration forms
数据收集工作表	data collection worksheets
数据管理检查单	data management checklists
数据转换。参见自动读表系统(AMR)	data transfer. *See also* AMR systems
用户用水量档案	customer consumption profiles
误差	errors in
过程	process
先进计量设施	advanced metering infrastructure
人工读表	manual customer meter reading
综述	overview
衰减系数，管道	decay factors，pipe
默认值，爆管及背景损失(BABE)模拟	default values，BABE modeling
供水可靠性的缺陷	deficiencies in water supply reliability

文件。见投标文件 documents. *See* bid documents

家庭用户,未计量 domestic customers, unmetered

缩小表径 downsizing meters

差压 DP (differential pressure)

饮用水 drinking water

车载自动读表 drive-by automatic meter readings

驱动力 drivers

　供水-需水 supply-demand

　水损失控制 water loss control

■ E ----------------------

EA(环境署),英国 EA (Environment Agency) , UK

经济援助计划 economic aid programs

表观损失控制解决方法 economic approach to apparent loss control

表观损失经济水平(ELAL) economic level of apparent losses (ELAL)

经济漏损水平(ELL) economic level of leakage (ELL)

　供水可靠性不足 deficiency in water supply reliability

　定义 defined

　历史经验 history and experience

　长期存在 long-run

　综述 overview

　实际应用 practical application

　短期存在 short-run

经济最优 economic optimum

　确定损失量 determining volume for losses

　对独立计量区的检漏干预 for leak detection intervention in DMAs

经济理论 economic theory

ELAL(表观损失经济水平) ELAL (economic level of apparent losses)

电子听音杆 electronic listening sticks

ELL。见经济漏损水平 ELL. *See* economic level of leakage

主动损失控制曲线的经验定义 empirical definition of ALC curve

经验规律 empirical rule

职工	employees
端点	endpoints
自动读表仪器	automatic meter reading devices
控制非法用水	controlling unauthorized consumption
非法用水执法	enforcement of unauthorized consumption
英格兰。见英国	England. *See* United Kingdom
环境署(EA),英国	Environment Agency (EA), UK
环境观和美国水损失管理	environmental perspective and U. S. water loss management
环境保护署。见美国环境保护署	Environmental Protection Agency. *See* United States Environmental Protection Agency
环氧树脂	epoxy
设备	equipment
压力和水位校准	calibration form pressure and level
检漏	leak detection
声学	acoustic
非声学	nonacoustic
输水干管	for transmission mains
测量	measuring
承包商更换缺陷设备	replacement of faulty by contractors
误差	errors
自动读表系统	AMR system
数据转换	data transfer
量化系统数据处理	quantifying systematic data handling
产生的表观损失水量	volume of apparent loss due to
水量核算中产生	in water accounting
估算值	estimates
用水量	consumption volume
流量	of water flow
"水损失估算和减漏策略规划"项目,美国供水工程协会研究基金会	"Evaluating Water Loss and Planning Loss Reduction Strategies" project, AwwaRF
评价阶段,干预计划	evaluation phase, intervention programs
特殊夜间用水	exceptional night use

经验,承包商	experience, contractor
外卖水量	exported water
外部驱动力,供水-需水	external drivers, supply-demand

■ F ------------------------

设施,水表测试	facilities, meter testing
缺陷设备更换	faulty equipment replacement
FAVAD(固定和变动面积流量)	FAVAD (fixed and variable area discharge)
联邦政府法规	federal government regulations
进水总管	feeder mains
卡套连接	ferrule connections
Fi36 性能指标	Fi36 performance indicator
Fi37 性能指标	Fi37 performance indicator
光纤	fiber optics
野外实地验证	field validation
过滤器,听音设备	filters, sounding equipment
承包商的财务水平	financial merit of contractors
财务性能指标	financial performance indicators
供水财务问题	financial water problems
消防	fire fighting
消防用水量	fire flow
压力管理中关注	concerns in pressure management
独立分区计量设计	in DMA design
试验	tests
消火栓	fire hydrants
声学检漏调查	acoustic leak detection surveys
流量	flow capacities of
渗漏	leaking
非法用水	unauthorized consumption
免费供水量	unbilled authorized consumption
消防水表	fire service meters
固定和变动面积流量(FAVAD)	fixed and variable area discharge (FAVAD)

回流,检测	reverse, detection of
分步试验	step testing
术语	terminology
冲洗,下水道和干管	flushing, sewer and mains
数据收集工作表的数据格式化表	formatting data in data collection worksheet forms
数据校验	data calibration
漏损报告	leak report
喷水音	fountain sound
裂缝,管道	fractures, pipe
搭便车者,节水计划	free riders, WEP
新发生漏损的频率	frequency of new leaks
摩擦音	friction sound
全通径水表	full bore meters

■ G ·························

气体,示踪剂	gas, tracer
表压力	gauge pressure
一般调查	general surveys
地理信息系统(GIS)软件	geographical information system (GIS) software
地理位置和美国水损失管理	geography and U. S. water loss management
地音探测器	Geophones
德国	Germany
损失控制系统比较	compared water loss systems
漏损管理	leakage management in
GIS(地理信息系统)软件	GIS (geographical information system) software
全球人均取水量	global per capita water withdrawals
全球定位系统(GPS)	global positioning systems (GPS)
全球移动通信系统或全球通(GSM)	global system for mobile communications (GSM)

■ I ---------------------

■ L ------------------------

澳大利亚　　　　　　　　　　　　Australia

德国　　　　　　　　　　　　　　Germany

综述　　　　　　　　　　　　　　overview

英国　　　　　　　　　　　　　　United Kingdom

定位时间　　　　　　　　　　　　location duration

定位　　　　　　　　　　　　　　location of

国家漏损倡议　　　　　　　　　　National Leakage Initiative

政策规定的最低水平　　　　　　　policy minimum level of

压力理论　　　　　　　　　　　　pressure theories

被动检测　　　　　　　　　　　　reactive detection of

压力管理所减少　　　　　　　　　reduction from pressure management

修复　　　　　　　　　　　　　　repairs

响应时间　　　　　　　　　　　　response time

卫生间　　　　　　　　　　　　　in toilets

不可避免　　　　　　　　　　　　unavoidable

检测不出　　　　　　　　　　　　undetectable

"漏损管理技术"项目　　　　　　　"Leakage Management Technologies" project

水位控制　　　　　　　　　　　　level control

水位　　　　　　　　　　　　　　levels

数据收集工作表　　　　　　　　　in data collection worksheet

平衡　　　　　　　　　　　　　　balancing

测量　　　　　　　　　　　　　　measuring

漏损,政策规定最低值　　　　　　of leakage, policy mirtimum

性能指标　　　　　　　　　　　　performance indicator

限制,压力管理阀　　　　　　　　limits, pressure management valves

相关数据的线性回归　　　　　　　linear regression of correlation data

管衬　　　　　　　　　　　　　　linings

滑落　　　　　　　　　　　　　　slip

喷涂　　　　　　　　　　　　　　spray

听音杆　　　　　　　　　　　　　listening sticks

探测管道渗漏位置　　　　　　　　locating pipes

定位时间　　　　　　　　　　　　location time

■ O ························

溢流	overflows
通过压力管理控制	controlling with pressure management
发现	discovered
蓄水	storage
降低费用工作，水损失控制	overhead reduction tasks, water loss control

■ P ----------------------

泵和阀门的填料密封垫	packing glands of pumps or valves
并联安装，压力管理阀	parallel installations, pressure management valve
参数	parametes
数据收集工作表	data collecion worksheet
不可避免年真实损失	unavoidable annual real loss
主动(passive)检漏。见被动(reactive)检漏	passive leak detection. *See* reactive leak detection
支付	payments
承包商的基线	baselines for contractors
对表观损失的影响	effect of apparent losses on
欠费终止	termination for lack of
水费单	water bill
高峰日需水量	peak day demand
人均取水量	per capita water withdrawals
"每个进户连接"性能指标	"per mile of mains" performance indicators
百分比	percentages
真实损失测量的失败	downfalls of real loss measurements as
无收益水	nonrevenue water
节水计划	in WEPs
优化计划的性能方法	performance approach to optimization programs
基于招标的性能方法	performance based bids
性能指标(PIs)	performance indicators(PIs)
国际水协会/美国供水工程协会推荐	IWA/AWWA recommended
百分比真实损失	percent real losses

刮泥铲	scraper trowels
斯克里普斯海洋研究所	SCRIPPS Institution of Oceanography
季节变化	seasonal variations
压力	pressure
供水区水池和水箱控制	reservoir and tank control in sectors with
需水量	water demand
分区	sectorization
长期经济漏损水平	long-run ELL
压力管理	pressure management
供水区	sectors
多阀门	multiple valve
水池和水箱控制	reservoir and tank control
有工业用水大户	with large industrial customers
有季节变化	with large seasonal variations
水流容量不足	with weak hydraulic capacity
渗流	seepage
敏感性分析	sensitivity analysis
传感器	sensors
插入输水干管	inserted into transmission mains
承包商检验和试验	inspection and testing of by contractors
串联安装,压力管理阀	series installations, pressure management valve
服务费	service charges
进户供水管	service lines
保险	insurance
漏损	leaks
漏损管理体系	leak management systems
管道	pipes
损失水量	volume of losses from
不可避免年真实损失	unavoidable annual real losses
供水服务法规	service regulations
更换进户连接管	service replacement

厕所	toilets
效率	efficiency of
冲水量	flush volumes
渗漏	leaks in
自然更换	natural replacement of
自上而下的用水审计	top-down water audits
自上而下的水量平衡	top-down water balances
TOU(分时)计费	TOU（time of-use）billing
示踪气体	tracer gas
节水计划追踪	tracking WEPs
传统的压力渗漏计算	traditional calculations of pressure leakage
转换,数据。参见数据转换	transfer, data. *See* data transfer
水损失管理技术的可转让性	transferability of water loss management technologies
瞬态波	transient waves
转换成本,短期经济漏损水平	transition costs, short-run ELL
承包商的数据传输	transmission by contractors
输水干管	transmission mains
处理	treatment
成本	costs
厂	plants
过程	process
无开挖技术	trench less technologies
铲,刮泥	trowels, scraper
涡轮式流量计	turbine meters
准确性测试	accuracy testing
测流	flow measurement in
安装	installation
低流量条件下测试	testing at low flow rates
紊流	turbulent flow

■ U ------------------------

UAAL(不可避免年表观损失)	UAAL(unavoidable annual apparent losses)

■ V --------------------------

并联安装	parallel installations
减压	pressure-reducing
水池和水箱控制	reservoir and tank control
串联安装	series installations
口径和限制	sizing and limits
水锤消除	surge anticipator
节流	throttled line
类型	types of
用控制器提高效率	using controllers to increase efficiency
变动面积渗漏	variable area leakage
方差分析	variance analysis
变化,压力	variations, pressure
速度,水流	velocity, flow
测速仪,单点	velocity meters, single-point
文丘里流量计	venturi meters
目视调查	visual surveys

■ W ------------------------------

《W392:供水管网检查和水损失—活动、程序和评价》指南	W392-Network Inspection and Water Loss-Activities, Procedures, and Assessments guidelines
威尔士。参见英国	Waies. See United Kingdom
保修计划,用户进户连接管	warranty programs, service connection
污水流量	wastewater flows
水。参见节约,水	water. See also conservation, water
责任	accountability
边际成本	marginal cost of
边际价值	marginal value of
质量,独立计量区	quality, DMA
水量核算	water accounting
《用水审计和水损失控制计划》出版物	Water Audits and Loss Control Programs publication

WR1 性能指标	WR1 performance indicator
WS(供水)的数值。参见供水数值	WS（water supplied）values. *See also* supplied values

■ Z --------------------------

零用水量	zero consumption
分区,供水管网	zoning, network